网络工程师教育丛书

# TCP/IP 基础
## （第 2 版）

Introduction to TCP/IP, 2nd Edition

刘化君　张　文　丁　濛　等编著

电子工业出版社
Publishing House of Electronics Industry
北京·BEIJING

## 内 容 简 介

本书是《网络工程师教育丛书》的第 4 册，较为系统、全面地介绍了 TCP/IP 协议栈和主要的应用程序、构件、协议，以及访问因特网所需的链路。全书分为 8 章，主要内容包括：TCP/IP 体系结构、TCP/IP 应用程序、子网划分、TCP/IP 协议族、TCP/IP 服务、TCP/IP 路由技术、典型应用程序原理和多媒体通信协议。为帮助读者更好地掌握基础理论知识和应对认证考试，各章均附有小结、练习及小测验，并对典型题型给出了解答提示。

本书可作为网络工程师培训和认证考试教材，或作为本科和职业技术教育相关课程的教材或参考书，也可供网络技术人员、管理人员以及有志于自学成为网络工程师的读者阅读。

本书的相关资源可从华信教育资源网（www.hxedu.com.cn）免费下载，或通过与本书责任编辑（zhangls@phei.com.cn）联系获取。

未经许可，不得以任何方式复制或抄袭本书之部分或全部内容。
版权所有，侵权必究。

**图书在版编目（CIP）数据**

TCP/IP 基础 / 刘化君等编著. —2 版. —北京：电子工业出版社，2021.2
（网络工程师教育丛书）
ISBN 978-7-121-38852-1

I.①T… II.①刘… III.①计算机网络—通信协议 IV.①TN915.04

中国版本图书馆 CIP 数据核字（2020）第 048214 号

责任编辑：张来盛（zhangls@phei.com.cn）
印　　刷：北京天宇星印刷厂
装　　订：北京天宇星印刷厂
出版发行：电子工业出版社
　　　　　北京市海淀区万寿路 173 信箱　邮编：100036
开　　本：787×1092　1/16　印张：24.5　字数：638 千字
版　　次：2015 年 6 月第 1 版
　　　　　2021 年 2 月第 2 版
印　　次：2023 年 4 月第 2 次印刷
定　　价：98.00 元

凡所购买电子工业出版社图书有缺损问题，请向购买书店调换。若书店售缺，请与本社发行部联系，联系及邮购电话：(010) 88254888，88258888。
质量投诉请发邮件至 zlts@phei.com.cn，盗版侵权举报请发邮件至 dbqq@phei.com.cn。
本书咨询联系方式：(010) 88254467；zhangls@phei.com.cn。

# 出 版 说 明

人类已进入互联网时代，以物联网、云计算、移动互联网和大数据为代表的新一轮信息技术革命，正在深刻地影响和改变经济社会各领域。随着信息技术的发展，网络已经融入社会生活的方方面面，与人们的日常生活密不可分。我国已成为网络大国，网民数量位居世界第一；但我国要成为网络强国，推进网络强国建设，迫切需要大量的网络工程师人才。然而据估计，我国每年网络工程师缺口约 20 万人，现有网络人才远远无法满足建设网络强国的需求。

为适应网络工程技术人才教育、培养的需要，电子工业出版社组织本领域专家学者和工作在一线的网络专家、工程师，按照网络工程师所应具备的知识、能力要求，参考新的网络工程师考试大纲（2018 年审定通过），共同修订、编撰了这套《网络工程师教育丛书》。

本丛书全面规划了网络工程师应该掌握的技术，架构了一个比较完整的网络工程技术知识体系。丛书的编写立足于计算机网络技术的最新发展，以先进性、系统性和实用性为目标：

- ▶ 先进性——全面地展示近年来计算机网络技术领域的新成果，做到知识内容的先进性。例如，对软件定义网络（SDN）、三网融合、IPv6、多协议标签交换（MPLS）、云计算、云存储、大数据、物联网、移动互联网等进行介绍。
- ▶ 系统性——加强学科基础，拓宽知识面，各册内容之间密切联系、有机衔接、合理分配、重点突出，按照"网络基础→局域网→城域网与广域网→TCP/IP 基础→网络互连与互联网→网络安全与管理→大数据技术→网络设计与应用"的进阶式顺序分为 8 册，形成系统的知识结构体系。
- ▶ 实用性——注重工程能力的培养和知识的应用。遵循"理论知识够用，为工程技术服务"的原则，突出网络系统分析、设计、实现、管理、运行维护和安全方面的实用技术；书中配有大量网络工程案例、配置实例和实验示例，以提高读者的实践能力；每章还安排有针对性的练习和近年网络工程师考试题，并对典型试题和练习给出解答提示，以帮助读者提高应试能力。

本丛书从一开始就搭建了一个真实的、接近网络工程实际的网络，丛书各册均基于这个实例网络的拓扑和 IP 地址进行介绍，逐步完成对路由器、交换机、客户端和服务器的配置、应用设计等，灵活、生动地展现各种网络技术。

本丛书在编写时力求文字简洁，通俗易懂，图文并茂；在内容编排上既系统全面，又切合实际；在知识设计上层次分明、由浅入深，读者可根据自己的需要选择相应的图书进行学习，然后逐步进阶。

鉴于网络技术仍在不断地飞速发展，本丛书将根据需要和读者要求适时更新、完善。热忱欢迎广大读者多提宝贵意见和建议。联系方式：zhangls@phei.com.cn。

电子工业出版社

# 第 2 版前言

计算机网络行业发展迅猛异常,一项前沿技术由萌发到落伍也就是几年的时间。然而,自 20 世纪 60 年代早期就有了最初思想的 TCP/IP 却不断演进、前行,并不断发展、普及应用。至今,TCP/IP 的核心功能与之 20 世纪 80 年代中期的状态仍然几乎无异,而且仍不断涌现基于 IP 的新应用、新设备和新服务。TCP/IP 逐步统治网络领域的可能性已经可见。为适应信息网络的快速发展应用,对《TCP/IP 基础》第 1 版进行了修订。修订后的《TCP/IP 基础》仍然是一个基础知识教程,目的是为《网络互连与互联网》《网络安全与管理》《网络设计与应用》等提供宽厚而扎实的知识基础。

《TCP/IP 基础》第 1 版已经比较全面准确地描述了 TCP/IP 协议栈和主要的应用程序、构件和协议,以及访问因特网所需的链路。此次修订对内容结构做了一些调整,突出了 TCP/IP 的基本知识、底层应用程序及其工作原理,以及多媒体通信协议。比较明显的修订内容包括:

- 贯穿每个章节的更新,调整了内容结构,新增多媒体通信协议等内容;
- 为更好地解释基本概念,补充更新了一批插图、典型问题解析及练习题;
- 即阐释利用协议所能实现的服务和功能,又讨论功能背后的协议原理,修订了 TCP/IP 协议栈表述;
- 所讨论的网络模型基于真实的、接近网络工程实际的网络实例;
- 同等对待 IPv4 与 IPv6,在范围和深度上进一步充实了 ARP、ICMPv6 等。

本书是《网络工程师教育丛书》的第 4 册,全书内容分为 8 章。为帮助读者更好地掌握基础理论知识和应对认证考试,针对某些典型问题进行了解析,给出了解答方法和带有详细分析的例题;同时各章均附有小结、练习及小测验。

本书内容适合计算机网络和通信领域的教学、科研和工程设计应用参考,适用范围较广,既可以用作网络工程师教育用书,或者作为本科和高职院校相关课程的教材或参考书,也可供网络技术人员和管理人员以及网络爱好者阅读。

本书第 2 版由刘化君、张文、丁濛、刘枫、解玉洁编著。在编写和修订过程中,得到了许多同志的支持和帮助,在此一并表示衷心感谢。

由于计算机网络技术发展很快,囿于编著者理论水平和实践经验,书中可能存在不妥之处,恳请广大读者不吝赐教,以便再版时予以订正。

编著者

2020 年 12 月 8 日

# 第1版前言

在计算机网络中,通信发生在不同系统的实体之间。实体就是任何能够发送和接收信息的东西。但是两个实体并不是简单地将二进制比特流发送给对方,同时还希望对方能够理解这个比特流。要进行通信,这两个实体必须统一使用一种协议。协议定义了要传送什么,怎样进行通信,以及何时进行通信。在网络环境中,有许多用于网络通信的协议。TCP/IP 协议体系是互联网中基本的通信协议,它定义了电子设备(如计算机)如何连入因特网以及数据如何在它们之间传输的标准。除了 TCP/IP 之外,其他体系结构都被看作专有技术。因此,TCP/IP 已经成为目前网络环境中最重要的协议族。尽管 TCP/IP 已经问世很长时间,但仍然被大多数计算机网络选为自己的体系结构,因而得到广泛应用。TCP/IP 正在支撑着互联网的正常运转。TCP/IP 协议体系是一个计算机网络工业标准,在计算机网络体系结构中具有非常重要的地位。导致这一结果的原因很多,例如:TCP/IP 的非专利技术特性;因特网(Internet)、内联网(Intranet)和外联网(Extranet)的高速发展;操作系统软件中包含 TCP/IP。

与其他网络体系结构不同,TCP/IP 是"开放"的。就是说,描述 TCP/IP 的规范和相关协议对普通大众是开放的、免费的,只要登录到因特网就可下载其中每一个协议规范。

TCP/IP 被广泛接受并被大多数机构采用的另一个原因,是因特网的发展以及连接到因特网的机构和用户数量的增长。由于因特网是基于 TCP/IP 的,因此访问因特网的用户可通过计算机使用 TCP/IP。还有一个原因就是 UNIX 和 Linux 等操作系统已将 TCIP/IP 作为其整个结构的一个集成部件,而 Windows 和 Macintosh(Macintosh OS)等操作系统中也包含了 TCP/IP。

《TCP/IP 基础》是《网络工程师教育丛书》的第 4 册,是一种关于 TCP/IP 协议的课程。它比较系统、全面地介绍 TCP/IP 体系结构、底层应用程序、构件和协议,以及访问因特网所需的链路。本书先修课程包括《网络基础》《局域网》《城域网与广域网》等,熟悉这些课程的知识将有利于本课程的学习。

本书的目的是帮助读者掌握 TCP/IP 协议体系结构、构件和功能,了解 TCP/IP 所提供的服务及其工作原理,熟悉网络协议分析的基本方法和网络故障的诊断处理技术。全书分为 9 章,主要内容包括:TCP/IP 体系结构;TCP/IP 应用程序;子网划分;TCP/IP 协议;TCP/IP 服务;下一代网际协议;TCP/IP 路由技术;TCP/IP 应用程序原理;网络协议分析及故障诊断。

本书由刘化君、张文等编著。在编写过程中,得到了许多同行的支持和帮助,在此表示感谢。

由于编著者水平所限,书中定有不妥之处,恳请广大读者批评指正。

编著者
2015 年 3 月 18 日

# 目 录

## 第一章 TCP/IP 体系结构 (1)

### 第一节 OSI 参考模型简介 (1)
OSI 参考模型各层的主要功能 (1)
物理地址 (2)
逻辑地址 (3)
地址总结 (5)
练习 (5)

### 第二节 TCP/IP 协议体系 (6)
TCP/IP 协议体系概述 (7)
TCP/IP 协议栈 (8)
IP 的版本 (10)
TCP/IP 通信 (10)
练习 (12)

### 第三节 IP 编址 (13)
IP 地址 (13)
IP 地址格式 (15)
编址规则 (16)
A 类地址网络示例 (17)
典型问题解析 (17)
练习 (19)

### 本章小结 (20)

## 第二章 TCP/IP 应用程序 (22)

### 第一节 TCP/IP 应用程序简介 (22)
访问 TCP/IP 应用程序 (23)
常见 TCP/IP 应用程序简介 (24)
应用程序及其协议的分类 (26)
练习 (27)

### 第二节 Web (28)
Web 的基本概念 (28)
Web 的关键组件 (30)
搜索引擎 (33)
移动 Web (33)

VII

　　　　练习 ·················································································· (34)

　第三节　文件传送服务 ······················································· (34)

　　　　FTP 服务的用途 ································································· (35)
　　　　文件传送命令 ····································································· (35)
　　　　如何使用 FTP ···································································· (37)
　　　　练习 ·················································································· (39)

　第四节　电子邮件 ······························································ (40)

　　　　电子邮件的主要功能 ··························································· (40)
　　　　电子邮箱与地址 ································································· (41)
　　　　电子邮件协议 ····································································· (42)
　　　　邮件服务器配置 ································································· (43)
　　　　基于 Web 的电子邮件 ·························································· (44)
　　　　练习 ·················································································· (45)

　第五节　网络管理 ······························································ (45)

　　　　网络管理的基本概念 ··························································· (46)
　　　　被管理结点/设备的类型 ······················································· (46)
　　　　网络管理模型 ····································································· (47)
　　　　网络管理模式 ····································································· (49)
　　　　RMON 标准 ········································································ (52)
　　　　练习 ·················································································· (54)

　第六节　其他应用程序 ······················································· (55)

　　　　域名系统 ············································································ (55)
　　　　动态主机配置程序 ······························································ (56)
　　　　即时通信程序 ····································································· (57)
　　　　普通文件传送程序 ······························································ (58)
　　　　练习 ·················································································· (59)

　本章小结 ············································································· (60)

第三章　子网划分 ······································································· (63)

　第一节　子网划分基础 ······················································· (63)

　　　　何谓子网 ············································································ (63)
　　　　子网划分的意义 ································································· (64)
　　　　网络掩码 ············································································ (65)
　　　　建立子网 ············································································ (66)
　　　　最大可用子网数和主机数 ···················································· (67)
　　　　IP 前缀 ·············································································· (69)
　　　　确定子网需求 ····································································· (70)
　　　　IP 广播地址 ········································································ (71)
　　　　练习 ·················································································· (72)

　第二节　C 类网络子网划分 ················································· (74)

  确定地址范围 ·················································································· (74)
  典型问题解析 ·················································································· (81)
  练习 ······························································································ (83)
 第三节 B 类网络子网划分 ············································································ (84)
  确定地址范围 ·················································································· (84)
  典型问题解析 ·················································································· (89)
  练习 ······························································································ (93)
 第四节 A 类网络子网划分 ············································································ (94)
  确定地址范围 ·················································································· (95)
  典型问题解析 ·················································································· (98)
  练习 ······························································································ (101)
 第五节 无类别域间路由（CIDR） ································································ (101)
  CIDR 的主要作用 ············································································ (102)
  CIDR 的工作过程 ············································································ (103)
  建立超网 ······················································································· (104)
  典型问题解析 ·················································································· (107)
  练习 ······························································································ (108)
 本章小结 ······························································································· (110)

## 第四章 TCP/IP 协议族 ········································································ (114)

 第一节 IPv4 ································································································ (114)
  IP 概述 ·························································································· (115)
  IPv4 数据报 ···················································································· (116)
  区分服务 ······················································································· (118)
  分段 ······························································································ (119)
  生存时间 ······················································································· (122)
  协议类型 ······················································································· (122)
  寻址 ······························································································ (123)
  选项 ······························································································ (123)
  IPv4 数据报封装 ············································································· (123)
  练习 ······························································································ (124)
 第二节 IPv6 ································································································ (125)
  IPv6 地址 ······················································································· (125)
  IPv6 地址类型 ················································································ (128)
  IPv6 数据报格式 ············································································· (130)
  IPv6 的部署 ··················································································· (133)
  典型问题解析 ·················································································· (136)
  练习 ······························································································ (137)
 第三节 地址解析协议（ARP） ··································································· (138)
  ARP 概述 ······················································································ (138)

　　　　ARP 的工作原理 …………………………………………………………（139）
　　　　ARP 缓存表的查看 ………………………………………………………（143）
　　　　其他类型的 ARP …………………………………………………………（144）
　　　　使用邻居发现的 IPv6 地址绑定 …………………………………………（146）
　　　　典型问题解析 ……………………………………………………………（147）
　　　　练习 ………………………………………………………………………（148）
　　第四节　用户数据报协议（UDP）………………………………………………（149）
　　　　UDP 服务 …………………………………………………………………（150）
　　　　基于端口号的多路分解 …………………………………………………（150）
　　　　UDP 格式 …………………………………………………………………（151）
　　　　端口号 ……………………………………………………………………（152）
　　　　UDP 服务的操作 …………………………………………………………（153）
　　　　练习 ………………………………………………………………………（154）
　　第五节　传输控制协议（TCP）…………………………………………………（155）
　　　　TCP 为应用提供的服务 …………………………………………………（155）
　　　　TCP 与连接建立 …………………………………………………………（156）
　　　　TCP 与数据传送 …………………………………………………………（162）
　　　　典型问题解析 ……………………………………………………………（171）
　　　　练习 ………………………………………………………………………（173）
　　第六节　TCP/IP 网络的信息传送 ………………………………………………（176）
　　　　信息传送 …………………………………………………………………（176）
　　　　网络各层的主要功能 ……………………………………………………（176）
　　　　计算机网络寻址 …………………………………………………………（177）
　　　　获取逻辑地址 ……………………………………………………………（177）
　　　　获取物理地址 ……………………………………………………………（178）
　　　　在应用程序之间建立连接 ………………………………………………（178）
　　　　传送信息 …………………………………………………………………（178）
　　　　终止连接 …………………………………………………………………（179）
　　本章小结 …………………………………………………………………………（180）

第五章　TCP/IP 服务 …………………………………………………………………（183）
　　第一节　域名系统 ………………………………………………………………（183）
　　　　DNS 概述 …………………………………………………………………（184）
　　　　DNS 的层次结构 …………………………………………………………（184）
　　　　域名命名 …………………………………………………………………（187）
　　　　域名系统的树状结构 ……………………………………………………（188）
　　　　域名授权 …………………………………………………………………（189）
　　　　区域 ………………………………………………………………………（189）
　　　　域名服务器 ………………………………………………………………（191）
　　　　授权区域信息 ……………………………………………………………（192）

主文件 ································································································· (192)
　　域名解析 ····························································································· (193)
　　练习 ··································································································· (195)
第二节　互联网控制报文协议 ········································································ (197)
　　ICMP 概述 ··························································································· (197)
　　ICMP 报文格式与封装 ············································································ (198)
　　ICMP 消息类型 ····················································································· (199)
　　ICMPv6 ······························································································· (201)
　　典型问题解析 ······················································································· (202)
　　练习 ··································································································· (203)
第三节　互联网组管理协议 ··········································································· (203)
　　IP 多播 ································································································ (204)
　　多播寻址 ····························································································· (204)
　　IP 多播地址到物理多播地址的映射 ··························································· (205)
　　IGMP 消息格式 ···················································································· (206)
　　练习 ··································································································· (207)
第四节　动态主机配置协议 ··········································································· (208)
　　DHCP 的基本概念 ················································································· (208)
　　DHCP 消息格式 ···················································································· (209)
　　DHCP 的工作原理 ················································································· (211)
　　DHCP 客户机租用更新 ··········································································· (216)
　　DHCP 客户机——DHCP RELEASE 消息 ················································· (217)
　　练习 ··································································································· (217)
第五节　网络地址转换 ················································································· (219)
　　NAT 概述 ···························································································· (220)
　　IP 地址转换 ························································································· (221)
　　增强的网络安全性 ················································································· (225)
　　NAT 配置实例 ······················································································ (226)
　　练习 ··································································································· (228)
本章小结 ····································································································· (230)

第六章　TCP/IP 路由技术 ··········································································· (233)
第一节　路由的概念 ···················································································· (233)
　　何谓路由 ····························································································· (234)
　　路由表 ································································································ (235)
　　IP 数据报路由操作过程 ·········································································· (237)
　　直接路由 ····························································································· (240)
　　间接路由 ····························································································· (240)
　　路由选择示例 ······················································································· (244)
　　管理位距 ····························································································· (245)

XI

练习 ·················································································································· (246)
　第二节　路由算法与协议 ······················································································ (247)
　　　路由选择协议 ······································································································ (247)
　　　距离向量路由算法 ······························································································ (250)
　　　链路状态路由算法 ······························································································ (252)
　　　网关协议 ············································································································ (254)
　　　典型问题解析 ······································································································ (255)
　　　练习 ·················································································································· (256)
　第三节　路由信息协议（RIP） ············································································· (257)
　　　RIP 概述 ············································································································ (257)
　　　RIP 报文格式 ····································································································· (258)
　　　RIP 的稳定特性 ································································································· (262)
　　　为 IPv6 设计的 RIPng ······················································································ (265)
　　　典型问题解析 ······································································································ (265)
　　　练习 ·················································································································· (267)
　第四节　开放最短路径优先（OSPF）协议 ························································· (269)
　　　OSPF 概述 ········································································································· (270)
　　　OSPF 报文格式 ································································································· (270)
　　　OSPF 路由区域 ································································································· (272)
　　　区域路由的组件 ·································································································· (273)
　　　邻居和邻接 ········································································································· (276)
　　　路由服务类型 ······································································································ (279)
　　　典型问题解析 ······································································································ (280)
　　　练习 ·················································································································· (281)
　第五节　边界网关协议（BGP） ············································································ (284)
　　　BGP 概述 ··········································································································· (285)
　　　典型问题解析 ······································································································ (288)
　　　练习 ·················································································································· (289)
　本章小结 ······················································································································ (290)

第七章　典型应用程序原理 ······························································································ (295)
　第一节　Web 工作原理 ··························································································· (295)
　　　Web 的工作模式 ································································································ (295)
　　　超文本传送协议 ·································································································· (298)
　　　超文本标记语言 ·································································································· (304)
　　　浏览器访问 Web 服务器的交互过程 ································································ (304)
　　　练习 ·················································································································· (313)
　第二节　文件传送协议 ···························································································· (313)
　　　文件传送协议概述 ······························································································ (313)
　　　FTP 连接 ··········································································································· (314)

  FTP 客户机与 FTP 服务器通信 …………………………………………（315）
  文件传送过程 ……………………………………………………………（318）
  文件传送协议命令结构 …………………………………………………（318）
  文件传送协议的实现 ……………………………………………………（321）
  典型问题解析 ……………………………………………………………（321）
  练习 ………………………………………………………………………（322）
 第三节 电子邮件系统 ………………………………………………………（323）
  电子邮件系统的构成 ……………………………………………………（323）
  SMTP 邮件进程 …………………………………………………………（325）
  SMTP 邮件传送 …………………………………………………………（326）
  邮件读取协议 ……………………………………………………………（328）
  典型问题解析 ……………………………………………………………（331）
  练习 ………………………………………………………………………（332）
 本章小结 ………………………………………………………………………（332）

# 第八章 多媒体通信协议 …………………………………………………（335）
 第一节 流媒体传输协议 ……………………………………………………（336）
  实时传输协议（RTP）……………………………………………………（336）
  实时传输控制协议（RTCP）……………………………………………（339）
  实时流媒体协议（RTSP）………………………………………………（343）
  资源预留协议（RSVP）…………………………………………………（346）
  练习 ………………………………………………………………………（351）
 第二节 VoIP 协议 ……………………………………………………………（352）
  会话起始协议（SIP）……………………………………………………（352）
  H.323 协议 ………………………………………………………………（354）
  练习 ………………………………………………………………………（359）
 本章小结 ………………………………………………………………………（360）

**附录 A 课程测验** ………………………………………………………………（362）

**附录 B 术语表** …………………………………………………………………（367）

**参考文献** …………………………………………………………………………（377）

# 第一章 TCP/IP 体系结构

互联网已经使得人们的日常生活在各个方面都发生了革命性的变化。因特网（Internet）是一个非常大的互联网，而分布在若干楼层、建筑物或某一地域的企业网则是较小的互联网。"互联网"这一术语用来描述一组通过路由器连接在一起的网络。

1990 年之前，在数据通信和联网的文献资料中占主导地位的是开放系统互连（OSI）参考模型，现在 TCP/IP 协议体系已成为占据主导地位的计算机网络工业标准，因为它支撑着互联网的正常运转。本章主要介绍 TCP/IP 协议体系结构。首先，简介 OSI 参考模型；然后，介绍 TCP/IP 网络层、传输层（又称运输层）和应用层协议，并针对一个用户程序在通过 TCP/IP 网络向另一个用户应用程序传送信息时所需的地址类型进行研究；最后，介绍 IP 地址结构与编址规则。

## 第一节 OSI 参考模型简介

在网络发展初期，许多研究机构、计算机厂商和公司都开始大力发展计算机网络。自 ARPANET 出现之后，许多商品化的网络系统被相继推出。这些自行发展的网络，在网络体系结构上差异很大，以至于互不兼容，难于相互连接以构成更大的网络系统。为此，国际标准化组织（ISO）积极开展了网络体系结构的标准化研究工作，并于 1984 年正式颁布了一个称为"开放系统互连（OSI）基本参考模型"的国际标准——ISO/OSI 7498，即著名的 OSI 参考模型，用以指导计算机网络的设计与实现。

本节简要介绍 OSI 参考模型的一些基本知识。

### 学习目标

- ▶ 了解 OSI 参考模型各层的主要功能；
- ▶ 掌握大部分计算机网络采用的两种主要地址类型；
- ▶ 掌握将信息从源结点传送到目的结点所需的 3 种地址的原理。

### 关键知识点

- ▶ 两种主要的计算机地址：物理地址和逻辑地址。

### OSI 参考模型各层的主要功能

开放系统互连（OSI）参考模型最初是一种用于数据通信领域的抽象参考模型。如今 OSI 参考模型得到了实现并已实际应用于某些数据通信程序中。OSI 参考模型是一种分层次的体系结构，它由 7 层组成，从底层开始第 1 层至第 7 层分别是物理层（Physical Layer）、数据链路层（Data Link Layer）、网络层（Network Layer）、传输层（Transport Layer）、会话层（Session Layer）、表示层（Presentation Layer）和应用层（Application Layer）。所谓"开放系统互连"，就是可在多个厂家的环境中支持互连。在逻辑上可以将 OSI 参考模型分为两部分：第 1 层至第 4 层（低层）涉及原始数据之间的通信；第 5 层至第 7 层（高层）涉及应用程序之间的联网。OSI 参考模型的目的是为了使两个不同的系统能够通信，而不需要改变底层的硬件或软件的逻辑。OSI 参考模型并不是协议，它是个灵活、稳健和可操作的模型，用来分析和设计网络体系结构。OSI 参考模型为计算机间开放式通信所需定义的功能层次建立了统一标准。

表 1.1 示出了 OSI 参考模型各层的主要功能，同时给出了相应的信息单元。

表 1.1 OSI 参考模型各层的主要功能

| 层次 | 名称 | 功能 | 信息单元 |
| --- | --- | --- | --- |
| 7 | 应用层 | 为终端用户服务，提供分布式处理环境，管理开放系统的互连 | 程序 |
| 6 | 表示层 | 字符显示、压缩和安全性 | 字符和字 |
| 5 | 会话层 | 建立、管理和终止应用层实体之间的会话 | |
| 4 | 传输层 | 提供一条无差错按顺序的端到端连接，从发送计算机进程向接收计算机进程发送消息 | 报文 |
| 3 | 网络层 | 通过网络连接交换传输层实体发出的单个数据包（分组） | 分组 |
| 2 | 数据链路层 | 建立、维持和释放网络实体之间的数据链路。通过链路路由向最终目的物理地址发送含有数据包的帧 | 帧 |
| 1 | 物理层 | 规定通信设备的机械、电气、功能和过程的特性，用以建立、维持和释放数据链路实体间的连接；通过物理介质以信号的形式传输二进制数据 | 位（比特）|

## 物理地址

物理地址也称为硬件地址、链路适配器地址、网卡（NIC）地址，或者 MAC 地址。物理地址是网络设备将信息最终传至指定网络结点所需的地址，由它所在的局域网或广域网定义。之所以使用"最终"这个词，是因为系统常在开始（在较高层）时寻址到一些符号名，如命令"Ftp Serverhost"中的主机名。其中"Serverhost"是用户试图使用 FTP（TCP/IP）应用程序和协议与之建立连接的目的主机名字。对于连接到这台主机的用户而言，必须能从该符号名中得到其物理地址，然后利用此物理地址以许可的寻址规范找到目的主机。这时，类似 DNS 这样的名字服务进程从符号名中获得一个逻辑地址，TCP/IP 协议栈将这一逻辑地址称为 IP 地址。

对于大多数局域网，包括以太网和 IEEE 802.11 WLAN，物理地址可采用 6 字节（48 位）或 2 字节（16 位）两种中的任意一种。但随着局域网规模越来越大，一般采用 6 字节的物理地址，即用 12 个十六进制数表示，每 2 个十六进制数之间用冒号隔开，如 00:02:3f:00:11:4d 就是一个物理地址。物理地址与具体的物理局域网无关，即无论将带有这个地址的硬件（如网卡等）接入到局域网的何处，都有相同的物理地址，它由厂商写在网卡的只读存储器（ROM）中。可见，物理地址实际上就是网卡（NIC）地址或网络标识符 EUI-48。当这块网卡插入到某台计算机后，网卡上的标识符 EUI-48 就成为这台计算机的物理地址。

## 物理层

初学者会很自然地将物理地址与 OSI 参考模型的物理层联系在一起。然而，物理地址实际上是由 OSI 参考模型的数据链路层负责处理的。物理层仅仅通过物理介质发送和接收比特流，而并不关心这些比特流是否具有诸如地址之类的有意义的组织形式。物理层的操作依赖于其所选择的网络拓扑结构。例如，以太网中的格式、帧和比特周期就与令牌环网中的不同。

## 数据链路层

根据联网目的的不同，可以将物理地址分为两大基本类型：局域网（LAN）地址与广域网（WAN）地址。LAN 地址常见于以太网和令牌环网环境，而 WAN 地址则常用于高级数据链路控制（HDLC）及帧中继协议寻址。

物理地址支持平面网络模型。这意味着物理地址无法进行路径选择，因为物理地址仅仅能指定一台主机，而不能同时指定网络和主机。若要成为可路由的地址，就必须像 TCP/IP 一样，同时指定主机地址和网络地址。在数据链路层，仅仅通过寻址表与第 2 层进行通信的设备无法通过网络（第 3 层）进行通信。

物理地址是最低一级的地址，它包含在数据链路层使用的帧中。物理地址直接管理网络（局域网或广域网）。这种地址的长度和格式是可变的，取决于具体的网络。例如，绝大多数局域网使用写在网络卡上 6 字节（48 位）的物理地址。LocalTalk 则使用 1 字节的动态地址，它在站点每次入网时动态变化。

物理地址可以是单播地址（一个接收者）、多播地址（一组接收者）或广播地址（由网络中的所有系统接收）。例如，以太网支持单播地址（6 字节）、多播地址和广播地址，有些网络则不支持多播地址或广播地址。当必须把帧发送给一组接收者或所有的系统时，多播地址或广播地址必须用单播地址来模拟，这意味着要使用单播地址发送多个分组。

## 逻辑地址

逻辑地址对于普通的通信服务是必需的，这种通信服务与底层的物理网络无关。在互联网环境中仅使用物理地址是不合适的，因为不同网络可以使用不同的地址格式。因此，需要一种通用的编址系统，用来唯一地标志每一台主机，而不管底层使用什么样的物理网络。逻辑地址就是为此目的而设计的。目前，采用 IPv4 协议的因特网逻辑地址是 32 位的地址。在因特网上没有两台主机具有同样的逻辑地址。逻辑地址与物理地址不同，逻辑地址通常用于软件而非硬件。逻辑地址主要有以下两种：

- ▶ 网络地址，由网络层处理；
- ▶ 端口或进程地址，由传输层处理。

逻辑地址也可以是单播地址（单个接收者）、多播地址（一组接收者）或广播地址（对网络中的所有系统）。然而，广播地址存在一些局限性。

## 网络层

类似"192.168.59.8"这样的 IP 地址属于逻辑地址。在 IP 网络中，网络管理员会为每台主机分配一个唯一的 IP 地址。IP 地址是一个 32 位的地址，包括地址的主机部分和网络部分。图 1.1 所示的三层网络结构层次对这一概念进行了说明。

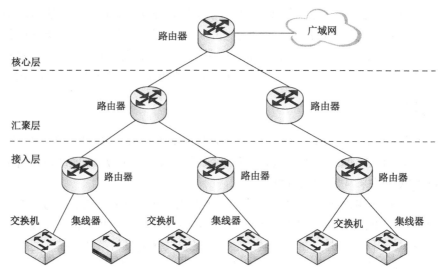

图 1.1　三层网络结构层次

第 3 层地址允许建立多个路由网络。图 1.1 中的三层网络结构可以将本地网段内的信息流隔离在本层内，而只允许不同网段间需要通信的主机跨层通信。这样就可以将信息流控制在底部两层，即接入层和汇聚层，而只允许通往广域网的信息流通过核心层。这一点可利用路由选择和第 3 层地址得以实现。

**传输层**

对于从源主机把许多数据传送到目的主机来说，IP 地址和物理地址是必须使用的；但到达目的主机并不是在因特网上进行数据传输的最终目的。一个系统若只能从一台计算机向另一台计算机发送数据，显然是不够的。如今的计算机是多进程设备，即可以在同一时间运行多个进程。因特网通信的最终目的是使一个进程能够与另一个进程通信。为此，需要有一种方法对不同的进程进行标志。换言之，进程也需要有地址。给一个进程指派的标号称为端口地址。诸如"23"之类的端口号（进程地址）也属于逻辑地址。设备通过其端口地址向高层传送信息，通过其端口号跟踪多种同步的即时作业。

软件开发人员经常使用一些默认的端口号来初始化即时作业。表 1.2 示出了常用于 TCP 和 UDP 地址的一些端口号。

表 1.2　常用端口号

| 十进制端口号 | 协议描述 |
| --- | --- |
| 20 | TCP-FTP（数据传输） |
| 21 | TCP-FTP（登录认证） |
| 23 | TCP-Telnet |
| 25 | TCP-SMTP |

续表

| 十进制端口号 | 协议描述 |
| --- | --- |
| 53 | TCP/UDP-DNS |
| 67 | UDP-BOOTP/DHTP |
| 69 | UDP-TFTP |
| 161 | UDP-SNMP |

传输层不仅负责为应用程序寻址，而且可在第 3 层协议的基础上提供可靠的通信。传输层提供流量控制、视窗、数据排序及恢复。

### 会话层

OSI 参考模型的第 5 层至第 7 层处理数据本身，端到端的数据传输则由较低的 4 层处理。

会话层负责建立、管理和终止应用程序之间的会话。会话由两个或多个表示层实体之间的对话组成。

会话层为表示层提供服务。它使表示层实体之间的对话同步，并负责它们之间数据的交换。除了对会话进行管理，会话层还提供对话单元同步、服务类别（CoS）以及关于第 5、6、7 层会话异常的报告。

### 表示层

表示层可以保证格式相同的系统的应用层所发出的信息在目的系统的应用层中仍然可读。必要时，表示层可在不同的多种数据表达格式之间进行转换。

### 应用层

应用层最贴近用户。它不支持其他层，而是向 OSI 参考模型之外的应用程序进程提供服务。

在应用层可以确定和证实指定对等实体的可达性，使双方的应用程序同步，为应用程序的错误恢复和数据完整性控制建立一致的流程。同时，应用层也判断对于指定通信所需的资源是否存在。

## 地址总结

关于逻辑地址，最重要的一点是它无法真正"在硬件上"传输信息。只有物理地址才可以做到这一点，无论这个物理地址是广播地址、多播地址还是单播地址。

## 练习

1. OSI 参考模型物理层的主要目的是以下哪一项？（　　）
    a．为信息传送提供物理地址
    b．建立可以通过网段携带高层 PDU 的数据帧
    c．利用网络和主机地址通过网络路由数据包
    d．通过物理介质以比特流格式传输数据

2. 下面哪一项是 OSI 参考模型会话层的主要目的？（   ）
   a. 建立可以通过网段携带高层 PDU 的数据帧
   b. 利用不可路由的物理地址建立平面网络模型
   c. 建立、管理和终止应用层实体之间的会话
   d. 定义应用层信息可通过网络传输的格式
3. 下面哪一项是 OSI 参考模型表示层的主要目的？（   ）
   a. 建立、管理和终止应用程序之间的会话
   b. 利用逻辑地址确认高层应用程序
   c. 利用不可路由的物理地址建立平面网络模型
   d. 定义应用层信息可通过网络传输的格式
4. OSI 参考模型数据链路层的主要目的是以下哪一项？（   ）
   a. 利用不可路由的物理地址建立平面网络模型
   b. 通过物理介质以比特流格式传输数据
   c. 利用逻辑地址建立多个可路由网络
   d. 建立、管理和终止应用程序之间的会话
5. OSI 参考模型应用层的主要目的是以下哪一项？（   ）
   a. 为应用程序之间的通信定义通用逻辑端口地址
   b. 建立、管理和终止两个或多个应用层实体之间的会话
   c. 为错误恢复和数据完整性建立用户应用程序流程
   d. 为通过网络传送信息建立层次寻址模型

### 补充练习

1. 在 OSI 参考模型（OSI/RM）中，（   ）实现数据压缩功能。
   a. 应用层    b. 表示层    c. 会话层    d. 网络层
2. 在 OSI/RM 中，数据链路层处理的数据单位是（   ）。
   a. 位    b. 帧    c. 分组    d. 报文

## 第二节　TCP/IP 协议体系

TCP/IP 协议体系也称为 TCP/IP 模型。与 OSI 参考模型不同，TCP/IP 协议体系是从早期的分组交换网络 ARPANET 发展而来的，没有正式的协议模型。TCP/IP 协议体系是构成 TCP/IP 软件的协议集合。本节主要介绍 TCP/IP 协议体系结构与组成。

**学习目标**

▶ 了解 TCP/IP 协议体系结构；
▶ 掌握 TCP/IP 协议体系结构中的应用层、传输层和网络层协议。

**关键知识点**

▶ TCP/IP 协议体系结构的每一层所具有的特定功能。

## TCP/IP 协议体系概述

TCP/IP 的发展历史可以追溯到 20 世纪 70 年代中期由高级研究计划局（ARPA）建立的 APPANET。随着 Internet 的发展应用，到 20 世纪 90 年代，TCP/IP 及其体系结构逐渐成为业内公认的工业标准。

TCP/IP 协议体系从字面上理解只有 TCP（传输控制协议）和 IP（互联网协议）两个协议，而事实上是一个协议集合，TCP 和 IP 是该协议体系中最基本、最重要的两个协议。TCP/IP 模型经过几十年的发展，已变得非常复杂和庞大，产生了许多相关协议，这些协议经过整理后形成了一个由交互模块组成的协议体系，每个模块提供特定的功能。

由于 TCP/IP 协议体系在 OSI 参考模型之前就已经问世，因此 TCP/IP 协议体系结构的层次无法准确地与 OSI 参考模型对应起来。TCP/IP 协议体系（TCP/IP 模型）由网络接口层、网际互联层（又称互联网络层或网络层）、传输层和应用层四部分组成，如图 1.2 所示，图中还示出了 TCP/IP 模型各层的详细内容及其与 OSI 参考模型层次的对应关系。

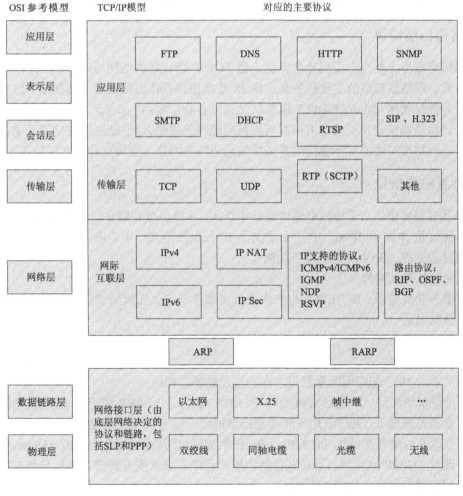

图 1.2　TCP/IP 模型结构

TCP/IP 协议体系各层所具有的功能如下：
- 网络接口层——完成 OSI 参考模型中物理层和数据链路层的功能，依赖于所在网络的类型，提供位传送和帧传送服务，并实现将物理地址（MAC 地址）与逻辑地址（IP 地址）相互映射的机制；
- 网际互联层——通过多个网络向其目的结点传送数据报，其功能与 OSI 参考模型的网络层类似；
- 传输层——与 OSI 参考模型传输层的功能相同，提供可靠性及流控制，实现面向应用软件的通信复用；
- 应用层——面向不同业务为网络通信提供各种各样的高级协议和应用程序。

## TCP/IP 协议栈

TCP/IP 协议体系为网络和系统定义了一系列协议层，允许任何类型的网络设备之间进行通信。在这个分层的 TCP/IP 协议体系中，每层包含了相对独立的协议，它们可以根据系统需要进行"混合和搭配"，每一个高层协议都有一个或多个低层协议来支持，以提供一切功能。

### 网络接口层协议

虽然信息服务主要由应用层协议提供，但 TCP/IP 协议栈的低层协议对于信息的端到端传送是必需的。网络接口层的主要任务是实现 IP 数据报在具体通信系统上的传输。这些通信系统既包括各种局域网（如 IEEE 802.3 标准），又包括各种广域网（如 X.25、帧中继和 xDSL 等）。

网络接口层协议定义了确定主机如何访问局域网的规则。这一低层协议定义了主机如何连接到网络，而物理网络的实际操作由其拓扑结构所特有的第 1 层协议和第 2 层协议决定。

### 网际互联层协议

网际互联层协议定义了通过网络传送基本单元，并提供对共用寻址体系和路由的支持。该层的核心协议是 IPv4 和 IPv6。IP 主要定义了 IP 数据报格式，负责路由数据报，并将其传送到最终的目的结点。IPv4 可提供以下功能：
- 全球性寻址结构；
- 服务类型请求，IP 在数据包头中提供诸如数据包优先级别和容量需求之类的服务质量信息；
- 数据包分段；
- 数据包重组。

其他可以与 IP 一起在网际互联层工作的协议较多，例如：
- 地址解析协议/逆地址解析协议（ARP/RARP）——ARP 用于将 IP 主机地址映射为数据链路地址，RARP 用于将数据链路地址映射为 IP 主机地址。
- 互联网控制报文协议（ICMP）——提供故障诊断功能，如 ping 和 traceroute 命令，通过 TCP/IP 软件（而不是其他特定用户程序）指定使用的错误消息及状态消息，检测和确定设备间的网络连接。
- 互联网组管理协议（IGMP）——用于允许主机加入 IP 多播（组）寻址体系。
- 路由信息协议（RIP）——一种基于 UDP 的内部网关协议，由于其功能是实现自治系统内部的路由，因此归于网际互联层。
- 开放最短路径优先（OSPF）协议——一个内部网关协议，其功能是实现自治系统内部的路由。
- 边界网关协议（BGP）——一种基于 TCP 的外部网关协议，由于其功能是实现自治系统之间的路由，因此也将它归于网际互联层。

## 传输层协议

传输层协议的主要功能是提供应用程序之间的通信。网络层协议只提供数据包传送服务，允许主机将数据包发送到网络上。虽然该网络具有一定的将数据包传送到正确目的结点的可信度，但用户应用程序往往需要特定层次的服务。这可能涉及可靠性规范、错误率、延迟或这些特性的某些组合。传输层协议可以为应用层提供所需级别的服务。

TCP/IP 为应用程序提供以下不同级别的服务：
- 传输控制协议（TCP）——提供端到端数据流服务，其中包含确保数据可靠传送的机制。这些机制包括校验和、序列号、计时器、确认以及重传过程。TCP 是一种面向连接的协议，可为应用层提供可靠、有序的数据传送。
- 用户数据报协议（UDP）——为不需要可靠数据传送服务的应用程序提供面向事务的端到端的高效服务。当应用程序对传送速度的需要高于对传送可靠性的需要，或应用程序本身可提供可靠性支持时，就可以使用 UDP 进行数据传送。
- 流控制传输协议（SCTP）——一个对新应用（如 IP 电话）提供支持的新协议，它是一个把 UDP 和 TCP 的优点综合起来的传输层协议。

## 应用层协议

应用层将数据传递给传输层，传输层协议将数据排序成消息或字节流，以利于在网络上传送。TCP/IP 协议栈的应用层协议较为丰富，且在不断增添，主要有：
- 文件传送协议（FTP）——使一台主机能够非常方便地向另一台主机发送文件的协议。FTP 使用 TCP 提供的可靠服务，确保文件段不会丢失。
- 简单邮件传送协议（SMTP）——包含 E-mail 机制，并可使用 TCP 进行可靠的邮件信息传送。SMTP 为客户机与服务器之间或服务器与服务器之间的 E-mail 发送提供了一个简单的协议。
- 简单网络管理协议（SNMP）——提供一个标准化的网络管理协议，以便对 TCP/IP 主机和路由器进行管理。在传输层，SNMP 使用 UDP。
- 域名服务（DNS）——提供从域名到地址的查询服务。该协议允许用户在访问远程服务器时输入统一资源定位符（URL）来代替其 IP 地址。DNS 可以使用 UDP 或 TCP，但优先使用 TCP 连接。
- 邮局协议 3（POP3）——允许用户恢复保存在邮件服务器上的邮件。POP3 在传输层使用 TCP。
- 超文本传送协议（HTTP）——允许 Web 客户机与服务器之间进行协商和交互。HTTP 是一种无状态的协议，这意味着事务一旦处理完毕，逻辑连接便停止。HTTP 在传输层使用 TCP。

- 动态主机配置协议（DHCP）——一种基于 UDP 的协议，使网络管理员能够集中管理和自行分配 IP 地址。

## IP 的版本

1983 年，IP 就已经成为因特网（当时称为 ARPANET）的正式标准。随着因特网的不断发展，IP 也在不断地推出新的版本。IP 从开始到现在共有 6 个版本，在此仅介绍后 3 个版本。

### IPv4

1981 年完成的 IP 版本 4，即 IPv4（RFC 791），是 TCP/IP 协议栈中的核心协议，它向传输层提供了一种无连接的尽力而为的数据传输服务，是实现网络互联的基本协议。随着因特网技术的进步，之后又有许多 RFC 阐明并定义了 IPv4 寻址、在某种特定网络介质上运行的 IP，以及 IPv4 的服务类型（ToS）字段等标准。

IPv4 除定义了 IP 数据报及其确切的格式之外，还定义了一套规则，即 IPv4 地址及其分配方法，用于指明 IP 数据报如何处理和怎样控制错误。

大部分因特网目前使用 IPv4。然而这个版本具有明显的缺点，主要问题是因特网的地址只有 32 位长，而且地址空间还要分成不同的类。随着因特网的飞速增长，对预测的用户数设计的 32 位地址已经不能满足需求。此外将地址空间划分为不同类型也限制了可用的地址数。

### IPv5

IPv5 是基于 OSI 参考模型提出来的。它是一个试验性的实时流协议，由于层次的改变很大和预期费用很高，这个版本始终没有越过 RFC 建议阶段，因此没能得到广泛的应用。

### IPv6

当前应用在互联网上的 IPv4 成功地连接着全球范围内的数亿台主机。但是，随着计算机网络规模的不断扩大，IPv4 的不足越来越明显，不但地址空间匮乏，路由表过于庞大，而且也不能很好地支持实时业务。针对这种情况，因特网工程任务组（IETF）制定并发布了 RFC 2373，一个用来取代 IPv4 的新一代互联网协议——IPv6。

IPv6 又称为 IPng（下一代 IP）。IPv6 大幅度提高了编址能力，它使用 16 字节（128 位）地址，而不是 IPv4 中使用的 4 字节（32 位）地址。因此，IPv6 可容纳的网络用户数量很大。在 IPv6 中，简化了 IP 数据报格式，而且还可以灵活地增加一些功能。

IPv6 支持网络层的鉴别以及数据的完整性和保密性。它可以处理实时数据（如音频和视频）的传输，以及可携带采用其他协议的数据。IPv6 还能够处理拥塞和路由发现，其性能优于 IPv4。随着互联网的发展应用，IPv6 将替换 IPv4。

本书内容主要基于 IPv4 进行讨论，简单介绍 IPv6，并尽可能整合 IPv4 和 IPv6。

## TCP/IP 通信

下面以向网络中的另一台主机发送 E-mail 消息作为例子，讨论 TCP/IP 通信机制。

## 应用层

TCP/IP 中用于 E-mail 的应用层协议是 SMTP，该协议对一台计算机能够向另一台计算机发送的一组命令给予了定义。这些命令用于指定消息的发送者、接收者和消息文本。图 1.3 所示的数据流构成 E-mail 消息。

数据流被发送到负责确保 E-mail 消息能够到达另一端的 TCP 模块中。这里的 TCP 模块可看作一个例程库，应用程序使用其中的例程与其他计算机进行可靠的网络通信。

## 传输层

TCP 将一个大的 E-mail 消息分成多个可以管理的小块。每一块（或段）最终会被放入自己所属的数据包中，如图 1.4 所示。目的结点负责将单个段重新组成完整的 E-mail 消息。

图 1.3　消息数据流　　　　　　　　图 1.4　将消息分成段

当消息被分成段后，TCP 通过在每个段的前面设置一个报头来跟踪这些消息块。TCP 报头包括源端口、目的端口和序列号。为了便于解释，如果将 TCP 报头缩写为"T"，那么此时整个 E-mail 消息如图 1.5 所示。

图 1.5　设置 TCP 报头的 E-mail 消息

现在，数据报（或数据包）被向下传送到网络层进行处理，然后由 IP 负责传送。TCP 跟踪它所发送的内容，并再次传送未通过的所有内容。

## 网际互联层

TCP 和 IP 之间的接口比较简单，TCP 只需将带有目的结点的数据报交给 IP，而 IP 并不知道此数据报与其前后数据报的关系，它只要将该数据报传送到其最终结点即可。

IP 的任务是为数据报找到一个路由，并将它发送到最终目的结点。为了将数据报发送到最终目的结点，IP 也在每个段前设置一个报头。IP 报头包括源 IP 地址、目的 IP 地址、说明其传输层协议的协议编号（这里其传输层协议是 TCP）和校验和。如果将 IP 报头缩写成"I"，那么此时的 E-mail 消息如图 1.6 所示。

图 1.6　增设 IP 报头的 E-mail 消息

现在，每个数据报可向下传送到网络接口层，以便以比特流的形式发送到物理网络。

## 网络接口层

物理网络在每个数据报前设置自己的报头。假设希望访问一个以太网。如果用"E"表示以太网报头,用"C"表示以太网校验和,则此时的 E-mail 消息由图 1.7 所示的 3 个数据报组成。

图 1.7　增设以太网报头和以太网校验和的 E-mail 消息

## 目的结点

当目的结点接收到数据报之后,协议栈的各层协议以相反的方式分别对数据报进行处理。以太网接口处理以太网类型字段后将数据报上传给 IP。

IP 处理协议字段后将数据报上传给 TCP。TCP 处理序列号和其他信息,以便将数据段组合成原来的 E-mail 消息。最后将消息传送给目的计算机上的 E-mail 应用程序。

## 练习

1. TCP/IP 协议体系的网络接口层对应于 OSI 参考模型的哪个或哪些层?(　　)(可多选)
   a．物理层　　　b．网络层　　　c．传输层　　　d．数据链路层
2. 下面哪 3 项是 TCP/IP 网际互联层协议的功能?(　　)
   a．全球性寻址结构　　　　b．数据包分段
   c．端到端数据流服务　　　d．服务类型请求
3. 下面哪 3 项属于 TCP/IP 网际互联层协议?(　　)
   a．IGMP　　　b．IP　　　c．UDP　　　d．ARP
4. 下面哪个 TCP/IP 应用层协议允许公司在因特网上公开投递信息?(　　)
   a．FTP　　　b．SMTP　　　c．UUCP　　　d．NNTP
5. 下面哪个 TCP/IP 传输层协议提供了端到端面向事务的高效无连接服务?(　　)
   a．TCP　　　b．UDP　　　c．RTP　　　d．RSVP

## 补充练习

1. 在 http://datatracker.ietf.org/doc/rfc814/上下载并浏览 RFC 文档《Name, Addresses, Ports, and Routes》(David D. Clark, July 1982)。
2. 研究并找出 3 个描述下列 TCP/IP 细节的网络连接。
   a．HTTP　　　b．SNMP　　　c．SMTP　　　d．FTP
   e．IP　　　　f．DNS　　　　g．TCP　　　　h．UDP
3. 在 TCP/IP 协议体系中,数据链路层的功能是什么?
4. 应用层提供的主要服务是哪两种?
5. 网络层转发和传输层转发的区别是什么?
6. 端到端处理的特点是什么?

# 第三节　IP 编址

任何数据通信系统都需要采用能普遍接受的方法来识别每台计算机。TCP/IP 网络中的计算设备（也称为结点）都分配有一个唯一的 IP 地址。这些结点可能是个人计算机（PC）、服务器、路由器、网络管理工作站等。本节介绍 IP 编址和分类编址的一般概念，这属于早期因特网的编址机制；当前因特网中的主流编址机制是无分类编址。

**学习目标**
- 掌握 IP 编址的基本概念；
- 了解 IP 地址的路由和桥接。

**关键知识点**
- 唯一地址对于网络连接非常重要。

## IP 地址

地址是标识对象所处位置的标识符。为了识别互联网上的每个结点，必须为每个结点分配一个唯一的地址。在 TCP/IP 中，由互联网协议（IP）来进行编址。IP 规定：每台主机分配一个 32 位二进制数作为该主机的为 IP 地址。

IP 地址是互联网中的一个非常重要的概念，它在网际互联层实现了底层网络地址的统一，使互联网的网络层地址具有全局唯一性和一致性。在 TCP/IP 中，网际互联层使用 IP 地址来标识因特网上的每一台设备。互联网地址和域名分配机构（ICANN）负责所有 IP 地址的分配。某些设备，如物理连接到 1 个以上网络的路由器，必须对应每个网络连接或端口分配一个唯一的 IP 地址。

IP 寻址采用 32 位地址字段。地址字段中的位编号为 0～31。地址字段可以分成两部分：右边部分用来识别主机本身（主机部分），左边部分用来识别主机所在的网络（网络部分）。连接到同一网络的主机必须公用一个指定其网络号的公共前缀。

**注意**：网络主机中的 IP 软件使用唯一的位模式来识别地址类别。当 IP 软件识别地址类别之后，就可以确定哪些位表示网络号，哪些位表示地址中的主机部分。

IP 定义的地址构成一个地址空间。地址空间就是协议所使用的地址总数。如果协议使用 $N$ 位来定义地址，那么地址空间就是 $2^N$ 个，因为每一位都可以有两种不同的值（1 或 0）。

IP 地址使用 32 位地址，这表示地址空间为 $2^{32}$ 或 4 294 967 296（超过 40 亿）个。这表明，从理论上讲可以有超过 40 亿个设备连接到因特网；但实际数字要远小于这个数值。随着因特网的发展，可用的 32 位 IP 地址资源已很少。早在 2011 年 2 月 3 日，因特网编号管理局（IANA）就宣布全球 IPv4 地址池已经耗尽。IETF 制定了用来取代 IPv4 的新一代互联网协议——IPv6。IPv6 地址长度为 128 位，4 倍于 IPv4 地址长度，它所表达的复杂程度也是 IPv4 地址的 4 倍。当不做特别说明时，本书中的 IP 地址是指 32 位的 IPv4 地址。

IP 地址由 4 个十进制数字段的形式表示，每个字段有 3 个字符，字段之间用英文句点符号分开,如"字段1.字段2.字段3.字段4"。

刚开始使用IP地址时,IP地址使用分类的概念。这种体系结构称为分类编址。到20世纪90年代中期,出现了一种称为无分类编址的新体系。在分类编址中,IP地址空间共分为5类:A、B、C、D和E类。这些地址类可以通过其引导(最高顺序)位进行区分。分类编址的主要问题是:每一类地址都划分为固定数目的地址块,每一地址块的大小是固定的。

### A类地址

在A类网络地址中,有1个其值设置为0的引导位以及一个7位的网络号和24位的本地主机地址。前八位位组值的范围是0~127,即A类地址共分为128个地址块,如图1.8所示。第一块覆盖的地址是从 0.0.0.0 到 0.255.255.255,第二块覆盖的地址是从 1.0.0.0 到 1.255.255.255……最后一块覆盖的地址是从127.0.0.0到127.255.255.255。这类地址的第一地址块和最后一个地址块保留特殊用途,无法分配给网络和主机。所以,A类地址总共可以定义126个A类网络,每个网络最多可以有16 777 214台主机。

图1.8 A类网络地址

**注意:** IETF制定的请求评论(RFC)文档规定:在IP地址中,某些地址已被预留。第一个地址(即主机地址位均为0的地址)表示其所属的网络,因此不能分配给主机;最后一个地址(即主机地址位均为1的地址)表示全部主机,也不能分配给特定的主机。

另外,网络地址0.x.y.z和127.x.y.z也因特殊需要而被预留。因此,A类地址中可以分配给网络主机的地址范围是1.x.y.z~126.x.y.z。这说明,A类地址中只有125个地址块可分配给机构使用。

虽然$2^{24}$=16 777 216,但只能为每个A类地址的网络分配16 777 214个主机地址,因为主机地址位全为0和全为1的地址不能分配,所以要从总数中减去这两个不能分配的地址。

### B类地址

在B类网络地址中,有2个其值设为10的最高顺序位(引导位)以及一个14位的网络号和16位的本地主机地址。前八位位组值的范围是128~191,因此B类地址共划分为16 384个地址块,如图1.9所示。第一块覆盖的地址是从128.0.0.0到128.0.255.255……最后一块覆盖的地址是从191.255.0.0到191.255.255.255。有16个地址块保留用作专用地址,剩下的16 368个地址块可分配给各机构使用,每个网络最多可以有65 534台主机。

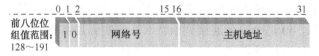

图1.9 B类网络地址

### C类地址

在C类网络地址中,有3个其值设为110的引导位以及一个21位的网络号和8位的本地主机地址。前八位位组值的范围是 192～223，如图 1.10 所示。第一块覆盖的地址是从 192.0.0.0 到 192.0.0.255……最后一块覆盖的地址是从 223.255.255.0 到 223.255.255.255。这样，一共可以定义 2 097 152 个 C 类网络，有 256 个地址块保留用作专用地址，剩下的 2 096 896 个地址块可分配给各机构使用。这表明，可以得到 C 类地址的机构数为 2 096 896 个。但这类地址的每个地址块只包含 256 个地址，因此使用这些地址的机构应当是需要不到 256 个地址的小型机构。

图 1.10　C 类网络地址

### D 类地址

第 4 类地址是用作多播地址的 D 类地址。D 类地址只有一个地址块。D 类地址的 4 个最高顺序位（引导位）被设置成 1110，其余 28 位表示多播组 ID，前八位位组值的范围为 224～239，如图 1.11 所示。

图 1.11　D 类网络地址

### E 类地址

最后一类 IP 地址是 E 类地址。E 类地址只有 1 个地址块，是预留将来使用的地址。E 类地址的 5 个最高顺序位（引导位）被设置为 11110，前八位位组值的范围为 240～247，如图 1.12 所示。E 类地址的最后一个地址（255.255.255.255）用作特殊地址。

图 1.12　E 类网络地址

**注意**：有时也将 IP 地址中的网络号称为网络地址，它在分类编址中起着非常重要的作用。网络地址是一个 IP 地址块的第一个地址，根据它就能找出这个地址的类别、地址块以及这个地址块的地址范围。路由器就是根据网络地址来选择数据报的路由的。例如，若给出 IP 地址 220.34.76.0，就可以知道：由于第一个字节在 192～223 之间，因此这个 IP 地址是 C 类地址；这个地址块的网络号是 220.34.76；地址的范围为 220.34.76.0～220.34.76.255。

## IP 地址格式

理解 IP 地址的格式与含义对理解 TCP/IP 网络和子网非常重要。为了便于阅读和理解 IP 地址，通常将 IP 地址写成 4 组十进制数，每组由 1 个小数点隔开。这一格式叫作 IP 地址的点分十进制记法。

这种表示法将 32 位地址分成 4 个 8 位（1 字节）字段，又叫作八位位组，并用 1 个十进制数独立地指定每个字段的值。例如，下面这个用位模式表示的 B 类 IP 地址：

10000001 00001111 00010001 00000011

其每个字段的值分别是 129、15、17 和 3。这样，其完整的 IP 地址用点分十进制记法就可以表示成 129.15.17.3。

下面给出每类地址的有效网络号，其中"hhh"表示由网络管理员分配的主机地址部分。

- A 类地址：001.hhh.hhh.hhh～126.hhh.hhh.hhh
- B 类地址：128.001.hhh.hhh～191.254.hhh.hhh
- C 类地址：192.000.001.hhh～223.255.254.hhh
- D 类地址：224.000.000.000～239.255.255.255
- E 类地址：240.xxx.yyy.zzz～247.xxx.yyy.zzz

## 编址规则

下列规则用于 IP 地址的分配：

（1）IP 地址中定义主机部分的位不能全是"1"。根据 RFC 文档的规定，主机部分全由"1"组成的 IP 地址被解释成"所有的"，即"所有主机"。例如，地址 128.1.255.255 表示网络 128.1.0.0 上的所有主机。

（2）IP 地址中用于定义网络部分的位不能全是"0"。根据 RFC 文档的规定，网络部分全由"0"组成的 IP 地址被解释成"这个"，即"这个网络"。例如，地址 0.0.0.63 表示当前（"这个"）网络上的主机 63。

（3）A 类网络号 127 被指定用于"回送测试"功能。这意味着高层协议发送给 127 网络地址的数据报要在主机内回送。

在某些情况下，（UNIX）网络插槽不仅用于与其他计算机的通信，也用于进程间的通信。在 UNIX 环境下，如果程序 A 要与运行在同一台计算机上的程序 B 通信，可使用 IP 网络号 127。对于任何网络上的任何数据报，其源地址和目的地址都不允许使用 127。

（4）ICANN 规定了一些专用 IP 地址或预留地址，也称为 IPv4 私有地址，这些地址如表 1.3 所示。因特网路由器不对这些地址进行路由选择。

表 1.3　ICANN 规定的专用 IP 地址

| 类别 | 地址范围 | 网络数 | 每个网络中的主机数量 |
| --- | --- | --- | --- |
| A | 10.0.0.0～10.255.255.255（10.0.0.0/8 或 10/8） | 1 | $2^{24}-2$ |
| B | 172.16.0.0～172.31.255.255（172.16.0.0/12 或 172.16/12） | 16 | $2^{16}-2$ |
| C | 192.168.0.0～192.168.255.255（192.168.0.0/16 或 192.168/16） | 256 | $2^{8}-2$ |

关于专用 IP 地址需要牢记以下三点：

- 专用 IP 地址不能从本地网络路由器路由到外部网络（不能广播到公共互联网）；
- 可广泛使用于几乎所有网络中，甚至家庭小型 DSL 网络也使用专用 IP 地址；
- 边界路由器通常使用 NAT 实现 LAN 中使用的专用地址和 ISP 中使用的公有地址空间之间的映射。

机构使用专用 IP 地址的优点：

- 当唯一性不被要求时，可节省全球性唯一 IP 地址；
- 由于可以使用的地址范围更大，使网络设计更具灵活性；
- 在没有获得完整的 ICANN 分配地址的情况下，可避免访问因特网时的地址冲突。

机构使用专用 IP 地址的缺点：
- 主机将来要访问因特网时，必须重新为其指定地址，或者在因特网访问接入点执行地址转换；
- 公司合并时，如果两个公司网络的所有主机都使用专用 IP 地址，就必须对某些主机的地址进行更改。

## A 类地址网络示例

在 A 类地址网络中，交换机所连接的各个网络段具有相同的网络字段和不同的主机字段，路由器所连接的网段则必须具有不同的网络字段，其示例如图 1.13 所示。

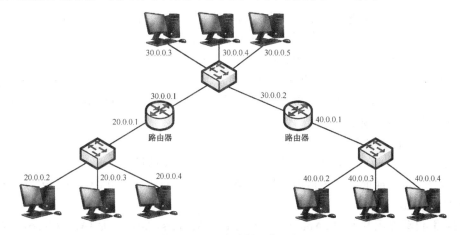

图 1.13　A 类地址网络示例

在图 1.13 中，有 3 个相互独立的 A 类网络，每个网络的前八位位组值都不相同。为了使这 3 个网络能够相互通信，需要用路由器将它们连接起来。路由器属于第 3 层设备，它可以根据 IP 逻辑地址这样的源地址和目的地址，通过网络路由数据包。

当 30.0.0.0 网络内的一台主机要与 20.0.0.0 网络内的一台主机通信时，它首先必须向其本地的路由器端口发送消息，然后由本地路由器端口决定将数据包发送到目的网络的相应路径。

目的网络的路由器接收到从最初的路由器发送来的数据包后，判断目的主机是否在本地网络内。如果是，则目的网络路由器将该数据包发送到目的主机；如果不是，则将数据包发送到下一个在数据包路径中离目的结点较近的路由器。

## 典型问题解析

**【例 1-1】** 在下列 IP 地址中，属于专用 IP 地址的是（　　）。
　　a．100.1.32.7　　b．192.178.32.2　　c．172.17.32.15　　d．172.35.32.244

**【解析】** 如果一个单位不需要接入因特网，但需要在其上运行 TCP/IP，最佳选择是使用专用 IP 地址。专用 IP 地址是 IPv4 为内部网络预留的地址，共有如下 3 组：

- 10.0.0.0～10.255.255.255
- 172.16.0.0～172.31.255.255
- 192.168.0.0～192.168.255.255

参考答案是选项 c。

**【例 1-2】** 在下列 IP 地址中，不能作为目的地址的是（　　），不能作为源地址的是（　　）。
　　　a．0.0.0.0　　　　b．127.0.0.1　　　　c．10.0.0.1　　　　d．100.255.255.255

**【解析】** 全 0 的 IP 地址表示本地计算机，不能用来表示网络中的主机和设备，因此不能作为目的地址。A 类地址 100.255.255.255 的主机号全为 1，属于广播地址，表示网内广播，不能作为源地址。127.0.0.1 为回送地址。回送地址适用于网络软件测试和本地进程间的通信，它不能出现在任何网络上，主机和路由器不能用该地址广播任何寻址信息。一个客户进程可以使用回送地址给本地的另一个进程发送一个分组，用来测试本地进程之间的通信。例如，ping 应用程序可以发送一个将回送地址作为目的地址的分组，以测试 IP 软件是否能够接收或发送该分组。

显然，参考答案：是选项 a 不能作为目的地址；选项 d 不能作为源地址。

**【例 1-3】** 在下列 IP 地址中，属于本地环路地址的是（　　）。
　　　a．10.10.10.0　　　b．127.0.0.1　　　c．255.255.255.0　　　d．192.0.0.1

**【解析】** 用于本地环路的 IP 地址是 127.0.0.1，通过这个地址可以检测主机 TCP/IP 的配置。10.10.10.0 是一个专用 IP 地址，255.255.255.0 是一个子网掩码，192.0.0.1 是一个普通的 C 类地址。故参考答案是选项 b。

**【例 1-4】** 在 IPv4 地址中，多播地址属于（　　）。
　　　a．A 类地址　　　b．B 类地址　　　c．C 类地址　　　d．D 地址

**【解析】** 在 IPv4 地址中，多播地址是 D 类 IP 地址，范围为 224.0.0.0～239.255.255.255。参考答案是选项 d。

**【例 1-5】** 自动专用 IP 地址（Automatic Private IP Address，APIPA）是 IANA（Internet Assigned Numbers Authority）保留的一个地址块，它的地址范围是 (1) 。当 (2) 时，使用 APIPA。

（1）a．A 类地址块 10.254.0.0～10.254.255.255
　　　b．A 类地址块 100.254.0.0～100.254.255.255
　　　c．B 类地址块 168.254.0.0～168.254.255.255
　　　d．B 类地址块 169.254.0.0～169.254.255.255

（2）a．通信对方要求使用 APIPA
　　　b．由于网络故障而找不到 DHCP 服务器
　　　c．客户机配置中开启了 APIPA 功能
　　　d．DHCP 服务器分配的租约期到期

**【解析】** 自动专用 IP 地址（APIPA）是当客户端无法从 DHCP 服务器中获得 IP 地址时自动配置的地址。被 IANA 注册为 APIPA 的 IPv4 地址块为 169.254.1.0～169.254.254.255（RFC 3927），使用这些地址的网络亦称作 IPv4 链路本地（IPv4 LL）或零配置网络（Zeroconf）。

当网络中的 DHCP 服务器失效，或者由于网络故障而找不到 DHCP 服务器时，自动专用 IP 地址开始生效，使得客户端可以在一个小型局域网中运行，与其他自动或手工获得 APIPA 址的计算机进行通信。其实，APIPA 的主要用途是为了移动计算使用的，两个笔记本计算机用户之间可以通过 APIPA 直接通信，而不需要其他网络连接的支持。

参考答案：(1) 选项 d；(2) 选项 b。

**【例 1-6】** 在下面 4 个主机地址中属于网络 220.115.200.0/21 的地址是（　　）。

  a．220.115.198.0    b．220.115.206.0

  c．220.115.217.0    d．220.115.224.0

**【解析】** 地址 220.115.198.0 的二进制形式：1101 1100. 01110 0011.1100 0110.0000 0000

地址 220.115.206.0 的二进制形式：**1101 1100. 01110 0011.1100** 1110.0000 0000

地址 220.115.217.0 的二进制形式：1101 1100. 01110 0011.1101 1001.0000 0000

地址 220.115.224.0 的二进制形式：1101 1100. 01110 0011.1110 0000.0000 0000

而网络地址 220.115.200.0/21 的二进制形式为 **1101 1100. 01110 0011.1100** 1000.0000 0000，与选项 b 匹配，故参考答案是选项 b。

## 练习

1．IP 地址由下列哪一项的二进制数字组成？（　　）

  a．8 位    b．16 位    c．32 位    d．64 位

2．在下列 IP 地址中哪一项属于 C 类地址？（　　）

  a．141.0.0.0  b．10.10.1.2  c．197.234.111.123  d．225.33.45.56

3．下列哪些地址属于专用 IP 地址？（　　）

  a．10.0.0.0  b．172.31.255.255  c．192.168.0.0  d．172.32.0.0

4．下列哪一项描述适合网络号 127.x.y.z？（　　）

  a．一个专用 IP 地址    b．一个组播地址

  c．一个回送地址    d．一个实验地址

5．下列对于 IP 寻址的描述，哪两项是正确的？（　　）

  a．主机部分的位不能全为 1    b．网络部分的位经常全为 0

  c．IP 地址 172.16.0.0～172.31.255.255 属于公共 IP 地址范围

  d．网络部分的位不能全为 0

6．机构使用专用 IP 地址的有利方面是下列的哪几项？（　　）

  a．当唯一性被要求时，可节省专用 IP 地址

  b．地址范围更大，从而使网络设计更具灵活性

  c．当仅能获得较少的 ICANN 分配地址时，可避免与因特网地址的冲突

  d．当唯一性不被要求时，可节省公共 IP 地址

7．下列哪两项属于预留 IP 地址？（　　）

  a．0.x.y.z  b．172.16.y.z  c．127.x.y.z  d．126.x.y.z

8．在每个地址范围后的横线上填上其对应的 IP 地址类别：

  a．240.xxx.yyy.zzz～247.xxx.yyy.zzz ＿＿＿＿＿＿

  b．128.001.hhh.hhh～191.254.hhh.hhh ＿＿＿＿＿＿

  c．001.hhh.hhh.hhh～127.hhh.hhh.hhh ＿＿＿＿＿＿

  d．224.000.000.000～239.2555.255.255 ＿＿＿＿＿＿

  e．192.000.001.hhh～223.255.254.hhh ＿＿＿＿＿＿

**补充练习**

1．在自己的 PC 上，打开"命令提示符窗口"或"MS-DOS 提示符窗口"，在其中输入命令"ping 127.0.0.1"，观察其运行结果。

2．在同样的命令行窗口中，输入命令"ping localhost"，观察其运行结果，并与上题中的运行结果进行比较。

3．对出现在第 2 题运行结果中第一行的回送测试 IP 地址 127.0.0.1 旁的主机名（hostname）执行 ping 命令，结果如何？

# 本 章 小 结

OSI 参考模型是一种属于数据通信领域的层次性参考模型，由 7 层组成，各层均具有相应的功能。其中，第 1 层（物理层）规定了通信设备的机械特性、电气特性、功能特性和过程特性，用以建立、维持和释放数据链路实体间的连接；通过物理介质以信号的形式传送二进制数据。第 2 层（数据链路层）利用物理地址在终端结点之间传送数据帧。而第 3 层（网络层）和第 4 层（传输层）利用逻辑地址在网络之间移动数据。第 3 层的逻辑地址用于建立层次结构型网络，从而可以划分特定的网段来隔离网络流量；第 4 层的逻辑端口地址有助于网络主机将应用程序流传送到相应的客户机和服务器进程，并支持两台主机之间的多路同步会话。其余的第 5 层（会话层）、第 6 层（表示层）和第 7 层（应用层）分别用于处理数据、管理会话，表示数据，为用户提供服务等。

TCP/IP 协议体系（TCP/IP 模型）虽然无法准确地与 OSI 参考模型相对应，但也有自己的分层：其网络接口层对应 OSI 参考模型的物理层和数据链路层，提供关于位传送和帧传送方面的服务，特定网络拓扑结构的 OSI 参考模型第 1 层和第 2 层协议对网络接口层的功能提供了支持；其网际互联层对应 OSI 参考模型的网络层，并与其提供同样的服务，IP 属于网际互联层的协议；其传输层对应 OSI 参考模型的传输层；其应用层包括 OSI 参考模型的会话层、表示层和应用层。在传输层，TCP 和 UDP 分别提供面向连接的服务和无连接服务。TCP/IP 可提供许多应用协议，如用于共享 E-mail 的 POP3 和 SMTP，用于名字解决方案的 DNS，用于共享数据和信息的 FTP 和 HTTP 等。

IP 网络中的主机用 32 位的逻辑地址来唯一指定。IP 地址具有两部分：网络部分和主机部分。为了进行通信，位于同一网段的 IP 主机地址的网络部分必须相同。IP 地址被分为 A、B、C、D 和 E 五类。A 类地址的前八位位组值的范围是 1～126（0 和 127 为预留号），B 类地址的前八位位组值的范围是 128～191，C 类地址的前八位位组值的范围是 192～223，D 类地址专用于多播地址，E 类地址预留备用。IP 地址采用点分十进制记法。

**小测验**

1．下列哪一项是 OSI 参考模型传输层的主要目的？（　　）
    a．为应用程序之间的通信定义默认的网络端口地址
    b．建立、管理和终止应用程序之间的会话
    c．为错误恢复和数据完整性建立应用程序进程
    d．控制两个或多个表示层实体之间的对话

2. 下列哪一项是 OSI 参考模型网络层的主要目的？（    ）
   a. 建立、管理和终止应用程序之间的会话
   b. 利用第 3 层地址来建立多个可路由的网络
   c. 利用逻辑地址来识别高层的应用程序
   d. 建立数据帧，以携带高层 PDU 通过网段
3. 在 TCP/IP 协议体系中，下面哪个协议可提供"ping"和"traceroute"这样的故障诊断功能？（    ）
   a. ICMP          b. IGMP          c. ARP          d. RARP
4. TCP/IP 协议栈的应用层与 OSI 参考模型的哪三层相对应？
   a. 应用层         b. 会话层        c. 表示层        d. 传输层
5. 下列哪一项属于有效的 A 类 IP 地址范围？（    ）
   a. 1.hhh.hhh.hhh～191.hhh.hhh.hhh       b. 0.hhh.hhh.hhh～91.hhh.hhh.hhh
   c. 128.hhh.hhh.hhh～191.hhh.hhh.hhh     d. 1.hhh.hhh.hhh～127.hhh.hhh.hhh
6. 下列哪一项属于有效的 C 类 IP 地址范围？（    ）
   a. 192.000.001.hhh～223.255.254.hhh     b. 192.hhh.hhh.hhh～239.255.255.255
   c. 224.000.000.000～239.255.255.255     d. 128.001.hhh.hhh～191.254.hhh.hhh
7. C 类网络地址可提供多少个网络位和主机位？（    ）
   a. 16 个网络位，16 个主机位              b. 8 个网络位，24 个主机位
   c. 24 个网络位，8 个主机位               d. 30 个网络位，2 个主机位
8. D 类地址也可以称为哪类地址？（    ）
   a. 单播地址       b. 广播地址      c. 专用地址      d. 多播地址
9. 下面哪一项是有效的 B 类网络地址？（    ）
   a. 15.129.89.76   b. 151.129.89.76  c. 193.129.89.76  d. 223.129.89.76
10. 下列哪一项属于有效的 B 类 IP 地址范围？（    ）
    a. 1.hhh.hhh.hhh～191.254.hhh.hhh      b. 128.001.hhh.hhh～191.254.hhh.hhh
    c. 128.hhh.hhh.hhh～223.254.hhh.hhh    d. 192.254.hhh.hhh～223.255.254.hhh
11. C 类地址可包含主机的最大数量是多少？（    ）
    a. 16            b. 256           c. 65 536        d. 16 777 216
12. 为了确定将数据报发送到下一个网络的路径，网络层必须首先对接收到的数据帧做什么？（    ）
    a. 封装数据包     b. 改变其 IP 地址   c. 改变其 MAC 地址   d. 拆分数据包
13. 在下列 IP 地址中，属于专用 IP 地址的是（    ）。
    a. 100.1.32.7    b. 192.178.32.2   c. 172.17.32.15   d. 172.35.32.244
14. 32 位的 IP 地址可以划分位网络号和主机号两部分。在以下地址中，<u>（1）</u>不能作为目的地址，<u>（2）</u>不能作为源地址。
    （1） a. 0.0.0.0   b. 127.0.0.1   c. 10.0.0.1   d. 192.168.0.255/24
    （2） a. 0.0.0.0   b. 127.0.0.1   c. 10.0.0.1   d. 192.168.0.255/24
15. IP 地址 202.117.17.255/22 是（    ）。
    a. 网络地址      b. 全局广播地址   c. 主机地址      d. 定向广播地址

# 第二章 TCP/IP 应用程序

网络应用是计算机网络产生与发展的根本原因。虽然计算机网络通信需要底层物理网络和通信协议的支持，但最直接有用的网络功能是由软件提供的。网络的应用系统为用户提供高层服务，并决定用户对底层计算机网络能力的认知，使得用户（不管是人还是软件）可以访问网络。网络应用系统为用户提供了接口和服务支持，如电子邮件（E-mail）、文件传送、新闻组、万维网（Web）等。因特网（Internet）技术的发展极大地丰富了其应用的内涵，如视频聊天、IP 电话、视频会议、博客（Blog）、网络即时通信、网络电视和 P2P（Peer to Peer）文件共享等新的服务。

TCP/IP 虽然是 ARPANET 早期所开发的 TCP 和 IP 两个协议，但其含义如今已经超出了这两个协议本身。"TCP/IP" 这一术语包含了三方面的含义：

▶ 网络，总起来称为因特网或者互联网；
▶ 一整套协议、软件和应用程序，即构成许多操作系统的标准组件，如文件传送协议（FTP）和简单邮件传送协议（SMTP）等；
▶ 实际的联网协议（如 TCP 和 IP）。

本书用 "TCP/IP" 一词表示上述三个组成部分。本章介绍建立在这三部分基础上的协议和应用程序。

## 第一节 TCP/IP 应用程序简介

网络应用与应用层协议是两个重要的概念。Web、电子邮件、文件传送、即时通信（IM）、IPTV、VoIP，以及基于网络的金融系统、电子政务、远程医疗、远程数据存储等，都是不同类型的网络应用。应用层协议规定了应用程序进程之间通信所遵守的通信规则，包括如何构造进程通信的报文、报文应包括哪些字段、每个字段的意义与交互的过程等问题。以 Web 服务为例，Web 网络应用程序包括 Web 服务器程序、Web 浏览器程序。Web 应用层协议 HTTP 定义了 Web 浏览器与 Web 服务器之间传送的报文格式、会话过程与交互顺序。对于电子邮件应用系统来说，电子邮件应用程序包括邮件服务器程序和邮件客户机程序。电子邮件应用层协议 SMTP 定义了服务器与服务器之间、服务器与邮件客户端程序之间传送报文的格式、会话过程与交互顺序。

本节介绍目前最常用的一些 TCP/IP 应用程序，同时简单描述运行 TCP/IP 应用程序的两种主要方法。

*学习目标*

▶ 掌握访问 TCP/IP 应用程序的两种方法；
▶ 掌握常见 TCP/IP 应用程序及其使用方法；
▶ 了解应用程序与应用层协议的概念。

## 关键知识点

▶ TCP/IP 协议族中包括许多应用层协议。比较典型的应用层协议有超文本传送协议（HTTP）、简单邮件传送协议（SMTP）、文件传送协议（FTP）、简单网络管理协议（SNMP）以及多媒体传送协议（SIP、RTP、RTCP、RTSP、H.323）等。

# 访问 TCP/IP 应用程序

基于 TCP/IP 协议族应用层协议开发的应用程序很多，其使用的方法也不尽相同。总的来说，访问 TCP/IP 应用程序的方法有两种。其中第一种方法，也是最早期的方法，采用的是命令行方式，即用键盘输入基于文本的命令。例如，如果要运行一个 FTP 应用程序，可以在 UNIX 或 DOS 命令行中输入"ftp"，如图 2.1 所示。

图 2.1　DOS 下的 FTP 屏幕

当采用命令行方式时，用户必须知道如何使用 FTP 以及访问目录、下载文件和关闭会话等所需的命令。

第二种方法是采用图形用户界面（GUI），最常用的就是万维网（Web）浏览器。在客户机上访问 FTP 站点时，只需打开客户机浏览器，输入"ftp://192.168.20.8"，确认后会弹出"Internet Explorer"对话框；然后输入正确的 FTP 服务器用户名和密码，如图 2.2 所示。

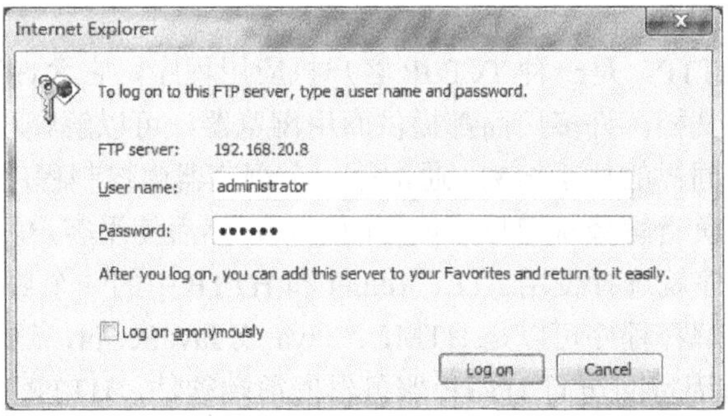

图 2.2　基于 Web 访问 FTP 服务器的登录窗口

若用户名和密码正确，就可以访问 FTP 站点了。这里只需利用鼠标指向并单击想要访问的网页或想要下载的文件，而无须再输入类似"get file（获取文件）"这样的命令。图 2.3 所示是这种方法的应用示例。

使用浏览器访问网页、发送和获取文件等比较简单，易于操作，它隐藏了有关 FTP 和应用程序的细节。虽然用户需要知道文件服务器的正确地址并且应具有访问服务器上文件的权限，但是用户不必知道具体的命令。

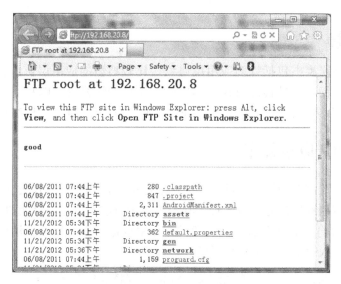

图 2.3  使用浏览器访问 FTP 站点的应用示例

需要注意的是，有时在使用客户端浏览器访问 FTP 服务器时会出现这样的提示信息："打开 FTP 服务器上的文件夹时发生错误。请检查是否有权限访问该文件夹。详细信息：操作超时"。这是因为被动 FTP 造成的，只要在"Internet 选项"对话框中选择"高级"选项卡，在"设置"下拉菜单中找到"使用被动 FTP（为防火墙和 DSL 调制解调器兼容）"项，把其前面的复选框去掉勾选就可以了。

## 常见 TCP/IP 应用程序简介

TCP/IP 软件被打包在很多应用程序中，带有 TCP/IP 软件的几种常见的应用程序如下。

### Web 浏览器

Web 浏览器使用 HTTP，是一种 TCP/IP 客户机应用程序，它允许用户从 HTTP 服务器的远程主机上获取超文本文档。许多厂商都提供商用浏览器，可以解释和显示 Web 页面，而几乎所有的浏览器都采用同样的体系结构。通常每一个浏览器由控制程序、客户程序和解释程序三部分组成。控制程序负责解释从键盘或鼠标的输入，然后使用客户程序访问要浏览的文档；在找到文档后，控制程序就选择使用 FTP、Telnet 和 HTTP 中的一个协议，在浏览器和服务器之间请求和传送文档；解释程序可以是 HTML、Java 或 JavaScript，这取决于文档的类型。

Web 浏览器是通过因特网访问 HTTP 服务器的前端软件，HTTP 服务器通常也作为 Web 服务器。RFC 1945 和 RFC 2616 中的相关内容对 HTTP 进行了定义。

### 文件传送程序

与远程登录程序一样，文件传送程序也是一种使用 TCP 的早期应用程序，并且目前仍在广泛应用。文件传送程序使用 FTP，可利用 ftp 命令在计算机之间复制文件。

在浏览器的初始状态下，对于因特网上的文档下载，总是默认调用 FTP 进程来支持实际的文件传送。Web 浏览器和服务器向用户隐藏了这一 FTP 进程的细节，其中包括代表用户发出的建立连接、传送文件和中断连接等命令。RFC 959 中的相关内容对 FTP 进行了定义。

### 普通文件传送程序

无盘工作站利用普通文件传送协议（TFTP）进行初始化。TFTP 与引导协议（BOOTP）共同工作。文件传送程序使用 TCP 传送文件，而普通文件传送程序则使用户数据报协议（UDP）来传送文件。TFTP 程序简洁短小，因此可以存放在 ROM 中。网络设备（如路由器和交换机等）使用 TFTP 来升级其软件和固件，并可从中央 TFTP 服务器上下载配置信息。RFC 1350 中的相关内容对 TFTP 进行了定义。

### 简单邮件传送程序

简单邮件传送程序使用 SMTP。SMTP 是用于在计算机之间传送 E-mail 消息的因特网标准协议。与其他在结构字段使用二进制代码的通信协议不同，SMTP 使用普通的英文报头。SMTP 定义了一种协议和一组进程，以便在邮件系统之间传送 E-mail 消息，但 SMTP 没有定义用来存储和恢复邮件消息的程序。事实上，虽然几乎所有的操作系统都含有包含 TCP/IP 在内的基本邮件阅读程序，但是人们仍然开发了众多的邮件阅读程序。RFC 821 中的相关内容对 SMTP 进行了定义。

邮局协议（POP3）经常与 SMTP 协议一起使用，为服务器提供存储 E-mail 的方法，同时也为客户提供从 POP3 服务器上下载消息的方法。POP3 服务器存储所收到的 E-mail 消息，直到服务器授权客户机邮件程序下载该消息为止。RFC 1939 中的相关内容对 POP3 进行了定义。

### 即时通信程序

目前，许多即时通信软件采用服务提供商自己制定的即时通信协议，如微软制定的微软网络服务协议（MSNP）、美国在线（AOL）制定的 OSCAR 协议以及 QQ 制定的专用协议。由于各个公司制定的协议互不兼容，因此不同即时通信系统之间无法实现互联互通。1999 年因特网工程任务组（IETF）提出了会话发起协议（SIP）。SIP 是在应用层实现即时通信的信令控制协议。在 SIP 中，"会话"是指用户之间的数据传送。传送的数据可以是普通文本数据，也可以是音频或视频、E-mail、聊天、游戏等数据。SIP 用于创建、修改和终止会话。在传输层，SIP 可以使用 TCP、UDP 或流控制传输协议（SCTP）。RFC 3261 文档至 RFC 3266 文档对 SIP 进行了详细的定义。

### 网络管理程序

网络管理程序使用简单网络管理协议（SNMP），它是为 TCP/IP 网络管理而设计的标准化网络管理方案。中央网络管理站（NMS）利用 SNMP 收集来自网络中其他计算机的数据。SNMP 对所收集数据的格式进行定义，之后中央网络管理站或网络管理员对这些数据进行解释。SNMP 定义了网络的最低资源配置、可携带性以及广泛接受性等特性。RFC 1157 中的相关内容对 SNMP 进行了定义。

远程监视（RMON）标准对 SNMP 进行了补充。SNMP 通过管理信息库（MIB）收集网络信息，同时向监测站点提供其所收集的独立实体视图；RMON 标准定义了一些附加的管理信息结构，这些管理信息结构可使监测站点将网络视为一个整体。RMON 程序使用 RMON 探测器（有时也称为 RMON 代理）来监视网段及其设备。这些探测器或者固化在网络设备之中，或者作为单独的硬件设备存在。RMON 探测器跟踪和分析网络流量，然后对其进行统计，并向监视站点报告。RFC 1757 中的相关内容对 RMON 进行了定义，RFC 2021 中的相关内容则定义了更先进的位于第 3 层的 RMON2。

### 域名服务系统

域名服务系统（DNS）具有一种转换机制，这一转换机制主要用于因特网。TCP/IP 设备使用这一转换机制将主机的计算机域名转换为 IP 地址。DNS 服务器上运行了一个集中式名字解析数据库。客户程序（如 Telnet 程序或浏览器）通过 DNS 服务器可将全限定域名（FQDN）解析为相应的 IP 地址。

TCP/IP 在可路由的网络中利用数字式逻辑地址来定位主机。因此，为了定位网络中的一台服务器，应用程序需要知道该服务器的 IP 地址。DNS 程序在其数据库中查找给定的全限定域名。RFC 1034 和 RFC 1035 中的相关内容对 DNS 进行了定义。

### 引导程序

TCP/IP 无盘主机通过一个使用引导协议（BOOTP）的引导程序可以自动地找到其 IP 地址，以及引导协议服务器的地址，然后从中下载启动文件。BOOTP 消息中定义了许多工作站启动时需要的条目，其中包括通向因特网的网关（路由器端口地址）和 DNS 服务器地址等。RFC 951 中的相关内容对 BOOTP 进行了说明。

### 动态主机配置程序

动态主机配置程序使用动态主机配置协议（DHCP）。DHCP 是 TCP/IP 客户机用来定位和下载 IP 地址及配置信息的一种协议。DHCP 以 BOOTP 为基础，但在 BOOTP 的基础上进行了很大的改进。BOOTP 管理员只能用手动的方式确定已发出请求的主机以及与其相关的信息，而 DHCP 则可将配置信息自动地发给所有提出请求的主机。DHCP 服务器还可以通过使用一些可选项来配置特定设备，同时具有建立在地址租借基础上的自动地址恢复结构。许多因特网服务提供商（ISP）和局域网（LAN）利用这种租借机制来扩展其地址范围，从而可以支持超过其地址数量的客户机。

因为无须手动配置客户机，DHCP 像 BOOTP 一样，减少了网络管理的工作量。而微软客户机，像 Windows 10 和 Windows 2016 系统，可以在安装了 TCP/IP 协议栈后自动配置为使用 DHCP 服务。其他运行 TCP/IP 的操作系统，如 Linux 和 MAC 系统，也支持 DHCP 服务。RFC 2131 中的相关内容对 DHCP 进行了说明。

## 应用程序及其协议的分类

在 TCP/IP 网络中，不同的应用程序使用不同的应用层协议，如图 2.4 所示。例如，当邮件客户机向邮件服务器发送邮件时，在客户机和服务器之间使用 SMTP 通过 TCP/IP 网络来传送信息。

从图 2.4 中可以看到，TCP/IP 网络可以连接许多不同类型的服务器。连接到 TCP/IP 网络的条件，主要是要有一个唯一的地址并使用 TCP/IP 协议体系中的协议。例如，如果一台客户机想要访问一台文件服务器上的文件，它就需要知道文件服务器的地址，并且需要得到文件服务器对访问这些文件的许可。客户机还需要运行正确的协议来与 TCP/IP 网络进行通信。

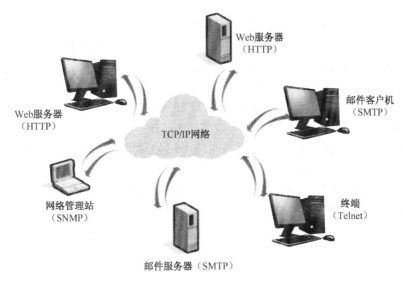

图 2.4 TCP/IP 网络

如果一台客户机想要访问连接在 TCP/IP 网络中的一台文件服务器上的文件，客户机除了需要获得访问文件服务器的许可之外，还需要具有 FTP 这样的程序，如图 2.5 所示。

图 2.5 客户机文件访问

根据因特网提供的服务，可以将应用程序及其相关的协议归纳为 3 种基本类型：基础实施类、网络应用类和网络管理类。

属于基础设施类的应用层协议主要有两种：
- 域名服务（DNS）协议——支持因特网运行的全局基础实施类应用层协议。
- 动态主机配置协议（DHCP）——支持因特网运行的局部基础实施类应用层协议。

属于网络应用类的协议又可分为以下两类：
- 基于客户机/服务器工作模式的应用层协议——主要包括文件传送协议（FTP）、简单邮件传送协议（SMTP），以及用于 Web 服务的超文本传送协议（HTTP）。
- 基于 P2P 工作模式的应用层协议——主要包括文件共享 P2P 协议、即时通信 P2P 协议、流媒体 P2P 协议、共享存储 P2P 协议、协同工作 P2P 协议。

网络管理类协议主要有简单网络管理协议（SNMP）。

# 练习

1. 下面哪一个 TCP/IP 应用程序允许网络用户上网冲浪？（　　）
   a．Web 浏览器　　　b．Telnet 程序　　　c．FTP 程序　　　d．SMTP 程序

2. 下面哪些 TCP/IP 应用程序允许用户利用浏览器和命令行两种方式传送文件？（　　）
   a. FTP 程序　　　　　b. Telnet 程序　　　　c. NNTP 程序　　　　d. TFTP 程序
3. 因特网的 E-mail 程序使用下列哪两项协议？（　　）
   a. SNMP　　　　　　b. SMTP　　　　　　c. LDAP　　　　　　d. POP3
4. DNS 怎样将全限定域名（FQDN）解析成 IP 地址？（　　）
   a. 在一个集中式 MIB 中查找　　　　b. 在一个集中式名字数据库中查找
   c. 查询 SNMP 服务器　　　　　　　d. 在本地主机的一个文件中查找
5. 以下哪一项关于应用层协议基本内容的描述是错误的？（　　）
   a. 定义了为交换用于进程数据提供服务的传送协议的报文格式
   b. 定义了各种报文的格式与字段类型　　c. 规定了每个字段的意义
   d. 对进程在什么时间和如何发送报文以及如何响应报文进行了描述

### 补充练习

在 Windows 网络操作系统环境下，分别使用两种方法访问常用的 TCP/IP 应用程序，并总结使用经验。

# 第二节　Web

最常见的 TCP/IP 网络应用之一就是 Web（万维网）。Web 的全称是 World Wide Web，缩写为 WWW，称为万维网。在 Internet 商业化的过程中，Web 的出现改变了不同组织发挥其功能的途径。像很多具有革命意义的技术一样，Web 可将原有孤立的活动集合到一个共同的框架之下。Web 网页不再仅仅提供文本和静态图片，而已经开始含有动画、音频、视频和其他多媒体内容。于是，Web 就开始支持这些内容在一个单一网络上的"统一"。Web 技术给 Internet 赋予了强大的生命力，把互联网带入了一个崭新的时代。

**学习目标**

▶ 了解 HTTP、Web 浏览器和 Web 服务器之间的关系；
▶ 掌握 Web 浏览器和 Web 服务器的基本概念；
▶ 了解搜索引擎和移动 Web 的基本概念。

**关键知识点**

▶ HTTP 是用于 Web 浏览器和服务器的应用层协议。

## Web 的基本概念

何谓 Web？从 Web（万维网）诞生起，人们就没有给它一个确切的定义。有人认为它是一种计算机程序，有人认为它是一类信息检索工具，也有人认为它是一种 Internet 网络协议。这些说法都是从某个侧面对 Web 进行的描述，仅仅反映了 Web 某一方面的特征。至于将 Web 定义为 Internet 的一种使用界面，虽然比较准确地反映了 Web 的基本特征，但仍然不够全面。

在Internet上，Web不但提供了信息检索的多种使用界面，还形成了一种信息资源的组织与管理方式；它既包含计算机硬件，又包含计算机软件；它既涉及电子信息出版，又涉及网络通信技术。Web使用的客户机/服务器技术，代表了当代先进的分布式信息处理技术。可以说，正是由于Internet、超文本和多媒体这3个20世纪90年代领先技术的互相结合，才导致了Web的诞生。Web并非某种特殊的计算机网络，而是一个大规模、联机式的信息存储场所。

Web起源于欧洲粒子物理研究实验室（European Laboratory for Particle Physics，其法文名称的缩写为CERN）。该机构位于瑞士日内瓦附近，由当时的欧洲共同体国家联合资助，专门从事复杂的物理学、工程学和信息处理工程学的研究，是一个世界高能物理研究精英人员聚集的场所。由于从事高能物理研究的科学家分布于世界各地，因而及时传递思想、共享研究成果比较困难。1989年3月，CERN的Tim Berners-Lee首先提出了Web的发展计划，开发了一个超文本系统，旨在为科学家们提供一种有效的通信手段。1990年底，第一个基于字符界面的Web客户端浏览程序开发成功；1991年3月，客户浏览程序开始在Internet上运行；1991年年底，CERN向高能物理学界宣布了Web服务。初期的Web，传递信息时采用的是传统的文本方式，并且仅仅局限于某些学科与地域之内。那时，人们还无法认识Web对现代生活的巨大影响。在规划Web的发展前景时，专家们明智地预测到了即将到来的多媒体时代，因而在Web内开始运用多媒体技术，漂亮的图片、多样的字体、动听的音乐、好看的视频动画以及可单击的按钮和超链接等都成为Web的一部分，为人们接受和使用Web奠定了基础。

开发和设计Web这一网络通信工具的最初动机，是为了在参与核物理实验的分布于不同国家的科学家之间交流研究报告、装置蓝图、图画、照片和其他文档。1993年2月，第一个图形界面的浏览器开发成功，名字为"Mosaic"。1995年著名的Netscape Navigator浏览器上市。目前，广受用户欢迎的浏览器是Microsoft公司的Internet Explorer。Web是一个引起公众注意的Internet应用，它戏剧性地改变了人们在工作环境内外进行交流的方式。正是由于Web的出现，使Internet从仅由少数计算机专家使用变成了普通百姓也能使用的信息资源。因此，Web的出现是Internet发展中非常重要的一个里程碑。

现在，Web已成为存储在Web服务器上的大量信息的代名词。服务器通过网络联系在一起，人们使用Web浏览器就可以访问存储在这些服务器上的网页文件。由于Web服务的图像界面、联想式思维、可交互性与主动的信息获取方式符合人类行为方式和认知规律，因此Web服务受到了人们的广泛欢迎。

就其组成和工作方式而言，Web是由分布在因特网上的成千上万个超文本文档链接而成的一种网状多媒体信息服务系统，它使人们获取信息的手段发生了本质的变化。用户只要操作联入互联网的计算机鼠标，就可以通过互联网从全世界的任何地方获取希望得到的文本、图形图像、音频视频等信息。图2.6所示是中国教育和科研计算机网（http://www.edu.cn）的Web主页。

对于大多数用户来说，最具有吸引力的是Web的按需操作。当用户需要某种信息时，就能得到他所要的内容。Web上的信息不仅可以是超文本文件，还可以是语音、图形、图像、动画等。就像通常的多媒体信息一样，这里有一个对应的名称，即超媒体（Hypermedia）。超媒体包括超文本，也可以用超链接连接起来，形成超媒体文档。超媒体文档的显示、检索、传送功能全部由浏览器实现。Web除了可以按需操作，还有很多让人喜爱的特性。在Web上发布信息非常简单，只需付出很小的代价就能成为信息发布者。表单、Java小程序等可以使用户与Web站点、Web页面进行交互。因此，Web是一个分布式的超媒体系统。

图 2.6　中国教育和科研计算机网 Web 主页

## Web 的关键组件

Web 基于浏览器/服务器模式工作，整个系统由 Web 浏览器、Web 服务器和超文本传送协议（HTTP）等组成。Web 浏览器是在用户计算机上的 Web 客户机程序，用于访问 Web 服务器上的信息；而驻留 Web 文档的计算机则运行服务器程序，称之为 Web 服务器。运行 Web 浏览器的计算机可直接连接或者通过拨号线路连接到因特网的 Web 服务器主机上。HTTP 是负责在 Web 客户机和 Web 服务器之间进行通信的 TCP/IP 应用层协议。

### Web 浏览器

Web 浏览器是通过内联网（Intranet）、外联网（Extranet）或因特网（Internet）访问 Web 服务器的前端软件，即观看页面的一种 Web 客户端程序。用户要浏览 Web 页面必须在本地计算机上安装浏览器软件。从本质上讲，浏览器是一种特定格式的文档阅读器，它能根据网页内容对网页中的各种标记进行解释并显示。另外，浏览器也是一种程序解释机，如果网页中包含客户端脚本程序，浏览器将执行这些客户端代码，从而增强网页的交互性和动态效果。不同版本的浏览器都需要遵循 HTML 规范中定义的标记集，同时为了便于脚本编程，每个浏览器本身也提供了相应的浏览器内置对象，类似于传统软件开发中的函数库和标准库函数。

在 Web 发展初期，浏览器程序主要有两类：一类是以 Lynx 为代表的基于字符的 Web 客户端程序，在不具备图形功能的计算机上使用；另一类是以 NCSA Mosaic 为代表的面向多媒体计算机的 Web 客户机程序，它可以在各种类型的小型计算机上运行，也可以在 IBM PC、Macintosh 计算机以及 UNIX 操作系统软件平台上运行。目前，使用广泛的浏览器是 Internet Explorer。除此之外，一些新的浏览器产品也不断推向市场，常见的有：Mozilla Firefox（火狐）、Maxthon（遨游）、The World（世界之窗）、360SE（360 安全浏览器）、Tencent Traveler（腾讯 TT），以及 Google Chrome。

Web 浏览器的任务是显示从 Web 服务器上获得的超文本标记语言（HTML）文档。HTML 是一种基于文本的格式化语言，通常采用多种标记和属性对文本进行格式化。Web 浏览器读取文档并按照 HTML 格式的要求对其进行显示。HTML 文档一般是相当小的，浏览器中对 HTML 文档的格式化和显示具有智能性。Web 浏览器取回所请求的页面，对页面内容进行解释，并在屏幕上以恰当的格式显示出来。页面内容本身可能是文本、图像和格式化命令的混合体，页面的表现形式多种多样：可以是传统的文档形式，也可以是其他内容的形式（如视频）；或者是一个能产生图形界面的程序，用户通过该界面实现与页面的交换。

为充分利用因特网，需要能够熟练地使用 Web 浏览器，而使用浏览器的方法非常简单。图 2.7 所示是 Internet Explorer（IE）某一版本的工具栏，图中用箭头指出了工具栏中可用的各种导航工具。

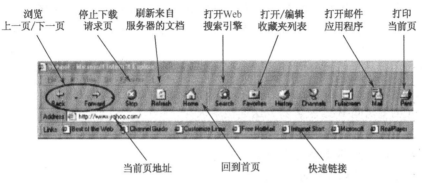

图 2.7　Web 浏览器工具栏

在 IE 工具栏中包含了用于浏览 Web 的大多数工具，表 2.1 简单地示出了每个工具按钮的名称与功能。

表 2.1　工具栏按钮的名称与功能

| 按 钮 名 称 | 按 钮 功 能 |
| --- | --- |
| Back（后退） | 向后追溯在此会话中已经查看过的网页 |
| Forward（前进） | 向前搜索已经查看的网页（使用了"Back"按钮之后） |
| Stop（停止） | 中断当前页的加载 |
| Refresh（刷新） | 从源 Web 服务器上重新加载当前页 |
| Home（主页） | 返回主页 |
| Search（搜索） | 打开浏览器中配置的搜索引擎 |
| Favorites（收藏） | 显示可编辑的快速访问主页链接表 |
| Print（打印） | 打印当前页 |
| Font（字体） | 改变当前页面上字号的大小 |
| Mail（邮件） | 打开 E-mail 应用程序 |

值得关注的是，在移动设备上的浏览器也已经百花齐放。目前，该领域的浏览器主要是基于 Apple 的 Safari 浏览器以及 Google 的 Android 浏览器。随着云计算的广泛应用，应用程序和数据将不再保存于计算机中，而是保存在互联网上的"某处"。也就是说，在桌面上只需放一台带有浏览器的笔记本就能获得完成任务所需的强大计算处理能力。

## Web 服务器

从硬件的角度看，Web 服务器是指在 Internet 上保留超文本和超媒体信息，向用户提供信息浏览服务的计算机。从软件的角度看，Web 服务器是指提供上述 Web 功能的服务程序。在 Web 世界里，每一个 Web 服务器除了提供自己独特的信息服务，还可以用超链接指向其他的 Web 服务器，而那些 Web 服务器又可以指向更多的 Web 服务器，这样一个全球范围的由 Web 服务器组成的万维网（Web）就形成了。

万维网是由分布在 Internet 中的 Web 服务器组成的。要使一台计算机成为一台 Web 服务器，一般需要在其上安装服务器操作系统，如 UNIX、Windows Server 2016、Linux 等网络操作系统；同时还要安装专门的信息服务程序，如 Windows 中的 Internet 信息服务器（IIS）、Apache Tomacat 等。

万维网的运行是一种典型的浏览器/服务器（B/S）模式。一个 Web 服务器能够在短时间内处理成千上万台客户机请求。一个会话主要包括以下行为：

- Web 浏览器向 Web 服务器发送连接请求；
- Web 服务器接受请求并通知浏览器连接成功；
- Web 浏览器向 Web 服务器发送文档请求；
- Web 服务器获取文档并将其内容发送给 Web 浏览器；
- Web 浏览器收到传来的文档数据并显示给用户；
- 传送完文档之后，Web 服务器中断与浏览器的连接。

图 2.8 示出了从 Web 上获取信息的两个关键组件，其中 HTTP 服务器通常指 Web 服务器。在这里，客户机上的 Web 浏览器正在显示一个 Web 页面。每一页的获取都是通过发送一个请求到一个或多个服务器，而服务器以页面的内容作为响应的。获取网页所用的"请求-响应"协议是一个运行在 TCP 之上的超文本传送协议（HTTP）。每次浏览器运行时，浏览器就会加载一个设置成主页的文档。主页是探索因特网信息的开始位置，通常链接了用户感兴趣的各种主题。

图 2.8 Web 浏览器与 Web 服务器

Web 服务器每小时能够处理成千上万甚至上百万个请求，其原因之一是它的连接为无状态连接。也就是说，在浏览器下载所需的文档、图片或媒体文件之后，它与服务器之间的会话便中断了。浏览器可以打开多个同步的会话，用来下载相应的文件。每当客户浏览器要获取一个文档时,就向服务器发送一个单独的请求。但是,因为浏览器与服务器之间的连接在浏览器获取所需的文件后就会断开,所以即使用户花费若干小时阅读一个特定的 Web 页,也与服务器无关。浏览器将页面保存在本地内存上并使其处于打开状态,直到用户转到其他页面或关闭浏览器为止。

## 搜索引擎

搜索引擎也是一个成熟的 Web 应用程序之一,它以一定的策略在 Web 系统中搜索和发现信息,并对信息进行理解、提取、组织和处理。自 Web 问世以来,搜索引擎一直在不断地被开发,已经成为日常生活中不可缺少的应用。搜索引擎技术极大地提高了 Web 信息资源应用的深度和广度,据估计,每天有超过 10 亿个网页被搜索。主要的搜索引擎包括百度、谷歌、雅虎和 Bing 等。百度搜索网站的主页如图 2.9 所示。

图 2.9 百度搜索网站主页

搜索引擎对网络的设计和使用有很大的影响。首先,一个搜索引擎如何找到网页?搜索引擎必须运行一个运行查询算法的页面数据库。每个 HTML 页面可能包含指向其他页面的链接,以及每个链接的具体位置。这意味着,从少数页面开始通过遍历所有页面和链接,就能找出 Web 上的所有其他页面。这个过程称为 Web 爬虫。所有的 Web 搜索引擎均需要使用 Web 爬虫程序。其次,如何处理所有 Web 爬虫抓到的数据?为了使得搜索算法能在大量的数据上运行,页面必须被有效地存储起来。据测算,抓取一个 Web 的副本需要 20 PB 量级或 $2\times 10^{16}$ B(字节)量级的存储量。最后,在 Web 搜索中如何缩短计算机的统一资源定位符(URL)?Web 搜索提供了更高层次的命名方法,而不必记住一个长长的 URL。

搜索引擎可以分为两类:
- 目录导航式搜索引擎;
- 网页搜索引擎。

## 移动 Web

Web 通常可被大多数类型的计算机所使用,同时也可用于移动电话。在移动时通过无线网浏览网页非常有用,但要做到这一点,将面临许多技术问题。这是因为太多的 Web 内容是为具有宽带连接的计算机而设计的,而用移动电话来浏览 Web 存在许多困难:相对较小的屏幕妨碍了大页面和大图像的显示,有限的输入能力使得 URL 的输入很慢,无线链路的网络带宽有限且费用很高，网络的连通性断断续续，等等。这些困难表明，将计算机内容作为移动 Web 可能会使移动用户感到懊丧。

移动 Web 技术目前已经成熟，并被广泛应用到智能手机等终端设备上。用于移动 Web 的有效工具是可扩展超文本标记语言（XHTML）。这种语言是 HTML 的一个子集，专门用于移动电话、电视机、个人数字助理（PDA）、自动售货机、传呼机、游戏机等。然而，并非所有的页面都能设计得使其在移动 Web 上良好工作，一种互补的方法是使用内容转换或转码。在这种方法中，将一台计算机设置在移动电话和服务器之间，它从移动电话获得请求，然后从服务器获取内容，最后把它转换成移动 Web 内容。

## 练习

1. HTTP 服务器进程可以作为下列哪两项来运行？（　　）
   a. 终止和保留常驻程序　　　　b. 设备驱动程序
   c. Daemon 程序　　　　　　　d. Windows 服务
2. 下列哪个端口是 HTTP 服务器服务程序收到连接请求的默认 TCP 端口？（　　）
   a. 23　　　b. 25　　　c. 69　　　d. 80
3. 当浏览器应用程序结束文件下载后显示 Web 页面时，下列哪项也同时发生？（　　）
   a. 显示页面内容时浏览器保持与服务器的连接
   b. 服务器保持与浏览器的连接，以便浏览器能快速重载页面元素
   c. 浏览器与服务器仅保留最后的连接，以便浏览器在必要时能快速重载页面
   d. 浏览器与服务器断开连接，浏览器将页面及其元素保留在内存中
4. 以下关于 Web 服务的基本概念的描述中，哪一项是错误的？（　　）
   a. 支持 Web 服务的三个关键技术是 HTTP、HTML 和 URL
   b. 标准的 URL 由三部分组成，即服务器类型、主机 IP 地址和路径
   c. HTTP 是超文本文档在 Web 浏览器与 Web 服务器之间的传送协议
   d. HTML 定义了超文本标记语言

## 补充练习

1. 利用互联网研究 HTTP、微软 IIS 服务器、UNIX 和 Windows 等主题，对所发现的信息给出简要描述。
2. 使用浏览器建立包含下列文件夹的收藏夹链接文件。对于每个主题，至少找到 5 个链接，并将其添加到收藏夹中。
   a. 因特网服务提供商　　b. TCP/IP 应用程序　　c. TCP/IP 协议栈

## 第三节　文件传送服务

从一台计算机向另一台计算机传送文件是在联网时或在互联网环境中最常见的任务。事实上，目前因特网上大量的数据交换都是文件传送。本节将讨论文件传送协议（FTP）的基本概念与基本应用。

## 学习目标

▶ 掌握 FTP 的基本应用；
▶ 了解命令行方式的 FTP 与浏览器方式的 FTP 之间的差别。

## 关键知识点

▶ FTP 用于在两台计算机之间传送文件。

# FTP 服务的用途

FTP 服务是网络中应用最"传统"也是应用最广泛的资源共享方式之一，其工作方式比较特殊，它通过命令端口传输命令，通过数据端口建立数据传输连接。通过 FTP 服务，用户可以从 FTP 服务器上下载文件，也可以将本地文件上传到服务器中。

FTP 服务用于 TCP/IP 网络中主机之间的文件传送。虽然还可以通过其他途径传送文件，但 FTP 服务是用于处理大容量文件的最佳方式。例如，以 E-mail 附件的形式发送和接收文件，这对于较小的文件来说是一种不错的方式。然而，当朋友或同事之间发送一个 1 MB 或 2 MB 大小的文件附件时，若在拨号连接方式下下载邮件就要等待较长的时间。另外，很多因特网服务提供商（ISP）将 E-mail 附件大小限制在 2 MB 或更小以内，以保护其邮件服务器资源。

FTP 适合用于下载大容量的文件附件。在使用 FTP 时如果遇到错误，只需对文件进行重传即可。在使用 FTP 访问的过程中，需要熟悉以下基本概念：

▶ 下载（Download）——通过客户机软件将 FTP 服务器存储系统中的文件复制到本地计算机存储系统的过程。
▶ 上传（Upload）——将本地计算机存储系统中的文件复制到 FTP 服务器存储系统的过程。
▶ 匿名 FTP 验证——为了保证 FTP 服务器的安全，一般 FTP 服务器要先验证用户的合法身份和权限后才提供服务。但一些提供公开 FTP 服务的服务器则无须用户注册即可提供一定权限的服务。此时客户机 FTP 软件自动使用名为"anonymous"（匿名）的账户登录服务器，该过程无须用户参与。
▶ 基本 FTP 验证——用户需要提供有效的用户账户进行登录。如果 FTP 服务器不能验证用户身份，则返回错误信息并拒绝用户登录。基本 FTP 用户验证只提供较低的安全性，用户的账户信息以不加密的方式在网络上传送。

# 文件传送命令

通常，FTP 服务是设计成用户应用程序来运行的，或者直接以交互方式来使用，从而可使用户方便地获取所需的信息资料。目前，已有很多为用户提供图形化、指向/点击界面的 FTP 应用程序，同时大多数 Web 浏览器也支持以 FTP 方式下载文件。

FTP 服务和其他因特网服务一样，也采用客户机/服务器模式。其使用方法很简单：启动 FTP 客户机程序后先与远程主机建立连接，然后向远程主机发出传送命令；远程主机在收到命令后给予响应，并执行正确的命令。例如，ftp 192.168.20.8 有一个根本的限制：如果用户未被某一 FTP 主机授权，就不能访问该主机，即用户不能远程登录（Remote Login）进入该主机。也就是说，如果用户在某台主机上没有注册获得授权，就没有用户名和口令，也就不能与该主机进行文件的传送。匿名 FTP 则取消了这种限制。

FTP 命令有几十个。通过 help 命令可列出 FTP 的所有命令并给出命令的解释，如图 2.10 所示。其中，get 命令可获取一个远程文件，put 命令和 send 命令可传送一个本地文件到远程主机上，quit 命令退出 FTP 等。FTP 命令是 Internet 用户使用最频繁的命令之一，从客户机到服务器的命令和从服务器到客户机的回答，都是按照 7 位 ASCII 格式在控制连接上传送的。因此，与 HTTP 命令一样，FTP 命令也是可读的。为了区分连续出现的命令，每个命令后跟回车换行符。

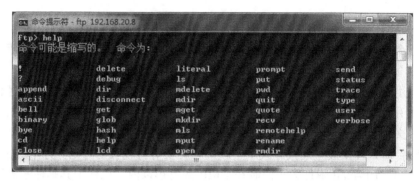

图 2.10 help 列出的 FTP 命令

一些常见命令如下：
- user：用于向服务器传送用户标志。
- pass：用于向服务器传送口令。
- list：用于请求服务器返回远程主机当前目录的文件列表。文件列表在数据连接（新建的非持久连接）上传送，而不是在控制 TCP 连接上传送。
- retr：用于从远程主机的当前目录检索（get）文件。触发远程主机发起数据连接，并在该数据连接上发送所请求的文件。
- stor：用于向远程主机的当前目录存放（put）文件。

FTP 命令行的格式为：ftp -v-d-i-n-g[主机名]

-v 显示远程服务器的所有响应信息；

-d 使用调试方式；

-n 限制 FTP 的自动登录，即不使用.netrc 文件；

-g 取消全局文件名。

在用户发出的命令与 FTP 服务在控制连接上传送的命令之间，一般有一一对应关系。每个命令都对应着一个从服务器返回客户机的回答，其回答是一个 3 位数字,后跟一个可选信息。这与 HTTP 响应报文状态行的状态码和状态信息的结构相同。HTTP 特意在 HTTP 响应报文中包含了这种相似性。一些典型的回答以及它们可能的报文如下：

150 Opening ASCII mode data connection for/bin/ls.

331 Password required for administrator.

226 Transfer complete.

550 boot: The system cannot find the file specified.

530 Please login with USER and PASS.

## 如何使用 FTP

目前已有许多程序可用于 FTP，而其中最基本的是"ftp"程序。该程序提供一个命令行界面，在一定程度上类似于 DOS 或 UNIX 的 shell 界面，它可以用来浏览远程计算机上的目录树传送文件。该程序的一个主要优点在于：它是标准的，可用于大多数计算机平台。

还有很多 FTP 应用程序可为用户提供更图形化的界面。由于篇幅的限制，在此对那些适用于不同平台的各种程序不予介绍。读者可以从一些提供可下载软件包的站点了解各种实例。值得注意的是，大多数 Web 浏览器能以 FTP 方式获取文件。

### 通过命令行使用 FTP

FTP 命令行的使用方法类似于 DOS 命令行的人机交互界面。在不同的操作系统中，FTP 命令行软件的形式和使用方法大致相同。下面以一个命令行 FTP 会话为例，介绍一些基本命令的使用。

（1）发出 FTP 命令。

（2）在命令提示符后输入"ftp"，后面加上 FTP 站点的 IP 地址，例如：

ftp 192.168.20.8

也可以在命令行中输入"ftp"，然后使用 open 命令打开相应的 FTP 站点，如图 2.11 所示。

图 2.11　使用 Open 命令打开 FTP 站点

FTP 服务器则发出以下消息给予响应：

用户(192.168.20.8:(none))：

（3）在提示符处输入"administrator"（匿名），则计算机的回应如下：

331 Password required for administrator.

（共允许 331 个匿名访问，发送用户密码，也可以用 E-mail 地址作为密码）

（4）在提示符处输入完整的用户密码（或者 E-mail 地址）。如果 FTP 服务器接受该用户登录，则屏幕上会显示图 2.12 所示的信息。

（5）在提示符处输入 dir 命令或 ls 命令，可以查看在该目录下的文件，此时将出现一个类似于图 2.13 所示的屏幕。

使用 cd 命令可以改变目录。例如，使用"cd 网络基础文稿"命令可以将目录改成"网络基础文稿"。此时输入 dir 命令，屏幕上就会出现"网络基础文稿"目录列表，如图 2.14 所示，图中列出了该目录下的所有文件。如果要下载"前言.doc"文件，只需在"ftp>"提示符后输入"get 前言.doc"命令，即可获取该指定文件，参见图2.14。

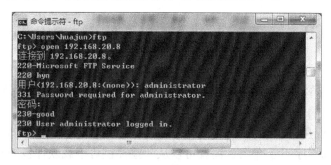

图2.12　FTP服务器接受用户登录

图2.13　输入dir命令后的屏幕显示

图2.14　"网络基础文稿"目录列表及"前言.doc"文件的下载

## 通过浏览器使用 FTP

目前,大多数浏览器软件都支持 FTP。用户只需在地址栏输入 URL 就可以下载文件,也可以通过浏览器上传文件。

(1) 打开浏览器。

(2) 在浏览器地址栏中输入要访问的 FTP 站点的 URL。例如,要访问 "192.168.20.8" 的 FTP 站点,则在浏览器中输入如下内容:

  ftp://192.168.20.8/network

这时就可使用 FTP 从地址 "192.168.20.8/ network" 下载文件。在此例中进入 "network" 目录后,可看到图 2.15 所示的屏幕。

图 2.15 使用浏览器方式的 FTP 屏幕

(3) 单击所选择的目录或文件即可下载信息。

通过命令行和浏览器都能使用 FTP,其差别只是用户界面的不同。

## FTP 下载工具

目前,常见的 FTP 下载工具是基于 Windows 环境的具有图形人机交互界面的 FTP 软件,如 Windows 环境下的 WS-FTP、Cute-FTP 和 Leap-FTP 等。

# 练习

1. 下面哪项最适合使用 FTP 应用程序?(  )
  a. 配置路由器或交换机    b. 访问 Web 站点
  c. 在慢速连接的网络上传送大容量文件  d. 远程访问大型计算机

2. 当发出 FTP 的 dir 命令后,列出的每个文件项都以 "-" 开始,这里的 "-" 表示什么含义?(  )
  a. 表明该项是文件    b. 表明该项是目录
  c. 表明该项是可执行文件  d. 表明该项无效

3. 下列哪项 FTP 命令用于改变文件列表中的目录?(  )
  a. chdir  b. cdir  c. cd  d. newdir

4. FTP 服务器管理员可以通过下列哪 3 种方式控制对服务器的访问?(  )

a. 只允许远程访问　　　　　　　b. 使硬盘驱动器只能部分可见
c. 控制读和写的权利　　　　　　d. 限制对文件的访问

5. 匿名 FTP 访问通常用（　　）作为用户名。
a. gust　　　　b. IP 地址　　　c. administrator　　　d. anonymous

【提示】"anonymous"就是匿名账户，是使用非常广泛的一种登录形式。对于没有 FTP 账户的用户，可以用"anonymous"作为用户名、以任意字符（通常是自己的电子邮件地址）为密码进行登录。当匿名用户登录 FTP 服务器后，其登录目录为匿名 FTP 服务器的根目录"/var/ftp"。在实际的服务器中，考虑到安全和负载压力，往往禁用匿名账号。参考答案是选项 d。

### 补充练习

1. 通过客户端软件将 FTP 服务器存储系统的文件下载到本地计算机存储系统。
2. 通过客户端软件将本地计算机存储系统的文件上传到 FTP 服务器存储系统。

# 第四节　电 子 邮 件

电子邮件（E-mail）是自因特网问世以来最流行和应用最广泛的应用程序之一。E-mail 是与连接在因特网上的任何人进行快捷而有效通信的一种方式。使用 E-mail，用户每次可以与一个人或同时与成千上万的人通信，也可以随 E-mail 消息获取或发送文件和其他信息，甚至可以订阅电子杂志和新闻邮件。可以毫不夸张地说，每天通过因特网发送的 E-mail 消息有亿万条。其他形式的网络通信（如即时消息和 IP 语音）在最近几年已有了很大发展，但 E-mail 仍然是因特网通信的主要负载。

### 学习目标

▶ 掌握电子邮件系统的基本概念和协议；
▶ 了解 E-mail 的基本操作和 E-mail 地址的结构；
▶ 熟悉发送和接收 E-mail 时所使用的主要协议。

### 关键知识点

▶ E-mail 是应用最广泛的因特网应用程序之一。

## 电子邮件的主要功能

电子邮件是利用计算机网络提供信息交换的一种通信服务方式，能够有效地实现用户之间的资源交流。通过地址邮件系统，用户可以传送各种文件，包括文本、图片、视频、二进制程序等。与大多数其他通信方式一样，电子邮件有它自己的约定和风格。电子邮件是一种异步通信形式，也就是说，在发信的同一时刻，收信人不必一定在线，这对于收信人和发信人都是很方便的。与此相反，电话是同步通信形式，需要双方同时在线才能进行通信（留存语音消息的方式除外）。

一般来说，因特网用户使用的众多电子邮件（E-mail）软件包均具有以下基本功能：
- 发送和接收 E-mail 消息；
- 在文件中保存 E-mail 消息；
- 打印 E-mail 消息；
- 回复 E-mail 消息；
- 在 E-mail 消息中附加文件。

在 TCP/IP 网络中有许多可用的 E-mail 软件包，既有服务器方面的，也有客户机方面的。例如，微软公司的 Outlook Express、网景公司的 Netscape Messenger 客户机软件，以及 UNIX 公司的 sendmail 客户机/服务器 E-mail 系统。随着 Web 的日益流行，Web 也开始提供 E-mail 服务，它可以利用 Web 接口来发送和接收邮件，这种方式有望取代传统的 E-mail 系统。目前广泛使用的 Webmail 系统有谷歌 Gmail、微软 Hotmail 和雅虎 Mail 等。Webmail 是一个软件实例（即邮件代理），它可以利用 Web 为用户提供邮件服务。

## 电子邮箱与地址

若要成功地在因特网上应用电子邮件（E-mail），首先必须理解因特网上计算机和用户的名称和地址是如何格式化的。掌握这一技术就像知道如何正确使用电话号码或邮政地址一样重要。在将 E-mail 发送给一个人之前，必须为每个人分配一个电子邮箱。通常，电子邮箱就是一个被动存储区（类似磁盘上的一个文件）。每个电子邮箱被分配一个唯一的电子邮件地址。

### 电子邮件地址

一个完整的电子邮件地址由三部分组成：第一部分是用户邮箱名的标识，即用户账号，对于一个邮件接收服务器来说，这个账号必须是唯一的；第二部分"@"是分隔符；第三部分是用户邮箱的邮件接收服务器域名或邮箱所在的主机域名，用以标识邮箱所在的位置。TCP/IP 协议体系的电子邮件系统规定，电子邮件地址由一个字符串组成，其格式为：

　　　　邮箱名（或用户名）@ 邮箱所在的主机域名

邮箱名（或用户名）用来区分使用这一域名的计算机上的不同邮箱；而邮箱所在的主机域名用来区分那些可以发送和接收邮件的主机。在发送电子邮件时，邮件服务器只使用电子邮件地址中的第三部分，即目的主机域名。收信人的电子邮件软件系统使用第一部分（用户名）来选择和指定邮箱。例如，就电子邮件地址 liuhuajun07@sina.com 而言，其中三部分的含义如下：
- 邮箱名（或用户名）"liuhuajun07"；
- @（分隔符）；
- 用户邮件服务器地址"sina.com"。

邮件服务器地址（如"sina.com"）叫作域名，与服务器的 IP 地址有关。连接到因特网的每台服务器都有一个 IP 地址。当描述一个电子邮件地址时，"@"符号通常读作"at"，"."通常读作"dot"（点）。

### 电子邮件的构成

一封完整的电子邮件由三部分构成，即收件人的姓名与地址、信件正文和签名。在电子邮件中，姓名和地址信息称为信头（Header）；邮件的内容称为正文（Body）；在邮件的末尾还有一个可选的部分,即用于进一步注明发件人身份的签名(Signature)。
- 收件人(To)——收件人的邮件地址,可以有多个收件人,可用";"或","分隔;
- 抄送(CC)——抄送对象的电子邮件地址,可以有多个,用";"或","分隔;
- 主题(Subject)——邮件的主题,由发件人填写;
- 发信日期(Date)——由电子邮件程序自动填写;
- 发信人地址(From)——由电子邮件程序自动填写;
- 密抄送地址(BCC)——可以有多个,用";"或","分隔。

其中,"抄送"会使得所有收到这封电子邮件的用户都知道该邮件发送给了谁,而"密抄送"则不会。

## 电子邮件协议

TCP/IP 网络将多种协议组合在一起,用于实现电子邮件网络,这些协议包括:
- SMTP;
- Uuencode;
- MIME;
- POP3;
- IMAP4。

### 简单邮件传送协议(SMTP)

SMTP 是通过 TCP/IP 网络传送邮件的一种应用层协议。当通过因特网等 TCP/IP 网络发送电子邮件时,在传送前通常将该邮件封装在一个 SMTP 报头之中。

### Uuencode

Uuencode 用于将 Word 文档之类的二进制文件转化为 ASCII 码文件,以便于传送。Uuencode 最初用于 UNIX 系统。虽然这种编码文件可以用任何文本编辑器打开,但是在未对其进行解码之前它们不具有任何意义。有些邮件系统不支持 MIME,这时就必须利用 Uuencode 来对文件附件进行编码。

### 多用途因特网邮件扩展(MIME)协议

MIME 通常与 SMTP 联合使用,以便支持除标准 ASCII 码文本文件之外的其他文件。利用 MIME,可以通过电子邮件发送多种不同类型的数据。MIME 所支持的其他数据类型有:
- 二进制信息——Word 文档或电子表格;
- 图形图像——GIF 文件或 JPEG 文件;
- 视频信息——MPEG 文件;
- 音频信息——WAV 文件。

MIME 实际上是 SMTP 的一种扩展。MIME 支持在单一消息中编码和传送多种对象,其中包括正文文本和字符集等,并允许对原 MIME 标准进行扩展,进而支持 ASCII 码、图像文件以及音频片段等。最初,RFC 1341 中的相关内容对 MIME 进行了描述,后来这一描述被 RFC 1521 和 RFC 2045 中的相关内容所取代。

MIME 建立了由多个报头字段组成的"信头",其中包括 MIME 版本、消息内容、编码类型以及其他扩展字段等。在信头格式中:
- "Mime-Version"行表明其 MIME 版本为 1.0,而文档项"Mime-Version: 1.0"则表明这一消息是一个 RFC 2045 格式化消息。
- "Content-Type"(内容类型)项可以有多种形式。例如,第一个"Content-Type"项若是"Content-Type:multipart/mixed",表明这是一个混合(Mixed)媒体类型的多部分消息(Multipart Message)。
- "Content-Transfer-Encoding"项说明正文文本如何编码,以指示接收方如何进行相应的解码。该项中的术语"Quoted-Printable"表示消息的正文文本部分由 ASCII 字符集中的可打印字符组成。
- "Content-Transfer-Encoding: base64"项表示消息的第二部分使用 Base64 编码类型。Base64 使用一种 65 种字符的 ASCII 子集来表示电子邮件消息附件中的非 ASCII 数据。每个印刷字符在原始二进制文件中用 6 位来表示。利用此编码方法所生成的文件,其尺寸要比原始文件大 33%左右。

### 安全/多用途因特网邮件扩展协议(S/MIME)

在联系不断增多的当今社会,保护敏感数据是一个现实问题。为了解决拦截和伪造电子邮件等问题,1995 年推出了 S/MIME。S/MIME 是一种安全传送电子信息的规范。

MIME 使用简单的 Base64 编码技术来表示电子邮件附件数据。这样,虽然附件被编码了,但任何可对 Base64 进行解码的设备都能拦截和解码该附件消息。为了避免 MIME 所带来的这种风险,RSA 数据安全有限公司(RSA Data Security)开发了 S/MIME。S/MIME 使用数字签名和公钥加密法来防止黑客在传送过程中对消息的干扰。S/MIME 将消息加密并封装在数字信头中,只有持有发送者公钥的用户才可以打开这些消息。

### POP3

邮局协议(POP)用于从邮件服务器向用户计算机传送信息,以便用户阅读、删除或管理他们的邮件。POP3 是 POP 的最新版本。在客户机发出请求之前,电子邮件一直存储在 POP 邮件服务器上。在客户机桌面上,可以利用 Lotus Notes、Eudora 或 Outlook 等电子邮件程序访问邮件服务器并下载消息。POP3 服务器以用户名和密码的形式负责对服务器的授权访问。

### IMAP4

互联网消息访问协议(IMAP)是另一种用于获取电子邮件消息的协议。其最新版本 IMAP4 与 POP 类似,但附加了一些其他功能。在使用 POP 时,需要将消息下载到客户机上以后才能对消息进行处理;而使用 IMAP4 则可以在邮件消息仍保留在邮件服务器上的同时在电子邮件中搜索关键词,然后选择将哪些邮件下载到自己的计算机上。像 POP 一样,IMAP 利用 SMTP 在电子邮件客户机与服务器之间通信。RFC 1730 对 IMAP4 进行了说明。

## 邮件服务器配置

图 2.16 示出了一个电子邮件(E-mail)通信的典型配置,其中的组件包括本地 E-mail

客户机、远程 E-mail 客户机和 E-mail 服务器。

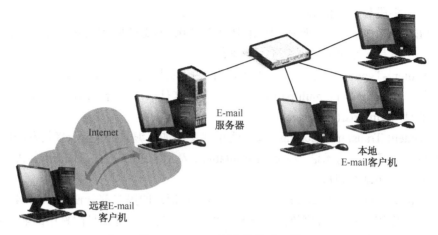

图 2.16 E-mail 通信的典型配置

邮件服务器是为使用此邮件服务器的所有客户机存储/转发 E-mail 的计算机。每台客户机的相关参数都必须设置成能够访问邮件服务器。换句话说，所有 E-mail 客户机都必须知道 E-mail 服务器的 FQDN 地址或 IP 地址，并提供给服务器正确的授权信息。目前，大多数服务器都支持 POP，因此网络中的每台客户机都可以"根据需要"获取信息。邮件服务器可使用 MIME 协议传送二进制信息，这一点也很重要。

在邮件服务器上还使用了邮件网关软件，以便在不同类型的 E-mail 程序之间发送 E-mail。有些 E-mail 程序使用简单邮件传送协议（SMTP），而另外一些 E-mail 程序则使用"cc:mail"等专用 E-mail 协议。只有在不使用 SMTP 的系统中才需要邮件网关。

## 基于 Web 的电子邮件

电子邮件（E-mail）是一种很普通的应用，现在很多网站也向使用网站的任何人提供这种服务。20 世纪 90 年代中期，Hotmail 引入了基于 Web 的接入方式。目前，大多数网站都提供了基于 Web 的电子邮件系统，已经有许多用户使用 Web 浏览器收发电子邮件。例如，比较流行的网站 Hotmail、Yahoo、Sina、163、Google 等都提供基于 Web 的电子邮件服务。使用这种电子邮件服务方式，用户代理就是普通的浏览器，用户和其远程邮箱之间的通信均通过 HTTP 进行。当一个收信人想从自己的邮箱中收取一个邮件报文，即邮件报文从收信人的邮件服务器发送到所使用的浏览器时，使用的是 HTTP 而不是 POP3 或者 IMAP。当发信人要发送一封邮件报文，即邮件报文从发信人的浏览器发送到他的邮件服务器时，使用的也是 HTTP 而不是 SMTP。然而，发信人的邮件服务器在与其他的邮件服务器之间发送和接收邮件时，仍然使用 SMTP。

基于 Web 的电子邮件读取方式对于工作繁忙的用户而言极为方便。用户收发邮件报文只需使用浏览器就可以了，而浏览器在 Internet 网吧、朋友家里、PDA 上以及有 Web TV 的场所均可以找到。如同 IMAP 一样，用户可以在远程服务器上以层次文件夹方式来组织报文。事实上，很多基于 Web 的电子邮件系统使用 IMAP 服务器来提供文件夹的功能。这时，对文件夹和邮件的读取是由运行在 HTTP 服务器上的脚本提供的，这些脚本使用 IMAP 与一个 IMAP

服务器进行通信。

## 练习

1. 下列哪两项属于 E-mail 客户机程序？（　　）
   a．Microsoft Outlook　　　　　b．Microsoft Word
   c．UNIX sendmail　　　　　　　d．UNIX samba
2. 下列哪一项是有效的 E-mail 地址？（　　）
   a．westnetinc.com@kdr　　　　　b．kdr.westnetinc.com
   c．com westnetinc@.kdr　　　　　d．kdr@westnetinc.com
3. 下面哪两项属于 TCP/IP E-mail 协议？（　　）
   a．SMTP　　b．SNMP　　c．LDAP　　d．IMAP
4. 下列哪两个协议可将 E-mail 直接传送到 E-mail 客户机？
   a．POP3　　b．IMAP4　　c．SMTP　　d．MIME
5. S/MIME 如何防止对 E-mail 的拦截和伪造？（　　）
   a．只将消息发送给指定的接收者　b．使用 Base64 编码方法对消息进行加密
   c．对除指定接收者之外的所有人隐藏发送者的地址
   d．使用数字签名和公钥加密方法
6. 用户发送带有附件的 E-mail 消息后，接收者回复说附件不可读，但正文是清楚的。该用户的所有附件都用 MIME 进行编码。下列哪项是这一问题的最好解决方法？（　　）
   a．为发送 E-mail 的用户安装新的 E-mail 客户机，并将编码方法设置为 MIME
   b．告诉用户改用传真方式发送附件　　c．让用户仅发送文本附件
   d．与接收者联系，让他（她）利用 MIME 对附件进行解码

## 补充练习

选择某个喜欢的电子邮件客户端软件，如 Microsoft Outlook Express 或者 Foxmail，完成如下任务，使之能够发送、接收电子邮件：
（1）新建电子邮箱；
（2）配置 SMTP 和 POP3 服务器；
（3）设置用户账户属性。

# 第五节　网　络　管　理

随着网络和通信技术的飞速发展，网络管理技术已成为重要的前沿技术。

20 世纪 70 年代是集中式网络的年代。在大型机占主要地位时期，数据通信系统主要由连接到大型机的终端系统构成，通信链路通常采用低速的异步传送模式。这类大型机和终端系统极少与其他计算机系统或者外部世界进行直接交互。对这些系统的支持和管理通常由大型机制造商（如 IBM）和通信公司（如 AT&T）提供。

20 世纪 80 年代，计算机技术的变化改变了传统数据通信的状态。首先，微处理器适时出

现。相对于大型机，微处理器具有巨大的价格和性能优势，因此触发了个人计算机（PC）的普及。其次，随着微型计算机数量的增加，用户希望能够增加应用程序和数据的共享，这使得局域网（LAN）数量激增。LAN 数量的激增导致了高速、广域传送设备的出现。例如，T 载波（T-carrier）线路就增强了以微型计算机为基础的 LAN 的可连接性。

随着 20 世纪 90 年代的过去，网络管理员们开始面临的，不仅仅是众多的产品之间连接的问题，而且还有一个更大的问题，即如何管理网络。这导致了网络管理产品的发展。围绕网络协议开发的这些产品，可以帮助网络管理员处理复杂的日常计算问题。简单网络管理协议（SNMP）是因特网为 TCP/IP 网络定义的一种通用管理协议，而建立在 SNMP 之上的 RMON 标准则定义了更高级的网络管理和监控功能。

### 学习目标

- 了解 SNMP 的基本概念；
- 掌握如何利用 SNMP 管理网络组件；
- 了解 RMON 是如何在 SNMP 的基础之上提高网络管理功能的。

### 关键知识点

- SNMP 是网络管理领域事实上的标准。

## 网络管理的基本概念

了解一些网络管理的基本概念，将有助于更好地了解"需要管理什么"这一问题。常用的管理设备分类方法使"设备"这个词包罗万象，其中包括所有网络管理员想要查看（从统计的角度）和（或）控制（从改变配置参数的角度）的内容。在这种经典的管理模型之外，网络管理正在从"设备测试"方式向"问题解决"方式转变。"设备测试"方式是指将监测工具应用于各种各样的网络设备上，以监视其性能；"问题解决"方式则是指互动地监视网络的情况和性能，从而可以使小问题在变成大问题之前便得到解决。

下面介绍两个已经被广泛接受并作为工业准则的网络管理"公理"，即：
- 由于管理信息增加而增加的信息流量不应该明显增加被管理网络的负担；
- 被管理设备上运行的代理不应该明显增加影响设备主要功能的操作。

## 被管理结点/设备的类型

通常，在软件或固件中内置了设备管理方面的功能。图 2.17 示出了当今网络中存在的典型的被管理结点/设备类型。

在图 2.17 中没有描述被管理设备以外的部件。管理领域还包括其他内容，如应用程序和数据库等。以应用程序中的智能管理为例，需要监控当前运行应用程序的用户数和到目前为止的最大同步用户数。

功能分类的目的也是为了使网络管理员明确应该管理什么。图 2.18 示出了网络管理的各种功能部件。

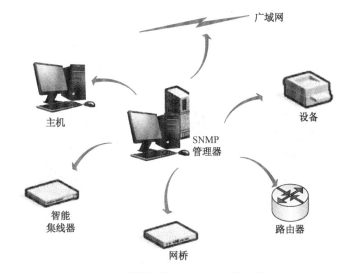

图 2.17 典型的被管理结点／设备类型

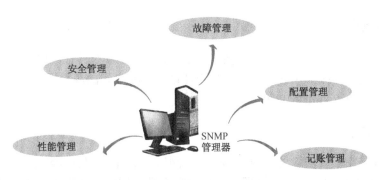

图 2.18 网络管理的功能部件

这些部件会（而且经常会）存在于路由器这类单一网络设备之中。以路由器为例，其每个部件的具体功能如下：

▶ 故障管理——监控路由器局域网（LAN）和广域网（WAN）链路状态；
▶ 配置管理——读取并修改路由器的路由表和路由成本；
▶ 记账管理——收集路径统计数据作为收费依据；
▶ 性能管理——发现有多少数据报正在传送以及有多少数据报已被丢弃；
▶ 安全管理——为开放最短路径优先（OSPF）协议等路由协议修改有效授权代码。

## 网络管理模型

前面简单地讨论了网络管理模型中的两部分——被管理设备类型和网络管理功能部件。图 2.19 示出了一个完整的网络管理模型。

网络管理模型包括以下 4 个基本部分：

▶ 被管理结点/设备；
▶ 被管理结点内运行的软件（或固件），又称作代理；
▶ 运行管理应用程序的网络管理站（NMS）；

▶ 在网络管理站和 SNMP 代理之间交换管理信息的网络管理协议。

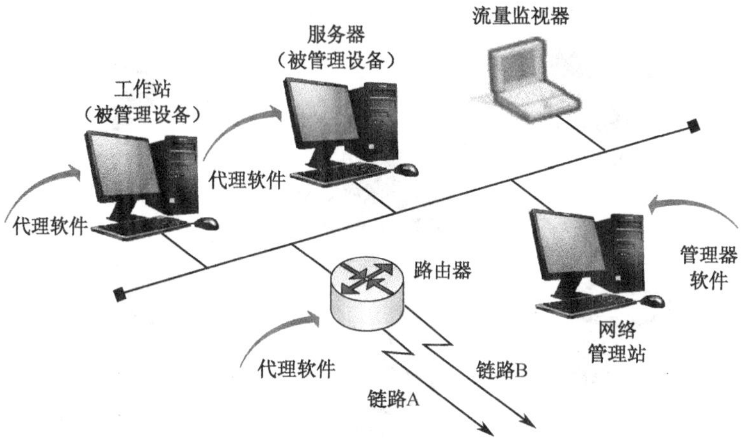

图 2.19 网络管理模型

## 被管理结点/设备

被管理结点是指需要监视的网络设备。在这些设备上驻留着具有数据库结构的管理信息库（MIB），其中有些数据库中包含一系列从被管理设备上收集到的源数据对象，而某些 MIB 中则包含端口界面、TCP 和 ICMP 等数据。

## SNMP 代理

SNMP 代理是指被管理设备中内置的软件。网桥、路由器、集线器、交换机以及服务器中都可以包含 SNMP 代理，从而使管理站点能对它们进行控制。这类代理通过以下两种方法回应管理站点：

▶ 管理站点轮询（Poll）被管理设备，向代理请求数据，而代理依次将请求的数据回应给站点。这种管理称作被动管理。

▶ 管理站点获得代理"捕获"的陷阱信息。陷阱技术（Trapping）是一种收集数据的方法，利用这一技术既可以减少网络流量，同时也可以监视设备处理过程。这种方法与管理站点以特定时间间隔连续轮询代理的方法不同，在这种方法中网络管理员为被管理的设备设定限制范围（上限或下限），如果设备参数超过了限定的范围，代理便向管理站点发送报警消息。这种管理称作主动管理。

当网络中有大量的被管理设备时，陷阱技术非常有用。它可以通过减少网络上的 SNMP 总流量，为数据传送提供更大的带宽。

## 网络管理站（NMS）

网络管理站是网络管理员进入网络系统的界面，用于运行操作数据的程序并控制网络。网络管理站同时也维护一个管理信息结构数据库，这个数据库中的信息来自该管理站所管理的设备。

## 网络管理协议

SNMP 是网络管理所采用的协议，它具有以下 3 种主要能力：
- get——管理控制台从代理获取数据；
- put——管理控制台设置代理的对象值；
- trap——代理向管理控制台提醒特定事件。

SNMP 定义了一种称作流量监视器的设备/部件，网络管理员可通过流量监视器查询网络流量统计数据以及其他可能影响网络性能的事件的信息。流量监视器用于监视网络媒体，而不是网络设备。网络管理员管理的设备类型中就包含"网络媒体"。

图 2.20 示出了一种网络管理框架。它不仅说明 SNMP 适合网络管理模式的需要，也对管理信息结构进行了阐释。

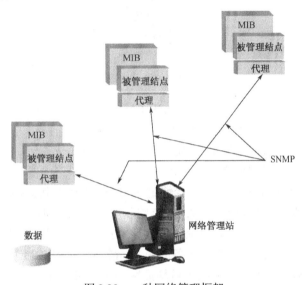

图 2.20　一种网络管理框架

## 网络管理模式

对于在个人管理模式中出现的"微型管理器"(Micromanager)和"不干涉管理器"(Hands-off Manager) 这类术语，人们都已经有所熟悉。同样，网络管理也可以分为下列 3 种常见的操作模式：
- 被动管理模式——简单收集统计数据/信息；
- 主动管理模式——改变设备的特性和操作参数；
- 异常管理模式——只在需要采取行动时才发出通知。

### 被动管理模式

被动管理模式如图 2.21 所示，图中描述了网络管理站如何轮询设备代理的进程，以便收集关于特定数据变量的信息。这些数据变量已经预先在设备的管理信息结构中进行了定义，经授权的管理员可以请求获取这些数据。这是网络管理的第一种操作模式。

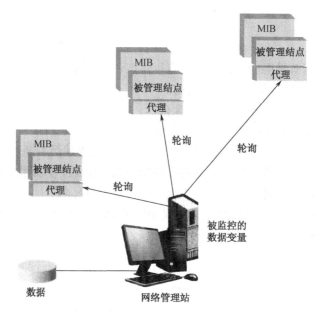

图 2.21 被动管理模式

轮询和流量统计如图 2.22 所示，图中描述了网络管理站为获得当前网络利用状态而轮询流量监视器的过程（以以太网为例）。处于帮助桌面位置的网络操作人员可能收到了一个声明网络运行速度减慢的呼叫，而当前的网络流量利用率将有助于确定引起瓶颈的原因。

图 2.23 示出了被动管理（收集信息）的另一个例子，即路由器链路状态下的轮询。在图 2.23 中，网络操作员正在轮询网络中的一台特定路由器，以核查其链路状态（以广域网链路为例）。触发管理员检查路由器广域网（WAN）链路状况的原因，可能是一个发给帮助桌面的呼叫，该呼叫声明用户不能到达公司 Intranet 上的一个特定目标；需要进行检查的另一个原因可能是访问次数严重下降，如网络丢失了一条高速 T1 链路。在图 2.23 中，链路 A 是可用的，而链路 B 已经断开，从而导致所有网络流量均拥塞到了链路 A 上。

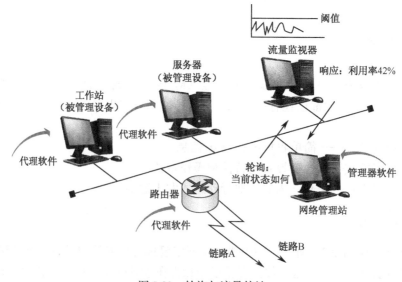

图 2.22 轮询与流量统计

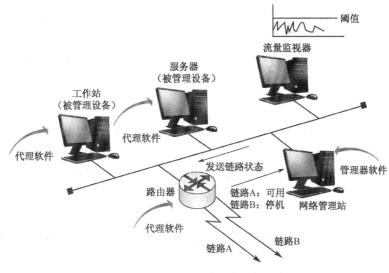

图 2.23　路由器链路状态下的轮询

### 主动管理模式

网络管理的第二种操作模式是主动管理模式。在这种模式下，网络管理员可以改变网络中特定设备的操作参数。例如，如果受控设备是一个网桥，网络管理员就可以在网桥配置中添加额外的筛选参数，以避免某些帧通过网桥传递给其他网段。

### 异常管理模式

网络管理的第三种操作模式是异常管理模式，其示例如图 2.24 所示。在这个例子中，网络中的实际数据已超出了预先配置的参数（此例为流量利用阈值），因而设备中的代理进程向网络管理站发送了一个流量超过阈值的通知。这个例子表明：网络管理员能在网络控制中采取更积极的态度，即让网络设备将潜在问题区域通知管理员。这与早期的被动管理模式形成了对比：在被动管理模式下，网络管理员只能在网络性能出现问题后才能得到通知。

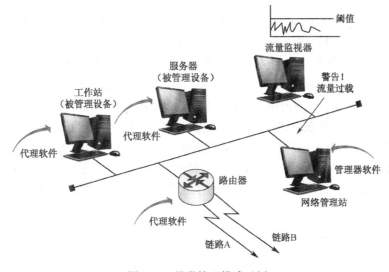

图 2.24　异常管理模式示例

在异常管理模式中，经常使用的术语是"陷阱"（Trap）、"警告"（Alert）和"事件"（Event）。例如，SNMP将异常通知叫作"Trap"（陷阱）。这些通知直接由设备软件发送给网络管理站中的特定功能软件，用来触发特定操作。例如，自动呼叫网站管理员，以便确定特殊情况的位置。

## RMON 标准

RMON是一种标准的管理信息库（MIB），它对介质访问控制（MAC）层当前和历史的统计数字及控制对象进行了定义，从而使网络管理站能够获得有关整个网络的实时信息。RMON标准提供了对以太网SNMP MIB的一种定义，RFC 1757中的相关内容描述了RMON标准。

RMON MIB提供了一种监视以太网基本操作的标准方法，在SNMP管理站与监视代理之间提供互操作性。RMON标准可提供一种有力的警报和事件机制，这一机制可通过设置网络参数阈值来提醒网络管理员注意其网络行为的变化。

利用RMON，网络管理员可以集中分析和监视从远程局域网网段获取的网络流量数据。网络管理员能够在导致网络因故障中断之前探测、隔离、诊断和报告潜在的和实时的网络问题。例如，RMON能够将网络中导致大流量或错误的主机识别出来。

RMON能够自动建立历史记录，这些历史记录数据由RMON代理每隔一段时间进行一次收集，它可以提供有关利用率、冲突等基础统计数据的变化趋势。然后通过使用HP公司的OpenView或IBM公司的Tivoli等网络管理应用程序，网络管理员可以获取和回顾这些历史记录，从而对网络的使用情况有更好的认识。由于RMON可自动地进行这种数据的收集工作，并提供了较好的处理数据的计划，因此网络的监视过程变得更加容易，其结果也更加精确。

### RMON 如何工作

典型的RMON配置由一个中央网络管理站（NMS）和一些称为RMON代理的远程监视设备构成。其中的网络管理站可以是基于Windows或UNIX平台的工作站，也可以是运行网络管理应用程序的个人计算机。网络管理员从网站管理站发出向RMON代理请求信息的SNMP命令，RMON代理将其所请求的信息发给网站管理站，然后网站管理站在其控制台上处理并显示这些信息。

RMON代理也称RMON探测器（探头），可以是内建于服务器或路由器等网络设备中的固件，也可以是插入网段的特定网络设备。RMON探测器的功能与SNMP代理相同，用于追踪和分析网络流量，并收集送往监视站点的统计数字。数据包在网络中传送时，RMON探测器连续地收集和分析远程局域网段的实时数据，并在本地存储。在不同的网段上可运行多个RMON探测器，通常每个子网使用一个，如图2.25所示。

RMON探测器可以放在网络中的不同位置，这取决于要收集的信息。例如，如果要测量整个网络的拥堵状况，就可以将RMON探测器放在主干网上。因为在层次结构的网络中，主干网负责在网段之间传送流量，因此绝大多数的网络流量都要经过主干网。RMON探测器能够获取IP地址、端口、协议或应用程序等的性能统计数字，然后生成阈值警报并进行报警和记录流量错误。

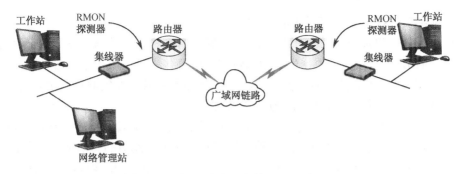

图 2.25　不同网段上运行的 RMON 探测器

RMON 可提供冗余的管理控制台，该控制台在网络管理过程中具有下列两个主要优点：
- 允许多个网络管理员在不同的物理位置监视和管理同一网络。例如，一个网络管理员在南京，而另一个在北京。
- 拥有两个或多个管理控制台，从而提供了管理冗余。这意味着当一个控制台出现故障时，其余的控制台仍然可用来监视和控制网络，直到那个控制台被修复。

## RMON 对 SNMP 的扩充

RMON 对 SNMP 进行了扩充，建立了新的数据监视类型，在 MIB 中增加了更多的数据类型分支。其中，主要类型有：
- 以太网统计数字组——包含从每个被监视的子网中收集到的统计数字。这些统计数字包括所增加的字节、数据包、错误和数据帧尺寸等。另外一个数据引用类型是索引表。索引表指向每个被监视的以太网设备，允许探测器对每个独立的以太网设备进行计数。以太网统计数字组通过检测不同的错误类型提供子网总负载和正常运行状况的视图，其中包括循环冗余检验（CRC）、冲突以及超大和超小尺寸的数据包等。
- 历史记录控制组——包含一张数据表，表中记录了某一特定时段的以太网统计数字组的计数样本。默认每隔 30 分（1 800 秒）记录一次，默认数据表具有 50 个条目，因此可以提供连续 25 小时的不间断监视。一张历史记录数据表生成后，探测器以每个时间间隔在表中建立一个新的条目，直至达到最大条目限制。这时，若再有新的条目生成，设备就将删除表中时间最早的条目。这些数据样本构成了一种网络基线，它可以用来与最初的基线进行比较，以鉴别和解决问题。另外，当网络发生改变时，它也可以用来更新基线。
- 警报组——监视网络管理员设定的称为阈值的限定范围。如果所监视的数据值超过了这个阈值，网络管理站会向指定的人发送警报信息。这个过程也称作错误陷阱（Error Trap），是 RMON 扩展的管理功能。
- 主机组——包含 MIB 在子网或网段上发现的有关每台主机维护的数字。这些数字涉及数据包、八位位组、错误以及广播等维护数据，如数据包总数、接收到的数据包以及发送出去的数据包等。
- 主机 TopN 组——用于在测量参数的基础上为位于统计数字顶部的一组（N 台）主机准备报告。例如，MIB 可以为每天的前 10 台广播主机生成报告，也可以为一天中传送最多数据包的主机生成报告。这种类型的数据提供了一种简单的工具，可用于确定谁或哪类数据最常占用所选定的子网。
- 矩阵组——记录子网中两台主机之间的数据通信。矩阵（多维表格）用于存储这些数据。MIB 可以从这类数据生成的报告中了解哪些主机使用了服务器。通过重组矩阵次序，还可以生成其他的报告。例如，一份可以显示某一特定服务器所有用户的报告，或者显示某一特定主机使用的所有服务器的报告。
- 过滤组——通过过滤组这种方式，网络管理站可通知 RMON 探测器收集来自特定子网上指定接口的选定数据包。这种选择建立在两种过滤器的基础上，即数据过滤器和状态过滤器。数据过滤器用于匹配（或不匹配）特定的数据样式，从而使网络管理站能够选择特定的数据；状态过滤器基于被检查数据包的类型进行选择，如 CRC 或有效数据包。在复杂情况下还可以将这两种过滤器组合起来使用（通过逻辑"与"和"或"）。过滤组允许网络管理员有选择地查看不同的数据包类型，以提供更好的网络分析与故障诊断。
- 数据包获取组——允许管理员指定获取过滤组所选择的数据包的方法。通过获取指定的数据包，网络管理员可以查看与基础过滤器匹配的数据包的精确细节。数据包获取组也指定独立的获取数据包数量以及获取数据包的总数。
- 事件组——包含 MIB 中其他组生成的事件。例如，当数字超出警报组指定的阈值时，这一行为就将导致生成一个事件组事件。网络管理站可以在这一事件的基础上，生成一个动作。例如，向所有警报组参数所列出的接收方发出 E-mail 警告消息，或在事件表中建立一个条目。RMON MIB 扩充的所有比较操作都有可能产生一个事件。

### RMON2

RMON2 是 RMON 的最新版本，它可提供有关高层网络流量的数据。这一功能允许管理员利用协议对流量进行分析，包括检查所有独立端口级别的网络性能，这些端口位于与 RMON2 兼容的路由器或交换机上。同时，RMON2 还允许单一的 RMON 探测器监视位于单一网段上的多个协议的类型，并可在探测器报告状态的配置、网络应答时间的测量等方面提供更多的灵活性。

然而，RMON 自身也存在一些问题：RMON 受到高成本和多个供应商导致的不兼容性的困扰，RMON2 也存在同样的问题。与其他管理标准的情形相同，RMON 工具的供应商分别在其产品中增添了专用 RMON 扩展，以满足管理人员的需求。但是，虽然这种专用扩展从表面上看确实提供了更强大的功能，但实际上它也会为使用它的组织带来风险，那就是这些组织会变得越来越依赖于单一供应商所提供的解决方案。因此，实施 RMON2 需要慎重选择。

## 练习

1. 下列哪 3 项属于可以使用 SNMP 进行管理的设备？（　　）
   a．专用小型交换机（PBX）　　b．应用程序
   c．网桥　　　　　　　　　　　d．路由器
2. 下列哪 3 项属于 SNMP 路由器管理的范畴？（　　）
   a．性能　　b．存储　　c．配置　　d．安全性
3. 下列哪项是 SNMP 代理的陷阱数据的结果？（　　）

a．增加网络带宽的使用　　　　　b．减少网络带宽的使用
　　　　c．网络管理站向被管理设备发出超出阈值的警报
　　　　d．增加网络管理站的轮询间隔
4．下列哪项 SNMP 性能可在代理上设置对象值？（　　）
　　　　a．set　　　　b．trap　　　　c．get　　　　d．put
5．下列哪种 SNMP 管理模式允许改变设备的特性和操作参数？（　　）
　　　　a．被动管理　　b．主动管理　　c．反应管理　　d．异常管理
6．RMON 使用下列哪种放置在远程网段上的设备来收集网络信息？（　　）
　　　　a．探测器　　　b．陷阱　　　　c．分接头　　　d．陷阱代理
7．RMON 探测器可以捕获基于下列哪 3 项的网段性能统计数字？（　　）
　　　　a．IP 地址　　　b．端口编号　　c．MAC 地址　　d．应用程序
8．RMON2 与 RMON 有何不同？（　　）
　　　　a．RMON2 使用探测器，而 RMON 使用代理
　　　　b．RMON 允许单一探测器监视单一网段的多个协议
　　　　c．RMON2 仅监视第 3 层的流量，RMON 则监视第 4 层及以上各层的流量
　　　　d．RMON2 仅查看第 3 层的流量，RMON 则在第 1 层和第 2 层查看流量

**补充练习**

使用你最喜爱的搜索引擎，找出至少 4 个包含 SNMP 信息的网站。

# 第六节　其他应用程序

到目前为止，已经介绍了一些重要的 TCP/IP 应用程序。本节将介绍通常包含在 TCP/IP 软件中的其他一些应用程序，主要涉及域名系统（DNS）、动态主机配置协议（DHCP）/引导协议、即时通信会话发起协议（SIP）和普通文件传送协议（TFTP）等。

**学习目标**

▶ 了解与 TCP/IP 软件绑定的其他应用程序；
▶ 掌握这些应用程序的功能。

**关键知识点**

▶ TCP/IP 软件中带有很多有用的应用程序。

## 域名系统

域名系统（DNS）让用户可以通过地址与另一个用户进行通信。TCP/IP 网络通过地址在主机之间发送和接收消息，这里的地址指的是 IP 地址。所以，需要一种翻译机制，用于将包含文字和数字的用作 URL 的 FQDN 地址翻译为每台机器唯一的、计算机能够识别的二进制 IP 地址。域名系统用于完成这一任务，它可将这些包含文字和数字的因特网地址解析为二进制的

IP 地址。对于给定的域名，域名服务器（DNS）会以二进制格式返回一个因特网地址。

图 2.26 示出了客户机与域名服务器之间的交互过程。对于给定的域名：

http://www.sina.com

域名服务器将其从右向左进行分解。首先，域名服务器找到在因特网上能够定位公司站点（.com）的服务器；然后，域名服务器再定位"sina"公司并查询 http://www.sina.com 的地址；找到后，域名服务器将返回与所请求的主机名"http://www.sina.com"相关的一组二进制代码（如 01101101…）。

图 2.26　客户机与域名服务器之间的交互

## 动态主机配置程序

DHCP（动态主机配置协议）服务器使用动态主机配置程序为在 IP 网络中的客户机提供主机配置信息。利用 DHCP，无论对于大型 TCP/IP 网络还是小型 TCP/IP 网络，都可以减少对客户机的配置和支持时间。

当客户机连接到因特网服务提供商（ISP）的网络时，ISP 将动态地为绝大多数客户机分配 IP 地址。通过自动传送 ISP 的域名服务器和默认网关路由器地址，以及客户机的网络地址和子网掩码这类信号，简化了对远程客户机的支持操作。

DHCP 不仅与前面提到的 BOOTP 类似，还与逆地址解析协议（RARP）类似，RARP 对于给定的 MAC 层地址可为客户机提供一个 IP 地址；但 DHCP 在功能方面远远超出了这两种协议。

DHCP 除了作为交换客户机配置信息的协议，还提供下列 3 种用于分配网络地址的机制：

- ▶ 自动地址分配——为主机分配一个永久 IP 地址；
- ▶ 动态地址分配——为主机分配一个临时 IP 地址，这也是 DHCP 区别于其他协议（BOOTP 和 RARP）的地方；
- ▶ 手动分配——网络管理员为特定的结点分配 IP 地址，DHCP 服务器仅负责将该地址传送给主机。

通过在其子网上广播一条服务器寻找消息，客户机可向任何一台可用的 DHCP 服务器请求配置信息，这条消息中包括发出请求的设备的 MAC 地址和计算机名称。DHCP 服务器在收到这个请求后，会回复一条广播消息，表明可以提供一个地址。同时，提供地址的服务器会保留其准备提供的地址，以避免将相同的地址提供给另一台客户机。

如果没有及时收到回复消息，客户机会在设定的时间段内重复发送请求消息。而当客户机收到一台服务器所提供的地址后,会再回复一条广播消息给提供地址的服务器作为回答,表明它已经接收到所提供的地址。如果其他的服务器也提供了地址,这时它们会撤销对地址的提供并将地址返回自身的地址池中。

"胜出"的服务器接着将一条关于客户机收到其所提供地址的确认消息广播到客户机,客户机收到后,会绑定服务器提供的地址和其他信息。之后,客户机就能够在网络上使用这些TCP/IP 配置了。

服务器将地址租借给客户机的时间段由管理员指定。有些管理员设定的时间段很短,例如,ISP 一般将租借更新期设为 600 s,从而确保不用的地址能快速返回到地址池中。而有些管理员则将这个时间段设置得更长,一般为几天,以保持最小的网络广播流量。

当租借期过去一半时,客户机会尝试进行租约续订。这个续订过程比租借过程简化了许多,只需客户机发出请求消息和服务器回复确认消息。如果续订失败,客户机会在租借期过去 87.5%时,进行第二次续订。

## 即时通信程序

即时通信(IM)是指能够即时发送和接收互联网消息等业务。即时通信自 1998 年面世以来,特别是经过近几年的迅速发展,其功能日益丰富,它逐渐集成了电子邮件、微博、微信、音乐、电视、游戏和搜索等多种功能。即时通信不再是一个单纯的聊天工具,它已经发展成集交流、资讯、娱乐、搜索、电子商务、办公协作和企业客户服务等为一体的综合化信息平台。

随着移动互联网的发展,互联网即时通信也在向移动性方向发展。目前,许多即时通信提供商都提供通过手机接入互联网即时通信的业务,用户可以通过手机与其他已经安装了相应客户端软件的手机或计算机收发消息。图 2.27 所示为互联网即时通信示例。

图 2.27　互联网即时通信示例

会话发起协议(SIP)是一种应用层控制协议,它可用来创建、修改或终止多媒体会话,如因特网电话呼叫。SIP 能够邀请参与者加入已存在的会话(如多播会议),且能够在现有的会话中添加或删除媒体。SIP 支持名称映射和重定向服务,并支持用户的移动性。不管用户网络的位置在哪里,用户只需维持单一外部可视标识符即可。

SIP 在以下 5 个方面支持创建和终止多媒体通信:

- 用户定位——决定用于通信的终端系统；
- 用户可用性——决定被叫方是否愿意加入通信；
- 用户能力——确定媒体和媒体参数；
- 呼叫建立——"响铃"，建立主叫方和被叫方的会话参数；
- 呼叫管理——包括传送和终止会话，修改呼叫参数，以及调用服务。

SIP 需要结合其他 IETF 协议来建立完善的多媒体结构，如提供实时数据传送和服务质量（QoS）反馈的实时传送协议（RTP）、提供流媒体发送控制的实时流协议（RTSP）、为公共交换电话网络（PSTN）提供网关控制的媒体网关控制协议，以及描述多媒体会话的会话描述协议（SDP）。因此，SIP 需要与其他协议协同作用来为用户提供完善的服务。然而，SIP 的基本功能和操作并不依赖于这些协议。

另外，SIP 还提供了一组安全服务，包括防止拒绝服务攻击、认证（用户对用户和代理对用户）、完整性保护以及加密和隐私服务。

# 普通文件传送程序

普通文件传送协议（TFTP）是用于 TCP/IP 网络的一种简单的 FTP 协议。TFTP 在传输层使用用户数据报协议（UDP），是一种无连接的协议。另外，普通文件传送程序使用一种"锁步"数据包传递方法。换句话说，普通文件传送程序需要在每个所传送的数据包得到确认后才发送下一个数据包。TFTP 只支持很少的几种数据报类型：

- 读请求（RRQ）——客户机要下载文件时发送读请求，该数据包的操作码（Opcode）为 1。
- 写请求（WRQ）——客户机要上传文件或数据包开始"邮件"（Mail）模式时发送写请求，该数据包的操作码为 2。
- 数据（DATA）——包括最多 512 字节的数据。虽然数据字段的典型长度为 512 字节，但末尾数据字段的长度可能较短。这种数据包的操作码为 3。
- 确认（ACK）——设备正确收到数据包后发送的确认数据包，这种数据包的操作码为 4。
- 差错（ERROR）——当发生错误时发送。例如，当数据包丢失或设备出现输入/输出（I/O）错误时，便发送差错报文。这时，差错数据包便取代了确认（ACK）数据包。差错数据包的操作码为 5。

图 2.28 示出了上述 5 种 TFTP 数据包类型。由该图可以看出，在这 5 种类型的数据包中只有一个相同的字段，那就是操作码（Opcode）字段。

在 5 种类型的数据包中，确认（ACK）数据包是唯一一个具有固定长度的数据包。其余的数据包中

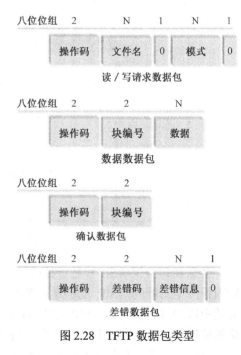

图 2.28 TFTP 数据包类型

包含的字段如下：

- 文件名（Filename）字段——包括要读/写的文件名称。这是一个 ASCII 码文本字符串。
- 模式（Mode）字段——指定了 3 种数据格式中的一种，这 3 种数据格式分别是"netascii""octet"和"mail"。"netascii"模式数据使用 8 位 ASCII 格式；"octet"模式数据用于传送使用源机器本身 8 位文件格式的文件；"mail"模式数据与"netascii"模式数据类似，除了文件名字段被用户名代替，以及整个传送过程以一个写请求（WRQ）数据包开始之外。
- 块编号（Block #）字段——提供了一种用于分辨连续数据包的方式。该方式从 1 开始连续地对块进行编号。只有当设备处于建立通信的初始化阶段时，该方式才指定其块编号为 0。这时，接收设备会发送一个块编号为 0 的确认（ACK）数据包作为对发送方写请求（WRQ）数据包的回应。
- 数据（Data）字段——为设备之间的实际数据传送提供了多种字段长度，其变化范围为 0～512 字节。TFTP 将任何一个包含少于 512 字节数据字段的数据包视为传送的结束。
- 差错码（Error Code）字段——一个 16 位的字段，其中包含一个表示差错类型的整型（Integer）数字。TFTP 差错码主要有：
  0 ——未定义，见差错信息；
  1 ——文件未找到；
  2 ——访问侵犯；
  3 ——磁盘已满或内存超出；
  4 ——非法 TFTP 操作；
  5 ——无法识别的传送 ID；
  6 ——文件已经存在；
  7 ——没有这个用户。
- 差错信息（Error Message）字段——一种与特定差错码相关联的字符串。

TFTP 用于文件的传送，它不提供目录列表，也不具有特别的可靠性。但 TFTP 通过获取 ACK 数据包的形式提供了一种用于内部的等级和差错控制的机制，并且只使用很少的网络资源和主机资源，又非常易于实现。

## 练习

1. 以下关于域名服务器的叙述中，错误的是（　　）。
   a．用户只能使用本地网段内域名服务器进行域名解析
   b．主域名服务器负责维护这个区域的所有域名信息
   c．辅助域名服务器作为主域名服务器的备份服务器提供域名解析服务
   d．转发域名服务器负责非本地域名的查询
2. 下列哪 3 项内容属于 TFTP 数据包类型？（　　）
   a．读请求　　　b．数据请求　　　c．写请求　　　d．确认
3. 下列哪 3 项属于 DHCP 的地址分配机制？（　　）

　　　　a. 自动　　　　b. 动态　　　　c. 静态　　　　d. 手动
4. 哪一类 DHCP 网络地址分配机制可给主机分配临时 IP 地址？（　　）
　　　　a. 自动地址分配　　　　　　　b. 动态地址分配
　　　　c. 手动地址分配　　　　　　　d. 静态地址分配

## 补充练习

1. Telnet 采用客户机/服务器工作方式，采用（　　）格式实现客户机和服务器之间的数据传输。
　　　　a. NTL　　　　b. NVT　　　　c. Base-64　　　　d. RFC822
2. 在 HTTP 中，用于读取一个网页的操作方法是（　　）。
　　　　a. read　　　　b. get　　　　c. ead　　　　d. post

# 本 章 小 结

　　本章概要地介绍了 TCP/IP 网络中的一些最重要应用程序。从访问 TCP/IP 应用程序的方式（命令行方式或浏览器方式）开始，到进入网络之后，这些应用程序利用 TCP/IP 以及其他协议在发送和接收应用程序之间传送信息。

　　在 TCP/IP 网络中，HTTP 程序用于在浏览器和 Web 服务器之间传送信息。由于 Internet、Intranet 和 Extranet 的持续高速发展，HTTP 程序在互联网中得到了广泛应用。

　　FTP 程序是另一种常见的 TCP/IP 应用程序。FTP 程序可通过命令行或浏览器方式运行。利用该程序可以通过网络发送或获取文件。不同的客户机只要运行 FTP 程序，都可以访问 FTP 服务器。传送文件是 FTP 程序最常见的应用。

　　电子邮件（E-mail）是计算机网络中最常用的应用程序。SMTP 是在 TCP/IP 环境中发送和接收邮件的 TCP/IP 应用层协议。其他与 SMTP 有关的重要应用程序有 POP 程序、MIME 程序和 IMAP 程序。POP 程序用于从客户机向邮件服务器传送信息；MIME 程序用于在 E-mail 消息中附加各种类型的文件；IMAP 程序允许客户机直接控制服务器上的消息，并允许客户机只下载选定的文件。

　　SNMP 程序用于管理联网资源，该程序用于通过网络收集联网设备的信息，这些信息在称作网络管理站（NMS）的网络中心显示并用于管理目的。SNMP 是用于在网络设备与中央管理站之间传送信息的协议。RMON 和 RMON2 对 SNMP 进行了扩展，使网络管理站和 RMON 探测器可以比单独使用 SNMP 时收集和控制更多的信息。

　　在 TCP/IP 网络中还使用了一些其他应用程序和协议。本章所介绍的是最常用的协议，其应用程序都使用底层协议通过局域网、城域网和广域网在源计算机与目的计算机之间传送信息。

## 小测验

1. 下列哪两项可用于网络管理？（　　）
　　　　a. SMTP　　　　b. MONR　　　　c. RMON　　　　d. SNMP
2. SNMP 程序从下列哪种类型的数据库中收集网络信息？（　　）
　　　　a. RMON　　　　b. MIB　　　　c. DNS　　　　d. FQDN

3．下列哪项内容最恰当地描述了 HTTP 服务器能够支持多个同步连接的原因？（　　）
　　a．HTTP 服务器维护每个连接的状态信息，因此能够在浏览器遇到错误时快速重新连接
　　b．HTTP 连接属于一种无状态连接，因此当连接中断后，服务器对这些以前的连接便没有任何概念了
　　c．HTTP 服务器在其内存中维护每个文件，因此应用程序无须从硬盘上读取文件
　　d．HTTP 连接属于一种全状态连接，HTTP 服务器需要维护每个连接的相关信息
4．FTP 用于下列哪种目的？（　　）
　　a．管理远程设备　　b．下载 E-mail 文件　　c．下载 HTML 文档　　d．下载大容量文件
5．SMTP 程序为什么需要一些附加协议以便携带作为附件的非文本数据？（　　）
　　a．SMTP 数据包的大小限制在 1 000 位以内
　　b．SMTP 数据包只能携带 ASCII 码文本字符
　　c．SMTP 数据包与 MIME 附件不兼容　　d．用 SMTP 数据包携带大容量附件速度太慢
6．下列哪项 SNMP RMON 扩展可用于维护记录了某一特定时段内以太网统计数字组计数的数据表？（　　）
　　a．警报组　　　　　b．历史记录控制组　　c．事件组　　　　d．数据历史记录组
7．SMTP 属于下列哪种消息传递系统？（　　）
　　a．存储/转发　　　　b．直接传递　　　　　c．不可靠　　　　d．高效
8．下列哪 3 项属于 SNMP 的网络管理部件？（　　）
　　a．被管理设备　　　b．网络管理站　　　　c．网络管理协议　d．管理探测器
9．下列哪项 SNMP 功能可向网络管理站提醒特定事件的发生？（　　）
　　a．get　　　　　　b．put　　　　　　　c．trap　　　　　d．note
10．当网络管理站轮询设备代理以收集信息时，网络管理系统工作于哪些 SNMP 网络管理模式？（　　）
　　a．被动模式　　　　b．主动模式　　　　　c．预见模式　　　d．异常模式
11．下列哪项 SNMP RMON 扩展可用于为位于测量参数统计数字顶部的一组主机准备报告？（　　）
　　a．主机 Top$N$ 组　　b．主机组　　　　　　c．警报组　　　　d．过滤组
12．下列哪两项属于 MIME 支持的数据类型？（　　）
　　a．Uuencode　　　b．MPEG　　　　　　c．GIF　　　　　d．POP
13．以下关于 Web 浏览器特点的描述中，哪项是错误的？（　　）
　　a．Web 浏览器由一组客户与解释单元以及一个控制器组成
　　b．控制器解释页面，并将解释后的结果显示在用户屏幕上
　　c．控制器解释鼠标点击和键盘输入，并调用其他组件来执行用户指定的操作
　　d．控制器接受用户输入的 URL 或其点击的超链接
14．在浏览器的地址栏中输入 "xxxyftp.abc.com.cn"，该 URL 中（　　）是将要访问的主机名。
　　a．xxxyftp　　　　b．abc　　　　　　　c．com　　　　　d．cn
【参考答案】　选项 a。
15．下列关于 DHCP 服务的叙述中，准确的是（　　）。

a．一台 DHCP 服务器只能为其所在网段的主机分配 IP 地址
　　　b．对于移动用户设置较长的租约时间　　c．DHCP 服务器不需要配置固定的 IP 地址
　　　d．在 Windows 客户机上可以使用 ipconfig/release 释放当前的 IP 地址
【参考答案】　选项 d。

16．当接收邮件时，客户机与 POP3 之间通过 (1) 建立连接，所使用的端口是 (2) 。
　　（1）a．UDP　　b．TCP　　c．HTTP　　d．HTTPS
　　（2）a．25　　b．52　　c．1100　　d．110
【参考答案】（1）选项 b；（2）选项 d。

17．SNMP 采用 UDP 提供的数据报服务，这是由于（　　）。
　　　a．UDP 比 TCP 更加可靠　　　b．UDP 报文可以比 TCP 报文大
　　　c．UDP 是面向连接的传输方式　　d．采用 UCP 实现网络管理不会太多增加网络负载
【参考答案】　选项 d。

# 第三章 子网划分

为了提高 IP 地址的使用效率，可采用借位的方式将一个网络划分为子网。子网划分是指把一个网络划分成几个较小的子网，而每个子网都有自己的子网地址。为什么需要多个较小的网络呢？因为利用子网划分可以保留主机地址，控制广播流量，并增强网络的伸缩性。

子网划分是比较复杂的 IP 网络管理任务之一。许多维护 TCP/IP 网络的网络管理员对如何建立子网也并不十分了解，在许多情况下需要依赖其因特网服务提供商（ISP）或运营商提供解决方案。为此，本章将介绍子网划分的一些概念，较为详细地讨论 A 类网络、B 类网络和 C 类网络的子网划分方法，同时介绍无类别域间路由（CIDR）、超网（Supernetting）以及用于保留地址和减少路由选择表（Routing Table）条目的寻址方案。

## 第一节 子网划分基础

由于技术或管理方面的原因，许多单位都将其 TCP/IP 网络分成若干较小的网络，然后通过路由器等联网设备将这些较小的网络连接起来。子网划分最主要的优点是为 IP 寻址提供了灵活性。

**学习目标**

- ▶ 掌握定义子网寻址的方法，了解子网划分的基本原则；
- ▶ 熟悉在何种情况下需要划分子网，并能够描述 IP 广播地址。

**关键知识点**

- ▶ 子网是网络的分支。

### 何谓子网

子网是指将一个较大的 A、B、C 类网络进一步划分成的多个较小的网络。每个子网都有自己的地址。子网允许网络管理者对其地址空间进行分级组织。

为便于理解子网的概念，先考察一个 IP 编址与接口的例子。在图 3.1 中，一台具有 3 个端口的路由器用于互连 7 台主机。在图中左侧部分的 3 台主机以及与它们连接的路由器端口，都有一个形如 223.1.1.x 的 IP 地址，即在它们的 IP 地址中，最左侧的 24 位是相同的。3 台主机的网络端口通过一台以太网集线器或者以太网交换机连接起来形成一个网络（如以太网局域网），然后与路由器的一个端口互连起来。用 IP 的术语讲，互连这 3 台主机的网络端口与路由器一个端口的网络形成一个子网（RFC 950）。在因特网文献中，一个子网也称为一个 IP 网络。

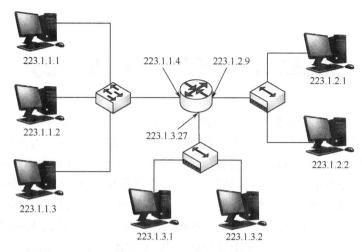

图 3.1　接口 IP 地址与子网

## 子网划分的意义

IP 分类编址方案具有一定的局限性。例如，一个典型的大学拥有一个 B 类地址，可支持大约 64 000 台主机连接到因特网上。若使用分类编址方式，本地网络管理员要管理所有的 64 000 台主机是一项非常艰巨的任务。而且，一个单位的网络通常包含多个局域网，要求使用多个网络地址。为了解决这个问题，在 20 世纪 80 年代中期人们提出了子网（Subnet）的概念。

### IP 地址危机

由于 IP 地址并不标识某台机器，而是标识一台主机与网络的一个连接。IP 要求，在一个网络中主机接口的 IP 地址中的网络部分地址应该一样。但是在实际的物理网络（如以太网等）中，一般不可能有 65 000 多台主机（B 类地址），更不可能有 1 600 多万台主机（A 类地址）。因此，在 B 类 IP 地址中用 16 位来表示主机部分，在 A 类 IP 地址中用 24 位来表示主机部分，均会造成巨大的浪费。例如，如果一个具有 256 台主机的小单位拥有一个完整的 B 类地址，那么这个 B 类地址中有约 65 000 个主机地址将得不到使用。在因特网迅速发展的今天，IP 地址面临耗尽，网络地址已经成为珍贵的资源，显然需要改进这种 IP 地址分配方式。

子网划分结合无类别域间路由（CIDR）和网络地址转换（NAT），通过对 TCP/IP 网络进行分段，能够更加有效地利用这些可用的主机地址，从而减轻 IP 地址紧缺所带来的危机。

### 使用多个网段的理由

由上述内容可以看出，单位或机构有必要将其网络分成多个网段，这是因为：如果该单位的网络规模显著增长，其本地网段流量可能会增加到无法管理的程度。因此，很多单位将其网络分为数百个网段，并为每个网段分配自己的网络地址。这些地址通常来自较大的单一网络地址，如 A 类地址或 B 类地址。

### TCP/IP 网络互联的需要

全球性的企业通常需要将位于不同地域的网络互联起来，以便能在远程站点之间进行通信。如果这些企业希望通过公用的因特网进行通信,就必须将指定给它们的网络地址在某种程度上进行拆分。这就需要利用子网划分方法将单一的网络地址拆分为一些较小的网络地址,建立由路由器连接的网段,以使每个网段具有唯一的网络地址范围。

通过路由器将多种 TCP/IP 网络互联时,必须为每个网络分配一个不同的网络地址。通常,可以在任何一个 A 类、B 类或 C 类地址的基础上建立子网。子网划分示例如图 3.2 所示,图中在一个单一 B 类网络地址(135.15.0.0)的基础上建立了 2 个子网,并使用网络地址中的第 3 字节识别网络 135.15.0.0 的 2 个子网。路由器接收网络 135.15.0.0 内的所有流量,并根据其地址的第 3 字节,即地址 135.15.x.0 中的"x"(网络地址的子网标识符或子网部分)选择正确的外接端口。

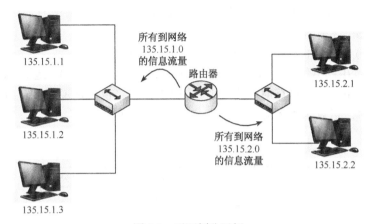

图 3.2 子网划分示例

## 网络掩码

如果给出了网络地址,就能找出相应的地址块以及这个地址块的地址范围。反之,如果给定一个 IP 地址,能否找出网络地址呢?这一点很重要,因为路由器需要从目的 IP 地址中提取出网络地址,这样才能把分组正确地转发给目的网络。

找出网络地址的一种方法是先找出该地址的类和网络号。例如,给定的 IP 地址是 134.65.78.21,可以立刻知道这是一个 B 类地址,网络号是 134.65(2 字节),因而网络地址是 134.65.0.0。

在不对网络划分子网的情况下上述方法是可行的。若划分子网,从一个 IP 地址找出网络地址的一般方法是使用网络掩码。在 IPv4 中网络掩码是一个 32 位的二进制数字,网络设备用它来识别 IP 地址中的网络部分和主机部分。

每个 IP 地址类都被分配了一个默认的网络掩码,如表 3.1 所示。

表 3.1 默认网络掩码

| 类别 | 十进制形式 | 二进制形式 |
| --- | --- | --- |
| A | 255.0.0.0 | 11111111.00000000.00000000.00000000 |
| B | 255.255.0.0 | 11111111.11111111.00000000.00000000 |
| C | 255.255.255.0 | 11111111.11111111.11111111.00000000 |

从表 3.1 中可以看到，这些网络掩码的每个八位位组要么是 255（所有二进制位全为 1），要么是 0（所有二进制位全为 0）。在 A 类地址的网络掩码中，第一个八位位组为 255，其余的 3 个八位位组全为 0。网络掩码中为 1 的二进制位代表网络部分，而为 0 的二进制位则代表主机部分。例如，网络掩码 255.255.0.0 表示 IP 地址中的前 16 位是网络地址部分，后 16 位是主机地址部分。

通过对二进制的网络地址和其网络掩码进行逻辑"与"运算，网络设备可以区分网络地址的网络部分和主机部分。下面以图 3.2 所示的子网划分为例进行介绍。

（1）从一个 B 类地址（第一个八位位组属于 B 类地址的范围）开始，以 IP 地址 135.15.2.1 为例，其对应的二进制表示如下：

135.15.2.1 = 10000111.00001111.00000010.00000001

（2）将默认的 B 类网络掩码 255.255.0.0 表示为二进制形式：

255.255.0.0 = 11111111.11111111.00000000.00000000

（3）将 IP 地址中的网络部分分离出来。为了做到这一点，应对 IP 地址和网络掩码执行逻辑"与"运算。逻辑"与"运算遵循的规则如表 3.2 所示。也就是说，只有当两个参与"与"运算的位都为 1 时，运算结果才为 1；否则，运算结果为 0。

表 3.2　逻辑"与"运算规则（A AND B = 结果）

| 运算数 A | 运算数 B | 运算结果 |
|---|---|---|
| 0 | 0 | 0 |
| 1 | 0 | 0 |
| 0 | 1 | 0 |
| 1 | 1 | 1 |

将 B 类地址与网络掩码进行"与"运算，以得到网络部分：

10000111.00001111.00000010.00000001 = 135.15.2.1
11111111.11111111.00000000.00000000 = 255.255.0.0
10000111.00001111.00000000.00000000 = 135.15.0.0

（4）将"与"运算结果的二进制数转换为十进制数后，可发现所得到的网络地址部分是 135.15.0.0，这正是本例中 B 类 IP 地址的网络地址。"与"运算将主机位全都置 0，而保持网络部分的位不发生变化。

## 建立子网

建立子网的一般方法，是通过对原始网络地址中主机地址部分的借位来生成子网地址部分，即：将 IP 地址的主机号再次划分为子网地址与主机地址两部分（也可以将其看作从主机号部分的借位），一部分用来标识子网，另一部分仍然作为主机号。带子网标识的 IP 地址结构如图 3.3 所示，称为子网编址。这样划分后，IP 地址由网络号、子网号和主机号 3 部分组成。

用 IP 地址的网络号加子网号可以唯一地标识一个子网，因此将这两部分合起来再加上为"0"的主机部分称为子网地址。这样，既可以充分利用 IP 地址的主机部分来拓展 IP 地址的网络标识，又可以灵活地划分网络的大小。

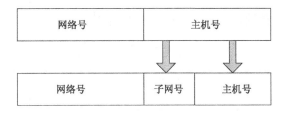

图 3.3 带子网标识的 IP 地址结构

为了更好地理解上述概念，仍以图 3.2 为例进行讨论。在图 3.2 中，通过从默认主机部分借位并将其分配给子网地址的网络部分，将 B 类网络 135.15.0.0 划分为两个独立的子网。

现在要在默认地址为 135.15.0.0 的网络中建立 $2^8$（256）个子网，需要从第 3 个八位位组中借出 8 位，并将这 8 位分配给 135.15.0.0 网络地址的网络部分。这样，得到子网掩码如下：

11111111.11111111.11111111.00000000 或 255.255.255.0

从主机部分借出 8 位后，将这 8 位的值全设为 1。另外，在向主机部分借位时，应遵循递减顺序，也就是从左边的最高位（MSB）开始到右边的最低位（LSB），如图 3.4 所示。

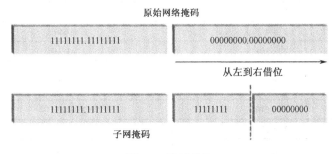

图 3.4 递减借位

由子网掩码的十进制表示可以看出，现在第 3 个八位位组用 255 取代了原来的 0。现在对 IP 地址和子网掩码进行"与"运算，其结果是前 3 个八位位组均"保留"了下来，即：

10000111.00001111.00000010.00000001
<u>11111111.11111111.11111111.00000000</u>
10000111.00001111.00000010.00000000 = 135.15.2.0

将网络 135.15.0.0 进行子网划分后，主机 135.15.2.1 现在位于子网 135.15.2.0 中。图 3.2 中的路由器将子网 135.15.2.0 与建立的另一个子网 135.15.1.0 连接了起来。

## 最大可用子网数和主机数

在进行子网划分时，对于所建立的子网的大小没有任何限制。也就是说，在可以建立的子网数量和每个子网可以支持的主机数量方面具有很大的灵活性。究竟拿出多少位作为子网号来标识子网，取决于子网的数量和子网的规模。因此，每类网络地址允许的最大子网数和最大主机数都不同，如表 3.3 所示。

在最大主机数与最大子网数之间存在着矛盾和关联性。首先，在向主机部分借位时，必须至少保留 2 个主机位。因为在默认地址的网络中，最大主机数是"$2^{\text{主机部分位数}}-2$"，所以在借位时必须为每个子网中留下至少 $2^2=4$ 个主机地址。如果借位时留下的主机地址少于 4 个，那么减去子网的网络地址和广播地址后，就只剩下 0 个主机了。例如，如果只留下 1 个主机位，那么在减去网络地址和广播地址后，可用的主机数为 $2^1 - 2 = 0$ 个。

表 3.3 最大子网数和最大主机数

| 地址类型 | 最大主机数量 | 最大子网数量 |
|---|---|---|
| A | 16 777 214 | 4 194 304 |
| B | 65 534 | 16 384 |
| C | 254 | 64 |

每个子网的最大主机数取决于所建立的子网数。由于 C 类子网最简单，因此下面以 C 类地址为例予以介绍。表 3.4 示出了可用的 C 类网络中主机数与子网数之间的关系。

表 3.4 C 类网络中的主机数与子网数之间的关系

| 借位数 | 最大子网数/可用子网数 | 每个子网的最大主机数/可用主机数 |
|---|---|---|
| 0 | 0（默认地址） | $2^8 = 256/254$ |
| 1 | $2^1 = 2/0$ | $2^7 = 128/0$ |
| 2 | $2^2 = 4/2$ | $2^6 = 64/62$ |
| 3 | $2^3 = 8/6$ | $2^5 = 32/30$ |
| 4 | $2^4 = 16/14$ | $2^4 = 16/14$ |
| 5 | $2^5 = 32/30$ | $2^3 = 8/6$ |
| 6 | $2^6 = 64/62$ | $2^2 = 4/2$ |
| 7 | $2^7 = 128/0$ | $2^1 = 2/0$ |
| 8 | $2^8 = 256/0$ | $2^0 = 1/0$ |

注：第一个子网和最后一个子网都不可用

在表 3.4 中，需要注意如下重要事项：

- 表中列出了 9 种借位情形。第 1 种情形实际上没有借位，使用的是默认的 C 类子网掩码，因而有 8 位用于主机（254 个主机可用）。其余的 8 种情形在第 1 列中列出了从主机部分借位的位数，其中最后一种情形实际上不可能发生，因为借走 8 位后主机部分成了 0 位。
- 可用的子网数比允许的最大子网数少 2。其原因在于，有类别域间路由选择协议无法区分全 0 子网（子网部分全为 0）和默认网络地址。例如，有类别域间路由器认为，具有网络掩码 255.255.0.0 的地址 135.15.0.0 与具有子网掩码 255.255.255.0 的地址 135.15.0.0 是同一地址。另外，有类别域间路由器也无法区分全 1 子网的地址和默认的广播地址。因此，如表 3.4 中所示，当借位数为 1 时，没有可用的子网（2 - 2 = 0）。
- 在借位时必须为主机部分保留 2 位，以便在减去网络地址和广播地址后，仍有最少 2 个可用主机。因此，不能借 7 位，因为它只留下了 1 个主机位（$2^1 - 2 = 0$）。

综上所述，9 种借位情形中只有 5 种可用，如表 3.5 所示。

表 3.5 中列出了每种借位情形下可用的主机总数（可用网络数×可用主机数），可用主机的数量取决于借位的多少。另外，表 3.5 中也列出了 C 类网络地址的子网掩码与借位数的对应关系。

表3.5 可用的C类子网数与主机数

| 借位数 | 子网数和可用子网数 | 每个子网的主机数和可用主机数 | 可用子网数×可用主机数 | 子网掩码 |
|---|---|---|---|---|
| 2 | $2^2=4$，2个可用 | $2^6=64$，62个可用 | 124 | 255.255.255.192 |
| 3 | $2^3=8$，6个可用 | $2^5=32$，30个可用 | 180 | 255.255.255.224 |
| 4 | $2^4=16$，14个可用 | $2^4=16$，14个可用 | 196 | 255.255.255.240 |
| 5 | $2^5=32$，30个可用 | $2^3=8$，6个可用 | 180 | 255.255.255.248 |
| 6 | $2^6=64$，62个可用 | $2^2=4$，2个可用 | 124 | 255.255.255.252 |

# IP 前缀

子网掩码也可以用其他形式表示，例如用前缀代替掩码。对于子网掩码 255.255.255.240，可以用"/28"来表示。这是组合网络和子网掩码的一种简记符号，其中数字 28 表示子网掩码中设为 1 的位数。

先将子网掩码 255.255.255.240 表示为二进制格式：

11111111.11111111.11111111.1111|0000 = 255.255.255.240

其中用分隔符"|"将值为 1 的位和值为 0 的位分隔开来。可以看出，值为 1 的位是 28 个。因此，可以用"/28"来代替子网掩码的十进制格式 255.255.255.240；而对于子网 255.255.255.240 上的地址 192.14.16.8，则可以用 192.14.16.8/28 来表示。

将子网划分信息进行综合，可得到完整的 C 类子网、B 类子网和 A 类子网的信息分别如表 3.6、表 3.7 和表 3.8 所示。

表3.6 完整的C类子网信息

| 借位数 | 子网掩码 | 前缀 | 可用子网数 | 每个子网可用主机数 | 可用子网数×可用主机数 |
|---|---|---|---|---|---|
| 2 | 255.255.255.192 | /26 | 2 | 62 | 124 |
| 3 | 255.255.255.224 | /27 | 6 | 30 | 180 |
| 4 | 255.255.255.240 | /28 | 14 | 14 | 196 |
| 5 | 255.255.255.248 | /29 | 30 | 6 | 180 |
| 6 | 255.255.255.252 | /30 | 62 | 2 | 124 |

表3.7 完整的B类子网信息

| 借位数 | 子网掩码 | 前缀 | 可用子网数 | 每个子网可用主机数 | 可用子网数×可用主机数 |
|---|---|---|---|---|---|
| 2 | 255.255.192.0 | /18 | 2 | 16 382 | 32 764 |
| 3 | 255.255.224.0 | /19 | 6 | 8 190 | 49 140 |
| 4 | 255.255.240.0 | /20 | 14 | 4 094 | 57 316 |
| 5 | 255.255.248.0 | /21 | 30 | 2 046 | 61 380 |
| 6 | 255.255.252.0 | /22 | 62 | 1 022 | 63 364 |
| 7 | 255.255.254.0 | /23 | 126 | 510 | 64 260 |
| 8 | 255.255.255.0 | /24 | 254 | 254 | 64 516 |
| 9 | 255.255.255.128 | /25 | 510 | 126 | 64 260 |

续表

| 借位数 | 子网掩码 | 前缀 | 可用子网数 | 每个子网可用主机数 | 可用子网数×可用主机数 |
|---|---|---|---|---|---|
| 10 | 255.255.255.192 | /26 | 1 022 | 62 | 63 364 |
| 11 | 255.255.255.224 | /27 | 2 046 | 30 | 61 380 |
| 12 | 255.255.255.240 | /28 | 4 094 | 14 | 57 316 |
| 13 | 255.255.255.248 | /29 | 8 190 | 6 | 49 140 |
| 14 | 255.255.255.252 | /30 | 16 382 | 2 | 32 764 |

表 3.8 完整的 A 类子网信息

| 借位数 | 子网掩码 | 前缀 | 可用子网数 | 每个子网可用主机数 | 可用子网数×可用主机数 |
|---|---|---|---|---|---|
| 2 | 255.192.0.0 | /10 | 2 | 4 194 302 | 8 388 604 |
| 3 | 255.224.0.0 | /11 | 6 | 2 097 150 | 15 282 900 |
| 4 | 255.240.0.0 | /12 | 14 | 1 048 574 | 14 680 036 |
| 5 | 255.248.0.0 | /13 | 30 | 524 286 | 15 728 580 |
| 6 | 255.252.0.0 | /14 | 62 | 262 142 | 16 252 804 |
| 7 | 255.254.0.0 | /15 | 126 | 131 070 | 16 514 820 |
| 8 | 255.255.0.0 | /16 | 254 | 65 534 | 16 645 636 |
| 9 | 255.255.128.0 | /17 | 510 | 32 766 | 16 710 660 |
| 10 | 255.255.192.0 | /18 | 1 022 | 16 382 | 16 742 404 |
| 11 | 255.255.224.0 | /19 | 2 046 | 8 190 | 16 756 740 |
| 12 | 255.255.240.0 | /20 | 4 094 | 4 094 | 16 760 836 |
| 13 | 255.255.248.0 | /21 | 8 190 | 2 046 | 16 756 740 |
| 14 | 255.255.252.0 | /22 | 16 382 | 1 022 | 16 742 404 |
| 15 | 255.255.254.0 | /23 | 32 766 | 510 | 16 710 660 |
| 16 | 255.255.255.0 | /24 | 65 534 | 254 | 16 645 636 |
| 17 | 255.255.255.128 | /25 | 131 070 | 126 | 16 514 820 |
| 18 | 255.255.255.192 | /26 | 262 142 | 62 | 16 252 804 |
| 19 | 255.255.255.224 | /27 | 524 286 | 30 | 15 728 580 |
| 20 | 255.255.255.240 | /28 | 1 048 574 | 14 | 14 680 036 |
| 21 | 255.255.255.248 | /29 | 2 097 150 | 6 | 12 582 900 |
| 22 | 255.255.255.252 | /30 | 4 194 302 | 2 | 83 886 04 |

## 确定子网需求

通过前面的介绍，就对如何建立子网有了一些了解；借助表 3.6、表 3.7 和表 3.8，只需知道所要支持的子网数和主机数，就可以从表中查到其他的参数。接下来讨论如何确定所需的子网数和主机数。

假设某公司拥有一个 B 类地址，该公司正计划从目前的单一站点扩展到全国范围的 12 个站点。该公司要求基于现有的 B 类地址划分出足够的子网，以支持新增站点，同时还要考虑支持未来两年网络规模的成倍增长。最初，每个子网预计有 300 台主机，但要为以后留出一倍的增长空间。如何才能既满足需求，又能有效地利用该 B 类地址避免地址浪费呢？

从表 3.7 可以查到可供参考的两行信息，如表 3.9 所示。

表 3.9　可供参考的 B 类子网信息

| 借位数 | 子网掩码 | 前缀 | 可用子网数 | 每个子网可用主机数 | 可用子网数×可用主机数 |
| --- | --- | --- | --- | --- | --- |
| 5 | 255.255.248.0 | /21 | 30 | 2 046 | 61 380 |
| 6 | 255.255.252.0 | /22 | 62 | 1 022 | 63 364 |

在表 3.9 第一行数据中，借了 5 位，可用子网数为 30，可以完全满足公司目前及将来的子网划分需求；但每个子网可用的主机数为 2 046，远远超出了公司规划的每个子网 600 台可用主机的数量，从而造成每个子网有多于 1 400 个的主机地址闲置。

第二行数据提供了 62 个可用子网，远超出了规划的 24 个可用子网，且每个子网允许有 1 022 台主机；因此，每个子网中只有 422 个主机地址闲置。这种方案不仅使每个子网中可用的主机地址更为有效，而且也为以后的网络发展留下了更大的空间。因此，对于这两个方案而言，第二行的方案是最佳选择。

## IP 广播地址

IP 地址中的网络和主机部分各位的值不能全为 1。如果全为 1，则代表广播地址，这种特殊用途的地址用于同时向多个目的网络或主机传送数据。IP 广播地址有下列 4 种类型：

- 有限广播地址 —— 地址设为 255.255.255.255。有限广播地址通常用于配置主机的启动信息。例如，当主机从 DHCP 或 BOOTP 服务器获取 IP 地址时，就采用这种广播地址。
- 非定向广播地址 —— 地址形式为"netid.255.255.255"（其中"netid"为网络号），如 126.255.255.255。网络使用非定向广播地址向特定网段上的所有主机发送数据包。
- 子网定向广播地址 —— 在划分为子网的网络中，子网定向广播地址限于表示特定子网上的主机。
- 全部子网定向广播地址 —— 在划分为子网的因特网中，网络设备可以使用全部子网定向广播地址向所有子网的主机发送广播消息。这一类型的地址现在已基本上不使用了，它被 D 类多播地址所取代。

### 有限广播

发送给目的 IP 地址 255.255.255.255 的数据包属于"有限 IP 广播"数据包。在指定给本地网络的广播数据包中，目的 IP 地址的网络部分和主机部分的每一位都是 1（即 255.255.255.255）。有限 IP 广播永远都不能通过路由器，而只能通过中继器和介质访问控制（MAC）层的网桥等设备。

### 定向广播

发送给其目的 IP 地址主机部分各位全为 1（如 180.100.255.255）的数据包属于"定向广播"数据包。定向 IP 广播数据包可以通过路由器，并广播到目的网络的所有主机。定向 IP 广播既可以是网络定向 IP 广播，也可以是子网定向 IP 广播。例如：

- ▶ 网络定向广播 IP 地址的主机部分各位全为 1，并有一个有效的网络部分，广播可以到达该网络中的所有主机。
- ▶ 子网定向广播 IP 地址的主机部分各位全为 1，并有一个有效的网络部分和一个有效的子网部分，其广播可以到达该子网中的所有主机。

## 练习

1. 从一个 C 类网络地址借 3 位时，可建立多少个可用子网？（    ）
   a. 3　　　　　　b. 6　　　　　　c. 8　　　　　　d. 12
2. 从一个 B 类地址借 12 位，可建立多少个可用子网？（    ）
   a. 2 046　　　　b. 2 048　　　　c. 4 094　　　　d. 4 096
3. 对下列每组网络地址及其对应的网络掩码或子网掩码进行"与"运算，写出运算后得到的网络地址的二进制形式和十进制形式。
   a. 193.100.56.3，255.255.255.0　　b. 214.69.15.6，255.255.255.252
   c. 129.89.125.17，255.255.224.0　　d. 101.56.110.41，255.255.0.0
   e. 96.78.120.28，255.255.240.0　　f. 52.91.130.6，255.0.0.0
4. 将下列主机地址借位数表示为 2 的次幂形式及相应的十进制值（例如，对于借位数 6，将其表示为 $2^6 = 32$）。
   a. 2　　　b. 4　　　c. 10　　　d. 8　　　e. 20　　　f. 12
5. 用对应的 IP 前缀表示下列子网掩码：
   a. 255.224.0.0　　　　b. 255.254.0.0　　　　c. 255.255.128.0
   d. 255.255.248.0　　　e. 255.255.254.0　　　f. 255.255.255.192
6. IP 地址 211.81.12.129/28 的子网掩码可写成（    ）。
   a. 255.255.255.192　　b. 255.255.255.224　　c. 255.255.255.240　　d. 255.255.255.248

【提示】根据题中 IP 地址可知，网络位为前 28 位，子网掩码可以写为：255.255.255.240。参考答案是选项 c。

7. 某公司网络的地址是 192.168.192.0/20，要把该网络分成 32 个子网，则对应的子网掩码应该是 (1) ，每个子网可分配的主机地址数是 (2) 。
   (1) a. 255.255.252.0　b. 255.255.254.0　c. 255.255.255.0　d. 255.255.255.128
   (2) a. 62　　　　　　b. 126　　　　　　c. 254　　　　　　d. 510

【提示】192.168.192.0/20 划分为 32 个子网，需要从主机位中拿出 5 位进行子网划分，划分后每个子网的主机位是 12-5=7 位，那么子网掩码变成 255.255.255.128，每个子网可分配的主机是 $2^7-2=126$ 台。参考答案：（1）选项 d；（2）选项 b。

## 补充练习

1. 假定某公司正在建设一个网络，这个网络必须支持分布在世界各地的 115 处远程办公场所。现在他们已有一个 B 类地址：190.17.0.0/16。初始计划每个子网要支持的主机数为 200 个，但未来 3 年内预计会增加到 500 个。另外，还要为将来增加办公场所预留 10 个子网地址。

现在公司要求设计一种地址方案：既能满足其现在和未来的网络需求，又能最有效地利用子网中可用主机地址的子网掩码。应该如何选择子网掩码？应建立多少个可用的子网和设置多少台主机？在满足公司的网络增长需求后,每个子网有多少个主机地址闲置？可为将来预留多少个子网？

2. 一个主营制造业的公司聘请你评估其办公园区的网络性能并提出解决方案,其办公园区网络结构如图 3.5 所示。

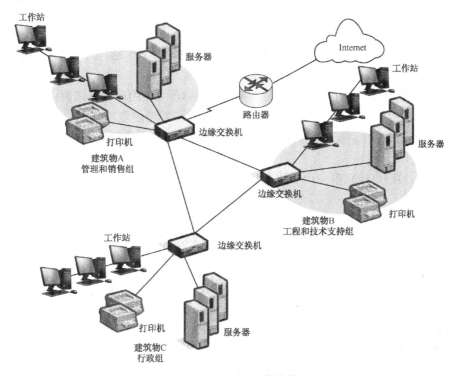

图 3.5 办公园区网络结构

初次评估后,发现:
- 园区网由分布在 3 栋建筑物中的 1 000 个结点（服务器、工作站及打印机等）组成；
- 这是一个平面网络,也就是说路由器是网络通往因特网的唯一接口,而交换机则提供对所有其他网络的连接；
- 网络主干为 100 Mb/s 交换式以太网,建筑物之间的网络用光缆连接；
- 每个建筑物使用一个多端口的第 2 层以太网交换机；
- 该网络有一个 B 类地址,即 131.28.0.0/16；
- 网络中使用工作组来大致划分用户和服务,同一建筑物中不同区域的用户和服务组成不同的工作组。

基于此,决定用路由器代替第 2 层交换机,并进行子网划分,从而通过工作组来隔离网络流量。这样做的理由有以下两点:
- 未来 5 年内公司各部门的网络规模增长率预计为 50%；
- 在一天中最繁忙的时段,广播流量占整体网络流量的一半以上。

通过对网络用户进行调研后,对工作组的位置与所包含的主机数量做出如下安排:
- 管理工作组——位于建筑物 A 内,其中包括 77 个工作站、2 个管理服务器和 15 台打印机；

- 销售工作组 —— 位于建筑物 A 内，其中包括 40 个工作站、1 个文件服务器、1 个邮件服务器和 10 台打印机；
- 工程工作组 —— 位于建筑物 B 内，其中包括 422 个工作站、4 个文件服务器以及 30 台打印机和绘图仪；
- 技术支持工作组 —— 位于建筑物 B 内，其中包括 300 个工作站、5 个文件服务器、2 个通信服务器和 20 台打印机；
- 行政工作组 —— 位于建筑物 C 内，其中包括 45 个工作站、2 个文件服务器、2 个通信服务器和 22 台打印机。

建议该公司在逻辑上采用工作组划分其网络，在物理上使用路由器隔离广播流量，并从其现有的 B 类地址中为每个工作组建立子网。这样，就必须考虑要建立多少个子网，以及每个子网必须支持多少台主机。在这里要使用有类别域间路由协议，同时必须为客户提供预留的网络增长空间。

那么，你认为应该建立多少个子网？每个子网又应该支持多少台主机？

## 第二节　C 类网络子网划分

在了解子网划分原则和方法的基础上，本节介绍 C 类网络的子网划分，同时讨论子网划分过程中可能遇到的一些复杂问题，包括如何决定每个子网的地址范围和识别地址所在的网络编号等问题。

### 学习目标

- 确定 C 类网络子网的有效 IP 地址范围；
- 识别地址所在的子网；
- 列出每个子网的网络地址和广播地址。

### 关键知识点

- C 类网络是最容易划分子网的网络，但其在寻址灵活性方面比 A 类网络和 B 类网络稍差。

### 确定地址范围

表 3.10 示出了可用的 C 类子网信息。

表 3.10　可用的 C 类子网信息

| 借位数 | 子网掩码 | 前缀 | 可用子网数 | 每个子网可用主机数 | 可用子网数×可用主机数 |
|---|---|---|---|---|---|
| 2 | 255.255.255.192 | /26 | 2 | 62 | 124 |
| 3 | 255.255.255.224 | /27 | 6 | 30 | 180 |
| 4 | 255.255.255.240 | /28 | 14 | 14 | 196 |
| 5 | 255.255.255.248 | /29 | 30 | 6 | 180 |
| 6 | 255.255.255.252 | /30 | 62 | 2 | 124 |

每个子网有特定的可用主机数,其中每台主机可以(同时也必须)在子网中有一个唯一的 IP 地址。主机 IP 地址的网络部分必须与其网段的网络地址相匹配,否则将无法在该网段上进行通信。

### 网络地址范围

以网络地址为 198.124.200.0 的默认 C 类网络为例,所有主机 IP 地址的网络部分都必须与该网络地址的前 3 个八位位组(198.124.200)相匹配。如果为这个网段上的一台主机分配 199.124.200.3 这个地址,这台主机就不能与这个网段以及其他任何网段上的主机通信。当对默认 C 类网络掩码 255.255.255.0 和主机地址 199.124.200.3 执行"与"运算时,除主机部分之外的所有位都将被"保留",因此其十进制表示的运算结果为网络地址 199.124.200.0,即:

> 11000111.01111100.11001000.00000011=199.124.200.3
> 11111111.11111111.11111111.00000000=255.255.255.0
> 11000111.01111100.11001000.00000000=199.124.200.0

199.124.200.0 这个网络地址与原始网络地址 198.124.200.0 不能匹配。网络 198.124.200.0 的有效地址范围是 198.124.200.0~198.124.200.255,其他任何使用 C 类网络掩码的地址都不属于这个网络。

### 子网地址范围

同样,子网中的主机也必须在其 IP 地址的网络部分和子网部分包含与其子网络地址相同的位。

假设现在有一个位于由 C 类网络地址划分的子网网络中的主机,该子网的子网掩码为 255.255.255.192,子网的网络地址为 204.56.178.64(后面会简短讨论 204.56.178.64 可以作为子网网络地址的理由)。如果主机地址为 204.56.178.126,可按下列步骤判断这个主机是否能在该子网上进行通信:

(1)将子网的网络地址转换为二进制形式:

> 204.56.178.64 = 11001100.00111000.10110010.01000000

(2)写出子网掩码的二进制形式:

> 255.255.255.192 = 11111111.11111111.11111111.11000000

(3)对子网的网络地址和子网掩码进行"与"运算:

> 204.56.178.64=11000111.01111100.11001000.01000000
> 255.255.255.192=11111111.11111111.11111111.11000000
> 204.56.178.64=11000111.01111100.11001000.01000000

运算结果表明网络地址为 204.56.178.64。

(4)为了判断主机是否在同一子网上,先将主机地址写成二进制形式:

> 204.56.178.126 = 11001100.00111000.10110010.01111110

(5)对该主机地址和子网掩码进行"与"运算:

> 11001100.00111000.10110010.01111110=204.56.178.126
> 11111111.11111111.11111111.11000000=255.255.255.192
> 11001100.00111000.10110010.01000000=204.56.178.64

运算结果与步骤 3 得到的网络地址匹配。因此,该地址位于这个子网上,主机可以通过该子网进行通信。地址 204.56.178.126 属于子网 204.56.178.64 的地址范围(204.56.178.64~

204.56.178.127）。

上例中使用了 255.255.255.192 这个子网掩码，事实上这个子网掩码可以用于多个子网。表 3.11 示出了子网掩码为 255.255.255.192 的所有可能的子网地址部分。

表 3.11　借位数为 2 的 C 类子网地址

| 网络地址部分 | | | 子网部分 | 主机部分 | 对应的十进制地址 |
| --- | --- | --- | --- | --- | --- |
| 11001100 | 00111000 | 10110010 | 00 | 000000 | 204.56.178.0 |
| 11001100 | 00111000 | 10110010 | 01 | 000000 | 204.56.178.64 |
| 11001100 | 00111000 | 10110010 | 10 | 000000 | 204.56.178.128 |
| 11001100 | 00111000 | 10110010 | 11 | 000000 | 204.56.178.192 |

每个独立的子网都有一个地址范围。地址范围从每个子网的网络地址开始，到子网的广播地址为止。而这两个地址因其主机位分别是全 0 和全 1，并不可用。有类别域间路由器无法区分默认网络地址与子网网络地址，所以子网部分的位不能全为 0；同样，它也无法区分默认的网络广播地址与子网的广播地址，所以子网部分的位不能全为 1。因此，第一个子网地址和最后一个子网地址是不可用的。

每个子网允许的最大主机数可以通过算式"$2^{(主机位数-借位位数)}$"得到。因此，对于子网掩码为 255.255.255.192，借位数为 2 的子网，其允许的最大主机数为 $2^6$，也就是为 64。从中减去 2 个地址（默认网络地址和网络广播地址）后，得到每个子网可用的主机总数为 62。

### 地址范围的确定

首先建立一个如表 3.12 所示的练习表，以便填入将要建立的地址范围。

▶ "子网 ID"列主要用于识别地址所在的网络号，是表中用于定位子网的索引。
▶ "网络地址"列中的地址是子网地址范围的第一个地址，其主机位全为 0。网络地址又称"线址"（Wire Address），它是网段的标识符。
▶ "子网可用地址范围"列中是除去主机位全 0 和全 1 两种地址后的子网地址范围。
▶ "广播地址"列中标出了子网地址范围的最后一个地址，也就是广播地址。该地址的主机位全为 1。

表 3.12　C 类子网划分练习表

| 目的 IP 地址： | | 子网掩码： | |
| --- | --- | --- | --- |
| 子网 ID | 网络地址 | 子网可用地址范围 | 广播地址 |
|  |  |  |  |
|  |  |  |  |

下面使用子网掩码 255.255.255.192，为 IP 地址 204.56.178.126 建立完整的子网表。

**注意**：本练习仅讨论借位数为 2 的情形，这种情形下建立的子网只有 2 个可用，在 256 个 C 类主机地址中只有 124 个可用。以上述的子网掩码为例，本节的后续内容及以后章节中还会讨论一些更为复杂的问题。

（1）在"子网 ID"列中从 1 开始进行编号，直到所允许的最大子网数，如表 3.13 所示。

子网掩码 255.255.255.192 可生成的最大子网数为 $2^2 = 4$，因此在"子网ID"列中填入 1~4 这 4 个数字。

表 3.13　C 类子网划分练习（步骤 1）

| 目的 IP 地址：204.56.178.126 | | 子网掩码：255.255.255.192 | |
|---|---|---|---|
| 子网 ID | 网络地址 | 子网可用地址范围 | 广播地址 |
| 1 | | | |
| 2 | | | |
| 3 | | | |
| 4 | | | |

（2）确定第 1 个"网络地址"值并将其填入相应的位置，如表 3.14 所示。

表 3.14　C 类子网划分练习（步骤 2）

| 目的 IP 地址：204.56.178.126 | | 子网掩码：255.255.255.192 | |
|---|---|---|---|
| 子网 ID | 网络地址 | 子网可用地址范围 | 广播地址 |
| 1 | 204.56.178.0 | | |
| 2 | | | |
| 3 | | | |
| 4 | | | |

本例中使用的主机地址为 204.56.178.126，它与子网掩码进行"与"运算后得到的子网网络地址为 204.56.178.64，这是第一个可用的网络地址。而表中第一行的网络地址是由子网掩码生成的第一个子网地址，其地址的子网部分和主机部分全为 0。从表 3.11 中可以看出，这个地址为 204.56.178.0。

注意：在表中包含不可用的子网和地址并不是毫无意义的。事实上，它提供了地址的起点和终点，有利于确定每个子网的有效地址范围。

（3）在表中填入最后一行的"广播地址"，它是最后一个子网的最后一个地址，其主机和子网部分全为 1，如表 3.15 所示。

表 3.15　C 类子网划分练习（步骤 3）

| 目的 IP 地址：204.56.178.126 | | 子网掩码：255.255.255.192 | |
|---|---|---|---|
| 子网 ID | 网络地址 | 子网可用地址范围 | 广播地址 |
| 1 | 204.56.178.0 | | |
| 2 | | | |
| 3 | | | |
| 4 | | | 204.56.178.255 |

第一行的"网络地址"和最后一行的"广播地址"总是默认网络掩码下的第一个地址和最后一个地址，这一规则同样适用于其他网络掩码。默认 C 类网络地址总是从 x.y.z.0 开始，以 x.y.z.255 结束，所有 C 类网络的子网其第一个网络地址和最后一个广播地址都是这一格式。

（4）确定第一行的"广播地址"。对于子网掩码 255.255.255.192，其地址中的主机位剩下 6 个，因此每个子网包含的最大主机数为 $2^6 = 64$ 个，其中有 62 个可用。由于第 1 个子网中的主机部分从 0 开始，因此 64 个主机地址中最后一个地址的主机部分为 63，如表 3.16 的示。

表 3.16　C 类子网划分练习（步骤 4）

| 目的 IP 地址：204.56.178.126 | | 子网掩码：255.255.255.192 | |
|---|---|---|---|
| 子网 ID | 网络地址 | 子网可用地址范围 | 广播地址 |
| 1 | 204.56.178.0 | | 204.56.178.63 |
| 2 | | | |
| 3 | | | |
| 4 | | | 204.56.178.255 |

如果将这个地址（204.56.178.63）与子网掩码进行"与"运算，会发现其结果与第一行的"网络地址"相同。另外，这个地址的主机位全为 1，表明这是一个广播地址。

将该子网的地址范围表示为二进制形式：

00000000 = 0（网络地址，主机位全为 0，不可用）
00000001 = 1
00000010 = 2
⋮
00111110 = 62
00111111 = 63（广播地址，主机位全为 1，不可用）

（5）现在已经得到了第 1 个子网的第一个地址（网络地址）和最后一个地址（广播地址），因此第 1 个子网的地址范围是 204.56.178.0～204.56.178.63。去掉其中不可用的两个地址 204.56.178.0 和 204.560178.63 后，就得到了第 1 个子网的可用地址范围：204.56.178.1～204.56.178.62，如表 3.17 所示。

表 3.17　C 类子网划分练习（步骤 5）

| 目的 IP 地址：204.56.178.126 | | 子网掩码：255.255.255.192 | |
|---|---|---|---|
| 子网 ID | 网络地址 | 子网可用地址范围 | 广播地址 |
| 1 | 204.56.178.0 | 204.56.178.1～204.56.178.62 | 204.56.178.63 |
| 2 | | | |
| 3 | | | |
| 4 | | | 204.56.178.255 |

（6）由第 1 个子网的最后一个地址可以得到下一行（第 2 个子网）的第一个地址（网络地址），它应该紧接第 1 个子网的最后一个地址。因为 204.56.178.63 的下一个地址为 204.56.178.64，其主机位全为 0，所以将这个地址填入相应位置，如表 3.18 所示。

从表 3.18 中可以发现，网络地址的增量 64 同时也是每个子网允许的最大主机数。这一点可以留待后面继续验证。这种模式在进行子网划分时非常重要，特别是在 A 类和 B 类子网中。这一点也将在后续章节的相关内容中继续讨论。

表 3.18　C 类子网划分练习（步骤 6）

| 目的 IP 地址：204.56.178.126 | | 子网掩码：255.255.255.192 | |
|---|---|---|---|
| 子网 ID | 网络地址 | 子网可用地址范围 | 广播地址 |
| 1 | 204.56.178.0 | 204.56.178.1～204.56.178.62 | 204.56.178.63 |
| 2 | 204.56.178.64 | | |
| 3 | | | |
| 4 | | | 204.56.178.255 |

（7）计算第 2 个子网的广播地址，也是第 2 个子网包含的 64 个主机地址中的最后一个。与前面一样，从第 2 个子网的网络地址开始算起，第 64 个主机地址为 204.56.178.127，如表 3.19 所示。

表 3.19　C 类子网划分练习（步骤 7）

| 目的 IP 地址：204.56.178.126 | | 子网掩码：255.255.255.192 | |
|---|---|---|---|
| 子网 ID | 网络地址 | 子网可用地址范围 | 广播地址 |
| 1 | 204.56.178.0 | 204.56.178.1～204.56.178.62 | 204.56.178.63 |
| 2 | 204.56.178.64 | | 204.56.178.127 |
| 3 | | | |
| 4 | | | 204.56.178.255 |

**注意**：广播地址的增量也为 64，因此有 63 + 64 = 127，上述模式得到验证。

（8）根据第 2 个子网的第一个地址和最后一个地址，得到可用地址范围：204.56.178.65～204.56.178.126，如表 3.20 所示。

表 3.20　C 类子网划分练习（步骤 8）

| 目的 IP 地址：204.56.178.126 | | 子网掩码：255.255.255.192 | |
|---|---|---|---|
| 子网 ID | 网络地址 | 子网可用地址范围 | 广播地址 |
| 1 | 204.56.178.0 | 204.56.178.1～204.56.178.62 | 204.56.178.63 |
| 2 | 204.56.178.64 | 204.56.178.65～204.56.178.126 | 204.56.178.127 |
| 3 | | | |
| 4 | | | 204.56.178.255 |

（9）与前面的步骤 6 相同，对第 2 个子网的广播地址增加 1 后，得到下一个子网（第 3 个子网）的第一个地址（网络地址），即 204.56.178.128，如表 3.21 所示。

表 3.21　C 类子网划分练习（步骤 9）

| 目的 IP 地址：204.56.178.126 | | 子网掩码：255.255.255.192 | |
|---|---|---|---|
| 子网 ID | 网络地址 | 子网可用地址范围 | 广播地址 |
| 1 | 204.56.178.0 | 204.56.178.1～204.56.178.62 | 204.56.178.63 |
| 2 | 204.56.178.64 | 204.56.178.65～204.56.178.126 | 204.56.178.127 |
| 3 | 204.56.178.128 | | |
| 4 | | | 204.56.178.255 |

(10) 用与前面步骤相同的方法,可以得到第 3 个子网的最后一个地址(广播地址),即 204.56.178.191,如表 3.22 所示。

表 3.22　C 类子网划分练习(步骤 10)

| 目的 IP 地址:204.56.178.126 | | 子网掩码:255.255.255.192 | |
|---|---|---|---|
| 子网 ID | 网络地址 | 子网可用地址范围 | 广播地址 |
| 1 | 204.56.178.0 | 204.56.178.1～204.56.178.62 | 204.56.178.63 |
| 2 | 204.56.178.64 | 204.56.178.65～204.56.178.126 | 204.56.178.127 |
| 3 | 204.56.178.128 | | 204.56.178.191 |
| 4 | | | 204.56.178.255 |

(11) 同样,可以得到第 3 个子网的可用地址范围:204.56.178.129～204.56.178.190,如表 3.23 所示。

表 3.23　C 类子网划分练习(步骤 11)

| 目的 IP 地址:204.56.178.126 | | 子网掩码:255.255.255.192 | |
|---|---|---|---|
| 子网 ID | 网络地址 | 子网可用地址范围 | 广播地址 |
| 1 | 204.56.178.0 | 204.56.178.1～204.56.178.62 | 204.56.178.63 |
| 2 | 204.56.178.64 | 204.56.178.65～204.56.178.126 | 204.56.178.127 |
| 3 | 204.56.178.128 | 204.56.178.129～204.56.178.190 | 204.56.178.191 |
| 4 | | | 204.56.178.255 |

(12) 填写最后一个(第 4 个)子网的网络地址。紧接着 204.56.178.191 后的地址应该为 204.56.178.192,如表 3.24 所示。

表 3.24　C 类子网划分练习(步骤 12)

| 目的 IP 地址:204.56.178.126 | | 子网掩码:255.255.255.192 | |
|---|---|---|---|
| 子网 ID | 网络地址 | 子网可用地址范围 | 广播地址 |
| 1 | 204.56.178.0 | 204.56.178.1～204.56.178.62 | 204.56.178.63 |
| 2 | 204.56.178.64 | 204.56.178.65～204.56.178.126 | 204.56.178.127 |
| 3 | 204.56.178.128 | 204.56.178.129～204.56.178.190 | 204.56.178.191 |
| 4 | 204.56.178.192 | | 204.56.178.255 |

(13) 按照与前面步骤相同的方法可得到表中的最后一项,也就是最后一个子网的可用地址范围:204.56.178.193～204.56.178.254,如表 3.25 所示。

表 3.25　C 类子网划分练习(步骤 13)

| 目的 IP 地址:204.56.178.126 | | 子网掩码:255.255.255.192 | |
|---|---|---|---|
| 子网 ID | 网络地址 | 子网可用地址范围 | 广播地址 |
| 1 | 204.56.178.0 | 204.56.178.1～204.56.178.62 | 204.56.178.63 |
| 2 | 204.56.178.64 | 204.56.178.65～204.56.178.126 | 204.56.178.127 |
| 3 | 204.56.178.128 | 204.56.178.129～204.56.178.190 | 204.56.178.191 |
| 4 | 204.56.178.192 | 204.56.178.193～204.56.178.254 | 204.56.178.255 |

整个过程到此结束。下面讨论在这一过程中发现的一些规律。

- 网络地址的最后一个八位位组总是偶数，这适用于所有的地址类。这一规则也可用来快速核对网络地址，以避免非偶数错误。
- 广播地址的最后一个八位位组总是奇数，这也适用于所有地址类。这一规则提供了另一种快速核对方法。
- 广播地址和网络地址的增量都等于每个子网允许的最大主机数。以子网掩码为 255.255.255.192 的网络为例，其每个子网许可的最大主机数为 64，而表中的"网络地址"列及"广播地址"列中，其相邻行的增量都为 64。
- 在子网划分正确的前提下，将最大子网数与每个子网的最大主机数相乘，可以得到默认网络掩码允许的最大主机数。在本例中，最大子网数为 4，每个子网的最大主机数为 64，相乘的结果为 256，正是默认 C 类网络允许的最大主机数。

## 典型问题解析

【问题】下面列出的问题用于本节内容以及后续章节中问题解析的内容。
IP 地址：(　　　　)，借(　　)位。
（1）该 IP 地址属于哪一类？
（2）此类地址最多允许借多少位？
（3）此类地址中有多少个八位位组用于指定网络部分？
（4）此类地址中有多少个八位位组用于指定主机部分？
（5）此类地址允许的最大主机数是多少？
（6）该 IP 地址的子网掩码是什么？
（7）子网的 IP 前缀是什么？
（8）该子网掩码允许的最大子网数是多少？
（9）在该子网掩码的网络中，每个子网允许的最大主机数是多少？
（10）可用子网数是多少？
（11）每个子网的可用主机数是多少？
（12）该网络中所有子网可用的主机总数是多少？
（13）该 IP 地址所在子网的网络号（网络地址）是什么？
（14）该 IP 地址所在子网的广播地址是什么？
（15）列出网络中前两个子网的地址范围。
（16）列出网络中最后两个子网的地址范围。
（17）列出 IP 地址的二进制形式。
（18）列出子网掩码的二进制形式。
（19）对上面列出的两个二进制数进行"与"运算，写出运算结果。
（20）将"与"运算的结果转换为点分十进制记法的结果。

【例 3-1】以 IP 地址为 202.125.39.129、借 4 位的情形为例，完成上面提出的问题练习。

【解析】IP 地址：（202.125.39.129），借（4）位。
（1）该 IP 地址属于：C 类。因为 C 类地址的第一个八位位组的范围是 192～223。
（2）此类地址最多允许借：6 位。因为默认 C 类地址中有 8 位用于主机部分，所以在为主机部分留下必需的 2 位后,最多允许借 6 位。

(3) 此类地址中有 3 个八位位组用于指定网络部分。

(4) 此类地址中有 1 个八位位组用于指定主机部分。

(5) 此类地址允许的最大主机数是:$2^8 = 256$。

(6) 该 IP 地址的子网掩码是:255.255.255.240。因借位数为 4,故子网掩码的二进制形式为 11111111.11111111.11111111.11110000。将其转换为十进制形式,便得到 255.255.255.240。

(7) 子网的 IP 前缀是:/28。子网掩码中为 1 的位有 28 个。

(8) 该子网掩码允许的最大子网数是:$2^4 = 16$。

(9) 在该子网掩码网络中,每个子网允许的最大主机数是:$2^4 = 16$。

(10) 可用子网数是:$2^4 - 2 = 14$。

(11) 每个子网的可用主机数是:$2^4 - 2 = 14$。

(12) 该网络中所有子网可用的主机总数是:$14 \times 14 = 196$。可在本章表 3.6 中查到。

(13) 该 IP 地址所在子网的网络号(网络地址)是:202.125.39.128。这一地址可通过建立表 3.26 所示的 C 类子网划分练习表得到。

(14) 该 IP 地址所在子网的广播地址是:202.125.39.143。

(15) 网络中前两个子网的地址范围:

202.125.39.0~202.125.39.15(不可用);202.125.39.16~202.125.39.31。

表 3.26  C 类子网划分练习表(例 3-1)

| 目的 IP 地址:202.125.39.129 | | 子网掩码:255.255.255.240 | |
|---|---|---|---|
| 子网 ID | 网络地址 | 子网可用地址范围 | 广播地址 |
| 1(不可用) | 202.125.39.0 | 202.125.39.1~202.125.29.14 | 202.125.39.15 |
| 2 | 202.125.39.16 | 202.125.39.17~202.125.39.30 | 202.125.39.31 |
| 3 | 202.125.39.32 | 202.125.39.33~202.125.39.46 | 202.125.39.47 |
| 4 | 202.125.39.48 | 202.125.39. 49~202.125.39.62 | 202.125.39.63 |
| 5 | 202.125.39.64 | 202.125.39.65~202.125.39.78 | 202.125.39.79 |
| 6 | 202.125.39.80 | 202.125.39.81~202.125.39.94 | 202.125.39.95 |
| 7 | 202.125.39.96 | 202.125.39.97~202.125.39.126 | 202.125.39.127 |
| 8 | 202.125.39.128 | **202.125.39.129**~202.125.39.142 | **202.125.39.143** |
| 9 | 202.125.39.144 | 202.125.39.145~202.125.39.158 | 202.125.39.159 |
| 10 | 202.125.39.160 | 202.125.39.161~202.125.39.174 | 202.125.39.175 |
| 11 | 202.125.39.176 | 202.125.39.177~202.125.39.190 | 202.125.39.191 |
| 12 | 202.125.39.192 | 202.125.39.193~202.125.39.206 | 202.125.39.207 |
| 13 | 202.125.39.208 | 202.125.39.209~202.125.39.222 | 202.125.39.223 |
| 14 | 202.125.39.224 | 202.125.39.225~202.125.39.238 | 202.125.39.239 |
| 15 | 202.125.39.240 | 202.125.39.241~202.125.39.246 | 202.125.39.247 |
| 16(不可用) | 202.125.39.248 | 202.125.39.249~202.125.39.254 | 202.125.39.255 |

(16) 网络中最后两个子网的地址范围:

202.125.39.240~202.125.39.247;202.125.39.248~202.125.39.255(不可用)。

(17) IP 地址的二进制形式:11001010.01111101.00100111.10000001。

（18）子网掩码的二进制形式：11111111.11111111.11111111.11110000。
（19）对上面两个二进制数进行"与"运算，运算结果如下：
11001010.01111101.00100111.10000000
（20）将"与"运算的结果转换为点分十进制记法的结果：202.125.39.128。这就是目的 IP 地址所在子网的网络地址。

【例 3-2】下面以 IP 地址为 194.120.36.35、借 3 位的情形为例，再次完成前述问题练习。
【解析】IP 地址：（194.120.36.35）；借（3）位。
（1）该 IP 地址属于：C 类。
（2）此类地址最多允许借：6 位。
（3）此类地址中有 3 个八位位组用于指定网络部分。
（4）此类地址中有 1 个八位位组用于指定主机部分。
（5）此类地址允许的最大主机数是：256。
（6）该 IP 地址的子网掩码是：255.255.255.224。
（7）子网的 IP 前缀是：/27。
（8）该子网掩码允许的最大子网数是：8。
（9）在该子网掩码网络中，每个子网允许的最大主机数是：32。
（10）可用子网数是：6。
（11）每个子网的可用主机数是：30。
（12）该网络中所有子网可用的主机总数是：180。
（13）该 IP 地址所在子网的网络号（网络地址）是：194.120.36.32。
（14）该 IP 地址所在子网的广播地址是：194.120.36.63。
（15）网络中前两个子网的地址范围：
194.120.36.0～194.120.36.31（不可用）；194.120.36.32～194.120.36.63。
（16）网络中最后两个子网的地址范围：
194.120.36.192～194.120.36.223；194.120.36.224～194.120.36.255（不可用）。
（17）IP 地址的二进制形式：11000010.01111000.00100100.00100011。
（18）子网掩码的二进制形式：11111111.11111111.11111111.11100000。
（19）对上面两个二进制数进行"与"运算，运算结果如下：
11000010.01111000.00100100.00100000
（20）将"与"运算的结果转换为点分十进制记法的结果：194.120.36.32。

# 练习

1. 为了让位于划分为子网的网络上的主机能够通信，其 IP 地址中的下列哪两项必须与子网地址相匹配？（    ）
   a．主机部分        b．子网部分        c．路由器部分        d．网络部分
2. 当使用默认 C 类子网掩码 255.255.255.0 时，哪两个地址能在同一网段上通信？（    ）
   a．192.128.200.3    b．192.200.129.18    c．192.127.250.223    d．192.200.129.179
3. 当子网掩码为 255.255.255.248 时，下列哪两个地址位于同一子网？（    ）
   a．194.212.56.18    b．194.212.56.25    c．194.212.56.13    d．194.212.56.20

4. 当子网掩码为 255.255.255.240 时，下列哪两个地址位于同一子网？（    ）
   a. 200.193.15.18    b. 200.193.15.42    c. 200.193.15.49    d. 200.193.15.61
5. 在子网广播地址中，哪部分地址的位全为 1？（    ）
   a. 子网部分    b. 网络部分    c. 掩码部分    d. 主机部分
6. 在一系列子网地址范围中，下列哪项描述了第一个子网的第一个网络地址？（    ）
   a. 所有位全是 0 的 IP 地址    b. 第一个可用子网的第一个地址
   c. 与第一个主机地址相同的地址    d. 默认网络的网络地址
7. 目的 IP 地址为 203.16.97.43，子网掩码为 255.255.255.248。根据这些信息，填写一个子网划分练习表，其格式参见表 3.26。

### 补充练习

对于下列给出的信息，分别完成本节中提出的【问题】练习。
   a. IP 地址：199.16.156.34，借 3 位    b. IP 地址：220.178.220.89，借 4 位
   c. IP 地址：208.36.3.156，借 2 位    d. IP 地址：195.195.200.50，借 5 位

## 第三节　B 类网络子网划分

C 类网络可供处理的主机位只有 6 位，它允许建立的最大子网数为 62，其中每个子网只有 2 台主机。对于需要支持大型网络和拥有大量主机的大公司来说，这种数量规模太小了，显然满足不了需求。大型机构一般租借或获取 A 类或 B 类网络地址，然后再对它们进行子网划分。本节介绍如何对 B 类网络进行子网划分。

**学习目标**

▶ 确定 B 类子网的有效 IP 地址范围；
▶ 识别地址所在的子网；
▶ 列出每个子网的网络地址和广播地址。

**关键知识点**

▶ 与 C 类子网相比，B 类子网更适合于大型的网络。

### 确定地址范围

表 3.27 示出了可用的 B 类子网。

表 3.27  可用的 B 类子网

| 借位数 | 子网掩码 | 前缀 | 可用子网数 | 每个子网可用主机数 | 可用子网数×可用主机数 |
|---|---|---|---|---|---|
| 2 | 255.255.192.0 | /18 | 2 | 16 382 | 32 764 |
| 3 | 255.255.224.0 | /19 | 6 | 8 190 | 49 140 |
| 4 | 255.255.240.0 | /20 | 14 | 4 094 | 57 316 |

续表

| 借位数 | 子网掩码 | 前缀 | 可用子网数 | 每个子网可用主机数 | 可用子网数×可用主机数 |
|---|---|---|---|---|---|
| 5 | 255.255.248.0 | /21 | 30 | 2 046 | 61 380 |
| 6 | 255.255.252.0 | /22 | 62 | 1 022 | 63 364 |
| 7 | 255.255.254.0 | /23 | 126 | 510 | 64 260 |
| 8 | 255.255.255.0 | /24 | 254 | 254 | 64 516 |
| 9 | 255.255.255.128 | /25 | 510 | 126 | 64 260 |
| 10 | 255.255.255.192 | /26 | 1 022 | 62 | 63 364 |
| 11 | 255.255.255.224 | /27 | 2 046 | 30 | 61 380 |
| 12 | 255.255.255.240 | /28 | 4 094 | 14 | 57 316 |
| 13 | 255.255.255.248 | /29 | 8 190 | 6 | 49 140 |
| 14 | 255.255.255.252 | /30 | 16 382 | 2 | 32 764 |

显而易见，与 C 类地址相比，B 类地址提供了更多的子网数量。下面讨论如何对 B 类网络进行子网划分。

先从一个例题开始。对于给定的 B 类 IP 地址 131.20.3.125 和子网掩码 255.255.224.0，建立一个子网划分练习表。

（1）为"子网 ID"列编号，如表 3.28 所示。

表 3.28  B 类子网划分练习（步骤 1）

| 目的 IP 地址：131.20.3.125 | | 子网掩码：255.255.224.0 | |
|---|---|---|---|
| 子网 ID | 网络地址 | 子网可用地址范围 | 广播地址 |
| 1 | | | |
| 2 | | | |
| 3 | | | |
| 4 | | | |
| 5 | | | |
| 6 | | | |
| 7 | | | |
| 8 | | | |

这里向主机位借了 3 位。默认 B 类网络地址的网络部分占 2 个八位位组，另外 2 个八位位组用于主机部分。因此，子网掩码为 255.255.224.0（128 + 64 + 32 = 224，对应 11100000），借位数为 3 时，最多可建立 $2^3$=8 个子网。

（2）填写第一个网络地址：131.20.0.0，如表 3.29 所示。

表 3.29  B 类子网划分练习（步骤 2）

| 目的 IP 地址：131.20.3.125 | | 子网掩码：255.255.224.0 | |
|---|---|---|---|
| 子网 ID | 网络地址 | 子网可用地址范围 | 广播地址 |
| 1 | 131.20.0.0 | | |
| 2 | | | |

续表

| 目的 IP 地址：131.20.3.125 | | 子网掩码：255.255.224.0 | |
|---|---|---|---|
| 子网 ID | 网络地址 | 子网可用地址范围 | 广播地址 |
| 3 | | | |
| 4 | | | |
| 5 | | | |
| 6 | | | |
| 7 | | | |
| 8 | | | |

与 C 类网络中一样，第 1 个子网的网络地址总是默认 B 类网络地址，其所有主机位（包括子网部分的位）全为 0。

（3）填写最后一个广播地址：131.20.255.255，如表 3.30 所示。

表 3.30　B 类子网划分练习（步骤 3）

| 目的 IP 地址：131.20.3.125 | | 子网掩码：255.255.224.0 | |
|---|---|---|---|
| 子网 ID | 网络地址 | 子网可用地址范围 | 广播地址 |
| 1 | 131.20.0.0 | | |
| 2 | | | |
| 3 | | | |
| 4 | | | |
| 5 | | | |
| 6 | | | |
| 7 | | | |
| 8 | | | 131.20.255.255 |

这一点也与 C 类（包括后面将要讲到的 A 类）网络相同，最后一个广播地址是默认 B 类网络广播地址，其所有的主机位和子网位全为 1。

（4）填写第 1 个子网的广播地址：131.20.31.255，如表 3.31 所示。

表 3.31　B 类子网划分练习（步骤 4）

| 目的 IP 地址：131.20.3.125 | | 子网掩码：255.255.224.0 | |
|---|---|---|---|
| 子网 ID | 网络地址 | 子网可用地址范围 | 广播地址 |
| 1 | 131.20.0.0 | | 131.20.31.255 |
| 2 | | | |
| 3 | | | |
| 4 | | | |
| 5 | | | |
| 6 | | | |
| 7 | | | |
| 8 | | | 131.20.255.255 |

与 C 类网络相比，B 类网络中可供使用的主机位更多，因此每个子网中包含的主机数也更多。这一点从表 3.27 所列的数据中也可以看出。

在 B 类网络地址中借出 3 位后，还有 13 位可用于表示主机。这样，每个子网中允许的最大主机数为 $2^{13}$=8 192。因此，在第 1 行的地址范围中应覆盖 8 192 台主机。

C 类网络地址中用于主机的只有 1 个八位位组，所以较易处理。而 B 类网络地址中用于主机的有 2 个八位位组，因此处理起来会比较困难。下面从二进制数字系统的角度对这一点进行论述。子网掩码的二进制形式为：

$$11111111.11111111.11100000.00000000 = 255.255.224.0$$

其中前 2 个八位位组是默认 B 类网络部分，剩下的 2 个八位位组是主机部分。现在，从主机部分借出 3 位后，还有 16-3 = 13 位用于表示主机。每个子网的最大主机数为 8 192（其中有 8 190 个可用）。由此，可得到默认 B 类子网掩码可包括的最大主机数为 $8\,192×2^3 = 65\,536$。

这样，第 1 个子网也包含 8 192 个主机地址，其中的 13 位主机部分是从 0 到 8 191。因此，第 1 个子网的地址范围是从

$$10000011.00010100.00000000.00000000 = 131.20.0.0$$

到

$$10000011.00010100.00011111.11111111 = 131.20.31.255$$

从中可以看出，广播地址的 13 个主机位全为 1。由此，也可得到下一行的网络地址，即：

$$10000011.00010100.00100000.00000000 = 131.20.32.0$$

其中子网部分（用斜体表示）的增量为 1，如表 3.32 所示。

表 3.32 借位数为 3 的 B 类地址

| 网络地址部分 | | 子网部分 | 主机部分 | 对应的十进制地址 |
|---|---|---|---|---|
| 10000011 | 00010100 | 000 | 00000.00000000 | 131.20.0.0 |
| | | 001 | | 131.20.32.0 |
| | | 010 | | 131.20.64.0 |
| | | 011 | | 131.20.96.0 |
| | | 100 | | 131.20.128.0 |
| | | 101 | | 131.20.160.0 |
| | | 110 | | 131.20.192.0 |
| | | 111 | | 131.20.224.0 |

由表 3.32 可知，每一个连续子网的二进制子网部分以 1 个十进制数值（0，1，2，…）为增量。而对于十进制地址网络地址中的第 3 个八位位组，这一增量为 32。这一现象在 C 类网络地址的最后一个八位位组也出现过。

在返回到子网划分练习表前，下面的这一运算技巧也许会有所帮助。

如果每个子网允许的主机数大于 256，就用它除以 256。在本例中，每个子网可用的主机数为 8 192，执行这一运算，即：$8\,192÷256 = 32$。

运算得到的结果是第 2 个子网中的第一个地址（131.20.32.0）中的第 3 个八位位组。同时，这个数字也是子网部分的增量。

（5）根据第 1 个子网的广播地址填写第 1 个子网的可用地址范围，如表 3.33 所示。

表 3.33　B 类子网划分练习（步骤 5）

| 目的 IP 地址：131.20.3.125 | | 子网掩码：255.255.224.0 | |
|---|---|---|---|
| 子网 ID | 网络地址 | 子网可用地址范围 | 广播地址 |
| 1 | 131.20.0.0 | 131.20.0.1~31.20.31.254 | 131.20.31.255 |
| 2 | | | |
| 3 | | | |
| 4 | | | |
| 5 | | | |
| 6 | | | |
| 7 | | | |
| 8 | | | 131.20.255.255 |

这个地址范围很容易确定。第一个地址（132.20.0.1）紧接着子网网络地址，最后一个地址（131.20.31.254）后紧接着第 1 个子网的广播地址。

（6）填写第 2 个子网的网络地址，如表 3.34 所示。

由于是对第 3 个八位位组字节进行子网化，因此增量也发生在第 3 个八位位组。网络地址的主机位全为 0，而子网部分依次增加 1，参见表 3.32。

表 3.34　B 类子网划分练习（步骤 6）

| 目的 IP 地址：131.20.3.125 | | 子网掩码：255.255.224.0 | |
|---|---|---|---|
| 子网 ID | 网络地址 | 子网可用地址范围 | 广播地址 |
| 1 | 131.20.0.0 | 131.20.0.1~131.20.31.254 | 131.20.31.255 |
| 2 | 131.20.32.0 | | |
| 3 | | | |
| 4 | | | |
| 5 | | | |
| 6 | | | |
| 7 | | | |
| 8 | | | 131.20.255.255 |

（7）填写第 2 个子网的广播地址，如表 3.35 所示。

表 3.35　B 类子网划分练习（步骤 7）

| 目的 IP 地址：131.20.3.125 | | 子网掩码：255.255.224.0 | |
|---|---|---|---|
| 子网 ID | 网络地址 | 子网可用地址范围 | 广播地址 |
| 1 | 131.20.0.0 | 131.20.0.1~131.20.31.254 | 131.20.31.255 |
| 2 | 131.20.32.0 | | 131.20.63.255 |
| 3 | | | |
| 4 | | | |
| 5 | | | |
| 6 | | | |
| 7 | | | |
| 8 | | | 131.20.255.255 |

这是主机位全为 1 的属于第 2 个子网的地址，其子网部分并未改变。

对于连续的子网，其地址中第 3 个八位位组的增量为 32。

（8）借助这种增量模式，可以填写其余的子网网络地址和广播地址项，如表 3.36 所示。

表 3.36  B 类子网划分练习（步骤 8）

| 目的 IP 地址：131.20.3.125 | | 子网掩码：255.255.224.0 | |
|---|---|---|---|
| 子网 ID | 网络地址 | 子网可用地址范围 | 广播地址 |
| 1 | 131.20.0.0 | 131.20.0.1～131.20.31.254 | 131.20.31.255 |
| 2 | 131.20.32.0 | | 131.20.63.255 |
| 3 | 131.20.64.0 | | 131.20.95.255 |
| 4 | 131.20.96.0 | | 131.20.127.255 |
| 5 | 131.20.128.0 | | 131.20.159.255 |
| 6 | 131.20.160.0 | | 131.20.191.255 |
| 7 | 131.20.192.0 | | 131.20.223.255 |
| 8 | 131.20.224.0 | | 131.20.255.255 |

（9）填写其余子网的可用地址范围，如表 3.37 所示。

表 3.37  B 类子网划分练习（步骤 9）

| 目的 IP 地址：131.20.3.125 | | 子网掩码：255.255.224.0 | |
|---|---|---|---|
| 子网 ID | 网络地址 | 子网可用地址范围 | 广播地址 |
| 1 | 131.20.0.0 | 131.20.0.1～131.20.31.254 | 131.20.31.255 |
| 2 | 131.20.32.0 | 131.20.32.1～131.20.63.254 | 131.20.63.255 |
| 3 | 131.20.64.0 | 131.20.64.1～131.20.95.254 | 131.20.95.255 |
| 4 | 131.20.96.0 | 131.20.96.1～131.20.127.254 | 131.20.127.255 |
| 5 | 131.20.128.0 | 131.20.128.1～131.20.159.254 | 131.20.159.255 |
| 6 | 131.20.160.0 | 131.20.160.1～131.20.191.254 | 131.20.191.255 |
| 7 | 131.20.192.0 | 131.20.192.1～131.20.223.254 | 131.20.223.255 |
| 8 | 131.20.224.0 | 131.20.224.1～131.20.255.254 | 131.20.255.255 |

在每个地址范围中，子网地址中保留的主机位都从 1 循环到 8 191。这个地址范围很容易确定：第一个地址紧接所在子网的网络地址，最后一个地址后紧接着的是其所在子网的广播地址。

## 典型问题解析

【例 3-3】下面以 IP 地址为 175.25.250.62，借 6 位的情形为例，完成本章第二节中提出的问题练习。

【解析】IP 地址：（175.25.250.62），借（6）位。

（1）该 IP 地址属于：B 类。因为 B 类地址的第 1 个八位位组的范围是 128～191。

（2）此类地址最多允许借：14 位。默认 B 类网络地址中有 16 位用于主机部分，所以在子网划分时为主机留下必需的 2 位后,得到允许的最多借位数为 14。

(3) 此类地址中有多少个八位位组用于指定网络部分?2 个。

(4) 此类地址中有多少个八位位组用于指定主机部分?2 个。

(5) 此类地址允许的最大主机数是:$2^{16}$= 65 536。

(6) 该 IP 地址的子网掩码是:255.255.252.0。由于向主机部分借了 6 位,所以子网掩码的二进制形式为:

11111111.11111111.11111100.00000000

将其转换为十进制形式,便得到 255.255.252.0。

(7) 子网的 IP 前缀是:/22。子网掩码中为 1 的位有 22 个。

(8) 该子网掩码允许的最大子网数是:$2^6$= 64。

(9) 在该子网掩码网络中,每个子网允许的最大主机数是:$2^{10}$ = 1 024。默认 B 类子网最大主机数为 64×1 024 = 65 536。

(10) 可用子网数是:$2^6-2$ = 62。

(11) 每个子网的可用主机数是:$2^{10}-2$ = 1 022。

(12) 该网络中所有子网可用的主机总数是:62×1 022 = 63 364。参见表 3.27。

(13) 该 IP 地址所在子网的网络号(网络地址)是:175.25.248.0。这一地址可通过建立表 3.38 所示的子网划分练习表得到。

表 3.38  B 类子网划分练习表(例 3-3)

| 目的 IP 地址:175.25.250.62 | | 子网掩码:255.255.252.0 | |
| --- | --- | --- | --- |
| 子网 ID | 网络地址 | 子网可用地址范围 | 广播地址 |
| 1 | 175.25.0.0 | 175.25.0.1~175.25.3.254 | 175.25.3.255 |
| 2 | 175.25.4.0 | 175.25.4.1~175.25.7.254 | 175.25.7.255 |
| 3 | 175.25.8.0 | 175.25.8.1~175.25.11.254 | 175.25.11.255 |
| 4 | 175.25.12.0 | 175.25.12.1~175.25.15.254 | 175.25.15.255 |
| 5 | 175.25.16.0 | 175.25.16.1~175.25.19.254 | 175.25.19.255 |
| 6 | 175.25.20.0 | 175.25.20.1~175.25.23.254 | 175.25.23.255 |
| 7 | 175.25.24.0 | 175.25.24.1~175.25.27.254 | 175.25.27.255 |
| 8 | 175.25.28.0 | 175.25.28.1~175.25.31.254 | 175.25.31.255 |
| 9 | 175.25.32.0 | 175.25.32.1~175.25.35.254 | 175.25.35.255 |
| 10 | 175.25.36.0 | 175.25.36.1~175.25.39.254 | 175.25.39.255 |
| 11 | 175.25.40.0 | 175.25.40.1~175.25.43.254 | 175.25.43.255 |
| 12 | 175.25.44.0 | 175.25.44.1~175.25.47.254 | 175.25.47.255 |
| 13 | 175.25.48.0 | 175.25.48.1~175.25.51.254 | 175.25.51.255 |
| 14 | 175.25.52.0 | 175.25.52.1~175.25.55.254 | 175.25.55.255 |
| 15 | 175.25.56.0 | 175.25.56.1~175.25.59.254 | 175.25.59.255 |
| 16 | 175.25.60.0 | 175.25.60.1~175.25.63.254 | 175.25.63.255 |
| 17 | 175.25.64.0 | 175.25.64.1~175.25.67.254 | 175.25.67.255 |
| 18 | 175.25.68.0 | 175.25.68.1~175.25.71.254 | 175.25.71.255 |
| 19 | 175.25.72.0 | 175.25.72.1~175.25.75.254 | 175.25.75.255 |

续表

| 目的 IP 地址：175.25.250.62 | | 子网掩码：255.255.252.0 | |
|---|---|---|---|
| 子网 ID | 网络地址 | 子网可用地址范围 | 广播地址 |
| 20 | 175.25.76.0 | 175.25.76.1～175.25.79.254 | 175.25.79.255 |
| 21 | 175.25.80.0 | 175.25.80.1～175.25.83.254 | 175.25.83.255 |
| 22 | 175.25.84.0 | 175.25.84.1～175.25.87.254 | 175.25.87.255 |
| 23 | 175.25.88.0 | 175.25.88.1～175.25.91.254 | 175.25.91.255 |
| 24 | 175.25.92.0 | 175.25.92.1～175.25.95.254 | 175.25.95.255 |
| 25 | 175.25.96.0 | 175.25.96.1～175.25.99.254 | 175.25.99.255 |
| 26 | 175.25.100.0 | 175.25.100.1～175.25.103.254 | 175.25.103.255 |
| 27 | 175.25.104.0 | 175.25.104.1～175.25.107.254 | 175.25.107.255 |
| 28 | 175.25.108.0 | 175.25.108.1～175.25.111.254 | 175.25.111.255 |
| 29 | 175.25.112.0 | 175.25.112.1～175.25.115.254 | 175.25.115.255 |
| 30 | 175.25.116.0 | 175.25.116.1～175.25.119.254 | 175.25.119.255 |
| 31 | 175.25.120.0 | 175.25.120.1～175.25.123.254 | 175.25.123.255 |
| 32 | 175.25.124.0 | 175.25.124.1～175.25.127.254 | 175.25.127.255 |
| 33 | 175.25.128.0 | 175.25.128.1～175.25.131.254 | 175.25.131.255 |
| 34 | 175.25.132.0 | 175.25.132.1～175.25.135.254 | 175.25.135.255 |
| 35 | 175.25.136.0 | 175.25.136.1～175.25.139.254 | 175.25.139.255 |
| 36 | 175.25.140.0 | 175.25.140.1～175.25.143.254 | 175.25.143.255 |
| 37 | 175.25.144.0 | 175.25.144.1～175.25.147.254 | 175.25.147.255 |
| 38 | 175.25.148.0 | 175.25.148.1～175.25.151.254 | 175.25.151.255 |
| 39 | 175.25.152.0 | 175.25.152.1～175.25.155.254 | 175.25.155.255 |
| 40 | 175.25.156.0 | 175.25.156.1～175.25.159.254 | 175.25.159.255 |
| 41 | 175.25.160.0 | 175.25.160.1～175.25.163.254 | 175.25.163.255 |
| 42 | 175.25.164.0 | 175.25.164.1～175.25.167.254 | 175.25.167.255 |
| 43 | 175.25.168.0 | 175.25.168.1～175.25.171.254 | 175.25.171.255 |
| 44 | 175.25.172.0 | 175.25.172.1～175.25.175.254 | 175.25.175.255 |
| 45 | 175.25.176.0 | 175.25.176.1～175.25.179.254 | 175.25.179.255 |
| 46 | 175.25.180.0 | 175.25.180.1～175.25.183.254 | 175.25.183.255 |
| 47 | 175.25.184.0 | 175.25.184.1～175.25.187.254 | 175.25.187.255 |
| 48 | 175.25.188.0 | 175.25.188.1～175.25.191.254 | 175.25.191.255 |
| 49 | 175.25.192.0 | 175.25.192.1～175.25.195.254 | 175.25.195.255 |
| 50 | 175.25.196.0 | 175.25.196.1～175.25.199.254 | 175.25.199.255 |
| 51 | 175.25.200.0 | 175.25.200.1～175.25.203.254 | 175.25.203.255 |
| 52 | 175.25.204.0 | 175.25.204.1～175.25.207.254 | 175.25.207.255 |
| 53 | 175.25.208.0 | 175.25.208.1～175.25.211.254 | 175.25.211.255 |
| 54 | 175.25.212.0 | 175.25.212.1～175.25.215.254 | 175.25.215.255 |
| 55 | 175.25.216.0 | 175.25.216.1～175.25.219.254 | 175.25.219.255 |
| 56 | 175.25.220.0 | 175.25.220.1～175.25.223.254 | 175.25.223.255 |
| 57 | 175.25.224.0 | 175.25.224.1～175.25.227.254 | 175.25.227.255 |

续表

| 目的 IP 地址：175.25.250.62 | | 子网掩码：255.255.252.0 | |
| --- | --- | --- | --- |
| 子网 ID | 网络地址 | 子网可用地址范围 | 广播地址 |
| 58 | 175.25.228.0 | 175.25.228.1～175.25.231.254 | 175.25.231.255 |
| 59 | 175.25.232.0 | 175.25.232.1～175.25.235.254 | 175.25.235.255 |
| 60 | 175.25.236.0 | 175.25.236.1～175.25.239.254 | 175.25.239.255 |
| 61 | 175.25.240.0 | 175.25.240.1～175.25.243.254 | 175.25.243.255 |
| 62 | 175.25.244.0 | 175.25.244.1～175.25.247.254 | 175.25.247.255 |
| 63 | 175.25.248.0 | 175.25.248.1～175.25.251.254 | 175.25.251.255 |
| 64 | 175.25.252.0 | 175.25.252.1～175.25.255.254 | 175.25.255.255 |

（14）该 IP 地址所在子网的广播地址是：175.25.251.255。

（15）网络中前两个子网的地址范围：

175.25.0.0～175.25.3.255（不可用）；175.25.4.0～175.25.7.255。

（16）网络中最后两个子网的地址范围：

175.25.248.0～175.25.251.255；175.25.252.0～175.25.255.255（不可用）。

（17）IP 地址的二进制形式：

10101111.00011001.11111010.00111110

（18）子网掩码的二进制形式：

11111111.11111111.11111100.00000000

（19）对上面两个二进制数进行"与"运算，运算结果如下：

10101111.00011001.11111000.00000000

（20）将"与"运算的结果转换为点分十进制记法的结果：175.25.248.0。这也是源 IP 地址所在的子网网络地址。

【例 3-4】下面再以 IP 地址为 146.32.72.210，借 12 位的情形为例，完成上例同样的问题练习。

【解析】IP 地址：（146.32.72.210），借（12）位。

（1）该 IP 地址属于：B 类。

（2）此类地址最多允许借：14 位。

（3）此类地址中有多少个八位位组用于指定网络部分？2 个。

（4）此类地址中有多少个八位位组用于指定主机部分？2 个。

（5）此类地址允许的最大主机数是：65 536。

（6）该 IP 地址的子网掩码是：255.255.255.240。从主机部分借 12 位表示子网部分，故其子网掩码为：

11111111.11111111.11111111.11110000 = 255.255.255.240

（7）子网的 IP 前缀是：/28。

（8）该子网掩码允许的最大子网数是 $2^{12} = 4\,096$。

（9）这个子网掩码的网络中，每个子网允许的最大主机数是：$2^4 = 16$。

（10）可用子网数是：4 094。

（11）每个子网的可用主机数是：14。

（12）该网络中所有子网可用的主机总数是：57 316。

（13）该 IP 地址所在子网的网络号（网络地址）是：146.32.72.208。这一地址可通过建立表 3.39 所示的子网划分练习表得到。

表 3.39  B 类子网划分练习表（例 3-4）

| 目的 IP 地址：146.32.72.210 | | 子网掩码：255.255.255.240 | |
|---|---|---|---|
| 子网 ID | 网络地址 | 子网可用地址范围 | 广播地址 |
| 1 | 146.32.0.0 | 146.32.0.1～146.32.0.14 | 146.32.0.15 |
| 2 | 146.32.0.16 | 146.32.0.17～146.32.0.30 | 146.32.0.31 |
| 3 | 146.32.0.32 | 146.32.0.33～146.32.0.46 | 146.32.0.47 |
| 4 | 146.32.0.48 | 146.32.0.49～146.32.0.62 | 146.32.0.63 |
| 1 166 | 146.32.72.208 | 146.32.72.209～146.32.72.222 | 146.32.72.223 |
| 4 093 | 146.32.255.192 | 146.32.255.193～146.32.255.206 | 146.32.255.207 |
| 4 094 | 146.32.255.208 | 146.32.255.209～146.32.255.222 | 146.32.255.223 |
| 4 095 | 146.32.255.224 | 146.32.255.225～146.32.255.238 | 146.32.255.239 |
| 4 096 | 146.32.255.240 | 146.32.255.241～146.32.255.254 | 146.32.255.255 |

（14）该 IP 地址所在子网的广播地址是：146.32.72.223。
（15）网络中前两个子网的地址范围：
　　　146.32.0.0～146.32.0.15（不可用）；146.32.0.16～146.32.0.31。
（16）网络中最后两个子网的地址范围：
　　　146.32.255.224～146.32.255.239；146.32.255.240～146.32.255.255（不可用）。
（17）IP 地址的二进制形式：
　　　10010010.00100000.01001000.11010010
（18）子网掩码的二进制形式：
　　　11111111.11111111.11111111.11110000
（19）对上面两个二进制数进行"与"运算，运算结果如下：
　　　10010010.00100000.01001000.11010000
（20）将"与"运算的结果转换为点分十进制记法的结果：146.32.72.208。

# 练习

1．在 B 类子网中，最多允许向主机部分借多少位？（　　　）
　　a．16　　　　　　b．14　　　　c．8　　　　　　　d．6
2．在子网掩码为 255.255.254.0 的 B 类地址中，子网部分的增量发生在哪个八位位组？（　　　）
　　a．第 1 个八位位组　　　　　b．第 2 个八位位组
　　c．第 3 个八位位组　　　　　d．第 4 个八位位组
3．对 B 类地址进行子网划分时，下列哪项是第 1 个子网的网络地址？（　　　）
　　a．默认子网的网络地址　　　b．第 1 个子网的第 1 个可用主机地址
　　c．C 类默认网络地址　　　　d．默认网络地址
4．划分为子网的 B 类网络中，第 1 个子网网络地址的二进制形式符合下列哪项描述？（　　　）
　　a．网络部分全为 1，子网部分全为 0，主机部分全为 1

b. 网络部分与默认的 B 类网络部分相同，子网部分全为 0，主机部分全为 0

c. 网络部分与默认的 B 类网络部分相同，子网部分全为 1，主机部分全为 0

d. 网络部分全为 0，子网部分全为 0，主机部分全为 0

5. 当子网掩码为 255.255.255.128 时，B 类子网的顺序增量是多少？发生在哪个八位位组？（    ）

    a. 增量为 128，发生在第 4 个八位位组

    b. 增量为 128，发生在第 3 个和第 4 个八位位组

    c. 增量为 128，发生在第 3 个八位位组

    d. 增量为 256，发生在第 3 个和第 4 个八位位组

6. 在子网化的 B 类网络中，下列哪项表示广播地址？（    ）

    a. 子网的主机位全为 1

    b. 子网的主机位全为 0

    c. 主机位与第 1 个子网的网络地址匹配

    d. 主机位与紧接着的下一个子网的网络地址匹配

7. 在一个子网掩码为 255.255.255.192 的 B 类地址中，哪个八位位组可表示子网部分的增量？（    ）

    a. 第 1 个和第 2 个八位位组　　b. 第 2 个和第 3 个八位位组

    c. 第 3 个和第 4 个八位位组　　d. 第 4 个八位位组

8. 当每个子网允许的主机数超过 255 时，如何得到子网增量的范围？（    ）

    a. 用子网数除以 256　　　　b. 用网络数除以 65 536

    c. 用主机数除以 256　　　　d. 用网络数除以子网数

### 补充练习

对于下列给出的信息，分别完成本章第 2 节最后提供的问题练习。

    a. IP 地址为 130.73.68.1，借 2 位

    b. IP 地址为 129.89.125.17，借 5 位

    c. IP 地址为 188.92.61.25，借 10 位

    d. IP 地址为 140.195.200.50，借 14 位

## 第四节　A 类网络子网划分

A 类网络是本章所介绍的要划分子网的最后一种网络。A 类网络可划分的子网的数量非常巨大，因此必须使用前述内容归纳出的子网增量模式。建议读者在完全掌握了 B 类网络和 C 类网络的子网划分后，再阅读本节内容。

### 学习目标

▶ 确定 A 类子网的有效 IP 地址范围；

▶ 识别地址所在的子网；

▶ 列出每个子网的网络地址和广播地址。

## 关键知识点

▶ 掌握了子网增量模式的规律后，划分 A 类子网会非常容易。

## 确定地址范围

完整的 A 类子网如表 3.40 所示。

表 3.40 完整的 A 类子网

| 借位数 | 子网掩码 | 前缀 | 可用子网数 | 每个子网可用主机数 | 可用子网数×可用主机数 |
|---|---|---|---|---|---|
| 2 | 255.192.0.0 | /10 | 2 | 4 194 302 | 8 388 604 |
| 3 | 255.224.0.0 | /11 | 6 | 2 097 150 | 12 582 900 |
| 4 | 255.240.0.0 | /12 | 14 | 1 048 574 | 14 680 036 |
| 5 | 255.248.0.0 | /13 | 30 | 524 286 | 15 728 580 |
| 6 | 255.252.0.0 | /14 | 62 | 262 142 | 16 252 804 |
| 7 | 255.254.0.0 | /15 | 126 | 131 070 | 16 514 820 |
| 8 | 255.255.0.0 | /16 | 254 | 65 534 | 16 645 636 |
| 9 | 255.255.128.0 | /17 | 510 | 32 766 | 16 710 660 |
| 10 | 255.255.192.0 | /18 | 1 022 | 16 382 | 16 742 404 |
| 11 | 255.255.224.0 | /19 | 2 046 | 8 190 | 16 756 740 |
| 12 | 255.255.240.0 | /20 | 4 094 | 4 094 | 16 760 836 |
| 13 | 255.255.248.0 | /21 | 8 190 | 2 046 | 16 756 740 |
| 14 | 255.255.252.0 | /22 | 16 382 | 1 022 | 16 742 404 |
| 15 | 255.255.254.0 | /23 | 32 766 | 510 | 16 710 660 |
| 16 | 255.255.255.0 | /24 | 65 534 | 254 | 16 645 636 |
| 17 | 255.255.255.128 | /25 | 131 070 | 126 | 16 514 820 |
| 18 | 255.255.255.192 | /26 | 262 142 | 62 | 16 252 804 |
| 19 | 255.255.255.224 | /27 | 524 286 | 30 | 15 728 580 |
| 20 | 255.255.255.240 | /28 | 1 048 574 | 14 | 14 680 036 |
| 21 | 255.255.255.248 | /29 | 2 097 150 | 6 | 12 582 900 |
| 22 | 255.255.255.252 | /30 | 4 194 302 | 2 | 8 388 604 |

从表 3.40 中可以看出，A 类网络的子网数量和主机数量均非常巨大。虽然一般情况下并不需要真正地处理这些上百万的网络或主机，但有时可能需要对 A 类网络中的某一部分网络进行子网划分；因此，需要了解如何对 A 类网络进行子网划分。

下面以子网掩码为 255.240.0.0 的 A 类地址 90.64.32.16 为例，讨论 A 类网络的子网划分。
（1）在子网划分练习表中填入子网 ID 编号，如表 3.41 所示。

表 3.41 A 类子网划分练习（步骤 1）

| 目的 IP 地址：90.64.32.16 | | 子网掩码：255.240.0.0 | |
|---|---|---|---|
| 子网 ID | 网络地址 | 子网可用地址范围 | 广播地址 |
| 1 | | | |
| 2 | | | |

续表

| 目的 IP 地址：90.64.32.16 | | 子网掩码：255.240.0.0 | |
|---|---|---|---|
| 子网 ID | 网络地址 | 子网可用地址范围 | 广播地址 |
| 3 | | | |
| ⋮ | | | |
| 16 | | | |

因为从主机部分借了 4 位，因此最多可建立 $2^4 = 16$ 个子网。

（2）填入第 1 个子网的网络地址，如表 3.42 所示。

表 3.42　A 类子网划分练习（步骤 2）

| 目的 IP 地址：90.64.32.16 | | 子网掩码：255.240.0.0 | |
|---|---|---|---|
| 子网 ID | 网络地址 | 子网可用地址范围 | 广播地址 |
| 1 | 90.0.0.0 | | |
| 2 | | | |
| 3 | | | |
| ⋮ | | | |
| 16 | | | |

与 B 类网络和 C 类网络相同，第 1 个子网的网络地址同时也是默认 A 类网络地址；因此，其中的所有主机位（20 位）全为 0，子网部分的位也同样为 0。

（3）填写最后一个广播地址，如表 3.43 所示。这个地址的所有主机位和子网位全为 1。

表 3.43　A 类子网划分练习（步骤 3）

| 目的 IP 地址：90.64.32.16 | | 子网掩码：255.240.0.0 | |
|---|---|---|---|
| 子网 ID | 网络地址 | 子网可用地址范围 | 广播地址 |
| 1 | 90.0.0.0 | | |
| 2 | | | |
| 3 | | | |
| ... | | | |
| 16 | | | 90.255.255.255 |

（4）填写第 1 个子网的广播地址，如表 3.44 所示。这个地址是第 1 个子网中主机位全为 1 的地址。

表 3.44　A 类子网划分练习（步骤 4）

| 目的 IP 地址：90.64.32.16 | | 子网掩码：255.240.0.0 | |
|---|---|---|---|
| 子网 ID | 网络地址 | 子网可用地址范围 | 广播地址 |
| 1 | 90.0.0.0 | | 90.15.255.255 |
| 2 | | | |
| 3 | | | |
| ... | | | |
| 16 | | | 90.255.255.255 |

在继续填写这个表之前,在这里给出一个技巧。

首先,将子网掩码表示为二进制形式:

11111111.11110000.00000000.00000000 = 250.240.0.0

然后,圈出子网部分的最后一个值为 1 的位(最右侧的值为 1 的位):

11111111.111①0000.00000000.00000000 = 250.240.0.0

这个位所在的八位位组就是子网将要顺序增量的八位位组,而这个位对应的十进制数值就是该八位位组在每个子网的增量值。

因此,本例子网在第 2 个八位位组的增量就是上面圈出的位所对应的十进制数 16。这样,子网 90.0.0.0 之后的子网,其网络地址为 90.16.0.0。依次类推,可得到所有子网的网络地址。

(5)填写其余子网的网络地址,如表 3.45 所示。

表 3.45  A 类子网划分练习(步骤 5)

| 目的 IP 地址:90.64.32.16 | | 子网掩码:255.240.0.0 | |
|---|---|---|---|
| 子网 ID | 网络地址 | 子网可用地址范围 | 广播地址 |
| 1 | 90.0.0.0 | | 90.15.255.255 |
| 2 | 90.16.0.0 | | |
| 3 | 90.32.0.0 | | |
| 4 | 90.48.0.0 | | |
| 5 | 90.64.0.0 | | |
| 6 | 90.80.0.0 | | |
| 7 | 90.96.0.0 | | |
| 8 | 90.112.0.0 | | |
| 9 | 90.128.0.0 | | |
| 10 | 90.144.0.0 | | |
| 11 | 90.160.0.0 | | |
| 12 | 90.176.0.0 | | |
| 13 | 90.192.0.0 | | |
| 14 | 90.208.0.0 | | |
| 15 | 90.224.0.0 | | |
| 16 | 90.240.0.0 | | 90.255.255.255 |

使用步骤 4 介绍的技巧就可得到表 3.45 内的这些地址。

(6)填写其余的广播地址,如表 3.46 所示。

表 3.46  A 类子网划分练习(步骤 6)

| 目的 IP 地址:90.64.32.16 | | 子网掩码:255.240.0.0 | |
|---|---|---|---|
| 子网 ID | 网络地址 | 子网可用地址范围 | 广播地址 |
| 1 | 90.0.0.0 | | 90.15.255.255 |
| 2 | 90.16.0.0 | | 90.31.255.255 |
| 3 | 90.32.0.0 | | 90.47.255.255 |
| 4 | 90.48.0.0 | | 90.63.255.255 |

续表

| 目的 IP 地址：90.64.32.16 | | 子网掩码：255.240.0.0 | |
|---|---|---|---|
| 子网 ID | 网络地址 | 子网可用地址范围 | 广播地址 |
| 5 | 90.64.0.0 | | 90.79.255.255 |
| 6 | 90.80.0.0 | | 90.95.255.255 |
| 7 | 90.96.0.0 | | 90.111.255.255 |
| 8 | 90.112.0.0 | | 90.127.255.255 |
| 9 | 90.128.0.0 | | 90.143.255.255 |
| 10 | 90.144.0.0 | | 90.159.255.255 |
| 11 | 90.160.0.0 | | 90.175.255.255 |
| 12 | 90.176.0.0 | | 90.191.255.255 |
| 13 | 90.192.0.0 | | 90.207.255.255 |
| 14 | 90.208.0.0 | | 90.223.255.255 |
| 15 | 90.224.0.0 | | 90.239.255.255 |
| 16 | 90.240.0.0 | | 90.255.255.255 |

（7）填写每个子网的可用地址范围，如表 3.47 所示。

表 3.47 A 类子网划分练习（步骤 7）

| 目的 IP 地址：90.64.32.16 | | 子网掩码：255.240.0.0 | |
|---|---|---|---|
| 子网 ID | 网络地址 | 子网可用地址范围 | 广播地址 |
| 1 | 90.0.0.0 | 90.0.0.1～90.15.255.254 | 90.15.255.255 |
| 2 | 90.16.0.0 | 90.16.0.1～90.31.255.254 | 90.31.255.255 |
| 3 | 90.32.0.0 | 90.32.0.1～90.47.255.254 | 90.47.255.255 |
| 4 | 90.48.0.0 | 90.48.0.1～90.63.255.254 | 90.63.255.255 |
| 5 | 90.64.0.0 | 90.64.0.1～90.79.255.254 | 90.79.255.255 |
| 6 | 90.80.0.0 | 90.80.0.1～90.95.255.254 | 90.95.255.255 |
| 7 | 90.96.0.0 | 90.96.0.1～90.111.255.254 | 90.111.255.255 |
| 8 | 90.112.0.0 | 90.96.0.1～90.127.255.254 | 90.127.255.255 |
| 9 | 90.128.0.0 | 90.128.0.1～90.143.255.254 | 90.143.255.255 |
| 10 | 90.144.0.0 | 90.144.0.1～90.159.255.254 | 90.159.255.255 |
| 11 | 90.160.0.0 | 90.160.0.1～90.175.255.254 | 90.175.255.255 |
| 12 | 90.176.0.0 | 90.176.0.1～90.191.255.254 | 90.191.255.255 |
| 13 | 90.192.0.0 | 90.192.0.1～90.207.255.254 | 90.207.255.255 |
| 14 | 90.208.0.0 | 90.208.0.1～90.223.255.254 | 90.223.255.255 |
| 15 | 90.224.0.0 | 90.224.0.1～90.239.255.254 | 90.239.255.255 |
| 16 | 90.240.0.0 | 90.240.0.1～90.255.255.254 | 90.255.255.255 |

事实上，A 类网络的子网划分与 B 类网络和 C 类网络的原理一样，只是数量较大而已。

## 典型问题解析

【例 3-5】以 IP 地址为 10.129.212.17，借 12 位的情形为例，完成本章第二节所提出的问题练习。

**注意**：专用 IP 地址也可进行子网划分，10.129.212.17 就是一个专用 IP 地址。

【**解析**】IP 地址：(10.129.212.17)，借 (12) 位。

（1）该 IP 地址属于：A 类。A 类地址的第 1 个八位位组的范围是 1~126（127 被预留用作回送地址或本地主机地址等）。

（2）此类地址最多允许借：22 位。默认 A 类地址中主机部分有 24 位，减去主机部分必需的 2 位，得到 22。

（3）此类地址中有多少个八位位组用于指定网络部分？1 个。

（4）此类地址中有多少个八位位组用于指定主机部分？3 个。

（5）此类地址允许的最大主机数是：$2^{24}$ = 16 777 216。

（6）该 IP 地址的子网掩码是：255.255.240.0。

由于借位数为 12，所以子网掩码的二进制形式为：

11111111.11111111.11110000.00000000

转换为十进制形式便得到 255.255.240.0。

（7）子网的 IP 前缀是：/20。

（8）该子网掩码允许的最大子网数是：$2^{12}$ = 4 096。

（9）这个子网掩码的网络中，每个子网允许的最大主机数是：$2^{12}$ = 4 096。

（10）可用子网数是：$2^{12}$ −2 = 4 094。

（11）每个子网的可用主机数是：$2^{12}$ −2 = 4 094。

（12）该网络中所有子网可用的主机总数是：4 094×4 094 = 16 760 836。这一数字也可从表 3.40 中查到。

（13）该 IP 地址所在子网的网络号（网络地址）是：10.129.208.0。

**注意**：由于 A 类网络中的子网数量和主机数量都非常大，因此通过建立子网划分练习表的方式得到给定 IP 地址所在的子网网络地址显然异常烦琐。这时，可以只建立表的前几行，从中找出下面各行的模式规律，然后算出该 IP 地址的子网网络地址。使用本节前面内容中介绍的技巧，将子网掩码表示为二进制形式并圈出其最后的"1"位：

11111111.11111111.111①0000.00000000 = 255.255.240.0

这样，可得到子网增量模式发生在地址的第 3 个八位位组，且增量为 16。

本例中 IP 地址 10.129.212.17 的第 3 个八位位组为 212，除以 16 后得 13.25，除去小数部分后得到 13，与 16 相乘得 208，这就是该 IP 地址子网网络地址的第 3 个八位位组。由此可知该 IP 地址的子网网络地址为 10.219.208.0。

（14）该 IP 地址所在子网的广播地址是：10.129.223.255。仍然使用前面多次提到过的增量模式。该 IP 地址所在子网的下一个子网的网络地址为 10.129.224.0（208+16），减去 1 个主机地址后便得到 IP 地址所在子网的广播地址。

（15）网络中前两个子网的地址范围：

10.0.0.0~10.0.15.255（不可用）；10.0.16.0~10.0.31.255。

（16）网络中最后两个子网的地址范围：

10.255.224.0~10.255.239.255；10.255.240.0~10.255.255.255（不可用）。

仍然使用上述增量模式规律。从最后一个广播地址的第 3 个八位位组中减去 16（即 255−16），得到 239，这就是最后一个广播地址之前的广播地址（10.255.239.255）。由此，得到最后一个子网的网络地址为 10.255.240.0（10.255.239.255 的下一个地址），其第 3 个八位位组减去 16（即：

240–16）后为 224，所以最后一个子网的前一个子网的网络地址是 10.255.224.0。每个子网网络地址的主机位全为 0，每个子网的广播地址的主机位全为 1。

（17）IP 地址的二进制形式：
00001010.10000001.11010100.00010001
（18）子网掩码的二进制形式：
11111111.11111111.11110000.00000000
（19）对上面两个二进制数进行"与"运算，运算结果如下：
00001010.10000001.11010000.00000000
（20）将"与"运算的结果转换为点分十进制记法的结果：10.129.208.0。这也是给定 IP 地址所属子网的网络地址。

**【例 3-6】** 以 IP 地址为 125.225.198.93，借 21 位的情形为例，完成本章第二节所提出的问题练习。

**注意**：也可对专用 IP 地址进行子网划分。

**【解析】** IP 地址：（125.225.198.93），借（21）位。
（1）该 IP 地址属于：A 类。
（2）此类地址最多允许借：22 位。
（3）此类地址中有多少个八位位组用于指定网络部分？1 个。
（4）此类地址中有多少个八位位组用于指定主机部分？3 个。
（5）此类地址允许的最大主机数是：16 777 216。
（6）该 IP 地址的子网掩码是：255.255.255.252。
（7）子网的 IP 前缀是：/29。
（8）该子网掩码允许的最大子网数是：$2^{21}$=2 097 152。
（9）在该子网掩码的网络中，每个子网允许的最大主机数是：8。
（10）可用子网数是：2 097 150。
（11）每个子网的可用主机数是：6。
（12）该网络中所有子网可用的主机总数是：12 582 900。
（13）该 IP 地址所在子网的网络号（网络地址）是：125.225.198.88。

本示例的子网增量模式发生在地址的第 4 个八位位组，增量为 8。93 除以 8 后得到 11.625，除去小数部分后为 11，11 乘 8 得到 88。因此，该 IP 地址所在子网的网络地址为 125.225.198.88。

（14）该 IP 地址所在子网的广播地址是：125.225.198.95（因为 88+8–9=95）。
（15）网络中前两个子网的地址范围：
125.0.0.0～125.0.0.7（不可用）；125.0.0.8～125.0.0.15。
（16）网络中最后两个子网的地址范围：
125.255.255.240～125.255.255.247；125.255.255.248～125.255.255.255（不可用）。
（17）IP 地址的二进制形式：
01111101.11100001.11000110.01011101
（18）子网掩码的二进制形式：
11111111.11111111.11111111.11111000
（19）对上面两个二进制数进行"与"运算，运算结果如下：
01111101.11100001.11000110.01011000

（20）将"与"运算的结果转换为点分十进制记法的结果：125.225.198.88。

## 练习

1．对于子网掩码为 255.255.254.0 的网络，使用本节中提供的技巧确定增量模式，然后判断该增量模式发生在子网地址的哪个八位位组？（　　）
  a．第 1 个八位位组　　　　　　b．第 2 个八位位组
  c．第 3 个八位位组　　　　　　d．第 4 个八位位组

2．对 A 类地址进行子网划分时，下列哪两项的地址与第 1 个子网的网络地址相同？（　　）
  a．默认网络地址　　　　　　　　b．默认广播地址
  c．netid.255.255.255（"netid"为网络号）　d．netid.0.0.0

3．对下列各项给出的子网掩码，分别用简单的方法确定其增量模式发生的八位位组，以及该增量的十进制数值。（　　）
  a．255.192.0.0　　　　b．255.252.0.0　　　　c．255.255.128.0
  d．255.255.240.0　　　e．255.255.255.224　　f．255.255.255.252

### 补充练习

对于下列给出的信息，分别完成本章第二节提出的问题练习。
  a．IP 地址为 103.224.17.129，借 7 位　　b．IP 地址为 129.89.125.17，借 5 位
  c．IP 地址为 52.98.150.85，借 13 位　　　d．IP 地址为 11.100.165.9，借 18 位

## 第五节　无类别域间路由（CIDR）

有类别编址会产生许多问题。例如，使用拨号方式连接因特网的用户，通常每隔 30 s 就需要重新连接一次网络。虽然子网划分技术可以节省 IP 地址数量，但这种频繁的临时拨号仍然会浪费将近 97%的可用地址。即使 IP 地址按块分配，使得地址空间能够有效使用，但依然还存在一个路由表"爆炸"问题。为了解决这些问题，在 1996 年因特网工程任务组（IETF）宣布了一种称为无类别编址的方法，采用无类别域间路由（CIDR）取代了早期的建立于 A、B、C 类地址基础上的网络寻址系统。如果 IETF 当初没能提出 CIDR，那么因特网的增长在 20 世纪末可能就面临危机了。

在 RFC 1518 和 RFC 1519 中，CIDR 又称为"超级组网"，被定义为一种能够节省 IP 地址并减少因特网路由器路由表条目的寻址方案。本节对 CIDR 进行详细讨论。

**学习目标**

▶ 了解使用 CIDR 的必要性；
▶ 掌握 CIDR 如何汇聚 IP 网络地址；
▶ 了解 CIDR 如何减小因特网路由器的路由表长度；
▶ 掌握建立超网的方法。

> **关键知识点**
> 
> ▶ CIDR 可节省 IP 地址和减小路由表长度。

# CIDR 的主要作用

因特网的规模不但增长迅速，而且是一个松散的由半自治网络（ISP 和运营商）组成的联合体，其中的每个网络均有自己的运作方案、服务内容及用户，并自主选择用于建立网络服务的多种组件的安全性解决方案。路由器为因特网提供数据包交换主干，其数据包支持方案的选择也建立在其服务商的运作规则基础之上。

IP 地址空间将这些独立的网络连在一起成为一个整体。路由选择协议，如用于自治系统内部的内部网关路由协议（IGRP）和用于自治系统之间的外部网关协议（EGP），用于确定路由器如何在网段之间传送数据包。

路由器利用路由表来确定在网络之间传送数据包的最佳路径。路由表由路由选择协议建立。路由的示例如表 3.48 所示。

表 3.48 路由表的示例

| 目的网络地址 | 子网掩码 | 网关地址 |
|---|---|---|
| 220.80.88.0 | 255.255.255.0 | 220.80.89.1 |
| 220.80.89.0 | 255.255.255.0 | 220.80.89.1 |
| 220.89.90.0 | 255.255.255.0 | 220.80.89.1 |
| 220.80.91.0 | 255.255.255.0 | 220.80.89.1 |
| 220.80.92.0 | 255.255.255.0 | 220.80.89.1 |
| 220.80.93.0 | 255.255.255.0 | 220.80.89.1 |
| 220.80.94.0 | 255.255.255.0 | 220.80.89.1 |
| 220.80.95.0 | 255.255.255.0 | 220.80.89.1 |

对于目的网络地址为远程网络的数据包，路由器必须知道要将其传送到何处，这可以在路由器的路由表中查到。图 3.6 示出了一个小型可路由网络。

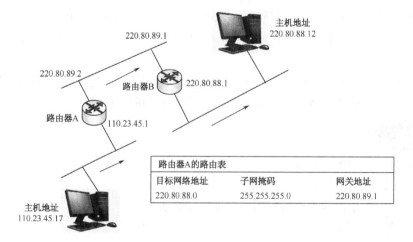

图 3.6 小型可路由网络

为了将数据包传送到地址为 220.80.88.12 的主机,源网络中的路由器 A 在其路由表中查找网络地址 220.80.88.0 对应的行。从图 3.6 中可以看出,该行所对应的网关地址为 220.80.89.1。因此,路由器 A 将数据包发送到该网关,这是一个与远程路由器 B 直接相连的端口。

20 世纪 90 年代早期的研究结果指出,到 1994 年因特网路由器路由表的条目就会达到其最大理论数量 60 000 条,从而将制约因特网规模的继续扩大。与此同时,很多地址仍未得到有效的利用。因为对大多数机构或团体来说,默认 B 类地址所提供的地址范围通常会超出其需要,而 C 类地址所提供的地址数量又太少,无法满足其需要。因此,这些机构只能选择 B 类地址,这是造成很多地址闲置未用的主要原因。

CIDR 可用于解决上述这两个问题。CIDR 支持地址的汇总或汇聚。在地址汇聚方法中,网络供应商在被分配了地址连续的 C 类地址块后,又将这些地址块再次分配给他们的用户。此时网络供应商只需通告通往汇聚块网络地址的路由,而非独立的用户地址。

另外,CIDR 可使地址分配更具灵活性。机构或团体可以使用连续的 C 类地址来代替单一的 B 类地址,从而有效地满足其主机地址的需求。CIDR 将这些连续的地址视为一个单一的汇聚起来的"超级网络"。

## CIDR 的工作过程

CIDR 对原来用于分配 A 类、B 类和 C 类地址的有类别路由选择进程进行了重新构建。CIDR 用 13~27 位长的前缀取代了原来地址结构对地址网络部分的限制(3 类地址的网络部分分别被限制为 8 位、16 位和 24 位)。在管理员能够分配的地址块中,主机的数量范围是 32~500 000,从而能够更好地满足机构对地址的特殊需求。

CIDR 地址中包含标准的 32 位 IP 地址和有关网络前缀位数的信息。以 CIDR 地址 207.14.3.48/25 为例,其中的"/25"表示其前面地址中的前 25 位代表网络部分,其余位代表主机部分。表 3.49 示出了一些 CIDR 前缀,以及每个前缀可建立的相当于 C 类网络的数量和每个网络包含的主机地址数。

表 3.49 CIDR 前缀

| CIDR 前缀 | 相当于 C 类网络的数量 | 每个网络的主机地址数 |
| --- | --- | --- |
| /27 | 1/8 | 32 |
| /26 | 1/4 | 64 |
| /25 | 1/2 | 128 |
| /24 | 1 | 256 |
| /23 | 2 | 512 |
| /22 | 4 | 1 024 |
| /21 | 8 | 2 048 |
| /20 | 16 | 4 096 |
| /19 | 32 | 8 192 |
| /18 | 64 | 16 384 |
| /17 | 128 | 32 768 |
| /16 | 256(相当于 1 个 B 类网络) | 65 536 |
| /15 | 512 | 131 072 |
| /14 | 1 024 | 262 144 |
| /13 | 2 048 | 524 288 |

CIDR 建立于"超级组网"的基础之上,"超级组网"是"子网划分"的派生词,可看作子网划分的逆过程。划分子网时,从地址的主机部分借位,然后将其合并进网络部分;而在超级组网中,则是将网络部分的某些位合并进主机部分。这种无类别超级组网技术通过将一组较小的无类别网络的路由信息汇聚为一个较大的单一路由表项,减少了因特网路由域中路由表条目(项)的数量。

大型因特网服务提供商(ISP)获取的地址块前缀通常是 15(可建立 512 个 C 类子网,支持 131 072 个主机地址)或 15 以上,然后将这些块用"/27"~"/19"之间的前缀分配给用户。这种再分配也称为嵌套。接下来,用户可能会进一步嵌套分配他们得到的地址块。有关 CIDR 的一个重要概念是:ISP 的路由器仅发布该 ISP 的单一地址块,所有通往嵌套用户地址块的因特网流量总是首先路由到其 ISP 的路由器界面。ISP 的内部路由器将用户的流量路由到其所在网络。这一过程如图 3.7 所示。

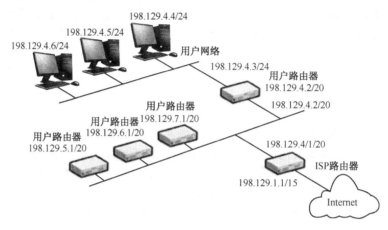

图 3.7　嵌套式 IP 网络

## 建立超网

从表 3.50 所示的路由选择示例中可以看出:当使用子网划分技术将流量路由到分立的 C 类网络时,需要在路由表中为每个网络建立一个条目(一行)。其中的每个地址(220.80.x.0)与默认网络掩码 255.255.255.0 一起,指定了一个分立的 C 类网络的网络地址。

表 3.50　路由选择示例

| 目的网络地址 | 子网掩码 | 网关地址 |
|---|---|---|
| 220.80.88.0 | 255.255.255.0 | 220.80.88.1 |
| 220.80.89.0 | 255.255.255.0 | 220.80.88.1 |
| 220.89.90.0 | 255.255.255.0 | 220.80.88.1 |
| 220.80.91.0 | 255.255.255.0 | 220.80.88.1 |
| 220.80.92.0 | 255.255.255.0 | 220.80.88.1 |
| 220.80.93.0 | 255.255.255.0 | 220.80.88.1 |
| 220.80.94.0 | 255.255.255.0 | 220.80.88.1 |
| 220.80.95.0 | 255.255.255.0 | 220.80.88.1 |

CIDR 在路由器的联网（对外）界面上改变了这个掩码。对于上述从 220.80.88.0 开始的 C 类地址块，可以将其汇聚起来成为路由表中的一行，如表 3.51 所示。

表 3.51  CIDR 路由选择示例

| 目的网络地址 | IP 前缀 | 网关地址 |
|---|---|---|
| 220.80.88.0 | /21 | 220.80.88.1 |

在表 3.50 中，原来 8 个独立的 C 类网络路由信息汇聚成路由表中的一项，并为其分配了新的前缀（/21）。

超网中的成员地址构成了一个完整、系统的 C 类地址组。下面从二进制形式的角度进行相关讨论。

11111111.11111111.11111000.00000000 = /21（前缀位）
*11011100.01010000.01011000*.00000000 = 220.80.88.0/24
*11011100.01010000.01011001*.00000000 = 220.80.89.0/24
*11011100.01010000.01011010*.00000000 = 220.80.90.0/24
*11011100.01010000.01011011*.00000000 = 220.80.91.0/24
*11011100.01010000.01011100*.00000000 = 220.80.92.0/24
*11011100.01010000.01011101*.00000000 = 220.80.93.0/24
*11011100.01010000.01011110*.00000000 = 220.80.94.0/24
*11011100.01010000.01011111*.00000000 = 220.80.95.0/24
*11011100.01010000.01011*000.00000000 = 220.80.88.0/21

其中，带有 CIDR 前缀的地址为：

*11011100.01010000.01011*000.00000000 = 220.80.88.0/21

汇聚地址的 21 位掩码保留了 8 个 C 类网络地址中相同的位，其余的 3 个位（22～24）在 8 个 C 类网络地址中各不相同，依次从 000 到 111。这 3 个具有不同值的位将网络前缀扩展到了 24 位，用于表示这 8 个嵌套网络。

CIDR 具有很多优点，其中包括降低了路由表更新时对网络带宽的使用率，减少了路由器在汇聚过程中对 CPU 和内存资源的使用，等等。利用 CIDR 进行维护的全球范围的路由表中现在大约有 35 000 个条目，远远低于其理论最大值。

下面针对一些具体问题，讨论如何建立相应的超网。

**【例 3-7】** 对于给定的地址块 192.168.16.0/20，建立一个包含 16 个 C 类网络的超网。

（1）将前缀写成二进制形式：

11111111.11111111.11110000.00000000 = /20

（2）在建立 16 个独立的 C 类网络时，在其地址的第 3 个八位位组中，需要有 4 位用来设置：

0000～1111（0～15）

因此，这 16 个 C 类网络地址的形式为：

11111111.11111111.1111*xxxx*.00000000

斜体显示的 4 个位（*xxxx*）分别为 0000～1111。

（3）要确定所有子网的网络地址。由于这些地址的前 20 位相同，所以，只要在地址的第

3 个八位位组的最后 4 位中从 0000 顺序增加到 1111 便可以了。

（4）列出这些地址的二进制表示形式，并将其转换为十进制表示形式（包括对应的网络前缀）：

$$11000000.10101000.0001\mathit{0000}.00000000 = 192.168.16.0/24$$
$$11000000.10101000.0001\mathit{0001}.00000000 = 192.168.17.0/24$$
$$11000000.10101000.0001\mathit{0010}.00000000 = 192.168.18.0/24$$
$$11000000.10101000.0001\mathit{0011}.00000000 = 192.168.19.0/24$$
$$11000000.10101000.0001\mathit{0100}.00000000 = 192.168.20.0/24$$
$$11000000.10101000.0001\mathit{0101}.00000000 = 192.168.21.0/24$$
$$11000000.10101000.0001\mathit{0110}.00000000 = 192.168.22.0/24$$
$$11000000.10101000.0001\mathit{0111}.00000000 = 192.168.23.0/24$$
$$11000000.10101000.0001\mathit{1000}.00000000 = 192.168.24.0/24$$
$$11000000.10101000.0001\mathit{1001}.00000000 = 192.168.25.0/24$$
$$11000000.10101000.0001\mathit{1010}.00000000 = 192.168.26.0/24$$
$$11000000.10101000.0001\mathit{1011}.00000000 = 192.168.27.0/24$$
$$11000000.10101000.0001\mathit{1100}.00000000 = 192.168.28.0/24$$
$$11000000.10101000.0001\mathit{1101}.00000000 = 192.168.29.0/24$$
$$11000000.10101000.0001\mathit{1110}.00000000 = 192.168.30.0/24$$
$$11000000.10101000.0001\mathit{1111}.00000000 = 192.168.31.0/24$$

其中显示为斜体的位从 0000 每次增加 1，直到 1111，包含了这 4 位的所有值范围。

由此得到网络供应商路由器向外部网络发布的 CIDR 汇聚地址为：

192.168.16.0/20

其中，超网位包含了前 20 位，其余位留给网络和主机部分。

**【例 3-8】** 以上例建立的一个 C 类网络地址 192.168.24.0/24 为例，对它进行再分配，建立 4 个嵌套子网。每个子网中有 64（26）台主机，也就是说，需要为地址中的主机部分留出 6 位。

（1）将前缀写成二进制形式：

$$11111111.11111111.11111111.00000000 = /24$$

（2）确定在地址的第 4 个八位位组中能为 4 个独立子网提供多少位。这些位的二进制形式范围应为 00~11（0~3），因此应该在第 4 个八位位组中从左到右提供 2 位：

$$11111111.11111111.11111111.\mathit{xx}000000$$

斜体显示的 2 个位（$xx$）是 00~11。

（3）确定 4 个嵌套子网的网络地址。由于源 C 类网络地址前缀为 24，所以这 4 个地址中的前 24 位保持不变，只需将第 4 个八位位组中的前 2 位从 00 依次增加到 11 即可。

（4）列出这些地址的二进制表示形式，并将其转换为十进制表示形式：

$$11000000.10101000.00011000.\mathit{00}000000 = 192.168.24.0/26$$
$$11000000.10101000.00011000.\mathit{01}000000 = 192.168.24.64/26$$
$$11000000.10101000.00011000.\mathit{10}000000 = 192.168.24.128/26$$
$$11000000.10101000.00011000.\mathit{11}000000 = 192.168.24.192/26$$

其中显示为斜体的位从 00 依次增加到 11，包含了这 2 位的所有值。

由此得到网络供应商路由器向外部网络发布的 CIDR 地址为：

192.168.16.0/20

其中，超网位包含了前 24 位，其余位留给网络和主机部分。

**【例 3-9】** 本示例讨论机构如何使用超级组网技术解决网络综合问题。

假设某公司甲合并了几家小公司 A、B、C、D 和 E，而这几家小公司都有自己的网络。现在，需要将这些网络与公司甲原有的 IP 网络结合在一起，并需要使这些网络内的所有主机都能够访问内部网络资源和外部网络资源。同时，合并后的网络性能和服务水平要比以前的网络更优，并将使用 CIDR 向因特网通告这些网络。下面列出这些独立的网络地址：

公司甲：172.16.0.0/28

公司 A：172.16.1.48/28

公司 B：172.16.1.176/28

公司 C：172.16.1.160/28

公司 D：172.16.1.128/28

公司 E：172.16.1.144/28

首先需要确定如何通告这些网络。将这些地址转换为二进制形式：

10101100.00010000.00000000.*00000000* = 172.16.0.0/28

10101100.00010000.00000001.*0011*0000 = 172.16.1.48/28

10101100.00010000.00000001.*1011*0000 = 172.16.1.176/28

10101100.00010000.00000001.*1010*0000 = 172.16.1.160/28

10101100.00010000.00000001.*1000*0000 = 172.16.1.128/28

10101100.00010000.00000001.*1001*0000 = 172.16.1.144/28

从上列地址中可以看出，172.16.0.0/28 和 172.16.1.48 这两个地址因差别太大而无法进行汇聚，其他的 4 个地址直到第 26 位都是相同的，因此可以汇聚在一起。根据前面所讨论的方法，得到其 CIDR 汇聚地址：172.16.1.128/26。这样，这个网络在路由表中占据 3 个条目，其对应的网络地址为：

172.16.1.128/26

172.16.1.48/28

172.16.0.0/28

如果不使用 CIDR，路由表中就要存储上述 6 个网络地址。

**注意**：机构要汇聚的网络必须拥有超网包含的完整地址块，否则将会发生地址冲突。

## 典型问题解析

**【例 3-10】** CIDR 技术有效地解决了路由缩放问题。使用 CIDR 技术把 4 个网络 "c1：192.24.0.0/21" "c2：192.24.16.0/20" "c3：192.24.8.0/22" "c4：192.24.34.0/23" 汇聚成一条路由信息，得到的网络地址是（    ）。

  a．192.24.0.0/21   b．192.24.0.0/24   c．192.24.0.0/18  d．192.24.8.0/20

**【解析】** 路由汇聚采用最大前缀匹配原则，因此要计算网络地址的共同前缀和位数。本例中 4 个网络地址的前两段相同，下面将第 3 段表示成二进制形式：

c1：192.24.0.0/21 → 192.24.00000000.0/21

c2：192.24.16.0/20 → 192.24.00010000.0/20
c3：192.24.8.0/22 → 192.24.00001000.0/22
c4：192.24.34.0/23 → 192.24.00100010.0/23

可见，4 个网络地址的前 18 位相同，因此汇聚后的地址为 192.24.0.0/18。参考答案是选项 c。

【例 3-11】使用 CIDR 技术把 4 个网络 220.117.12.0/24、220.117.13.0/24、220.117.14.0/24 和 220.117.15.0/24 汇聚成一个超网，得到的网络地址是（    ）。

  a. 220.117.8.0/22  b. 220.117.12.0/22  c. 220.117.8.0/21  d. 220.117.12.0/21

【解析】分别把 4 个 C 类网络地址转换成如下二进制数形式：

220.117.12.0 → 11011100.1101 1001.000011 00.00000000
220.117.13.0 → 11011100.1101 1001.000011 01.00000000
220.117.14.0 → 11011100.1101 1001.000011 10.00000000
220.117.15.0 → 11011100.1101 1001.000011 11.00000000

可见，这 4 个网络地址的前 22 位相同，因此汇聚后的地址为 220.117.12.0/22。参考答案是选项 b。

【例 3-12】使用 CIDR 技术把 4 个网络 100.100.0.0/18、100.100.64.0/18、100.100.128.0/18 和 100.100.192.0/18 汇聚成一个超网，得到的网络地址是（    ）。

  a. 100.100.0.0/16  b. 100.100.0.0/18  c. 100.100.128.0/18  d. 100.100.64.0/18

【解析】分别把 4 个 C 类网络地址转换成如下二进制数形式：

100.100.0.0 → 01100100.01100100.00000000.00000000
100.100.64.0 → 01100100.01100100.01000000.00000000
100.100.128.0 → 01100100.01100100.10000000.00000000
100.100.192.0 → 01100100.01100100.11000000.00000000

可以看出这 4 个网络地址的前 16 位相同，因此汇聚后的地址为 100.100.0.0/16。参考答案是选项 a。

【例 3-13】IP 地址块 59.67.159.0/26、59.67.159.64/26 和 59.67.159.128/26 汇聚后可用的地址数为（    ）。

  a. 126  b. 186  c. 188  d. 254

【解析】由 59.67.159.0/26、59.67.159.64/26 和 59.67.159.128/26 这 3 个地址汇聚后得到 59.67.159.0/24 可知，网络位占 24 位，主机位为 8 位，8 位主机位能用的有效 IP 地址数为 $2^8-2=254$，即 254 个地址。参考答案是选项 d。

## 练习

1. 因特网工程任务组（IETF）设计 CIDR 的理由是什么？（    ）
  a. 为了去除对子网掩码的需求  b. 为了扩大路由表的长度
  c. 为了减少路由表条目  d. 为了增加额外的 B 类网络

2. 路由器对发往远程主机的数据包如何处理？（    ）
  a. 对远程网络执行 ping 命令，以获得其网关地址和子网掩码
  b. 为每一个未知主机地址增加一个路由表条目

c．将目的地址修改成一个本地地址　　d．在其路由表中查找目的网络对应的条目

3．下列哪两项是 CIDR 带来的结果？（　　）

　　a．增加了路由器资源的使用　　　b．减少了网络带宽的使用

　　c．节省了可用地址　　　　　　　d．减少了 C 类网络的数量

4．如果 ISP 分配给一个用户的 CIDR 地址块为 199.16.64.0/27，那么可建立多少个 C 类子网？（　　）

　　a．1/8　　　b．1/4　　　c．4　　　d．8

5．对于下列给定的 CIDR 前缀，参考本节的表 3.49，分别写出每个前缀可建立的主机地址数和 C 类子网数。

　　a．/14　　　b．/19　　　c．/22　　　d．/24

6．对应于 IP 地址 172.21.136.255/23 的是下列中的哪一个地址？（　　）

　　a．网络地址　　b．主机地址　　c．定向广播地址　　d．不定向广播地址

7．网络 172.21.136.0/24 和 172.21.143.0/24 汇聚后的地址是下列中的哪一个地址？（　　）

　　a．172.21.136.0/21　　　　　　b．172.21.136.0/20

　　c．172.21.136.0/22　　　　　　d．172.21.128.0/21

【提示】将两个网络 172.21.136.0/24 和 172.21.143.0/24 的地址表示为二进制形式：

　　172.21.136.0→10101100 00010101 10001000 00000000

　　172.21.143.0→10101100 00010101 10001111 00000000

这两个网络地址的前 21 位相同，汇聚后的地址为 172.21.136.0/21。参考答案是选项 a。

8．CDIR 技术的作用是（　　）。

　　a．把小的网络汇聚成大的超网　　　b．把大的网络划分成小的子网

　　c．解决地址资源不足的问题　　　　d．由多个主机共享同一个网络地址

【提示】CDIR 技术实现了超级组网，可以把网络前缀相同的连续的 IP 地址组成一个 CIDR 地址块，把规模较小的网络汇聚成大的超网。把大的网络划分成小的子网是 VLSM 技术，运行子网划分时设计不同的子网掩码。参考答案是选项 a。

9．使用 CIDR 技术把 4 个 C 类网络 110.217.128.0/22、110.217.132.0/22、110.217.136.0/22 和 110.217.140.0/22 汇聚成一个超网，得到的地址是（　　）。

　　a. 110.217.128.0/18　　　b. 110.217.128.0/19

　　c. 110.217.128.0/20　　　d. 110.217.128.0/21

【提示】路由汇聚算法是把 4 个地址全部转为二进制，寻找最大的相同位数作为汇聚后的网络位。

　　110.217.128.0/22

　　110.217.132.0/22

　　110.217.136.0/22

　　110.217.140.0/22

其中第三段换成二进制分别为：

　　10000000

　　10000100

　　10001000

　　10001100

汇聚后的地址为：110.217.10000000.0/20。参考答案是选项 c。

**补充练习**

1. 由地址块 222.156.64.0/18 建立一个由 64 个 C 类网络汇聚成的超网，列出每个 C 类网络的网络地址及前缀。

2. 由地址块 198.14.0.0/16 建立一个由 256 个 C 类网络汇聚成的超网，列出每个嵌套网络的地址及前缀。

# 本 章 小 结

标准分类的 IP 地址存在着 IP 地址的有效利用与路由器的工作效率两个主要问题。为解决这个问题，提出了子网的概念。RFC 940 对子网的概念和划分子网的标准做了说明。研究子网划分的基本思想是：借主机号的一部分作为子网的子网号，划分出更多的子网 IP 地址，而对外部路由器的寻址没有影响。

划分子网的原因是：为了获得伸缩性更好的网络，为了隔离广播流量，为了节省主机地址。为了建立地址的子网部分，需要向主机部分借位，这些位与子网掩码一起，构成主机所在的子网网络地址。所有子网中都有 2 个网络地址和 2 个主机地址不可用（在有类别域间路由时）。因此，要得到可用主机和地址的范围，必须从最大主机数和最大子网数中分别减去 2 个。IP 前缀表示子网地址中网络部分和子网部分所占的位数。

如何对 C 类网络进行子网划分，包括一些适用于所有 IP 网络类的技巧和技术是非常重要的。C 类网络向主机借位的范围是 2～6 位，因此可建立 2～62 个可用子网；子网掩码可用于确定子网及其地址范围；要在同一网段上相互通信，主机地址的网络和子网部分必须相同；地址中的子网部分可以确定子网的增量范围，每个子网的主机数可通过以下算式得到：

$$每个子网的主机数 = 2^{(主机位数-借位位数)} - 2$$

通过建立子网划分表可列出子网地址和主机地址的范围，而确定地址范围时，要从 0 开始计数。最后，还介绍了建立子网时所采用的一些快速检测方法以及应遵循的模式。

B 类网络子网的划分过程较为复杂一些，但其原则与 C 类网络相同，只是数量较大。在这里，同样可以通过建立子网划分表来统计子网范围。在 B 类网络中，子网化可以在地址中的第 3 个或（和）第 4 个八位位组中进行。进行子网划分时，需要知道增量模式发生在哪个字节，以及地址增量的范围。事实上，通过利用大于 255 的主机数除以 256，便可以得到增量地址范围以及第 1 个可用的子网地址。

在 A 类网络中，子网化可以在地址中的第 2 个、第 3 个或（和）第 4 个八位位组中进行；可以采用一种可以快速确定子网增量和第 1 个可用主机网络地址的方法。

在实际划分子网时，为了能够快速而又准确地计算出网络号/子网号、广播地址、可分配的网络/子网地址、有效子网号、主机数及子网数，可采用如下技巧：

（1）基本子网划分网络号：A 类保留第 1 个位，后面为全 0（如 IP 地址 10.1.0.0，网络号 10.0.0.0）；B 类保留前两位，后面为全 0（如 IP 地址 131.2.3.0，网络号 131.2.0.0）；C 类保留前 3 位，后面为全 0（如 IP 地址 192.168.1.5，网络号 192.168.1.0）。

（2）复杂子网划分网络号：首先将掩码为 255 的部分对应的部分照抄，然后对非 255 部分将掩码和 IP 地址均转成二进制数执行与运算。例如，IP 地址为 192.168.1.100，子网掩码为 255.255.255.240，则前 3 个数都照抄。而最后一部分先转成二进制数后再执行与运算（0110 0100 AND 1111 0000 = 0110 0000，即 96），得到 192.168.1.96。

（3）给定 IP 地址和掩码计算网络/子网广播地址：可根据规则"网络/子网号是网络/子网中的最小数字，广播地址是网络/子网中的最大数字，网络中有效且可分配的地址则是介于网络/子网号和广播地址之间的 IP 地址"。

▶ 基本子网划分广播地址，掩码为 255 的部分照抄，为 0 的部分改为 255。例如，IP 地址为 131.1.0.4，子网掩码为 255.255.0.0，则广播地址为 131.1.255.255。

▶ 复杂子网划分广播地址，对于 255 部分照抄，0 部分转为 255；其他部分则先用 256 减去该值得到 x，然后找到与 IP 地址中对应数最接近的 x 的倍数 y，并将 y 减 1 即可。例如，IP 地址为 131.4.101.129，子网掩码为 255.255.252.0，则首先处理 255 及 0 的部分，得到 131.4. ? .255，然后用 256−252=4。与 101 最接近的 4 的倍数是 104，因此得到广播地址为 131.4.103.255。

（4）复杂子网划分有效子网数：如 IP 地址为 140.140.0.0，子网掩码为 255.255.240.0，则首先找到特别的掩码位 240 转换成二进制数 11110000，得知主机位为 4；然后用 $2^4$ 为基数增长，即 140.140.0.0、140.140.16.0、140.140.32.0、140.140.48.0……140.140.248.0。

CIDR 是一种用于减小路由表长度和节省主机地址的寻址方法，是一种路由技术。因为如果区分各种类别的子网，那么就会使路由表中的条目激增，而 CIDR 采用了一种"最大匹配"的原则有效地解决了这个问题。CIDR 支持地址的汇聚或汇总，因此因特网路由器只需向外发布汇聚地址，而不是多个较小的子网地址。CIDR 提供了一种更适合用户需求的地址分配方案，从而减少了闲置主机地址的数量。CIDR 建立了由一组 C 类网络地址组成的超网。网络服务供应商可以对超网进行再分配，建立嵌套网络或子网络，用户也可以进一步对这些网络进行再分配。

**小测验**

1．某公司正计划将其网络服务划分为不同权限，初始时权限为 14 种，但在未来 5 年内预计将增长 300%。每个权限包含 30 个 TCP/IP 网络结点和 2 个路由器端口。办公区现在从其 ISP 那里租借了一个 B 类网络地址 131.17.0.0。权限协议中承诺将通过该办公区网络向使用者提供高速因特网访问。公司（权限提供者）计划使用 T1 线路通过办公区的路由器向购买权限者提供连接。

现在需要建立一个 IP 地址方案，这个方案要满足其未来 5 年的发展需求，同时还要有效地利用其主机地址。应该怎样对该网络进行子网划分？理由是什么？

2．将下列子网掩码表示为对应的前缀形式：
  a．255.255.0.0    b．255.224.0.0    c．255.255.254.0
  d．255.255.255.240  e．255.255.248.0

3．如果子网 172.6.32.0/20 再划分为 172.6.32.0/26，则下面的结论中哪一项是正确的？（  ）
  a．划分为 1 024 个子网  b．每个子网有 64 台主机
  c．每个子网有 62 台主机  d．划分为 2 044 个子网

**【提示】** 划分子网时需要向主机号借位，本题需要借前 6 位，子网可用的主机号便剩下 6 位，每个子网可用容纳的主机数为 $2^6-2=62$，因为全 0 和全 1 的地址有特殊用途。

4. 给定一个 C 类网络 192.168.1.0/24，要在其中划分出 3 个 60 台主机的网段和 2 个 30 台主机的网段，则采用的子网掩码应该分别是下面的哪一项？（　　）

  a．255.255.255.128 和 255.255.255.224    b．255.255.255.128 和 255.255.255.240

  c．255.255.255.192 和 255.255.255.224    d．255.255.255.192 和 255.255.255.240

【提示】本题可通过选择可变长度的子网掩码将一个 C 类网络划分成两部分。60 台主机需要 6 位主机号，原 8 位主机位可借用 2 位，产生 4 个子网，每个子网可用容纳 $2^6-2=62$ 个主机，满足要求，子网掩码为 255.255.255.192。30 台主机需要 5 位主机号，原 8 位主机位可借用 3 位，产生 8 个子网，每个子网可用容纳 $2^5-2=30$ 个主机，满足要求，子网掩码为 255.255.255.224。

5. 在下列 IP 地址中，属于 154.100.80.128/26 的可用主机地址是下面哪一项？（　　）

  a．154.100.80.128    b．154.100.80.190    c．154.100.80.192    d．154.100.80.254

【提示】154.100.80.128/26 的可用主机地址范围是 154.100.80.129～154.100.80.190。只有选项 b 的地址在该范围内。

6. 一个网络地址为 172.16.7.128/26，则该网络的广播地址是下面的哪一项？（　　）

  a．172.16.7.255    b．172.16.7.129    c．172.16.7.191    d．172.16.7.252

【提示】网络的广播地址是主机号全为 1 的 IP 地址。IP 地址 172.16.7.128/26 的前 26 位为网络号，可以确定该网络的网络地址为 172.16.7.128，广播地址为 172.16.7.$(1011111)_2$，即 172.16.7.191。

7. 某公司网络地址是 133.10.128.0/17，下面选项中不属于这 16 个子网地址的是哪一项？（　　）

  a．133.10.136.0/21    b．133.10.162.0/21    c．133.10.208.0/21    d．133.10.224.0/21

【提示】该公司的网络被划分成 16 个子网，则需要借用地址 133.10.128.0/17 中 15 位主机号的前 4 位（$2^4=16$）。16 个子网的第 3 字节分别为 10000 000（128），10001 000（136），10010 000（144），10011 000（152），10100 000（160），10101 000（168），10110 000（176），10111 000（184），11000 000（192），11001 000（200），11010 000（208），11011 000（216），11100 000（224），11101 000（232），11110 000（240）。11111 000（248）。可见只有 b 项不属于这 16 个子网的地址。

8. 在下列 IP 地址中，不属于网络 100.10.96.0/20 的主机地址是下面的哪一项？（　　）

  a．100.10.111.17    b．100.10.104.16    c．100.10.101.15    d．100.10.112.18

【提示】网络 100.10.96.0/20 中排除网络地址和广播地址后，主机地址的范围为 100.10.$(01100000)_2$.1～100.10.$(01101111)_2$.$(11111111)_2$，即 100.10.96.1～100.10.111.254，可见，选项 d 不属于该地址范围。

9. 一个 B 类网络的子网掩码为 255.255.192.0，则这个网络能够划分的子网数是下面选项中的哪一项？（　　）

  a．2    b．4    c．6    d．8

【提示】B 类网络默认的子网掩码为 255.255.0.0，在这个子网掩码中再增加 2 位便成为 255.255.192.0，由此可知原来的 B 类网络被划分为 4 个子网（$2^2=4$）。

10. 某校园网络的地址是 202.100.192.0/18，要把该网络划分成 30 个子网，则子网掩码应该是（　　），每个子网可分配的主机数是（　　）。

  (1) a．255.255.200.0    b．255.255.224.0    c．255.255.254.0    d．1255.255.255.0

  (2) a．32    b．64    c．510    d．512

【提示】把网络 202.100.192.0/18 划分成 30 个子网,需要从 14 位主机号中借用高 5 位来标识子网号,还留有 9 位来表示主机地址,则子网掩码为 11111111 11111111 1111110 00000000,即 255.255.254.0。每个子网可分配的主机地址数为 510 个（$2^9-2=510$）。

11．设有 4 条路由 10.1.193.0/24、10.1.194.0/24、10.1.196.0/24 和 10.1.198.0/24 汇聚,所覆盖的 4 条路由的地址是（　　）。

  a．10.1.192.0/21  b．10.1.192.0/22  c．10.1.200.0/22  d．10.1.224.0/20

【提示】这 4 个路由的前 16 位相同,因此只需观察它们的第 3 段二进制数形式:

  193→11000001

  194→11000010

  196→11000100

  198→11000110

可见,第 3 段的前 5 位相同,因此可知 10.1.193.0/24、10.1.194.0/24、10.1.196.0/24 和 10.1.198.0/24 这 4 条路由的前 21 位相同,汇聚后的地址为 10.1.192.0/21。参考答案是选项 a。

12．假设分配给用户 U1 的网络号为 192.25.16.0～192.25.31.0,则 U1 的地址掩码应该为　(1)　；假设分配给用户 U2 的网络号为 192.25.64.0/24,如果路由器收到一个目的地址为 1100 0000.0001 1001.0100 0011.0010 0001 的数据报,则该数据报应传送给用户　(2)　。

（1）a．255.255.255.0  b．255.255.250.0  c．255.255.248.0  d．255.255.240.0

（2）a．U1      b．U2      c．U1 或者 U2    d．不可达

【提示】用户 U1 的网络号为 192.25.16.0～192.25.31.0,包含 16 个 C 类网络,则 U1 的地址掩码应该为 255.255.240.0；路由器收到的数据报的目的地址为 192.25.67.33（将给出的二进制目的地址翻译为十进制表示）,显然,数据报应该传送给用户 U2。参考答案:(1)选项 d；(2)选项 b。

# 第四章　TCP/IP 协议族

连接到互联网上的所有主机都运行着特定的核心协议，以保证应用程序的正确运行。TCP/IP 是由一些交互性的模块组成的分层次的协议族，其中每个模块都提供特定的功能。OSI 模型指明了哪个功能是属于模型中的哪一层，但 TCP/IP 模型中的各层则包含了一些相对独立的协议，可以根据系统的需要把这些协议混合或配套使用。本章将详细介绍 TCP/IP（传输控制协议/互联网协议）的工作原理。当在 TCP/IP 网络中的两个应用程序之间传送信息时，必须使用 TCP、UDP 和 IP，对于特殊网络还要用到局域网（LAN）协议和广域网（WAN）协议。

首先，介绍 IP 和 IP 数据包或数据报如何通过 TCP/IP 网络进行路由，接着讨论各种 IP 数据包的报头格式；以及在将数据包下行发送到数据链路层之前，IP 进程如何将数据包分段。然后探讨地址解析协议（ARP）。

其次，讨论对于 UDP 和 TCP 这两种传输协议的操作。在无连接网络中使用的 UDP 通常与简单网络管理协议（SNMP）、域名系统（DNS）等的应用程序共同使用。与 UDP 相对应的面向连接的 TCP 则与文件传送协议（FTP）和超文本传送协议（HTTP）等的应用程序一起使用。

最后，讨论所有这些协议如何共同工作，以便在通信应用程序之间传送信息。

## 第一节　IPv4

在网际互联层，TCP/IP 模型定义的主要协议是互联网协议（IPv4 和 IPv6），尽管在这一层还有一些其他的支撑数据传送的协议。1981 年完成的 IPv4（RFC 791）向传输层提供了一种无连接的尽力而为的数据传送服务，同时 IPv4 也是实现网络互联的基本协议。通常将 IPv4 简写为 IP。IP 负责通过相互连接的一组网络传送数据块（数据报）。IP 接收来自 TCP 或用户数据报（UDP）等更高层协议的这些数据块，然后将其通过因特网传送出去。

### 学习目标

- ▶ 熟悉 IP 的基本功能；
- ▶ 掌握 IP 数据报及其帧封装；
- ▶ 掌握 IP 数据报的分段和重装；
- ▶ 了解 IP 数据报的生命周期；
- ▶ 了解 IP 选项提供的网络监控功能；
- ▶ 掌握 IP 报头格式和字段。

### 关键知识点

- ▶ IP 具有通过 TCP/IP 网络对数据报进行无连接传送的功能。

## IP 概述

IP 是一种不可靠的无连接数据报协议,它的任务是提供一种尽力而为地把数据包从源结点传送到目的结点的方法,而无须考虑这些结点是否在同一个网络,也不必关心它们之间是否还有其他网络。每个数据包携带一个完整的目的 IP 地址,并独立于其他数据包在系统内进行路由,此时不需要建立连接或逻辑链路。

IP 的基本传送单元 PDU(即数据包)称为 IP 数据报,简称为数据报,它相当于分组或包。不同的网段可以设置不同的数据包最大尺寸,这种数据包的最大尺寸也称为最大传输单元(MTU)。IP 提供了一种数据报的分段和重装机制,以匹配网络的最大传输单元。

IP 软件模块驻留在所有运行 TCP/IP 协议栈的主机和路由器上,这些模块共享用于因特网数据报地址字段转换、数据报的分段和重装等规则。另外,这些模块可提供路由决策程序和其他一些帮助功能,如地址解析协议(ARP)和互联网控制报文协议(ICMP)消息等。

因特网中的通信过程是这样的。传输层获取数据流,并且将数据流拆分成段,以便作为 IP 数据报发送。理论上,每个数据报最多可容纳 64 KB;但实际上,数据报通常不超过 1 500 字节(因而它们正好可被放到一个以太网帧中)。IP 路由器通过因特网转发每个数据报,沿着一条路径把数据报从一个路由器转发到下一个路由器,直到数据报到达目的地。在接收方,网络层将数据报交给传输层,再由传输层交给接收进程。当所有的数据报最终都到达目的端,它们被网络层重新组装还原成最初的数据报;然后该数据报被网络层传给传输层。显然,数据报在通往其目的地的路径上可能会遇到多个主机,这些主机也称为"跳"(hop)。网络基于 IP 报头中携带的目的 IP 地址,将数据报从一个主机路由到另一个主机。数据报在到达其最终目的结点之前可能会经过多个网络,如图 4.1 所示。

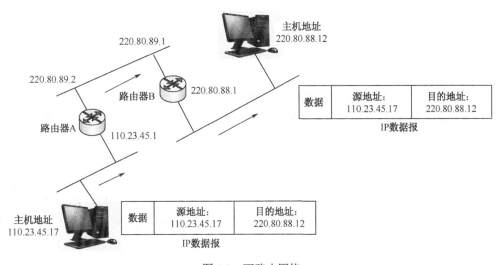

图 4.1 可路由网络

IP 具有以下一些特性:
- ▶ IP 是一种尽力服务,几乎不提供数据差错控制或跟踪。IP 提供了一个 16 位报头校验和,接收结点可用它来验证数据包传送的正确性;如果数据包的校验和无效,接收结点便丢弃该数据包。

- ▶ 不提供端对端或转发到转发的确认功能。
- ▶ 不提供对丢失或破坏数据的重传机制。
- ▶ 不提供流量控制或数据包排序机制。

图 4.2 示出了 IP 在 TCP/IP 模型中的位置及作用。

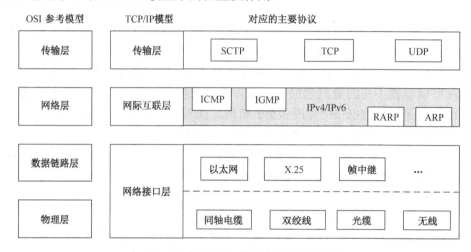

图 4.2　IP 在 TCP/IP 模型中的位置及作用

## IPv4 数据报

IPv4 数据报由 IP 报头和数据两部分组成。IP 报头包含一个 20 B（字节）的固定长度部分和一个可变长度部分，后者最多可达 40 B，包含有关路由选择和交付的重要信息。IP 数据报格式如图 4.3 所示。其中各字段含义如下：

- ▶ 版本号（VER）字段——版本号字段长度为 4 位，表明用于建立数据报的 IP 版本。此字段用来确保发送者、接收者和相关网关使用一致的数据报格式。目前使用最广泛的 IP 是版本 4，也就是 IPv4。但版本 6（或 IPng）将会取代版本 4。

- ▶ 报头长度（HLEN）字段——报头长度字段长度为 4 位，用于表示 32 位字长的报头长度。IP 报头的最小长度是 20 字节。IP 选项字段一次可以将该字段扩充 4 字节（32 位）。不含填充字段和 IP 选项字段的 IP 报头是最常见的 IP 报头，其长度为 20 字节，报头长度字段值为 5（因 5×4=20）。当选项字段为最大值时，这个字段的值是 15（因 15×4=60）。

- ▶ 区分服务（DS）字段——该字段最初称为服务类型（ToS）字段，RFC 1349 改变了这个 8 位字段的名称和解释，称之为区分服务（Differentiated Services，DS）字段。它曾经并且仍然用来区分不同的服务种类，用于指定数据报所要求的服务质量（QoS）。由于 IP 属于一种高效协议，所以在实际实现时几乎不使用 RFC 791 中定义的服务类型（ToS）字段。而用于延迟敏感和带宽要求高的服务（如视频和 IP 语音通信）的 QoS 服务字段可以修改这些位以适应其需要。数据包传送时经过的所有网络设备必须能够识别这些位的设置信息，并提供相应的网络服务。

- ▶ 总长度字段——总长度字段长度为 16 位，用于表明 IP 数据报的字节长度，其中包括报头长度和数据长度（数据长度＝总长度－报头长度）。IP 数据报的最大长度为 65 535

（即 $2^{16}-1$）字节，而所有主机必须支持的数据包最短长度为 576 字节。

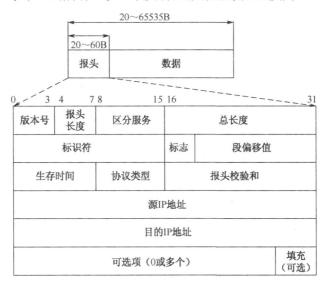

图 4.3　IPv4 数据报格式

下面分别介绍标识符、标志位以及段偏移控制数据报的分段和重装。大多数数据报被分段并封装在较小的多个帧中。例如，长度为 2 500 字节的数据报在以太网上传送时，会被传送主机分为 2 段以适应以太网最大传输单元（1 500 字节）的长度。

- 标识符字段——每个数据报都必须由唯一的标识符来标识，以便使接收主机能确定新到达的分段属于哪一个数据报，从而重装被分段的数据报。同一个数据报的所有分段包含同样的标识符。标识符字段长度为 16 位。
- 标志位字段——标志位字段长度为 3 位，用于分段控制。这 3 位（从左到右依次为第 0 位到第 2 位）的含义如下：第 0 位为预留位。第 1 位为可否分段标志位。当该位的值为 0 时，表示数据报不可分段；其值为 1 时，表示数据报可被分段。第 2 位为段是否结束位。当该位的值为 0 时，表示该段是原数据报的最后一段；其值为 1 时，表示后面还有更多的分段。当网络设备要发送的数据报长度比所在网络的最大传输单元大，同时标志位的第 1 位设置为不能分段（值为 0）时，网络设备会向发送方返回一个 ICMP 错误消息，并丢弃该数据报。另外，除了最后一个分段，其余分段的第 2 位均设置为 1。
- 段偏移字段——段偏移字段长度为 13 位，用于指定分段在原始数据报中的相对位置。第 1 个分段的段偏移字段值为 0，其余分段的段偏移以 8 字节为单位进行计数，表示该段数据在原始数据报数据区中的偏移量。
- 生存时间（TTL）字段——生存时间字段长度为 8 位，用于指定数据报允许保留在网络上的时间（单位是秒）。数据包经过每个网关和主机时，都对该字段的值递减 1，当其值为 0 时网络设备便丢弃该数据包。由于网络设备发送数据包的时间总是小于 1 秒，因此该字段的值也可用作数据包的跳数。
- 协议字段——协议字段长度为 8 位，用于指定数据报数据区中携带的消息是由哪种高级协议建立的。例如，分配给 TCP 的协议号是 6，分配给 UDP 的协议号是 17。
- 报头校验和字段——这 16 位的字段仅用于 IP 报头校验和。由于数据包通过网络传送时，有些报头字段的值会发生改变，如生存期字段和服务类型字段等，所以当报头每经过一跳时，校验和都会被重新计算。

- 源 IP 地址字段和目的 IP 地址字段——这两个字段的长度均为 32 位，用于指定源网络接口和目的网络接口的 IP 地址。在数据包通过网络传送的过程中其值不会发生变化。
- 选项字段——选项字段的长度可变。它用于各种选项，如记录所采用的路由、指定要采用的路由以及时间标记等。选项字段的长度可以是 0 或其他长度。填充字段用于确保将选项字段填充为最少 32 位。
- 填充字段——填充字段由附加的 0 位串构成的特定编号组成，以保证 IP 报头以 32 位结束。

## 区分服务

区分服务字段最初称为服务类型（ToS）字段，用于表明数据报源结点希望得到的服务质量。对于这种解释，前 3 位叫作优先位，后面 4 位叫作 TOS 位，最后一位没有使用。遗憾的是，因特网上的其他设备无法保证均能满足源结点关于特定服务类型的请求。图 4.4 示出了服务类型字段位的分布情况。

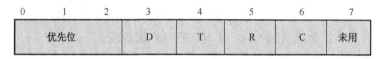

图 4.4 区分服务字段（服务类型字段）

### 优先位

源主机利用服务类型字段中的优先位（第 0~2 位）向因特网上的其他设备传达有关数据报重要程度的信息，它定义了在出现一些问题（如拥塞）时数据报的优先级。当路由器出现拥塞而必须丢弃一些数据报时，具有最低优先级值的数据报将首先被丢弃。数据报的优先级用一个 3 位字段指定，其字段值从 0（低）到 7（高）。下面由高到低介绍这些字段值的含义：

- 111——网络控制；
- 110——联网控制；
- 101——关键；
- 100——瞬间重载；
- 011——瞬间；
- 010——立刻；
- 001——优先；
- 000——普通。

### D-T-R-C 位

早期，大多数网络设备都忽略了服务类型字段中的 D-T-R-C 位（3~7 位）。随着开放式最短路径优先（OSPF）路由协议的出现，IP 路由器开始支持服务类型（ToS）路由。D-T-R-C 字段中每一位的含义如下：

- D 位（延迟）——源主机用它来请求低延迟（1）或正常延迟（0）；
- T 位（吞吐量）——源主机用它来请求高吞吐量（1）或正常吞吐量（0）；
- R 位（可靠性）——源主机用它来请求高可靠性（1）或正常可靠性（0）；
- C 位（成本）——源主机用它来请求低成本（1）或正常成本（0）。

若 D、T 和 R 这 3 个标志位置均为 1，分别表示要求低延迟、高吞吐量和高可靠性。例如，当前的会话为文件传送，如果这 3 位的设置为 001，则表示在传送过程中需要高可靠性，而对延迟或吞吐量不做要求。这 3 个标志位中只能有一个设置为 1（表明最关心那方面的性能），否则路由器将无法正确进行处理。当然，因特网并不能保证一定满足上述传送要求，而是把这种要求作为路由选择时的一个提示，途经的路由器可以把它们作为路由参考。假如路由器知道去往目的地网络有多条路由，则可以根据这 3 个标志位的设置情况选择一条最合适的路由。典型情况下，路由信息协议（RIP）忽略服务类型（ToS）标识位，但是 OSPF 协议能够根据 ToS 请求进行路由。

## 分段

分段是将一个大的 IP 数据报分解成多个较小数据报段的过程。如果一个 IP 数据报太大以至于不适合外部链路帧，则数据报必须被分段以适应多种传输单元。

### 最大传输单元

网络的最大传输单元（MTU）是指该网络某一层面所能支持的最大数据包或数据帧的大小，其单位为字节。在端到端的连接建立后，接收主机通告发送方其传输层支持的最大传输尺寸，发送方接着将要传送的数据分为适合该最大传输尺寸的 IP 数据包。但是，在可路由的网络中，数据包可能经过多种网络链路，每种链路（局域网或者广域网）可能具有不同的最大传输单元值如表 4.1 所述，而发送主机和接收主机并不知道这些网络链路最大传输单元的差异。因此，虽然源结点的传输层协议将数据流进行了有效的分段，IP 模块也为在直接连接的网络上有效地传送这些数据流建立了相应的数据包，但这些数据包仍有可能要进行进一步的分段，以适应其他网段最大传输单元的大小。

表 4.1 典型最大传输单元值

| 链路层协议 | MTU 限制 | 最大 IP 数据包 |
| --- | --- | --- |
| 以太网 | 1518 | 1500 |
| IEEE802.3 | 1518 | 1492 |
| 千兆以太网 | 9018 | 9000 |
| 帧中继 | 4096 | 4091 |
| 同步数据链路控制 | 2048 | 2046 |

数据报分段后，这些数据报段作为独立的较小数据报通过因特网进行传送，直到到达最终目的结点。目的结点负责将这些数据报包重装成原来的消息。图 4.5 示出了数据报分段的基本概念。

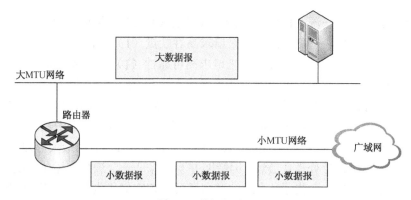

图 4.5 数据报分段

因特网数据报可以标记成"不可分段"数据报。当通过最大传输单元较小（比"不可分段"的数据报小）的网络传送带有"不可分段"标志的数据报时，该数据报将被丢弃。被迫丢弃数据报的路由器将向源计算机发送一条 ICMP 错误消息。

在分段机制的情况下，路由器可利用其内置的自动转换服务修正 MTU 方面的不匹配状态。因此并不要求每台主机都确知因特网各个网络段特定的 MTU，从而可使因特网不同网络段的性能都得到了充分的应用。

**分段控制字段**

IP 报头中有 4 个字段用于控制数据报的分段与重装。

- 标识符字段——占用 16 位，提供一个唯一的整数，用以标识数据报段。数据报源结点将此值分配给原始未分段的数据报。如果网络中的设备对数据报进行分段，此值将被复制到由分段而产生的所有段的标识字段中。当这些段到达目的结点之后，此值和源地址共同标识分段所属的原始数据报。属于同一个报文的分段具有相同的标识符。标识符的分配绝不能重复，IP 协议每发送一个 IP 报文，则要把该标识符的值加 1，作为下一个报文的标识符。
- 总长度字段——提供数据报的总长度（以字节计算），包括 IP 报头和数据。所有主机都必须具备接收不大于 576 字节数据报的能力。只有当网络管理员确信目的结点已具备接收更大数据报能力时，主机才能发送大于 576 字节的数据报。
- 段偏移字段——占用 13 位，用于标识分段在原始数据报中的相对位置。段偏移值以 8 字节为单位，从原数据报的起始位置开始计算。第一个分段的段偏移值为 0。
- 标志字段——占用 3 位，用于分段控制。这些位的设置决定了一个数据报是否可被分段。第 1 位保留为以后使用。第 2 位若置为 1（DF 位）是禁止分段标志（Don't Fragment）；第 2 位若置为 0，则在需要时可把这个数据报进行分段。第 3 位表示是还有更多的分段（More Fragment）：若这个值是 1，表示这个数据报不是最后的分段；若这个值是 0，则表示这已是最后的或唯一的分段。

**分段示例**

例如，若有一个 500 字节（B）的 IPv4 数据报（20 B 的 IP 报头加 480 B 的有效载荷数据）到达一台路由器，且必须转发到一条 MTU 为 280 B 的链路上。这就意味着原始数据报中 480 B

的数据必须分配到 2 个独立的数据报段中，如图 4.6 所示。
- 原始数据报：
- 标识符=12345；
- 总长=500 B（IP 报头 20 B + 数据 480 B）；
- 段偏移=0；
- 可分段标志位=假（0）。

路由器将原始数据报分成如下两段。

第一段：
- 标识符=12345；
- 总长=276 B（IP 报头 20 B + 数据 256 B）；
- 段偏移=0；
- 可分段标志位=真（1）。

第二段：
- 标识符=12345；
- 总长=244 B（IP 报头 20 B + 数据 224 B）；
- 段偏移=32（偏移以 8 B 为单位进行计算）；
- 可分段标志位=假（0）。

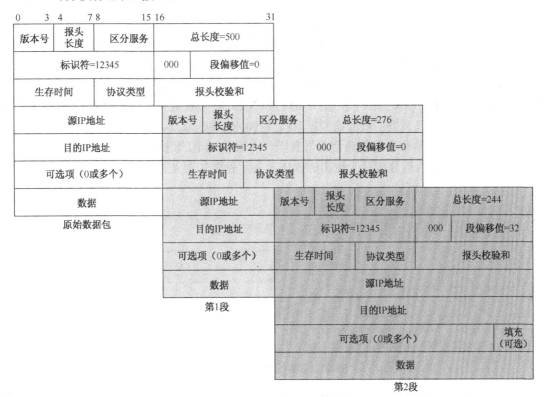

图 4.6 IPv4 数据包分段

为了重装被分段的数据报，目的结点必须具有足够的缓冲空间。随着带有相同标识符数据段的到达，它们的数据字段被插入到缓冲器中的正确位置，直到重装完这一数据报。从段偏移为 0 的分段开始到数据标志位字段为 0 的分段结束，即所有相邻数据段都存在时，重装就完成了。

## 生存时间

生存时间（TTL）字段由源主机设置，用于指定允许数据报在网络中流通的时间。当使用动态路由或静态路由时，由于路由表不够精确或配置错误，可能会使数据报具有在网络中进行不确定循环的可能。这种无休止的循环将消耗带宽，并且可能因传输层协议试图跟踪丢失的数据报而导致其他问题。

为了避免这种情况，采用一个 TTL 字段值来标记每个数据报。每台主机或路由器每次处理该数据报时将 TTL 字段值递减 1。当 TTL 字段值减少到 0 时，则丢弃该数据报。路由器或主机因为 TTL 字段值用完而丢弃一个数据报时，将向源主机发送一条 ICMP 消息，说明该数据报已经被丢弃。

## 协议类型

协议类型字段（8 位）的内容指出 IPv4 数据报中数据部分属于哪一种协议（高层协议），接收端则根据该协议类型字段的值来确定应该把 IPv4 数据报中的数据交给哪个上层协议进程去处理。例如，两台相互通信的主机可能要同时共享 HTTP 和 DNS 信息。但 HTTP 使用 TCP 作为其传输层协议，而 DNS 则使用 UDP 作为传输层协议。使用协议类型字段，发送设备可以将来自这两种不同传输层协议的数据段多路复用为发往同一目的结点的数据包流。协议类型字段值为 0x06 表明数据部分要交给 TCP 进程，而值为 0x17 则表明要交给 UDP 进程。常见的上层协议还包括 ICMP（协议类型字段值=0x01）和 IGMP（协议类型字段值=0x02）等。对于其他协议及其对应的协议类型字段值请参见 RFC 1700 和 RFC 3232。

多路复用是指将多种类型的通信信号置于一个通信通道的过程。多路分解则是其相反过程，即是指将一个输入拆分成几个输出的操作，其示意图如图 4.7 所示。

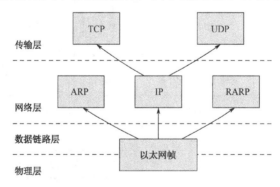

图 4.7　多路分解操作示意图

输入的数据报经多路分解并根据 IPv4 报头协议类型字段中包含的值发送给相应的传输层协议。例如：如果协议类型字段设为 0x06，那么接收设备会将数据包的数据发往 TCP 进程；如果协议类型字段设为 0x17，这些数据则将被发往 UDP 进程。

IP 数据报源结点在协议类型字段中设置一个值，表明源传输层协议是 TCP 协议还是 UDP。

接收计算机用此信息向正确的传输层进程转发所收到的数据报。RFC 790 中的相关内容对协议类型字段值的分配进行了说明。

## 寻址

IP 的基本目的是通过相互连接的一组网络传送数据报。网络设备在 IP 地址转换的基础上，通过独立网络，从一个因特网模块向另一个因特网模块路由数据报。IP 的一个重要功能就是完成和识别 IP 寻址。

## 选项

数据报中可能有选项字段，也可能没有。但是，驻留在主机和路由器中的所有 IP 模块都必须支持该字段。选项字段的主要目的是为网络管理员提供测试和调试网络的工具。在特定数据报中是否使用选项由网络管理员决定。

### 路由记录选项

路由记录选项功能允许一台源主机在数据报报头中为一个空的 IP 地址列表预留空间。处理数据报的每台路由器必须在列表中添加其 IP 地址。该选项用于监控数据报通过因特网进行路由的路径。

### 源路由选项

源路由选项功能允许源主机指定通过因特网的路径。发送者可设置数据报到达其目的结点所必须遵照执行的 IP 地址序列表。

指定的源路由可以是严格的（只能经过所列出的路由器），也可以是松散的（可以经过其他中间路由器）。网络管理员可以用这两种源路由选项测试所指定的网络路径的数据吞吐量。

### 时间标记选项

时间标记选项功能类似于路由记录选项，只是源主机在数据报报头中是为空的路由器时间标记列表预留空间，而不是为空的 IP 地址列表预留空间。每台路由器都要记录其处理数据报的时间和日期，网络管理员则利用此选项监控网络性能。时间标记选项功能还可以让每台路由器在数据报报头中记录时间标记及其 IP 地址。此选项使接收端可以确定数据报通过因特网时的路由参数和性能参数。

## IPv4 数据报封装

IPv4 数据报封装如图 4.8 所示，其中 IPv4 数据报被封装成了以太网帧的数据部分。

IPv4 数据报将传输层传送给它的数据封装起来。数据链路层协议（可以是局域网，也可以是广域网的第 2 层协议，本例中是以太网）接着将这些 IPv4 数据包封装成该层的数据。数据帧根据物理地址找到其通过缆线的路径；而当数据包必须移动到另一个网络时，数据链路层的帧便被从数据包中"剥"去。对于这些带有源 IP 地址和目的 IP 地址以及第 4 层完整数据（可能已被分段）的数据包，下一跳的设备将其封装在新的第 2 层数据帧或数据包中，继续向目的结点传送。

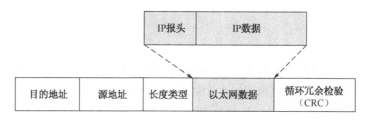

图 4.8　IPv4 数据报封装

## 练习

图 4.9 所示的信息是一个跟踪数据报的例子（在一个以太网上抓取的数据）。它显示封装了一个 IPv4 数据包的以太网帧（Frame 7），而该 IPv4 数据包中又封装了 TCP 消息。查看这些信息并回答后面的问题。亦可利用 Wireshark 等软件自行抓包，进行分析。

图 4.9　数据报跟踪示例

1．给出发送端和接收端的以太网地址和 IPv4 地址。
2．给出 IPv4 数据包的分段编号。
3．说明信息是否在已被分段的数据包内。
4．解释生存时间（TTL）字段的含义。
5．IPv4 首部中首部长度字段（IHL）的值最小为（1）为了防止 IP 数据报在网络中无限制转发，IPv4 首部中通过（2）字段加以控制。

　　（1）a.2　　　　　　　b.5　　　　　　　c.10　　　　　　　d.15
　　（2）a.URG　　　　　　b.Offset　　　　　c.More　　　　　　d.TTL

### 补充练习

使用上述练习中给出的 IPv4 数据包（Frame 7），将其十六进制数据分成帧、数据包和消息，并在以太网和 IP 报头之间做出标记，在 IP 报头与 TCP 报头之间做出标记。

# 第二节　IPv6

互联网协议第 6 版（IPv6）是作为互联网协议第 4 版（IPv4）的升级版本而设计的，并将与目前广泛使用的 IPv4 共存一段时间。IPv6 在保持 IPv4 大多数概念的基础上，使用了更大的地址空间，尤其是修订了 IPv4 的数据报格式，用一系列固定格式的首部取代了 IPv4 中可变长度的选项字段。IPv6 具有多种能够提高 IP 协议整体效率的功能，更为重要的是，IPv6 中包含由基地址向其他任意地址自动转发数据包的算法，提供了支持移动主机功能。

本节简要介绍 IPv6 中的编址、数据报格式等内容，包括 IPv6 的地址空间、报头结构、扩展报头、选路以及 IPv6 的部署。

**学习目标**

- 熟悉 IPv6 的基本功能；
- 掌握 IPv6 的编址方式和数据报格式；
- 了解 IPv6 与 IPv4 兼容的重要性。

**关键知识点**

- IPv6 通过扩展 IPv4 的地址字段和简化数据报格式，延伸了对服务质量（QoS）的支持。

## IPv6 地址

针对 IPv4 存在的不足，IPv6 大幅度提高了编址能力。RFC 2373 将 IPv6 寻址分成 128 位地址结构、命名及 IPv6 地址的不同类型（单播、多播和泛播）几个部分。

### IPv6 地址的主要特性

IPv6 将 IPv4 地址扩展到 128 位的编址，这种编址方式的优点如下：

- 允许因特网继续扩展——将 IPv4 地址扩展到 128 位，从而确保在可以预见的未来，因特网不会把地址分配完。128 位地址空间共包括 $2^{128}$ 个独立的地址，这大大扩充了原有的地址范围，从而可以为网络中所有设备分配一个独有的 IP 地址，这些设备甚至包括蜂窝电话、个人电子助理（PDA）以及一些微型通信设备等。
- 提高路由效率——较长的 IP 地址允许通过网络各层、接入服务提供者、地域、公司以及其他分类对地址进行集合。这种集合将增加路由器的查询速度并减少路由器对内存的需求，使得路由更加有效。
- 兼容非 IPv4 寻址格式——较长的地址可为非 IPv4 地址转换为 IPv6 地址提供充足的地址空间，这些非 IPv4 地址包括网间包交换（IPX）地址、网络服务访问端点（NSAP）地址以及以太网地址等。这样，现有网络将以最小地址重构并连接到因特网，因此减少了网络管理员的设置、调试和维护工作。

### IPv6 地址表示方式

IPv6 地址长度为 128 位，4 倍于 IPv4 地址，表达的复杂程度也是 IPv4 地址的 4 倍。IPv6 的 128 位地址以 16 位为一分组，每个 16 位分组写成 4 个十六进制数，中间用冒号分隔，称为冒号分十六进制格式。下面试举一例，先看一个以二进制形式表示的 IPv6 地址：

0010000111011010000000001101001100000000000000000010111100111011
0000001010101010000000001111111111111110001010001001110001011010

该 128 位地址以 16 位为一分组可表示为：

0010000111011010　0000000011010011　0000000000000000　0010111100111011
0000001010101010　0000000011111111　1111111000101000　1001110001011010

每个 16 位分组转换成十六进制数并以冒号分隔：

21DA:00D3:0000:2F3B:02AA:00FF:FE28:9C5A

可见，比较标准的 IPv6 地址的基本表达方式是：

X:X:X:X:X:X:X:X

其中 X 是一个 4 位十六进制整数（16 位）。每一个数字包含 4 位，每个整数包含 4 个数字，每个地址包括 8 个整数，共计 128 位（4×4×8=128）。下面是一些合法的 IPv6 地址：

ADBD:911A:2233:5678:8421:1111:3900:2020
1040:0:0:0:D9E5:DF24:48AB:1A2B
2004:0:0:0:0:0:0:1

地址中的每个整数都必须表示出来，但起始的 0 可以不必表示。此外，如果某些 IPv6 地址中可能包含一长串的 0（就像上面的第二和第三个例子一样）时，标准中允许用"空隙"来表示这一长串的 0。例如，地址 2004:0:0:0:0:0:0:1 可以表示为：

2004::1

其中的两个冒号表示该地址可以扩展到一个完整的 128 位地址（只有当 16 位组全部为 0 时才能用两个冒号取代，且两个冒号在地址中只能出现一次）。

在 IPv4 和 IPv6 的混合环境中采用的地址，可以按照一种混合方式表达：

X:X:X:X:X:X:d.d.d.d

其中 X 表示一个 4 位十六进制整数，d 表示一个十进制整数（0～255），即 IPv6 地址的低 32 位地址仍用 IPv4 的点分十进制数表示。例如：

0:0:0:0:0:0:10.0.0.1

就是一个合法的 IPv6 地址。该地址也可以表示为：

::10.0.0.1

另外，一个 IPv6 结点地址还可以按照类似 CIDR 地址的方式表示成一个携带额外数值的地址，以指出地址中有多少位是掩码。例如：

1040:0:0:0:D9E5:DF24:48AB:1A2B/60

该 IPv6 结点地址指出子网前缀长度为 60 位，与 IPv6 地址之间以斜杠区分。

### IPv6 寻址模型

IPv6 地址是独立接口的标识符，所有的 IPv6 地址都被分配到接口，而非结点。由于每个接口都属于某个特定结点，因此结点的任意一个接口地址都可用来标识一个结点。由此可见，一个拥有多个网络接口的结点可以具备多个 IPv6 地址，其中任何一个 IPv6 地址都可以代表该结点。尽管一个网络接口能与多个单播地址相关联，但一个单播地址只能与一个网络接口相关联。每个网络接口必须至少具备一个单播地址。

在 IPv6 中，如果点到点链路的任何一个端点都不需要从非邻居结点接收和发送数据的话，那么它们就可以不需要特殊的地址。也就是说，如果两个结点主要是传递业务流，则它们并不需要具备 IPv6 地址。这是与 IPv4 寻址模型非常重要的一个不同点，也是 IPv6 提高地址空间效率的一大技术。

### IPv6 地址空间分配

在 RFC 2373 中给出了一个 IPv6 地址空间图，显示了地址空间是如何分配的、地址分配的不同类型、前缀（地址分配中前面的位值）和作为整个地址空间一部分的地址分配长度。表 4.2 示出了 IPv6 地址空间的分配情况。

表 4.2　RFC 2373 定义的 IPv6 地址空间分配

| 分配情况 | 前缀（二进制数） | 占地址空间的百分率 |
| --- | --- | --- |
| 保留 | 0000 0000 | 1/256 |
| 未分配 | 0000 0001 | 1/256 |
| 为 NSAP 分配保留 | 0000 001 | 1/128 |
| 为 IPX 分配保留 | 0000 010 | 1/128 |
| 未分配 | 0000 011 | 1/128 |
| 未分配 | 0000 1 | 1/32 |
| 未分配 | 0001 | 1/16 |
| 可聚合全球单播地址 | 001 | 1/8 |
| 未分配 | 010 | 1/8 |
| 未分配 | 011 | 1/8 |
| 未分配 | 100 | 1/8 |
| 未分配 | 101 | 1/8 |
| 未分配 | 110 | 1/8 |
| 未分配 | 1110 | 1/16 |
| 未分配 | 1111 0 | 1/32 |
| 未分配 | 1111 10 | 1/64 |
| 未分配 | 1111 110 | 1/128 |
| 未分配 | 1111 1110 0 | 1/512 |
| 链路本地单播地址 | 1111 1110 10 | 1/1024 |
| 站点本地单播地址 | 1111 1110 11 | 1/1024 |
| 多播地址 | 1111 1111 | 1/256 |

在 IPv6 中，地址的分配可以根据 ISP 或者用户所在网络的地理位置进行。基于 ISP 的单播地址，要求网络从 ISP 那里得到可聚合的 IP 地址。但这种方法对于具有距离较远的大型分支机构来说并不是一种最佳解决办法，因为其中许多分支机构可能会使用不同的 ISP；基于地理位置的地址分配方法与基于 ISP 的地址分配方法不同，它以一种非常类似于 IPv4 的方法分

配地址。

## IPv6 地址类型

在 IPv6 中没有广播地址的概念，多播地址扮演了 IPv4 中广播地址的角色。RFC 2373 定义了单播、多播和泛播 3 种类型的 IPv6 地址。IPv6 地址基本格式如图 4.10（a）所示。

### 单播（单点传送）地址

IPv6 单播（单点传送）地址用于识别一个单独的网络接口。IPv6 单播地址包括：可聚合全球单播地址、未指定地址或全 0 地址、回返地址、嵌有 IPv4 地址的 IPv6 地址、基于 ISP 和基于地理位置的地址、OSI 网络服务访问端点（NSAP）地址和网间包交换（IPX）地址几种类型。

在 IPv6 寻址体系结构中，任何 IPv6 单播地址都需要一个接口标识符。接口标识符基于 IEEE EUI-64 格式。该格式基于已存在的 MAC 地址来创建 64 位接口标识符，这些 64 位接口标识符能在全球范围内逐个编址，并唯一地标识每个网络接口。从理论上讲，可有多达 $2^{64}$ 个不同的物理接口，大约有 $1.8 \times 10^{19}$ 个不同的地址（只用了 IPv6 地址空间的一半）。

1. IPv6 可聚合全球单播地址

RFC 2373 定义的 IPv6 可聚合全球单播地址，包括地址格式的起始 3 位为 001 的所有地址（此格式可在将来用于当前尚未分配的其他单播前缀），地址格式如图 4.10（b）所示。

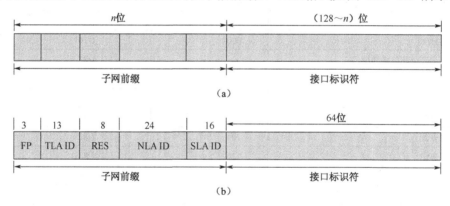

图 4.10　IPv6 地址基本格式（a）和 RFC 2373 定义的 IPv6 可聚合全球单播地址格式（b）

地址中各字段的含义如下：

- FP 字段：3 位，格式前缀，标识该地址类型。001 标识可聚合全球单播地址。
- TLA ID 字段——13 位，顶级聚合标识符，用来指定因特网顶级机构，这些机构是因特网服务提供者。所以本字段表示 ISP 的网络号，即最高级地址路由信息，最多可得到 $2^{13}$=8 192 个不同的顶级路由。
- RES 字段——8 位，保留为将来使用。最终可能会用于扩展顶级或下一级聚合标识符字段。
- NLA ID 字段——24 位，下一级聚合标识符。由被指定 NLA ID 的 ISP 用来区分它的多个用户网络。

- SLA ID 字段——16 位，站点级聚合标识符。用户用来构建用户网络的编址层次，并标识用户网络内的特定子网。
- 接口标识符字段——64 位，用于标识链路接口，通常是指接口的数据链路层地址，如 48 位 MAC 地址。
- 可以看出，IPv6 单播地址包括大量的组合，不论是站点级聚合标识符，还是下一级聚合标识符都提供了大量空间，以便某些 ISP 和机构通过分级结构再次划分这两个字段来增加附加的拓扑结构。

2. 兼容性地址

IPv4 与 IPv6 最明显的差别是地址。在 IPv4 向 IPv6 的过渡期间，需要两类地址并存。目前，网络结点地址必须找到共存的方法。在 RFC 2373 中，IPv6 提供两类嵌有 IPv4 地址的特殊地址。这两类地址的高 80 位均为 0，低 32 位均包含 IPv4 地址。当中间的 16 位被置为全 0/全 F 时，分别表示该地址为 IPv4 兼容地址/IPv4 映象地址。IPv4 兼容地址被结点用于通过 IPv4 路由器以隧道方式传送 IPv6 报文，这些结点既理解 IPv4 又理解 IPv6。IPv4 映像地址则被 IPv6 结点用于访问只支持 IPv4 的结点。图 4.11 示出了这两类地址结构。

图 4.11 嵌有 IPv4 地址的 IPv6 两类地址结构

3. 本地单点传送地址

对于不愿意申请全球唯一 IPv4 地址的一些机构，作为一种选项，可通过采用链路本地地址和结点本地地址对 IPv4 网络地址进行解析。图 4.12 示出了链路本地地址和结点本地地址的结构。链路本地地址用于单网络链路上的主机号，其前缀的前 10 位（1111 1110 10）标识链路本地地址，中间 54 位置 0；低 64 位接口标识符同样采用如前所述的 IEEE EUI-64 结构，这部分地址空间允许个别网络连接多达（$2^{64}-1$）个主机。路由器在它们的源端和目的端对具有链路本地地址的报文不予以处理，因为永远也不会转发这些报文。而结点本地地址可用于结点，即结点本地地址能用于在因特网中传送数据，但不允许从结点直接选路到因特网。结点内的路由器只能在结点内转发报文，而不能把报文转发到结点之外。结点本地地址的 10 位前缀为 1111 1110 11，后面紧跟一连串 0。结点本地地址的子网标识符为 16 位，而接口标识符同样为 64 位。

## 多播地址

多播（多点传送，也称为组播）地址用于识别一组网络接口，这些接口通常位于不同的位置。送往一个多播地址的分组将被传送至有该地址标识的所有网络接口上。

IPv6 多播地址的格式不同于单播地址，它采用图 4.13 所示的更为严格的格式。多播地址只能用作目的地址，没有数据报把多播地址用作源地址。其地址格式为第 1 个字节为全 1，其余部分划分为 3 个字段：标志字段用来表示该地址是由因特网编号管理局指定的多播地址（第 4 位为 0），还是特定场合使用的临时多播地址（第 4 位为 1），其他 3 个标志位保留未用；范围字段用来表示多播的范围，即多播组是仅包含同一本地网、同一结点、同一机构中的结点，还是包含 IPv6 全球地址空间中任何位置的结点，这 4 位的可能值为 0～15；组标识符字段用于标识多播组。

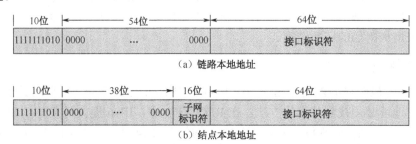

图 4.12 IPv6 链路本地地址和结点本地地址的结构

图 4.13 IPv6 多播地址格式

IPv6 使用一个"所有结点"多播地址来替代必须使用广播的情况；同时，对原来使用广播地址的场合，则使用一些更加有限的多播地址。通过这种方法，对于原来由广播携带的业务流感兴趣的结点可以加入一个多播地址，而其他对该信息不感兴趣的结点则可以忽略发往该地址的报文。广播从来不能解决信息穿越因特网的问题，如路由信息；多播则提供了一种更加可行的方法。

### 泛播地址

泛播地址是 IPv6 新增加的一种地址。泛播地址仅用作目的地址，且只能分配给路由器。泛播地址与多播地址有些近似，也用来识别一组网络接口。送往一个泛播地址的分组将传送至该地址标识中的一个网络接口，而该接口通常是一个最近的网络接口。

## IPv6 数据报格式

IPv6 数据报的最大变化是简化了报头。它将数据报报头由 IPv4 中的 12 个数据元素简化为 8 个元素，从而减少了处理报头所需的计算量，加快了路由速度。分段及其他可选控制功能被转移到了标准报头后的"逐跳"（hop-by-hop）和"终端-目的"（end-destination）扩展报头中。"终端-目的"扩展报头在到达最终目的结点之前不会处理终端目标扩展报头中的选项，从而进一步减少了中间路由器处理 IPv6 数据报所需的计算量。

### IPv6 的基本报头（首部）结构

与 IPv4 不同，在 IPv6 中，报头以 64 位为单位，且报头的总长度是 40 B。也就是说，IPv6 数据报有一个 40 B 的基本报头（也称基本首部），其后面允许有 0 个或多个扩展报头（也称扩展首部），再往后是数据部分。IPv6 数据报的一般格式如图 4.14 所示。

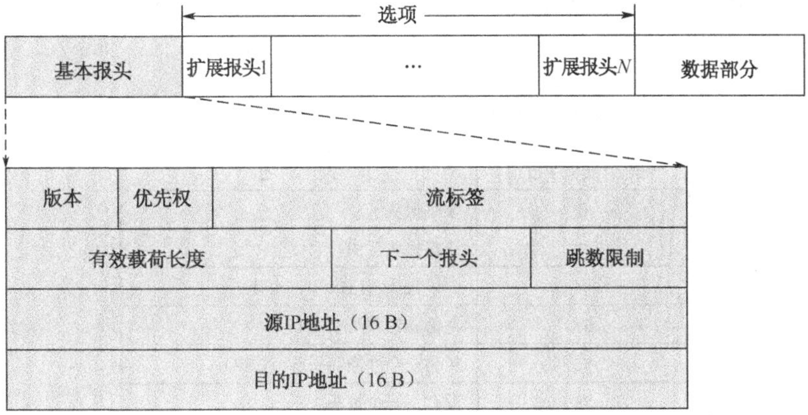

图 4.14　IPv6 数据报的一般格式

IPv6 基本报头中的各字段的含义如下：

（1）版本字段——长度为 4 位，对于 IPv6，该字段必须为 6。

（2）优先权字段——长度为 4 位，用来设定不同数据的优先权，默认值为全 0。该字段可以表示 16 种不同的优先权级别，其方式与 IP 服务类型（ToS）八位位组类似。表 4.3 示出了一些常用的优先权级别。这些优先级别中有一半用于文件传送等非实时流量，而其余 8 种优先级别则预留用于实时流量。

表 4.3　优先权示例

| 优先权级别 | 应用程序（协议） |
| --- | --- |
| 0 | 普通（无优先权）业务 |
| 4 | 成批传送（FTP） |
| 6 | 交互业务（Telnet） |
| 7 | 控制 / 管理业务（SNMP） |

（3）流标签字段——长度为 24 位，即 IPv4 中的服务类型（ToS）字段，用于标识属于同一业务流的报文。一个结点可以同时作为多个业务流的发送源。流标签和源结点地址可唯一地标识一个业务流。IPv6 的流标签把单个报文作为一系列源地址和目的地址相同的报文流的一部分，同一个流中的所有报文具有相同的流标签。IPv6 中定义的流概念有助于把特定的业务流指定到较低代价的链路上。

（4）有效载荷长度字段——长度为 16 位，其中包括报文载荷的字节长度，即 IPv6 报头之后的报文中所包含的字节数。这意味着在计算载荷长度时包含了 IPv6 扩展报头的长度。

（5）下一个报头（首部）字段——长度为 8 位，这个字段指出 IPv6 报头后所跟的报头字段中的协议类型。下一个报头字段值指明是否有下一个扩展报头以及下一个扩展报头是什么，因此，IPv6 报头可以链接起来，从基本的 IPv6 报头开始，逐个链接各个扩展报头。可见，与 IPv4 协议类型字段相似，下一个报头字段既可以用来指出高层是 TCP 还是 UDP，也可以用来指明 IPv6 扩展报头的存在。

**注意**：所有的 IPv6 报头长度都一样，唯一区别在于下一个报头字段。在没有扩展报头的

IPv6 报文中，此字段的值表示上一层协议：若 IP 报文中含有 TCP 段，则下一个报头字段的 8 位二进制值是 6（RFC 1700）；若 IP 报文中含有 UDP 数据报，这个值就是 17。表 4.4 示出了下一个报头字段的某些值。

表 4.4  IPv6 的下一个报头字段的某些值

| 下一个报头字段值 | 描　　述 |
| --- | --- |
| 0 | 逐跳报头 |
| 43 | 选路报头（RH） |
| 44 | 分段报头（FH） |
| 51 | 身份验证报头（AH） |
| 52 | 封装安全性净荷报头（ESP） |
| 59 | 没有下一个报头 |
| 60 | 目的地选项报头 |

（6）跳数限制字段 —— 长度为 8 位，用于限制报文在网络中的转发次数。每当一个结点对报文进行一次转发之后，这个字段值就会减 1。若该字段值达到 0，这个报文就将被丢弃。该字段与 IPv4 中的生存时间字段类似，不同之处是不再由协议定义一个关于报文生存时间的上限，也就是说，对过期报文进行超时判断的功能由高层协议完成。

（7）源 IP 地址字段 —— 长度为 128 位，指出了 IPv6 报文的发送端地址。

（8）目的 IP 地址字段 —— 长度为 128 位，指出了 IPv6 报文的接收端地址。这个地址可以是单播地址、多播地址或泛播地址。如果使用了选项扩展报头（其中定义了一个报文必须经过的特殊路由），其目的地址可以是其中某一个中间结点的地址而不必是最终目的地址。

### IPv6 的扩展报头

当一个传送的报文由于太长而无法沿着发送源到目的网络链路进行传送时，就需要进行报文分段。IPv6 的报文只能由源结点和目的结点进行分段，以简化报头并减少用于路由的开销。IPv6 通过其扩展报头来支持分段。

在 IPv6 中，MTU 值被设为 1 280 B；RFC 1981 定义了 IPv6 的路径 MTU 发现，由于 IPv6 报头不支持分段，因此也就没有分段位。正在执行路径 MTU 发现的结点只是简单地在自己的网络链路上向目的结点发送允许的最长报文。如果一条中间链路无法处理该长度的报文，尝试转发路径 MTU 发现报文的路由器将向源结点回送一个 ICMPv6 出错报文，然后源结点将发送另一个较短的报文。这个过程一直重复，直到不再收到 ICMPv6 出错报文为止，然后源结点就可以使用最新的 MTU 作为路径 MTU。

在 IPv6 中实现的扩展报头可以消除或大量减少选项对性能带来的影响。通过把选项从 IP 报头移到载荷中，除逐跳选项（规定必须由每个转发路由器进行处理）之外，IPv6 报文中的选项对于中间路由器而言是不可见的，路由器可以像转发无选项报文一样来转发包含选项的报文。IPv6 协议使得对新的扩展和选项的定义变得更加简单。RFC 1883 中为 IPv6 定义了如下选项扩展：

（1）逐跳选项报头 —— 包括报文所经路径上的每个结点都必须检查的选项数据，需要紧随在 IPv6 报头之后。由于它需要每个中间路由器进行处理，逐跳选项只有在绝对必要的时候才会出现。标准定义了两种选项：巨型载荷选项和路由器提示选项。巨型载荷选项指明报文的载荷长度超过 IPv6 的 16 位载荷长度字段。只要报文的载荷超过 65 535 B（其中包括逐跳选项报头），就必须包含该选项。如果结点不能转发该报文，则必须回送一个 ICMPv6 出错报文。路由器提示选项用来通知路由器，IPv6 数据报中的信息希望能够得到中间路由器的查看和处理，即使这个报文（例如，包含带宽预留协议信息的控制数据报）是发给其他某个结点的。

（2）选路报头 —— 用于指明报文在到达目的地的途中将经过哪些结点，其中包括报文沿途经过的各结点地址列表。IPv6 选头的最初目的地址是选路报头的一系列地址中的第一个地址，而不是报文的最终目的地址。此地址对应的结点接收到该报文之后，对 IPv6 报头和选路报头进行处理，并把报文发送到选路报头列表中的第二个地址。如此继续，直到报文到达其最终目的地。

（3）分段报头 —— 包含 1 个分段偏移值、1 个更多段标志和 1 个标识符字段，用于源结点对长度超出源端和目的端路径 MTU 的报文进行分段。

（4）目的地选项报头 —— 用于代替 IPv4 选项字段。目前，唯一定义的目的地选项是在需要时把选项填充为 64 位的整数倍。此扩展报头可以用来携带由目的地结点检查的信息。

（5）身份验证报头（AH） —— AH 提供了一种机制，对 IPv6 报头、扩展报头和载荷的某些部分进行加密校验和的计算。在 RFC 1826（IP 身份验证头）中对 AH 报头进行了描述。

（6）封装安全性载荷（ESP）报头 —— ESP 报头是最后一个扩展报头，不进行加密。它指明剩余的载荷已经加密，并为已获得授权的目的结点提供足够的解密信息。在 RFC 1827（IP 封装安全性载荷 ESP）中对 ESP 报头进行了描述。

## IPv6 的部署

随着 IPv4 地址资源的枯竭，如何从 IPv4 转向 IPv6，即如何部署 IPv6 显得越来越重要。由于 IPv6 与 IPv4 并不兼容，一旦 IPv6 付诸应用，目前在用的 IPv4 网络设备和主机都需要升级。保护现有网络和软件资源，实现渐进式的系统升级，是人们一直关心的重要课题。在很长的过渡期内，IPv6 和 IPv4 必须共存，IPv6 地址和 IPv4 地址也必须共存。为了应对 IPv4 和 IPv6 环境，满足不同网络的需要，IETF 的 NGtrans 工作组已经设计了各种协助 IPv4 网络和 IPv6 网络通信的方法，包括使用嵌有 IPv4 地址的 IPv6 地址、混合协议机制、双协议栈、隧道技术和网络地址转换技术等。

### 嵌有 IPv4 地址的 IPv6 地址

嵌有 IPv4 地址的 IPv6 地址包括兼容地址和映射地址。IPv4 兼容地址的格式是"::A.AB.C"（A.AB.C 为 IPv4 格式的地址）；IPv4 映射地址的格式是"::FFFF: A.AB.C"。

### 混合协议机制

混合协议机制是指在同一个系统中实现 IPv4 和 IPv6，并根据情况选择使用。由于 IPv4 和 IPv6 都属于网际互联层，基于同样的物理传输平台，为上层 TCP/IP 提供同样的网络传输服务。两者都能适应同样的周围环境，两者的交换不会给系统造成影响。因此可以在系统中同时使用 IPv4 和 IPv6，并且实现自动选择。主机既能与使用 IPv6 的主机进行通信，也能与使用 IPv4 的主机进行通信，而当通信主机同时支持两种协议时，则选择 IPv6.这种技术需要对网络路由器进行升级，并未每个结点都分配一个 IPv4 地址和一个 IPv6 地址。

### IPv4 和 IPv6 双协议栈

在 IPv6 部署实践中，最典型的时 IETF 提出的双协议栈方案。IPv6 与 IPv4 虽然不兼容，但它们具有功能相似的网络层协议，都基于相同的网络平台，而且加载于其上的 TCP 和 UDP 完全相同，如图 4.15 所示。因此，如果一台主机能同时运行 IPv4 与 IPv6，就有可能逐渐实现从 IPv4 向 IPv6 的过渡。

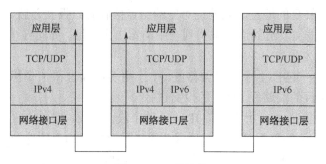

图 4.15　双协议栈

所谓双协议栈，是指在完全过渡到 IPv6 之前，使一部分主机或路由器装有 IPv4 和 IPv6 两个协议栈，路由器可以将不同格式的报文进行转换。双协议栈主机或路由器既能够与 IPv6 系统通信，又能够与 IPv4 系统通信。双协议栈主机在与 IPv6 主机通信时采用 IPv6 地址，在与 IPv4 主机通信时采用 IPv4 地址。双协议栈主机可以通过对域名系统（DNS）的查询知道目的地主机采用的是哪一种地址。若 DNS 返回的是 IPv4 地址，双协议栈的源主机就使用 IPv4 地址。但当 DNS 返回的是 IPv6 地址时，源主机就使用 IPv6 地址。例如，主机 A 把 IPv6 数据报传送给双协议路由器 B，双协议路由器 B 把 IPv6 数据报转换为 IPv4 数据报，经过路由器 C、D，再由双协议路由器 E 转换为 IPv6 数据报交给目的主机 F，如图 4.16 所示。

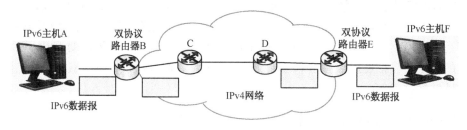

图 4.16　双协议转换

显然，路由器或主机在同一网络接口上需要运行 IPv4 栈和 IPv6 栈，这样的双栈结点既可以接收和发送 IPv4 报文又可以接收和发送 IPv6 报文，因而两种协议可以在同一网络中共存。

### 隧道技术

隧道技术是 IPv4 过渡到 IPv6 的重要技术。所谓隧道，是指一种传送数据包的路径。通常将一个数据包封装在另一个数据包的数据净荷中进行传送时，所经过的路径称为隧道。随着 IPv6 技术的推广应用，IPv6 实验网已经遍布全球。隧道技术就是设法在现有的 IPv4 网络上开辟一些"隧道"将这些局部的 IPv6 网络连接起来。这种策略可以在过渡的早期阶段使用，以使越来越多的 IPv4 网络和设备支持 IPv6。即使在过渡的后期，IPv6 封装技术仍将提供跨越只支持 IPv4 的骨干网和其他仍然使用 IPv4 的网络连接能力。

隧道技术用于连接处于 IPv4 "海洋"中的各 IPv6 "孤岛"，图 4.17 是其示意图。此技术要求隧道两端的 IPv6 结点都是双栈结点（即也能够发送 IPv4 报文）。将 IPv6 封装在 IPv4 中的过程与其他协议封装相似：隧道一端的结点把 IPv6 数据报作为要发送给隧道另一端结点的 IPv4 报文中的净荷数据，这样就产生了包含 IPv6 数据报的 IPv4 数据报流。在图 4.17 中，主机 A 和主机 B 都是只支持 IPv6 的结点。如果主机 A 要向主机 B 发送报文，主机 A 只需简单地把 IPv6 报头的目的地址设为主机 B 的 IPv6 地址，然后传递给路由器 X；由 X 对 IPv6 报文进行封装，并将 IPv4 报头的目的地址设为路由器 Y 的 IPv4 地址；路由器 Y 收到此 IPv4 报文后首先拆解报文，如果发现被封装的 IPv6 报文是发给主机 B 的，路由器 Y 就将此报文转发给主机 B。

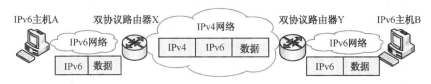

图 4.17 IPv6 隧道示意图

如前所述，IPv6 地址可以包含 IPv4 兼容地址和 IPv4 映射地址这两类 IPv4 地址。在隧道方式中，双栈结点（路由器）将使用这些地址，对于 IPv4 报文和 IPv6 报文都使用相同的地址。只支持 IPv4 的结点向双栈结点发送报文时，使用双栈结点的 IPv4 地址；而只支持 IPv6 的结点则使用双栈结点的 IPv6 地址（将原 IPv4 地址填充 0 后成为 128 位）。总之，这类结点可以作为路由器链接 IPv6 网络，采用自动隧道方式穿越 IPv4 网络。该路由器从本地 IPv6 网络接收 IPv6 报文，将这些报文封装在 IPv4 报文中，然后使用 IPv4 兼容地址发送给 IPv4 网络另一端的另一个双栈路由器。如此继续，封装的报文将通过 IPv4 网络群转发，直至到达隧道另一端的双栈路由器；由该路由器对 IPv4 报文进行拆解，释放出 IPv6 报文并转发给本地的 IPv6 主机。

隧道有配置隧道和自动隧道两种方式。它们之间的主要区别是：只有执行隧道功能的结点的 IPv6 地址是 IPv4 兼容地址时，自动隧道才是可行的，在为执行隧道功能的结点建立 IP 地址时，自动隧道方法无须进行配置；而配置隧道方法则要求隧道末端结点使用其他机制来获得其 IPv4 地址，例如采用 DHCP、人工配置或其他 IPv4 的配置机制。

### 网络地址转换技术

在 IPv4 网络中，网络地址转换（NAT）技术主要用于在私有网络与公网之间的地址转换，以解决 IPv4 地址不足的问题。在 IPv4 向 IPv6 过渡阶段，提出了一种网络地址转换-协议转换（NAT-PT）技术。NAT-PT 是在 NAT 的基础上同时实现协议转换的技术，通过修改协议报头来转换网络地址，让使用 IPv4 和 IPv6 的主机可以互相通信。

NAT-PT 结合无状态 IP/ICMP 翻译（SIIT）技术，可实现 IPv4 和 IPv6 地址的转换以及协议转换，但是还需要有应用层网关（ALG）d 的支持，才能实现从 IPv4 到 IPv6 的双向通信和应用层服务的转换。NAT-PT 机制有以下三种模式：

- ▶ 静态模式：提供一对一的 IPv4 和 IPv6 的地址映射；

- 动态模式：通过地址池实现 IPv4 和 IPv6 的地址的一对一动态映射；
- 网络端口地址转换-协议转换：提供多个有 NAT-PT 前缀的 IPv6 地址和一个 IPv4 地址之间多对一的动态映射。

## 典型问题解析

**【例 4-1】** 在 IPv6 地址中，地址类型是由格式区分的。IPv6 可聚合全球单播地址的格式前缀是（　　）。

  a. 001  b. 1111 1110 10  c. 1111 1110 11  d. 1111 1111

**【解析】** IPv6 地址的格式前缀用于表示地址类型或子网掩码，用类似于 IPv4 CIDR 的方法可以表示为"IPv6 地址/前缀长度"的形式。IPv6 地址分为单播地址、多播地址和泛播地址。单播地址又包括可聚合全球单播地址、链路本地地址、站点本地地址和其他特殊单播地址。

  可聚合全球单播地址在全球范围内有效，相当于 IPv4 公用地址，其格式前缀为 001。

  链路本地地址的有效性仅限于本地，其格式前缀为 1111 1110 10，用于同一链路相邻结点之间的通信。相当于 IPv4 中的自动专用地址。

  站点本地地址的格式前缀为 1111 1110 11，相当于 IPv4 中的私有地址。

  多播地址的格式前缀为 1111 1111，此外还有标志、范围和组标识等字段。

  泛播地址仅用作目的地址，且只能分配给路由器。一个子网内的所有路由器接口都被分配了子网-路由器泛播地址。子网-路由器泛播地址必须在子网前缀中进行预定义。子网前缀必须固定，其余位全部置为 0。

  参考答案是选项 a。

**【例 4-2】** 在 IPv6 的单播地址中有两种特殊地址，其中地址 0:0:0:0:0:0:0:0 表示 (1)，地址 0:0:0:0:0:0:0:1 表示 (2)。

（1）a. 不确定地址，不能分配给任何结点
  b. 环回地址，结点用这种地址向自身发送 IPv6 分组
  c. 不确定地址，可以分配给任何结点
  d. 环回地址，用于测试远程结点的连通性

（2）a. 不确定地址，不能分配给任何结点
  b. 环回地址，结点用这种地址向自身发送 IPv6 分组
  c. 不确定地址，可以分配给任何结点
  d. 环回地址，用于测试远程结点的连通性

**【解析】** 0:0:0:0:0:0:0:0 表示不确定地址，不能分配给结点。当发送 IPv6 分组的主机还没分配地址时可以使用。0:0:0:0:0:0:0:1 是环回地址，或称为回呼地址，用来向自身发送 IPv6 分组，不能分配给任何物理接口。

  参考答案：(1) 选项 a；(2) 选项 b。

**【例 4-3】** IPv6 地址 12AB:0000:0000:CD30:0000:0000:0000:0000/60 可以表示成各种简写形式。在下面的选项中，写法正确的是哪一项？（　　）

  a. 12AB:0:0:CD30::/60  b. 12AB:0:0:CD3/60
  c. 12AB::CD30/60  d. 12AB::CD3/60

**【解析】** IPv6 地址采用用冒号分隔的十六进制数表示，题目中给出的是这种表示法。为了

表示方便，规定了一些简化的写法。

首先，可通过压缩某个位段中的前导 0，如果"00D5"可以简写为"D5"，但"D005"和"D500"中的 0 不能压缩，要注意的是每个位段至少有一个数字，"0000"可简化为 0。题目中的 IPv6 地址可以简写为：12AB:0:0:CD30:0:0:0:0/60，后 4 个位段的 0 不能省略。选项 b、c、d 明显是错误的。

其次，连续几个位段的值都为 0，那么这些 0 就可以简写为双冒号"::"。还要注意的是，双冒号在一个地址中只能出现一次。题目中的 IPv6 地址可以进一步简写为 12AB::CD30:0:0:0:0/60 或者 12AB:0:0:CD30::/60，但不能简写为 12AB::CD30::/60。

参考答案是选项 a。

## 练习

1. IPv6 地址的长度为（　　）。
   　　a．32 位　　　　b．64 位　　　　c．128 位　　d．256 位
2. IPv6 数据单元由一个固定头部和若干个扩展头部及上层协议提供的负载组成，其中用于标识松散源路由功能的扩展头是 (1) 中的哪一项？如果有多个扩展头部，第一个扩展头部为 (2) 中的哪一项？
   　　（1）a．目标头部　　b．路由选择头部　c．分段头部　d．安全封装负荷头部
   　　（2）a．逐跳头部　　b．路由选择头部　c．分段头部　d．认证头部
3. 下列哪种协议可以与 IPv6 协议的 QoS 机制一起为视频及其他实时数据提供数据流路径上的预留带宽？（　　）
   　　a．RTP　　　　b．RSVP　　　　c．TCP　　　　d．UDP
4. IPv6 链路本地单播地址的前缀为 (1) ，可聚集全球单播地址的前缀为 (2) 。
   　　（1）a．001　　　b．1111 1110 10　　c．1111 1110 11　　d．1111 1111
   　　（1）a．001　　　b．1111 1110 10　　c．1111 1110 11　　d．1111 1111
5. 在下列对 IPv6 地址 FE01:0:0:050D:23:0:0:03D4 的简化表示中，错误的是（　　）。
   　　a．FE01::50D:23:0:0:03D4　　　　b．FE01:0:0:050D:23::03D4
   　　c．FE01:0:0:50D:23::03D4　　　　d．FE01::50D:23::03D4

【提示】IPv6 地址在使用双冒号法表示时，双冒号只能出现一次，所以选项 d 是错误的。

6. 如果 IPv6 头部包含多个扩展头部，第一个扩展头部为（　　）。
   　　a．逐跳头部　　b．路由选择头部　　c．分段头部　　d．认证头部

【提示】一个 IPv6 包可以有多个扩展头，扩展头应该依照如下顺序：逐跳选项头、路由选择、分片、鉴别、封装安全有效载荷、目的站选项。参考答案是选项 a。

7. IPv6 具有多少个可用的唯一地址？
8. IPv6 是否提供了足够的地址，或者是否需要更多的地址？
9. 简述 IPv6 部署策略。

## 补充练习

1. 自动专用 IP 地址（APIPA），用于当客户端无法获得动态地址时作为临时的主机地址，以下地址中属于自动专用 IP 地址的是（　　）。

　　　　a. 224.0.0.1　　　b. 127.0.0.1　　　c. 169.254.1.15　　　d. 192.168.0.1

【提示】自动专用地址：169.254.X.X/16。参考答案是选项 c。

2. 访问互联网了解更多关于 IPv6 的信息。

## 第三节　地址解析协议（ARP）

互联网或其他任何网络都是由物理网络（如局域网）和网络设备（如路由器）组成的。一个数据包由一个主机发送出去，在到达目的主机之前可能会经过许多个不同的物理网络。若在给定网络中的两台主机要互相通信，它们不仅需要知道彼此的 IP 地址，还必须知道彼此的物理地址，这样才能应用数据链路层协议在本地传送介质上传送数据报。因此需要一些方法实现 IP 地址与物理地址的相互映射。在 TCP/IP 协议族中，这种映射就是地址解析协议（ARP）。

本节主要介绍用于对给定的 IP 地址（协议地址中的一种）能够获取其物理地址（也称硬件地址）的地址解析协议。由于以太网是局域网技术最常采用的网络类型，所以在本节中利用以太局域网来讨论这些概念。

**学习目标**

▶ 掌握地址解析协议（ARP）的操作；
▶ 熟悉代理 ARP 和 RARP 的概念。

**关键知识点**

▶ ARP 用于将 IP 地址解析为 MAC 地址。

### ARP 概述

在 TCP/IP 协议族中，IP 地址属于网络层的地址（逻辑地址），它实现了对底层网络物理地址的统一（或者说，屏蔽了底层网络地址的差异）。由于 TCP/IP 并没有改变底层的物理网络，更没有取消网络的物理地址（MAC 地址），因为最终数据还要在物理网络上传送，而在物理网络上传送时使用的仍然是物理地址。物理地址和逻辑地址是两种不同的标识符，它们的大小、标准都不相同，但这两种标识符都有各自的作用，在分层的协议栈中，同一个以太网可以使用不同类型的数据包（如 IPv4 和 IPv6）。类似地，IPv4 数据包可以经过以太网链路发送出去，也能以另一种不同的帧结构经过点对点链路发送。这样一来，需要在这两套地址之间建立一个映射关系。

在 TCP/IP 协议族中，IP 地址与物理地址之间的映射称为地址解析。地址解析包括两个方面的内容：

▶ 从 IP 地址到物理地址的映射；
▶ 从物理地址到 IP 地址的映射。

TCP/IP 协议栈用地址解析协议（ARP）来实现将 IP 地址映射（或转换）为 MAC 地址（RFC 826），而用逆地址解析协议（RARP）来实现将 MAC 地址映射（或转换）为 IP 地址（RFC 903）。这两个地址解析协议均是 IPv4 协议的子集。ARP/RARP 简单易行，可在以太网和任何一个使用 48 位 MAC 地址的网络上运行，也可用于任意长度的 MAC 地址。RARP 一般用于无盘机，现在已很少使用。除此之外，还有代理 ARP、广域网的 ARP（WARP），但这些 ARP 类型没有本质上的不同。

## ARP 的工作原理

使用 ARP 将 IP 地址转换为 MAC 地址的方法很简单。图 4.18 示意了如何使用 ARP 将 IPv4 地址映射为 MAC 地址。该图展示了将用到的网络设备，使用这些主机和路由器可以研究在 4 种不同情况下 ARP 的使用情况。

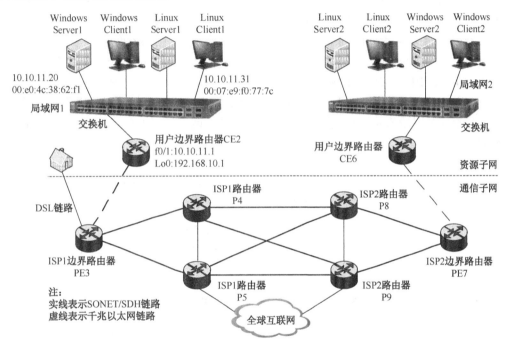

图 4.18　ARP 工作原理示意图

- 主机到主机——ARP 发送端是一台主机，要发送一个数据包给在同一局域网内的另一台主机。如主机 Windows Server1（WS1）希望与主机 Linux Client1（LC1）通信，只知道目的主机 IP 地址，但不知道其 MAC 地址。
- 主机到路由器——ARP 发送端是一台主机，要发送数据包给不同局域网内的另一台主机。转发（路由表）会被用来寻找路由器的 IP 地址。在这种情况下，路由器的 IP 地址是已知的，要得到路由器的 MAC 地址。
- 路由器到路由器——ARP 发送端是一台路由器，要转发一个数据包给同一个局域网中的另一台路由器。转发（路由表）被用来寻找路由器的 IP 地址。在这种情况下，路由器的 IP 地址是已知的，要得到路由器的 MAC 地址。
- 路由器到主机——ARP 发送端是一台路由器，要转发一个数据包给同一个局域网中的另一台主机。在这种情况下，主机的 IP 地址是已知的（数据包中有目的 IP 地址），要得到主机的 MAC 地址。

以第一种情况为例，其他情况与其类似，当主机要发送一个数据包给同一局域网内的另一台主机，并且不知其 MAC 地址时，就需要用到 ARP。例如说，在局域网 1 中，主机 WS1 给主机 LC1 发送一条短信息。由于这些设备在很长时间之内没有任何通信，所以发送端首先需要给局域网 1 广播一个 ARP 请求，并等待应答。为此，ARP 定义了两类报文：一类是请求报文，另一类是应答报文。请求报文中包含一个 IP 地址和对应的 MAC 地址的请求；应答报文既包含发来的 IP 地址，也包含相应的 MAC 地址。ARP 可以通过发送网络广播信息的方式，确定与某个网络层 IP 地址相对应的 MAC 地址。

### ARP 报文格式

由于 ARP 帧仅在特定的局域网网段才有效，而且它也不会离开本地局域网（即 ARP 报文不可以被路由），因此 ARP 报文与 IP 报文不同，没有必要使用 IP 地址。在以太网中，ARP 报文有自己的以太网类型值（0x0806）。然而有些 ARP 实现使用了 IP 数据包中常规的以太网类型值（0x0800），因为 IP 网络可以和容易识别出帧内部是 IPv4（报文以 0x04 开头），还是一个 ARP 报文（以太网中报文以 0x0001 开头）。图 4.19 示出了 28 字节（B）的 ARP 报文结构，其中，包含了 1 字节、2 字节、4 字节和 6 字节等不同长度的字段。前 5 个字段构成了报文头部，紧接着的 4 个字段表示发送端目的 IP 地址与 MAC 地址。一般来说，目的 MAC 地址需要用地址解析得出。

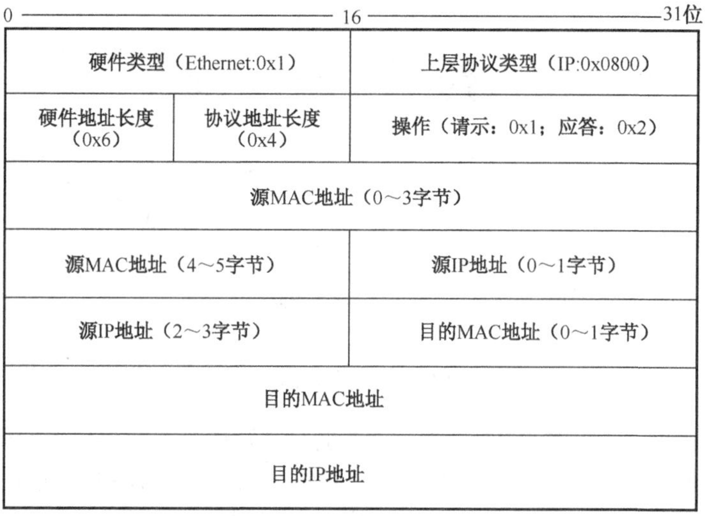

| 0 — 16 — 31位 | |
|---|---|
| 硬件类型（Ethernet:0x1） | 上层协议类型（IP:0x0800） |
| 硬件地址长度（0x6） / 协议地址长度（0x4） | 操作（请示：0x1；应答：0x2） |
| 源MAC地址（0~3字节） | |
| 源MAC地址（4~5字节） | 源IP地址（0~1字节） |
| 源IP地址（2~3字节） | 目的MAC地址（0~1字节） |
| 目的MAC地址 | |
| 目的IP地址 | |

图 4.19 ARP 报文结构

图 4.19 中所示各项字段的含义如下：

- 硬件类型——长 16 位（bit），用于指定该请求用来获得回应的硬件接口。例如，1 表示以太网。
- 上层协议类型——长 16 位，用于指定将发送端协议地址映射为硬件地址的网络层协议。例如，"IP = 0 x 0800"。
- 硬件地址长度（HLEN）字段和协议长度（PLEN）——每个字段长 8 位，分别用于指定硬件地址和协议地址的长度，以字节为单位。例如，MAC 地址长度为 6，IP 地址长度为 4。

- 操作 ——长 16 位，用于指定该数据包是 ARP 请求或响应还是 RARP 请求或响应。例如：操作字段的值为 1 表示该数据包是一个 ARP 请求；其值为 2 表示 ARP 响应；其值为 3 表示 RARP 请求；其值为 4 表示 RARP 响应。
- 源 MAC 地址/IP 地址 ——表示发送端的硬件地址（或 IP 地址）。这些地址在数据包字节中的位置为：数据包的第 8~11 字节是硬件地址的前 4 个字节，第 12、13 字节是硬件地址的后 2 个字节；第 14、15 字节是逻辑 IP 地址的前 2 个字节，第 16、17 字节是 IP 地址的后 2 个字节。
- 目的 MAC 地址/IP 地址 ——表示目的端的硬件地址（RARP 应答）或 IP 地址（ARP 应答）。这些地址在数据包字节中的位置为：数据包的第 18、19 字节，是硬件地址的前 2 个字节；第 20~23 字节是硬件地址的其余字节；数据包的第 24~27 字节是逻辑地址的 4 个字节。

### ARP 数据包封装

虽然 ARP 属于网络层协议，但是 ARP 是利用以太网的广播特性，让主机之间相互通知自己的 IP 地址和 MAC 地址的对应关系的。为了能在物理网络中的计算机之间传送 ARP 数据包，ARP 报文应该封装在以太网帧中传送。图 4.20 示出了如何将 ARP 数据包封装到以太网数据帧中的格式。

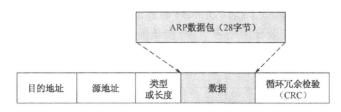

图 4.20　以太网帧中的 ARP 数据包封装格式

**注意**：从某种意义上说，ARP 不是 IP 的一部分，所以它不包括 IP 报头，而是直接封装在以太网帧的数据部分。ARP 广播只限于一个物理网段，不能穿越路由器。ARP 主要用于 IP 地址和 MAC 地址之间的转换，但从 ARP 的报文格式看，ARP 适用于任何协议地址和 MAC 地址之间的转换，具有通用性。

ARP 请求报文必须作为广播帧发送，所有位全是 1 的以太网地址（FFFFFFFFFFFF）被用作广播地址。按照约定，网络上的每台计算机都被要求"收听"以此作为目的地址的数据包。然而，只有运行 TCP/IP 的主机对 ARP 请求予以响应。当一台计算机收到以自身 IP 地址为目的地址的 ARP 请求时必须给予响应。数据帧的以太网类型字段用于识别数据字段中携带的 ARP/RARP 数据包类型，即：

- ARP 请求/响应：0x0806；
- RARP 请求/响应：0x8035。

### ARP 地址解析过程

TCP/IP 协议栈加入 ARP 的过程是给发送端设备提供一种询问机制。"谁的 IP 地址是 10.10.11.31，与它相关的物理（MAC）地址是什么？" ARP 报文是广播帧，会被发送到所有的站点。当目的端设备在数据包的 IP 层中看到目的 IP 地址与自己的 IP 地址向吻合时，就直接响应发送端。目的端设备方式响应的时候，只是简单地把 ARP 数据包中的源 IP 地址和目的 IP 地址反转。目的端设备在帧和报文中也使用自己的 MAC 地址作为源地址。地址解析协议的工作过程如图 4.21 所示，使用的例子是前面图 4.18 所描述的实例。ARP 请求和应答过程如下：

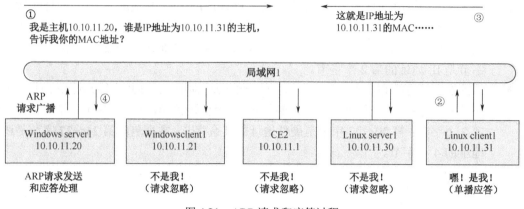

图 4.21　ARP 请求和应答过程

### 1. ARP 请求报文

主机 Windows server1 系统（10.10.11.20）生成一个 ARP 请求报文，作为一个广播帧发送到局域网中，如图 4.22 所示。ARP 的请求报文内包含主机 Linux client1 的 IP 地址（10.10.11.31），需要注意的是，由于请求报文要在网络内广播，物理帧头的目的 MAC 字段填充为 ff:ff:ff:ff:ff:ff。

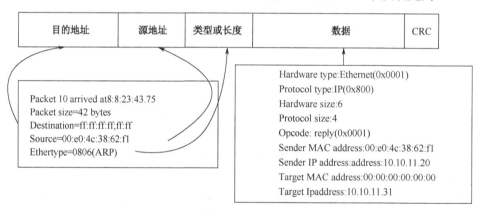

图 4.22　ARP 请求报文

### 2. 广播 ARP 帧

局域网中的所有设备都会收到这个广播帧并进行处理，即使是用户边界路由器 CE2 也同样。但只有与 ARP 报文中目的 IP 地址（Linux client1：10.10.11.31）相吻合的设备才会响应该报文。目的端设备也会将 10.10.11.20（广播帧中的源 IP 地址）的 MAC 地址存入缓存。

### 3. ARP 应答报文

目的主机 Linux client1 给主机 Windows server1 回复单播的 ARP 应答报文。主机 Linux client1 发出的 ARP 应答报文如图 4.23 所示，它内含了自己的 MAC 地址（如：00:07:e9:f0:77:7c），即告知主机 A 自己的 MAC 地址。

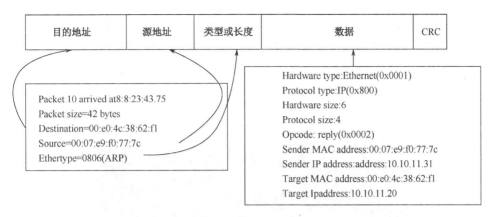

图 4.23　ARP 应答报文

**4. ARP 高速缓存表**

主机 Windows server1 收到应答报文后便知道了主机 Linux client1 的 MAC 地址。显然，如果所有的源结点在发送任何一个 IP 数据报或者连续向一个目的主机发送 IP 数据报时，都要通过 ARP 服务去获取目的 MAC 地址，工作效率会很低。为弥补这个不足，对 ARP 做了如下改进：在使用 ARP 服务的主机上保留一个专用的高速缓存（Cache），用于存放近期的 IP 地址和 MAC 地址的绑定，在发送 ARP 请求时先查看这个高速缓存表。也就是说，主机 Linux client1 的 IP 地址和 MAC 地址作为一个映射项保存在主机 Windows server1 的高速缓存表（即在内存的暂存表）中。这样，所有主机都维持一张 ARP 高速缓存表，其中包含了它自己的 IP 地址与 MAC 地址的映射项。主机在广播 ARP 请求报文前总是先查看 ARP 高速缓存表，若查到所需的 IP 地址与 MAC 地址映射项就不再广播。如果主机的以太网网卡因故障被更换，它的 MAC 地址也随着改变，所以需要能动态地将 IP 地址转换成 MAC 地址。ARP 就是这样一种动态地址转换协议。

ARP 对用户是完全透明的。当用户运行某些 TCP/IP 应用程序时，如 FTP，帧的目的端主机的 MAC 地址不在 ARP 缓存中的时候，ARP 就会被触发。

## ARP 缓存表的查看

地址解析协议命令用于查看本地计算机上的 ARP 缓存表，用户也可以利用 ARP 对已知 IP 地址的计算机返回网络接口卡（NIC）地址。利用 ARP 命令，可以显示计算机 ARP 缓存表的当前状态以及控制 ARP 缓存中的内容。如果要显示 ARP 缓存中的内容，可以输入 "arp - a" 予以查看。图 4.24 所示是一台 Windows 主机上的 ARP 缓存内容。

此屏幕显示的就是该计算机中存储的 IP 地址与 MAC 地址的对应关系，即 ARP 缓存表中的记录项，它表示了网络中计算机的 IP 地址。可以用 nbstat 命令确定此 IP 地址所代表的计算机，或者利用数据包网际检测程序（ping）来检测这一 IP 地址。另外，还可以通过向另一台计算机发送信息来改变 ARP 缓存中的内容。

在 ARP 缓存表中，"动态（dynamic）" 表示临时存储在 ARP 缓存中的条目，过一段时间系统就会删除。当该计算机要与另一台计算机 210.29.28.41 通信时，它会先检查 ARP 缓存表，查找是否有与 210.29.28.41 对应的 ARP 条目。如果没有找到，它就会发送 ARP 请求报文，广播查询与 210.29.28.41 对应的 MAC 地址。210.29.28.41 发现 ARP 请求报文中的 IP 地址与自己的一致，就会发送 ARP 应答报文，通知自己 IP 地址与 MAC 地址的对应关系。于是，计算机的 ARP 缓存表就会进行相应的更新，增加如下信息：

  Internet 地址    物理地址      类型
  210.29.28.41    00-40-ca-6c-7b-86  动态

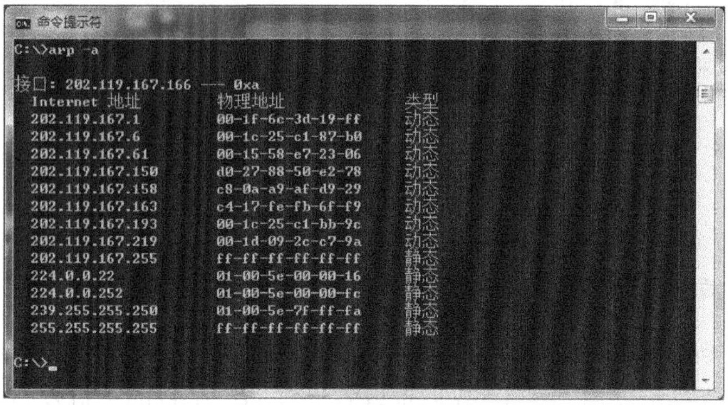

图 4.24　输入 "arp -a" 后的屏幕显示

在 Windows 环境下，ARP 缓存记录默认的最长保留时间为 10 分钟。一条记录如果超过 2 分钟还未被使用，将会删除。不同的设备使用不同的时间限制，如 Cisco 路由器的默认保留时间为 4 小时。

## 其他类型的 ARP

ARP 是一个很简单的程序，它根据一个指定的 IP 地址确定 MAC 地址。然而，除了局域网之外还存在许多其他类型的网络，除了 MAC 地址还有很多与 IP 地址相关的"地址"。因此也存在一些其他类型的 ARP，用于处理其他类型的 IP 网络。

### 代理 ARP

代理 ARP 是 ARP 的一个变种（也称为 ARP 欺骗），主要用于早期的路由器（网关），如今也有些路由器仍然支持该协议。对于没有配置缺省网关的计算机要和其他网络中的计算机实现通信，网关收到源计算机的 ARP 请求会使用自己的 MAC 地址与目标计算机的 IP 地址对源计算机进行应答。代理 ARP 就是通过使用一个主机（通常为路由器），来作为指定的设备对另一设备的 ARP 请求做出应答。它能使得在不影响路由表的情况下添加一个新的路由器，使得子网对该主机来说变得更透明化。

例如，若主机 PC1 和主机 PC2 属于不同的广播域，但它们处于同一网段中，因此 PC1 会向 PC2 发出 ARP 请求广播包，请求获得 PC2 的 MAC 地址。由于路由器不会转发广播包，因此 ARP 请求只能到达路由器，不能到达 PC2，如图 4.25 所示。

当在路由器上启用 ARP 代理后，路由器会查看 ARP 请求，发现 IP 地址 192.168.20.10 属于它连接的另一个网络，因此路由器用自己的接口 MAC 地址代替 PC2 的 MAC 地址，向 PC1 发送了一个 ARP 应答，如图 4.26 所示。

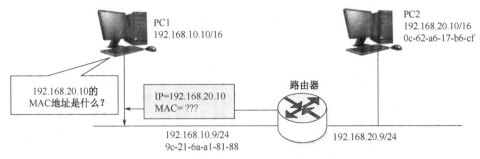

图 4.25　向不同广播域发送 ARP 请求包

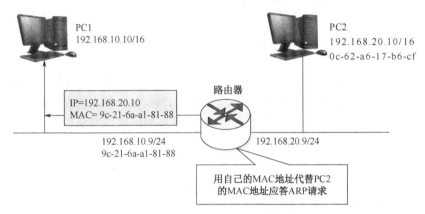

图 4.26　代理 ARP 发出应答包

PC1 收到 ARP 应答后，认为 PC2 的 MAC 地址就是 9c-21-6a-a1-81-88，不会感知到 ARP 代理的存在。在 PC1 的 ARP 表中可以能看到如下 ARP 条目：

C:\>arp -a

Interface: 192.168.20.10 --- 0x2

Internet Address  Physical Address  Type

192.168.20.10　9c-21-6a-a1-81-8  dynamic

在接下来的数据通信中，PC1 先将数据发送给路由器，由路由器转发给 PC2。

使用代理 ARP 会带来一些安全风险，除了 ARP 欺骗和某个网段内的 ARP 增加之外，重要的是无法对网络拓扑进行网络概括。代理 ARP 的使用一般是使用在没有配置默认网关和路由策略的网络上的。

代理 ARP 还常常用于移动 IP 网络，因为这类网络进程需要在设备之间进行桥接。

## 逆地址解析协议（RARP）

在 TCP/IP 网络中，如果一个设备已知它的物理（MAC）地址，但是要找到与物理地址相对应的 IP 地址的时候，就需要用到逆地址解析协议（RARP）。使用 RARP，主机可以向本地网络中的地址映射服务器广播一条逻辑地址请求。主机通过发送其以太网地址可在服务器上唯一地标识自己。服务器在其缓存中搜索该物理地址到逻辑地址的映射，并以发出请求的主机的 IP 地址给予响应。请求主机可能会收到网络中 1 个或多个服务器的响应，通常它只接受收到的第 1 个响应，而将其他的丢弃。主机获得其 IP 地址后，就可以在网络上进行通信了。与 RAP 一样，RARP 消息也封装在以太网帧的数据部分中。

RARP 报文与 ARP 报文格式结构一样，但是以太网的数据类型是 0x0835，并且操作字段的 RARP 请求值是 3，应答值是 5，用于提供 IP 地址信息。RFC903 定义了 RARP，RARP 的请求报文用广播，应答报文用单播（与 ARP 相同）。

RARP 常用于 TCP/IP 网络的无盘网络设备中，例如工作站、X 终端、路由器和集线器。不管系统是重启动还是正常启动，这些设备都需要获取各种各样的配置信息，例如 IP 地址。然而，通过 RARP 获取的配置信息的数量非常有限。如今，大部分设备都有闪存功能，当断电时存储配置信息，重启时再重新获取，所以 RARP 的需求已经非常少了。即使在配置信息或者 IP 地址需要动态分配的情况下，也有比 RARP 更好的方法能够达到同样的效果。例如引导程序协议（BOOTP）和动态主机配置协议（DHCP）。

## 使用邻居发现的 IPv6 地址绑定

IPv6 不使用 ARP 来进行地址绑定，而是使用一种称为 IPv6 邻居发现协议（NDP）来实现 IPv4 中 ARP 的功能。RFC2461 描述了 NDP。NDP 是 IPv6 中一种主机和路由器用来发现其邻居的机制，尤其是在局域网网段中。当一台 IPv6 主机首次出现在网络中时，主机会广播它的 MAC 地址，并且询问邻居主机和路由器的信息。

### 邻居发现协议

邻居发现是 IPv6 的一个基本组成部分，除地址绑定外还通过其他许多功能。IPv6 中的 ARP 功能在 NDP 中表现为四种报文。其中，路由请求/路由宣告报文提供了 IPv6 地址配置、默认路由选择，甚至潜在的引导配置信息。

- 邻居请求报文 —— 该报文由主机发送，用于寻找目的主机的 MAC 地址，也可以用于重复地址检测（是否其他主机在用相同的 IPv6 地址），还可以用于邻居不可达检测。收到该报文的主机必须应答一个邻居宣告报文。
- 邻居宣告报文 —— 该报文包含主机的 MAC 地址，用来应答邻居请求报文。当主机第一次启动或者广播信息改变时，也会主动发声邻居宣告报文。
- 路由请求报文 —— 该报文有主机发送用于寻找路由器。收到报文的路由器必须应答一个路由宣告报文。
- 路由宣告报文 —— 该报文包含路由器的 MAC 地址，用来应答路由请求报文。路由器在第一次启动或者广播信息发生改变时，也会主动发生路由宣告报文。

### NDP 地址解析

NDP 的邻居发现功能仅对本地 IPv6 地址发挥作用（对于这些报文，跳数限制是 1）。与 ARP 不同，NDP 报文不是广播的，而是组播。当启动时，IPv6 主机或者路由器会加入多个组播组。IPv6 结点必须加入所有主机组播组；对于每一个运行 IPv6 的接口或者有 IPv6 地址的结点，还必须加入请求结点组播组。加入这些组播组会使设备不需要地址的详细信息也可以接收数据包。

当一个 IPv6 设备需要解析局域网中另一个主机的 MAC 地址时，就会以组播形式发送一个邻居请求邻居 MAC 地址的报文，请求对应的邻居进行应答。IPv6 地址的低 24 位加上 104 位的前缀 ff02::1:ff 组成请求组播地址。例如对于本地链路地址是 fe80::20e:cff:fe3b:883c，IPv6

请求结点组播地址就是 ff02::1:ff3b:883c。但是，以太网帧结构中应该使用哪种组播地址呢？所使用的组播地址由 33:33:ff 加上 IPv6 地址的低 24 位形成。拥有 IP 地址的设备向本地的信息网络中心注册该组播地址，然后等待接收 NDP 应答报文。对于 IPv6 组播地址 ff02::1:ff3b:883c，组播地址在以太网目标域是 33:33:ff:3b:88:3c。

如果发送者没有收到任何响应，发送者会多次生成邻居请求报文。当发送者收到有关邻居应答报文时，报文中的信息会被用来更新 IPv6 邻居缓存（等同于 IPv4 的 ARP 缓存）。应答报文包含了该邻居的 MAC 地址。

## 典型问题解析

【例 4-4】ARP 数据单元封装在 (1) 中发送，ICMP 数据单元封装在 (2) 中发送。
（1）a. IP 数据报　　b. TCP 报文　　c. 以太网帧　　d. UDP 报文
（2）a. IP 数据报　　b. TCP 报文　　c. 以太网帧　　d. UDP 报文

【解析】ARP 归于网络层协议。在因特网中用来实现逻辑地址到物理地址的映射。ARP 利用以太网的广播特性，让主机和设备之间相互通知自己的 IP 地址和 MAC 地址的对应关系。ARP 报文应该封装在以太网帧中传送。ICMP 也是网络层协议，用于探测并报告 IP 数据传送中产生的各种错误。ICMP 报文封装在 IP 数据报中传送，不能保证可靠提交。

参考答案：（1）选项 c；（2）选项 a。

【例 4-5】ARP 的作用是由 IP 地址求 MAC 地址，ARP 请求是广播发送，ARP 响应是（　　）发送。
　　　a. 单播　　　　b. 多播　　　　c. 广播　　　　d. 点播

【解析】在互联网中，高层软件通过 IP 地址来指定源地址和目的地址，而底层的物理网络则是通过 MAC 地址来发送和接收信息的。因此 IP 在发送数据报时必须知道哪个 MAC 地址才能到达目的 IP 地址。因此在发送 IP 数据报之前协议将 IP 地址映射到应该能用来与其通信的 MAC 地址。ARP 利用了以太网的广播能力，可将 IP 地址与物理地址进行动态绑定。如果源主机只知道目的主机的 IP 地址，而不知道其 MAC 地址，则首先广播的应该是 ARP 请求，以太网上的所有主机收到这个请求后通过对比 IP 地址识别该消息是否是发给自己的，如果是，则向源主机以单播方式发送应该带有自己 IP 地址和 MAC 地址的响应数据报。响应数据报之所以选择单播发送，是因为 ARP 请求数据报中带有源主机的 IP 地址和 MAC 地址。参考答案是选项 a。

【例 4-6】关于 ARP 表，以下描述中正确的是（　　）。
　　a. 提供常用目的地址的快捷方式来减少物理流量
　　b. 用于建立 IP 地址到 MAC 地址的映射
　　c. 用于在各个子网之间进行路由选择
　　d. 用于进行应用层信息的转换

【解析】ARP 是地址解析协议的简称，用于将 IP 地址解析成 MAC 地址。这是因为在实际通信中，物理网络是利用 MAC 地址进行报文传输的，不能识别 IP 地址。因此必须建立 IP 地址与 MAC 地址之间的映射关系。这一过程为地址解析。通过 ARP 可以在 Cache 的 ARP 表中存储 IP 地址以及经过解析的 MAC 地址。参考答案是选项 b。

【例 4-7】若主机 hostA 的 MAC 地址为 aa-aa-aa-aa-aa-aa，主机 hostB 的 MAC 地址为

bb-bb-bb-bb-bb-bb。由 hostA 发出的查询 hostB 的 MAC 地址的帧格式如下所示，则此帧中的目标 MAC 地址为 (1) ，ARP 报文中的目标 MAC 地址为 (2) 。

| 目标MAC地址 | 源MAC地址 | 协议类型 | ARP报文 | CRC |
| --- | --- | --- | --- | --- |

（1）a. aa-aa-aa-aa-aa-aa　　　　b. bb-bb-bb-bb-bb-bb
　　　c. 00-00-00-00-00-00　　　　d. ff-ff-ff-ff-ff-ff
（2）a. aa-aa-aa-aa-aa-aa　　　　b. bb-bb-bb-bb-bb-bb
　　　c. 00-00-00-00-00-00　　　　d. ff-ff-ff-ff-ff-ff

**【解析】** 当主机 A 向本局域网内的主机 B 发送 IP 数据报的时候，就会先查找自己的 ARP 映射表，查看是否有主机 B 的 IP 地址，如有的话，就继续查找出其对应的硬件地址，在把这个硬件地址写入 MAC 帧中，然后通过局域网发往这个硬件地址。也有可能找不到主机 B 的 IP 地址项目，在这种情况下，主机 A 就要运行 ARP 协议，广播 ARP 请求分组，去请求主机 B 的 MAC。

参考答案：（1）选项 d；（2）选项 c。

## 练习

1. 下列哪个协议允许无盘工作站与一台服务器联系获取其 IP 地址？（　　）
   a. ARP　　　b. IARP　　　c. 代理 ARP　　　d. RARP
2. 下列哪个网段的主机会对 ARP 请求做出回应？（　　）
   a. 所有主机　　　　　　　　b. 只有目的主机
   c. 代表所有网段中主机的路由器　　d. 代表该网段中主机的 ARP 服务器
3. 下列哪项 ARP 功能可使本地主机能维护近期发现的 IP 地址到 MAC 地址的映射？（　　）
   a. ARP 表　　　b. ARP 匹配表　　　c. ARP 文件　　　d. ARP 缓存
4. ARP 的作用是由 IP 地址求 MAC 地址，ARP 请求是广播发送，响应是（　　）发送。
   a. 单播　　　b. 多播　　　c. 广播　　　d. 点播

**【提示】** 参考答案是选项 a。

5. RARP 协议的作用是（　　）。
   a. 根据 MAC 查 IP　　　　b. 根据 IP 查 MAC
   c. 根据域名查 IP　　　　　d. 查找域内授权域名服务器

**【提示】** 参考答案是选项 a。

6. 通过下列练习，查看并熟练操作运行 Windows 操作系统的 PC 上的 ARP 缓存。
（1）在自己的 Windows PC 上，打开命令行或 MS DOS 提示窗口。
（2）在命令行中，键入 "arp" 命令，这时将列出 ARP 参数选项符。
（3）键入 "arp -a"，将显示本机上 ARP 缓存的当前内容。
（4）如果这时的缓存内容中没有任何 ARP 记录，就键入 "ping <remotehostIP>" 命令，这个操作用于定位本地网络上的可操作主机的 IP 地址。执行该命令后，再返回来查看 ARP 缓存，这时会发现其中有一条关于该远程主机的记录。

（5）从缓存中删除一条记录。首先记录下这一 IP 地址，接着在命令提示符后输入"arp -d <hostIPaddress>"。

（6）在命令提示符后键入"arp -a"，执行后会发现上步删除的记录已从 ARP 缓存中移走。

（7）在命令提示符后键入"ping <hostIPaddress>"，这里的"<hostIPaddress>"是第 5 步中记下的 IP 地址。

（8）在命令提示符后键入"arp -a"，该条记录又会出现在 ARP 缓存中。

上述练习是建立在 Windows 操作系统基础上的，然而只要稍将这些程序进行一些修改，也可将它们用于其他支持 TCP/IP 通信的操作系统之中，具体内容可参考与操作系统有关的技术文档。

### 补充练习

图 4.27 中描述了一些基本概念，据此回答如下问题：

1. 为什么网络层地址和硬件地址不能用相同的地址结构和值？
2. 为什么 ARP 应该穿过网桥，但不应该穿过路由器？
3. 为什么一个接收端要把发送端的 MAC 地址放在自己的 ARP 缓存中？
4. 在地址解析中，比起使用广播帧，使用组播帧的优点是什么？

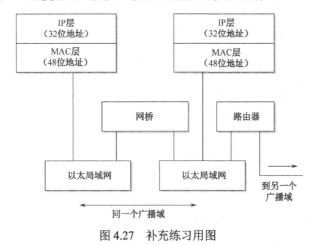

图 4.27 补充练习用图

## 第四节 用户数据报协议（UDP）

用户数据报协议（UDP）是传输层的重要协议之一，它采取无连接方式为不需要可靠数据流服务的应用程序提供面向事务的最佳传送服务。也就是说，UDP 是在计算机上规定用户以数据报方式进行通信的协议，提供了应用程序之间传送数据报的基本机制。UDP 必须在 IP 层上运行，即它是以 IP 为基础的。

### 学习目标

- 了解 UDP 服务和基于端口号的多路分解；
- 掌握 UDP 帧封装和 UDP 报头格式。

> **关键知识点**
>
> ▶ UDP 是一种提供无连接服务的协议。

## UDP 服务

UDP 在 RFC768 中定义并在 RFC112 中进行了完善。所有的实现必须遵循 RFC，以保证可靠的互操作性。UDP 使用的 IP 协议 ID 字段值是 17。任何接收到的协议 ID 字段值为 17 的 IPv4 或者 IPv6 数据报都交给本地 UDP 服务。主要的 UDP 应用层客户机协议有：

- ▶ 网络文件系统（NFS）；
- ▶ 域名系统（DNS）；
- ▶ 普通文件传送协议（TFTP）；
- ▶ 简单网络管理协议（SNMP）。

由于 UDP 使用 IP 服务，所以它提供与 IP 相同的无连接服务，并且与 IP 一样缺少可靠性。但 UDP 支持流量控制，用于管理主机之间的信息交换率。UDP 不发送或接收保证数据成功传送的确认信息。UDP 也不提供目的结点用于将数据段以正确顺序进行重装的数据包排序方法。需要对数据包进行可靠性和按顺序传送的应用程序应当采用 TCP 服务，或者在使用 UDP 服务时应用程序自己应提供可靠性。

UDP 用最小的协议开销（与 TCP 不同）为应用程序之间的通信提供简单的事务服务。UDP 适用于自身可提供错误检测和故障恢复系统或不需要这些服务的协议。除了支持 IP 的已有特性，UDP 还支持下列两种特性。

（1）UDP 可根据目的端口号，为应用程序进程提供数据的多路分解，常用的 UDP 端口包括：

- ▶ 端口 53——域名系统（DNS）；
- ▶ 端口 69 ——普通文件传送协议（TFTP）；
- ▶ 端口 123 ——网络时间协议（NTP）；
- ▶ 端口 161 ——简单网络管理协议（SNMP）。

（2）UDP 报头中包括一个校验和，以便检测从源主机向目的主机传送数据时是否产生错误。图 4.28 示出了 UDP 在 TCP/IP 协议栈中的位置。

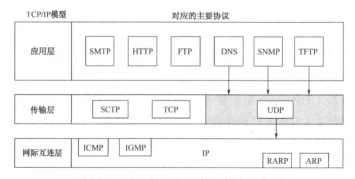

图 4.28 UDP 在 TCP/IP 协议栈中的位置

## 基于端口号的多路分解

除了支持 IP 所具有的特性，UDP 支持的另外两个特性之一，是对基于目的端口号的应用程序进程提供多路分解数据的能力。IP 支持通过因特网在两台主机之间进行通信这一路由功能；而 UDP 则建立了一种机制来区分一个给定主机内的多个目的端口，使得给定主机上执行的多个应用程序能够独立地发送和接收数据报。图 4.29 示出了 UDP 的这一特性。

UDP 为分离客户机进程与服务器进程之间的事务提供了一个接口。客户机进程属于一种主动的 UDP 客户程序，而服务器进程则被动地运行在作为目标应用程序主机的服务器上。被动服务器应用程序维护编号用于给定服务的约定端口上的"收听"套接字（Socket）。应用程序创建的套接字具有其主机 IP 地址、所提供的服务类型（ToS）以及用于"收听"的端口。

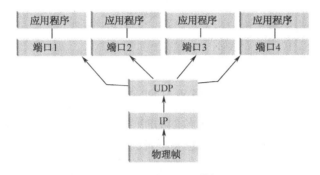

图 4.29　多路分解特性

主动客户机通过向远程服务器的 IP 地址发送一个数据包来请求远程被动服务器的服务。这个数据包中携带了一个 UDP 段，其中说明了目标应用程序所在的约定端口。值得注意的是，如果服务器在除该约定端口之外的其他端口上"收听"，而客户机并不知道该端口，则此次的事务将会失败。

被动服务器耐心地"收听"来自该约定端口的任何一个主动客户机请求。当服务器收到发送到其 IP 地址的数据包后，会读取该数据包并去掉 IP 报头，得到其中的 UDP 段。服务器在该 UDP 段中得到一个可用的约定端口，然后将数据传送给相关的应用程序。UDP 段中包含客户机期望服务器回应的端口，因此，服务器可以定位用于回应的客户机端口。这里，客户机可以指定任何其所期望的端口，而并不一定是约定端口。

## UDP 格式

每个 UDP 报文称为一个用户数据报。UDP 报文包含 8 字节的固定 UDP 报头和数据两部分，其格式如图 4.30 所示。在 UDP 报文中，各个字段的含义如下：

▶ 源端口号字段——这是在发送主机上运行的进程所使用的端口号。它有 16 位长，表示端口号的取值范围为 0~65 535。若源主机是客户端（当客户进程发送请求时），则在大多数情况下这个端口号就是临时端口号，它由该进程请求，由源主机上运行的 UDP 软件进行选择。若主机是服务器（当服务器进程发送响应时），则在大多数情况下这个端口号是熟知端口号。该字段为可选字段，如果不用就设置为 0。

▶ 目的端口号字段——这是在目的主机上运行的进程使用的端口号，它也是 16 位长。目的端口号是通信的终点，负责在目的计算机的进程之间多路分解数据报。若目的主机是服务器端（当客户进程发送请求时），则在大多数情况下这个端口号是熟知端口号。若目的主机是客户端（当服务器进程发送响应时），则在大多数情况下这个端口号是临时端口号。在这种情况下,服务器把它收到的请求数据报中的临时端口号复制下来。

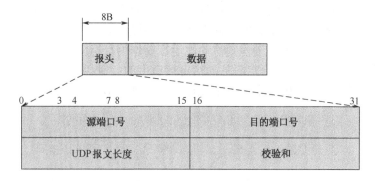

图 4.30  UDP 格式

- UDP 报文长度字段——占用 16 位的 UDP 报文长度字段指明 UDP 消息长度,单位是字节。该字段指出 UDP 报头和数据的总长度,包括 8 字节的 UDP 报头和其后的数据部分。最小的 UDP 报文长度是 8 字节(只有报头的数据报),最大的数据报长度为 65 535 字节。IP 数据报的最大长度为 65 535 字节,这是由 IP 报头的 16 位总长度字段所决定的。减去 20 字节的 IP 报头,再减去 8 字节的 UDP 报头,可以很容易计算出 UDP 报文中用户数据的最大长度应为 65 507 字节。然而,大多数实际数据报的长度比这个最大值小。
- 校验和字段——占用 16 位。UDP 校验和的计算与 IP 校验和的计算不同,这里的校验和包括 UDP 伪报头、UDP 报头以及从应用层来的数据,不足的位用 0 填充。其中,UDP 伪报头包含 IP 报头的一些字段,目的是让 UDP 两次检查数据是否已经正确到达目的端口,因此 UDP 校验和是确定数据是否无错到达的唯一手段。校验和的算法是将所有 16 位字以补码形式相加,然后再对其相加和取补。**注意**:之所以称作 UDP 伪报头,是因为它并不是 UDP 报文的真正报头,而是仅在计算 UDP 校验和时,临时把一些额外的内容加在一起计算累加求和,这些额外的内容合在一起称作伪报头。而且伪报头既不向下层协议进程传送,也不向上层协议进程递交。实际上,在发送 UDP 报文时,发送端并不单独发送伪报头的内容。
- 数据字段——用户数据的字节数由应用程序及所需传送的数据决定。

网络管理是 UDP 服务的应用之一。例如,主机 SNMP 代理(服务器进程)必须响应网络管理站(请求者进程)的请求。每个 SNMP 代理等待约定 UDP 端口 161 上的管理请求。如果 SNMP 管理员想要获得管理信息,就将其请求发送到目的主机上的 UDP 端口 161。

## 端口号

运行于 UDP(还有 TCP)和 IP 层上的任何一个应用程序都可以由其端口号索引,因此在 IP 层可以采用多路复用技术。就像携带不同类型分组的帧(在以太网中,IPv4 是 0x0800,IPv6 是 0x08DD)都在一个 LAN 接口上复用,单个的 IPv4 或者 IPv6 分组通常协议号(UDP 的 IP 协议号是 17,TCP 是 6)复用和分发。

端口号轮流复用和分类来自应用程序的数据报,允许它们共享单一的 UDP 或者 TCP 进程,这些进程通常与操作系统紧密集成。

端口号的取值可以从 0 到 65353。从 0 到 1023 的端口号预留给常用的 TCP/IP 应用，称为熟知端口。利用熟知端口，客户端应用程序能够轻松地找到其他主机上相应的服务器应用进程。例如，一个客户端进程想联系某个服务器上运行的 DNS 进程，它就必须发送数据报到某个目的端口。DNS 的熟知端口是 53，这个端口就是服务器进程用于监听客户端请求的地方。这些端口有时称为特权端口，尽管许多原来运行在特权模式的应用程序，如 HTTP 服务现已不再运行这种模式，除非绑定了端口。

服务器上使用的端口是持久的，它们可以保持很长一段时间，至少与应用程序运行时间一样长。客户端使用的端口是短暂的，但它们随着用户运行客户端应用程序而来来去去。表 4.5 示出了一些被 UDP 服务使用的熟知端口号。1023 以上的端口号可以是注册的或者动态的（也称为私有的或者不预留的）。注册端口范围是 1024 到 49151。动态端口范围是 49152～65535。大多数新端口的分配是从 1024 到 49151。

表 4.5 UDP 的熟知端口号及其描述

| 端口号（十进制数） | 协议名称 | 作 用 描 述 |
| --- | --- | --- |
| 7 | Echo | 把收到的数据报回送到发送端 |
| 9 | Discard | 丢弃收到的任何数据报 |
| 13 | Daytime | 返回日期和时间 |
| 17 | Quote | 返回日期的引用（可参阅 RFC 865），现在很少使用 |
| 19 | Chargen | 字符串生成器 |
| 53 | Nameserver | 域名服务器 |
| 67 | DHCP Server | 用于发送配置信息的服务器端口 |
| 68 | DHCP Client | 用于接收配置信息的客户机端口 |
| 69 | TFTP | 简单文件传送协议 |
| 111 | RFC | 远程过程调用 |
| 161 | SNMP | 用于接收网络管理查询 |
| 162 | SNMP traps | 用于接收网络故障报告 |
| 1011～1023 | Reserved | 保留为将来使用 |

## UDP 服务的操作

UDP 提供无连接服务。这表明 UDP 发送出的每一个用户数据报都是独立的数据报，即在不同的用户数据报之间没有联系，尽管它们可能都来自相同的源进程和发送到相同的目的进程。用户数据报不进行编号。

UDP 是一个简单、不可靠的传输层协议。它没有流量控制功能，因而也不具有滑动窗口机制。当收到的报文太多时，接收端可能会溢出。除校验和之外，UDP 没有其他的差错控制机制。缺少流量控制和差错控制机制表明，当使用 UDP 的进程时必须要提供这些机制。

在通过网络传送数据时，要从一个进程把报文发送到另一个进程，UDP 服务要对报文进行封装和拆封。一条完整的 UDP 消息在一个 IP 数据报中的封装和拆封过程如图 4.31 所示。

当一个进程有报文要通过 UDP 应用程序发送时，它就把这个报文连同一对套接字地址以及数据的长度传递给 UDP 应用程序构成 UDP 数据。UDP 应用程序收到数据后加上 UDP 报头，然后把 UDP 数据报传递给 IP 应用程序。IP 应用程序加上自己的报头后，再传递给数据链路层。数据链路层收到 IP 数据报后加上自己的报头和报尾，再传递给物理层。在物理层，这些数据位被编码为电信号或光信号，然后发送到目的主机。

当 UDP 报文到达目的主机后，物理层对信号解码，将它变为数据位，传递给数据链路层。数据链路层使用帧头和帧尾检测数据。若无差错则剥去帧头和帧尾，并把数据报传递给 IP 应用程序。IP 应用程序进行它的检查，若无差错，就剥去 IP 报头，把 UDP 报文连同发送端和目的端的 IP 地址一起传递给 UDP 应用程序。UDP 应用程序使用校验和对整个 UDP 报文进行检查，若无差错则剥去报头，把应用数据连同发送端的套接字地址一起传递给接收进程。

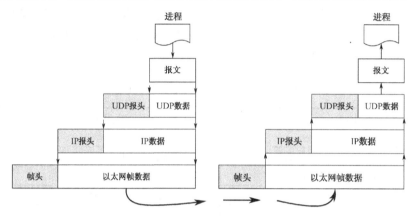

图 4.31　UDP 报文封装和拆封过程

UDP 报文的交付没有任何保障。若服务器对 UDP 客户端的请求没有预期的回应，则只能通过一个简单的超时来处理。回应并不总如预期想要的，正如语音流和视频流。客户端可能会重新发送数据报，但在许多情况下这未必是最好的策略。在某些情况下，无响应并不一定说明网络或者远程主机上出现错误。

## 练习

1. 将下列的约定端口号与其对应的应用程序连接起来：
   端口 53　　　　　DHCP Server
   端口 67　　　　　TFTP 应用程序
   端口 68　　　　　SNMP 应用程序
   端口 69　　　　　DHCP Client
   端口 161　　　　 域名服务器
2. UDP 如何支持同一主机上的多个目的应用程序？（　　）
   a. 它支持源应用程序与目的应用程序之间的多条路径
   b. 它在其报头中携带端口号，以使其能用于目标应用程序的逻辑寻址
   c. 它为每个发送应用程序维护一个"收听"套接字（socket），该套接字用于等待目的服务器应用程序的轮询
   d. 它多路复用 IP 数据包，以便在源结点与目的结点之间共享同一物理链接

3. 下面哪项有关 UDP 的描述是正确的？（    ）
   a. UDP 是一种面向连接的协议，用于在网络应用程序之间建立虚拟线路
   b. UDP 为 IP 网络中的可靠通信提供错误检测和故障恢复功能
   c. 当等待服务器对 UDP 客户机请求做出应答时，UDP 客户机必须在约定端口"收听"
   d. UDP 服务器必须在约定端口"收听"服务请求，否则该事务可能失败
4. UDP 在 IP 层之上提供了下面哪一项能力？（    ）
   a. 连接管理    b. 差错校验和重传    c. 流量控制    d. 端口寻址

【提示】UDP 运行在 IP 之上，由于它对应用层提供的是无连接的传送服务，因此只能是在 IP 之上加上端口寻址能力，这个功能表现在 UDP 报头上。参考答案是选项 c。

### 补充练习

1. 绘制表示 UDP 多路分解进程的示意图。
2. 绘制表示 IP 数据报的以太网帧封装，然后 UDP 消息又封在 IP 数据报中的示意图。

## 第五节　传输控制协议（TCP）

传输控制协议（TCP）以客户机应用程序与服务器应用程序之间点到点的虚拟连接形式，为应用程序提供了一种可靠的面向连接的服务。TCP 可使无连接的 IP 端到端服务表现为在指定数据通道上连续不间断的数据流传送。

TCP 是一个相对复杂的协议，虽然 UDP 相对简单，但是由于它们都是端到端的协议，因此两者之间有一些相同的概念，例如两者具有相同的套接字和端口的概念等。本节讨论 TCP 在进行数据传输和断开连接阶段所使用的服务和操作。

### 学习目标

▶ 了解 TCP 提供的基本服务，以及 TCP 是如何建立和终止连接的；
▶ 掌握端口和套接字（Socket）在 TCP 中的使用；
▶ 掌握 TCP 报文格式及其报头中各个字段的含义；
▶ 掌握 TCP 三次握手原理和 TCP 滑动窗口的概念。

### 关键知识点

▶ TCP 是一种可靠的面向字节流的传输协议，它给 IP 服务增加了面向连接和可靠性等特点。
▶ 在主机端口之间，TCP 数据段使用多种机制可靠地传送数据。

### TCP 为应用提供的服务

由 Cerf 和 Kahn 首先提出的传输控制协议（TCP）用于在终端主机上实现端到端通信。该协议由 RFC 793（TCP 定义）、RFC 1122（错误检测及其说明）、RFC 1323（TCP 功能扩展）、RFC 1700（通用端口的列表规范）、RFC 2001 和 RFC 2581 等文件定义。TCP 是 TCP/IP 协议

族中最重要的协议。大多数互联网应用都建立在 TCP 的基础之上。TCP 在 TCP/IP 协议栈中的位置如图 4.32 所示。

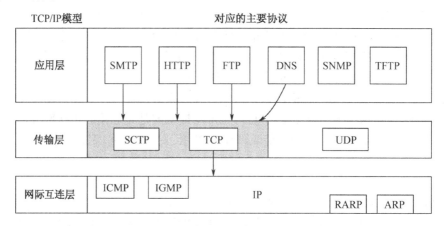

图 4.32　TCP 在 TCP/IP 协议栈中的位置

具体来说，TCP 提供的服务有 7 个主要特点：

- ▶ 面向连接。TCP 提供面向连接的服务，应用程序必须首先请求建立一个到目的地的连接，然后使用这个连接来传输数据。
- ▶ 点对点通信。每个 TCP 连接上只有两个端点。
- ▶ 完全的可靠性。TCP 能保证在一个连接上发送的数据被正确传送，且保证数据的完整性和顺序到达。
- ▶ 全双工通信。TCP 连接允许数据在任何一个方向上流动，并允许任何应用程序在任何时刻发送。
- ▶ 流接口。TCP 提供一个流接口，利用它应用进程可以在一个连接上发送连续的字节流。TCP 不必将数据组合成记录或是报文，也不要求传递给接收进程的数据段大小和发送端所发送的相同。
- ▶ 可靠的连接建立。TCP 允许两个应用进程可靠地开始通信。
- ▶ 友好的连接关闭。在关闭一个连接之前，TCP 必须保证所有数据已经传递完成，并且通信双方都要同意关闭这个连接。

## TCP 与连接建立

TCP 提供一个面向连接的，可靠的（没有数据重复或丢失）端到端的全双工的字节流传输服务，允许两个应用进程建立一个连接，并在任何一个方向上发送数据，然后终止连接。每一 TCP 连接可靠地建立，友好地终止，在终止发生之前的所有数据都会被可靠地传送。也就是说，一个应用进程开始传送数据到另一个应用进程之前，它们之间必须建立连接，需要相互传送一些必要的参数，以确保数据的正确传送。

### TCP 报文段

TCP 应用程序在两个应用进程之间传送数据的传输单元称为段（Segment）。TCP 应用程序收集应用层递交的数据后，将其组成报文段。一个 TCP 报文段由 TCP 报头和数据两部分组成，如图 4.33 所示。

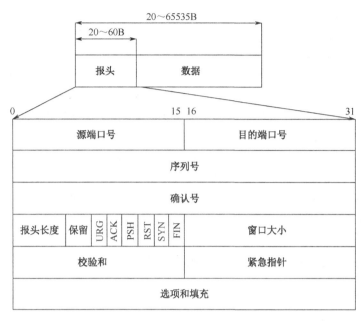

图 4.33 TCP 报文段格式

TCP 的全部功能都体现在其报头的各字段中，各字段的含义如下：
- 源端口号（16 位）——标识主机上发起传送的应用程序。
- 目的端口号（16 位）——标识主机上传送要到达的应用程序。
- 序列号（32 位）——标识报文段内第一个数据字节的序列号（存在同步序列号时除外）。存在同步序列号（SYN）时，该序列号字段为初始序列号（ISN），因此第一个数据字节的序列号是 ISN+1。例如，如果 SYN 位设为 1，ISN 值为 100，则数据的起始序列号为 101。本节在稍后的有关内容中还会对同步序列号（SYN）进行详细讨论。
- 确认号（32 位）——仅用于设置了 ACK 控制位的情况。ACK 号是数据段接送者预期接收的下一个序列号。例如，如果主机接收的序列号为 101，它将回送一个确认号设为 102 的段，表示希望接着接收序列号为 102 的段。如果建立了连接，就始终发送此值。
- 报头长度（4 位）——报头长度字段用来说明 TCP 报头共有多少个 4 字节。报头长度可以在 20～60 字节之间，因此这个字段的值可以在 5～15 之间。由于 TCP 选项字段是可选项，所以 TCP 报头的长度可变。
- 保留——这是个 6 位长的字段，保留位通常设为 0。保留字段留作今后使用。
- 控制位（6 位）——这个字段定义了 6 种不同的控制位或标志，在同一时间可设置一位或多位标志。控制位字段（从左到右）各位表示的含义如下：
  URG——表明紧急指针字段值有效；
  ACK——表明确认字段值有效；
  PSH——用来标志数据流中是否有紧急数据，若为 1 则表示此时接收端应该把数据立即送到高层，即使其接收缓冲区尚未填满；
  RST——用于复位因主机崩溃或其他原因而出现错误连接时，它还可以用于拒绝非法的报文段或拒绝连接请求；

SYN——在连接建立时对序列号进行同步；

FIN——用于释放连接，为 1 时表示来自发送者的数据结束。

- 窗口大小（16 位）——用于端到端的流控制。窗口大小字段表明接收者可接收的字节数，从确认字段中的 1 开始。窗口大小字段具有双向性，也就是说，发送方和接收方都可以设置该字段的值。因此，连接的两端分别都能够控制另一端的数据流。
- 校验和（16 位）——证明分段传送无误。设备对 TCP 报头和应用程序数据的校验和进行计算。在接收数据时，如果校验和为假（fail），表明已检测到错误，则将该分段丢弃。
- 紧急指针（16 位）——只在设置了紧急控制位（URG）时才有效。此值是序列号的一个正偏移，它表示非紧急数据的开始，也就是紧急数据的结束。
- 选项（8 的倍数位）——表示 TCP 选项长度可变的字段。例如，此字段可能用于表示发送者希望接收的最大分段的大小。
- 填充项——附加的一些 0 位，用来确保报头长度为 32 位。

## TCP 基本操作

TCP 的主要目的是为驻留在不同主机上的进程提供可靠的，面向连接的数据传送服务。如果要为高效网络（如因特网）提供较为可靠的通信，TCP 必须提供以下服务：

- 基本数据传送；
- 可靠性；
- 流量控制；
- 多路复用；
- 连接。

1. 基本数据传送

在两台主机的 TCP 应用程序之间传送的基本单元是段（Segment）。TCP 将数据流看作组合成段用于传送的字节序列。除非途经的小型数据包网络要求再次分段，否则每个段将作为单个 IP 数据报的数据字段通过因特网传送。

**注意**：建立连接之后，每个段的大小随网络及主机情况而定。因此，每个段不一定都包含相同数量的字节。典型的 TCP 应用程序一般会将分段填满后才进行传送，但有时应用程序也需要立刻传送数据，因此无法等待传送缓冲器填满。"推（Push）"功能可以在数据未完全填满传送缓冲器的情况下传送数据。在源结点，"Push"要求本地 TCP 应用程序传送已生成的所有数据，而不必等待填满传送缓冲器。在目的结点，"Push"功能要求本地 TCP 应用程序立即将数据转交给目的应用程序，而不必等待填满接收缓冲器。TCP 报头中的 PSH 标识符用于触发"Push"功能。

2. 可靠性

TCP 应用程序必须能够恢复被破坏、丢失、重复或者不按顺序传送的数据。TCP 应用程序为所传送的每个字节指定一个序列号，并要求目的 TCP 应用程序返回一个肯定的确认（ACK）。如果发送方在指定的时间内没有收到 ACK，就会重传该数据段。目的结点利用序列号正确排列在传送时可能被打乱了顺序的数据段,并消除重复问题。TCP 应用程序利用在所传送的每个数据段中包含一个校验和来处理被破坏的数据。接收主机检查校验和,并丢弃任何被破坏的分段。由于被丢弃的数据段不能得到确认,因此,源结点必须重发该数据段。

3. 流量控制

TCP 为目的结点提供了一种控制源结点发送数据数流量的机制。接收主机伴随每个确认(ACK)返回一个接收窗口,表明目的结点还能从源结点接收多少字节。随着接收缓冲器的不断填充,接收窗口空间不断缩小。当接收缓冲器的空间增加时,接收窗口空间也随之增加。

4. 多路复用

与用户数据报协议(UDP)一样,TCP 可利用端口号来识别目的应用程序,因此一台主机内的多个进程可以同步使用 TCP 通信服务。将一台主机的 IP 地址和一个端口号组合在一起就构成了一个 TCP 套接字(Socket)。Socket 表示所有 TCP 数据流量的最终目的地。每个连接都可以由一对 Socket(每台主机一个)唯一地标识。另外,一个 Socket 也可能同时被一个以上的连接使用。将端口绑定到进程是由每个主机独立进行的。对于常用进程,通常为其指定一个约定端口号并公布于众,这样其他设备可通过约定地址访问指定端口的服务。使用约定端口号的一些进程包括:

▶ 命名服务;
▶ 文件传送服务;
▶ 虚拟终端。

5. 连接

当两个进程希望进行通信时,每台主机上的 TCP 进程必须首先建立应用程序连接。该连接对虚拟链路各端的状态信息进行初始化。数据交换完成之后,TCP 进程终止该连接,为其他用户释放资源。

在数据传送过程中,每台主机上的 TCP 应用程序可通过交流信息来验证所接收的数据是否有错误或损失。如果由于网络问题导致已建立的连接出现失败,两台计算机都将检测到失败并将其报告给相应的应用程序。

## 序列号

在 TCP 报文段的报头中,没有关于报文段编号的字段,但是有序列号和确认号两个字段。这两个字段涉及字节的编号而不是报文段的编号。

所谓字节编号,是指 TCP 应用程序把一个连接中发送的所有数据字节都编上号。当 TCP 应用程序从进程接收数据字节时,就把它们存储在发送缓存中,并为每个输出的数据字节分配一个唯一的序列号。编号不一定从 0 开始,是随机产生的一个数。

当数据字节都被编号以后,TCP 应用程序就给每一个报文段指派一个序号。每个报文段的序号就是这个报文段中的第一个数据字节的序号。连接建立时,TCP 进程将一个序列号分配给数据流中的第一个字节,数据流中的每个子数据流的序列号随之递增。TCP 将数据流作为组合成段的字节序列进行传送,如图 4.34 所示。

序列号的范围是 $0 \sim 2^{31}$($=2\,147\,483\,648$),并不断循环。由于一个分段包含多个数据字节,而 TCP 报头中只能为每个报文段设置一个序列号,因此 TCP 应用程序将分配给段中第一个数据字节的序列号放入数据报报头中的序列号字段。下一个段的序列号就是该第一个数据字节的序列号加上第一个段中的字节数。例如，如果分段 1 的序列号为 12 266，并且分段 1 包含 1 500 个数据字节，那么下一个分段的序列号就是 13 766（=12 266+1 500）。

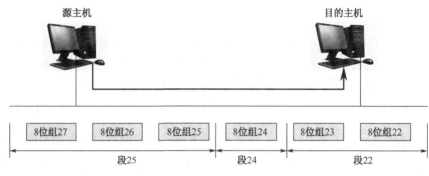

图 4.34　TCP 传送的序列号

TCP 应用程序为每个数据字节分配了一个序列号，因此通信的主机能够区分数据流中的每个数据字节。然而，TCP 并未采取这种方法区分单个数据字节，而是采用了一种累积式确认机制。TCP 接收方向发送方发送一个带有序列号为 X 的确认（ACK）段，这表示目的主机已接收到截至 X(但是不含 X)的所有字节。例如，如果最后一个接收到的段其序列号为 13 766，则接收方将回送一个序列号设为 13 767 的确认段。这种技术的一个优点是丢失确认后数据不必被迫重发。也就是说，如果发送方未收到接收方对一个段的确认，但收到了对该段后面一个段的确认，则发送方可以认为接收方已收到了这两个数据段。

全双工连接的每一方都有一个自己的序列号组。当第一次建立连接时，TCP 应用程序为连接的每一方定义一个初始序列号。初始序列号往往是随机选择的。对于一个即将建立的连接，两个 TCP 应用程序必须使彼此的初始序列号同步（一致）。如果没有进行同步，两方将都不能跟踪其发送和接收的数据流。

### 端口号

与 UDP 一样，TCP 应用程序使用端口号作为主机内的最终目的结点。建立连接时，本地 TCP 应用程序不仅要指定目的主机的 IP 地址，还必须指定要访问的应用程序进程的端口号。

服务器使用熟知的端口号，这样其他设备就能够打开其连接并开始发送命令。图 4.35 示出了通过熟知端口方式进行连接的概念。

熟知端口号是为用于等待客户机请求的专门服务器进程保留的，这些进程包括：

- 命名服务；
- 文件传送服务；
- 远程终端登录；
- 邮件服务；
- 网络管理。

在技术上，TCP 端口号与 UDP 端口号是不相关的。UDP 端口号 1000 与 TCP 端口号 1000 是不同的应用程序，即使这两个应用程序

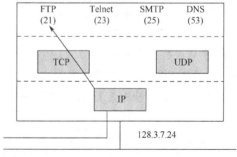

图 4.35　通过熟知端口连接到设备

可能执行相同的功能。TCP 使用的一些熟知端口号如表 4.6 所示。

表 4.6 熟知端口号

| 端口号（十进制数） | 协议名称 | 作用描述 |
|---|---|---|
| 7 | Echo | 把收到的数据报回送到发送端 |
| 9 | Discard | 丢弃收到的任何数据报 |
| 13 | Daytime | 返回日期和时间 |
| 17 | Quote | 返回日期的标引（可参阅 RFC 865），已很少使用 |
| 19 | Chargen | 字符串生成器 |
| 20 | FTP，数据 | 文件传送协议（数据连接） |
| 21 | FTP，控制 | 文件传送协议（控制连接） |
| 23 | Telnet | 远程登录协议 |
| 25 | SMTP | 简单邮件传送 |
| 53 | DNS | 域名服务器 |
| 67 | DHCP Server | 用于发送配置信息的服务器端口 |
| 68 | DHCP Client | 用于接收配置信息的服务器端口 |
| 80 | HTTP | 超文本传送协议 |

## 套接字

TCP 的套接字（Socket）连接可用由 4 个编号构成的编号组进行定义：
- 每一端的 IP 地址（2 个编号）；
- 每一端的 TCP 端口号（2 个编号）。

每个数据报都包含这 4 个编号。IP 地址放在 IP 报头中，端口号包含在 TCP 报头中。为了使连接不发生错误，两个连接不能具有相同的编号组。不过，只要有一个编号不同就足够了。例如，因特网上的两台主机之间同时存在两个连接，如图 4.36 所示。由于其中只有 2 台计算机，所以每个连接的 IP 地址是同样的。另外，由于两个连接都属于远程登录，因此都使用服务器的约定 Telnet 端口号 23。唯一的差别是两个相互连接的客户机的端口号不同。表 4.7 所示的内容对此进行了总结。

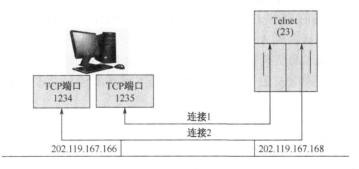

图 4.36 通过相同编号和唯一编号连接到设备

表 4.7 两台主机的 TCP 连接

| 连接 | 源 IP 地址 | TCP 端口号 | 目的 IP 地址 | TCP 端口号 |
|---|---|---|---|---|
| 1 | 202.119.167.166 | 1234 | 202.119.167.168 | 23 |
| 2 | 202.119.167.166 | 1235 | 202.119.167.168 | 23 |

IP 地址（定义主机接口）和端口号（定义主机上的应用程序）的结合称为一个套接字。两个套接字（每台主机各一个）可唯一地定义一个 TCP 连接。

### 建立连接

当应用程序需要从主机 A 到主机 B 的 TCP 连接时，其中的一台主机（A 或 B）必须初始化该连接。而要打开该 TCP 连接，初始化的应用程序进程要发出"Call"（调用）命令，指定连接为主动请求还是被动请求。这一过程如图 4.37 所示。

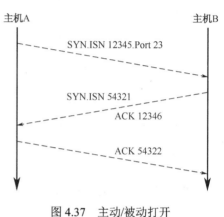

图 4.37 主动/被动打开

1. 主动打开

在图 4.37 中，主机 A 的应用程序要建立一个 Telnet 会话，该 Telnet 应用程序向其本地 TCP 端口发出主动"打开"命令请求。然后本地 TCP 端口向主机 B 发送一个同步序列号（SYN）段，其中设置了 SYN 控制位，并指定了目的主机约定端口和初始序列号（ISN）。同时，本地 TCP 端口还向主机 B 发送了其"收听"端口号和 IP 地址，以使主机 B 确定应答的对象以及如何进行应答。

2. 被动打开

主机 B 可提供主机 A 的 Telnet 进程希望访问的 Telnet 服务。这时，主机 B（如果"收听"的话）会向主机 A 回复一个被动"打开"命令，表明接受主机 A 发来的请求。主机 B 并不请求服务，而是接受服务请求，因此主机 B 是 TCP 客户机-服务器进程的被动端。主机 B 的 TCP 向主机 A 发送一个应答的 SYN 段，其中包括其自身的 ISN，同时设置其 ACK 位并将主机 A 的 ISN 加 1 后发送（确认主机 A 的 ISN）。

在两个 TCP 之间成功交换同步（SYN）数据包之后，连接就建立起来了。这样可使双方的初始序列号同步，同时发送了两端都需要的基本控制信息，以使它们可以通过该连接传送数据。

## TCP 与数据传送

TCP 是面向连接的协议。面向连接的传输层协议在源端点和目的端点之间建立一条虚路径。属于一个报文的所有报文段都沿着这条虚路径发送。在 TCP 中，面向连接的传送过程可分为连接建立、数据传送和连接终止 3 个阶段。

## 连接建立

在 TCP 的连接建立阶段可提供以下 4 种主要功能：

- 通过交换连接请求和响应数据包，使连接的每一端都能确认另一端的存在；
- 为交换提供了可选参数，如数据包大小、窗口大小和服务类型等；
- 分配传送资源，如缓冲器空间；
- 在连接表中建立条目。

TCP 的连接建立也称为"三次握手"，即通过三次握手建立一个连接。此过程可确保连接两端初始序列号（ISN）的同步，并精确地跟踪发出和收到的报文段。

三次握手过程通常由主动的 TCP 客户机进程启动，接着由被动的 TCP 服务器端进程响应。三次握手支持多路同步连接，主机可以同步运行被动的和主动的 TCP 进程。图 4.38 示出了这一连接建立的过程。

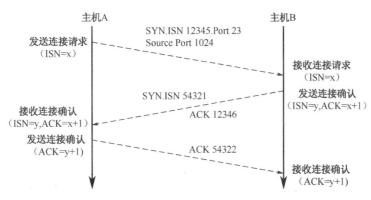

图 4.38 三次握手连接过程

### 1. 第一次握手

当主机 A 建立了一个本地套接字（Socket）时，其 TCP 进程向主机 B 的 TCP 发送一个初始同步（SYN）数据包并设置一个重传计时器，然后等待计时器达到指定时刻或接收到来自远程 Socket 的确认（ACK）数据包。SYN 数据包由一个空的 TCP 段（该段无数据，只有报头）和设置在 TCP 报头中的 SYN 位构成。

如图 4.39 所示，源结点通过发送一个 SYN 段请求与一台远程服务器连接。该 SYN 段表示源结点希望建立此连接，并且将使用从序列号 12345 开始的序列号，同时要连接到约定端口 23。

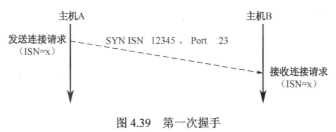

图 4.39 第一次握手

### 2. 第二次握手

当 SYN 数据包到达线路的服务器端时，其服务器的 TCP 进程验证段的 SYN 标志位是否存在,以及校验和是否正确。如果数据包是一个有效的连接请求,TCP 进程就可从 IP 消息中提取本地及远程 IP 地址和端口号,并将输入缓冲器的指针指向初始 SYN 数据包,从而使接收方在等待下一个数据段的过程中一直保留该位置。所连接的服务器(被动方)的 TCP 进程记录来自主动端的初始序列号(ISN),并向发起者回送一个 SYN-ACK 数据包。它也设置一个重传计时器,并等待计时器达到指定时刻或接收到一个 ACK 数据包。

如图 4.40 所示,服务器(被动方)通过回送一个 SYN 数据包来响应一个主动连接请求,其中包含对已收到的来自发起者的 SYN 数据包的确认(ACK)。

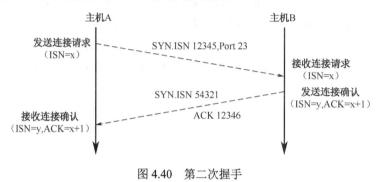

图 4.40　第二次握手

**注意**:此处的 ACK 字段表示它现在期望接收的序列号为 12346,这个确认 SYN 表明此序列号空间 12345 已被占用。

3. 第三次握手

当发起连接的 TCP 进程接收到来自服务器(被动方)的 SYN-ACK 段时,它就回送一个 ACK 数据包,确认收到了 SYN-ACK。当被动端的 TCP 进程接收到主机 A 发送的这个 ACK 数据包时,端到端的连接即被建立。如图 4.41 所示,连接的主动方发送一个含有对主机 B 的 SYN 段确认的 ACK 空段。

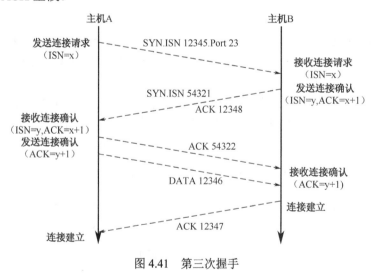

图 4.41　第三次握手

如果在发起连接的 TCP 进程收到 SYN-ACK 数据包之前,重传计时器就到达了指定时刻,TCP 进程将重传初始 SYN 数据包并重置重传计时器。同样,如果主机 B 未在指定时刻收到对其 SYN-ACK 段的确认（ACK），它也会重新发送 SYN-ACK 数据包并重置其计时器。当重传到达了指定次数（由用户设置）却仍未获得成功时，TCP 进程向其客户机发送一条消息表示放弃该连接，并释放其资源，然后退出。

### 数据传送

当 TCP 连接建立后，主机之间双向的数据传送就可以开始了。客户机和服务器可以在两个方向进行数据传送和确认。信息在 TCP 虚拟线路中的通信主机之间传送的详细过程如下。

1. 序列号

连接中的每一方都要设置自己的序列号。连接中每一方的第一个序列号是在第一次建立连接时指定的（即：SYN 段和 SYN-ACK 段）。可以将数据流看作在连接的两端之间以相反方向流动的两个独立的流。"SYN"、"SYN-ACK"和用于线路终端的"完成（FIN）"数据包各自占用一个序列号。图 4.42 示出了在数据传送过程中序列号的应用。

图 4.42 数据传输——序列号的应用

源应用程序将其字节顺序传送到源 TCP 进程，源 TCP 进程在将这些字节成段传送到目的 TCP 进程时维持该顺序不变。目的 TCP 进程接着将字节从接收缓冲器向目标应用程序传送，仍然维持其原始顺序。如果接收到的数据段顺序错乱，接收 TCP 进程在将其发送给目标应用程序之前，会使用序列号对字节重新进行排序。

2. 数据段

当源 TCP 进程接收来自其客户应用程序的数据时，它会将这些数据加到当前的输出缓冲器队列中。如果发送窗口是打开的，也就是说，输出缓冲器还可以容纳更多数据段，TCP 进程就尽可能多地将新数据发送到窗口。TCP 进程可以在同一时刻收发多个数据段，窗口大小决定了缓冲器可以同时发送的数据段的数量。窗口这一概念还会在本节的后续内容中进行讨论。包含在数据包中的序列号是分配给数据段中的数据的第一个字节的序列号。

TCP 是一个字节流协议，因此它可以自由地将字节流分成任意大小的段来进行传送，每个段的大小与应用程序提供的数据块无关，如图 4.43 所示。实际数据段大小的范围可能在 0～500 字节之间。

**注意**：指定给每个数据段的序列号是分配给段中数据的第一个字节的序列号。

3. 推标志与紧急标志

TCP 段的报头中使用最少 24 字节来表示段的大小。当段中仅包含少量（几字节）的用户数据时，会在通信中造成大量的额外开销和带宽浪费，这是因为所传送段中的数据包必须具有固定数量的报头信息。另外，TCP 段在网络中传送时由 IP 数据包携带，而在 IP 数据包中也需要具有自身的报头信息。

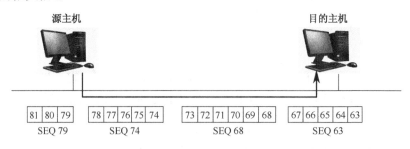

图 4.43　数据传输——段

对于典型的 IP 数据包而言，其中的 TCP 数据包必须包含 24 字节的 TCP 报头信息，而 IP 数据包则最少包含 20 字节的 IP 报头信息。如果数据包中只有几字节的用户数据，那么数据包的大部分字节都是由报头信息组成的。为了让数据传送更为有效并使网络数据流量最小，TCP 通常从一个缓冲器的数据流中收集足够多的字节来形成长度合理的段，然后再通过网络来传送该数据段。

TCP 提供了一种在即使没有足够多的字节填满缓冲器的情况下也必须传送数据的机制。此机制包括"推（Push）"标志与紧急标志的使用。

推标志作为 TCP 报头信息的一部分，用于将信息从源进程"推"向目的进程。通常，何时积累了足以形成一个段的数据由 TCP 进程确定。但是，源应用程序可以要求 TCP 进程传送目前的所有标有"推"标志的重要数据。当目的 TCP 进程看到"推"标志时，它会直接将数据传递给目的进程，而不会等待更多数据。这一机制可以应用于希望立即响应每次键盘输入的交互式终端用户。如果对传送的数据进行缓存，响应可能被延迟到当有足够多的键盘输入充满输出缓冲器时。

紧急标志用于通知目的进程在即将到来的数据流中具有重要数据，以便目的进程可以采取适当行动以确保将数据迅速转发给接收进程。

4. 确认与重传

TCP 连接建立之后，发送方的 TCP 进程期待着对每个传送段的确认（ACK）。当接收进程确认了一个数据段时，也就意味着确认了该段内的每个字节。确认数据包必须设置其 ACK 标志位，并且必须包含一个有效的 ACK 号。ACK 号是接收进程期望从源进程得到的下一个数据字节的序列号。

源 TCP 进程在接收到 ACK 之前，必须保留所有已经传送的数据。如果由于某些原因发送方在用户设置的重传计时器指定的时限内没有收到 ACK，发送 TCP 进程就认为数据已经丢失或被破坏。这时，发送 TCP 进程会从第一个未被确认的字节开始重传数据。超过用户设置的无确认重传次数后，TCP 进程将终止该连接。如图 4.44 所示给出了数据的确认与重传机制，编号 1~10 代表一系列的数据段，每段包含 1 字节。

**注意**：数据段中包含的字节不止 1 个。

在图 4.44 所示的连接建立过程中，源主机和目的主机通过初始传送序列号 0 和一个 8 字节的传送窗口来实现同步。这意味着接收 TCP 进程在其接收缓冲器中能容纳 8 个数据字节，或容纳本例中的 8 个 1 字节的数据段。

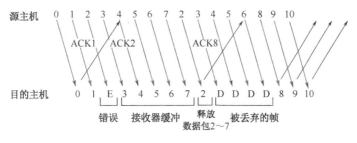

图 4.44 数据传输——确认与重传

在图 4.44 中，数据段 0 和 1 被传送并得到了接收 TCP 进程的确认，其序列号是目的主机期望接收的下一个序列号，因此每次加 1。接收方在 ACK 数据包中包含的窗口大小为 6，表明接收窗口仍然为 8 字节。因此接收方能够容纳多于 6 字节的数据（本例中是多于 6 个的数据段）。

目的主机接收数据段 2 时发生错误（校验和失败）。源主机继续在其允许的 8 字节窗口中的传送，而目的主机也继续接收这些无错误的其他段。目的主机将 3～7 段暂存在缓冲区，期望段 2 很快到达。由于源主机最后收到的是对段 1 的确认（ACK 2），而接收窗口仅有 8 字节，所以发送方在传送数据段 7 后必须暂停传送，直到收到对 2～7 段的确认为止。由于发送方的数据段 2 的重传计时器到期，所以源主机必须开始重传 2～7 段。

此时目的主机接收到没有错误的段 2，因此目的主机此时可释放暂存的 3～7 段，并返回段 7 的 ACK（ACK 8）。源主机在重传段 7 之前，接收到序列号为 2～7 的 ACK（ACK 8 确认了序列号 0～7 的接收），所以源主机向前继续传送序列号为 8 的段。

5. 平滑往返时间

重传计时器基于"平滑往返时间"进行动态设置。当一个数据包被发送时，发送 TCP 进程记录下传送时间和数据包序列号。发送 TCP 进程接收到该序列号的 ACK 时，再记录下接收的时间，然后利用其时间差计算平滑往返时间。TCP 进程将该平均往返时间作为加权平均值，并用新的平滑往返时间来逐渐调整该平均值。

在联网环境中，TCP 进程的网络状况总是在不断地发生变化。例如，不断变化的延迟以及网段之间的路径等。TCP 进程采用这种自适应技术来适应这种变化。由于两台主机之间的路径可能跨越多个中间网络和路由器，因此不可能预先知道 ACK 返回源结点所需的时间。另外，每台路由器的性能与路由器处理的数据流量有关，因此每个网段的延迟因其路由器性能的变化也会发生改变。这样，每个数据包通过每个网段的往返时间也就会不同。

6. 数据接收

如图 4.45 所示描述了数据接收的概念。TCP 进程通过 IP 套接字块中指定的邮箱接收来自 IP 进程的数据段。利用新数据段中所包含的 ACK 信息，本地 TCP 进程首先释放输出队列中（等待发往接收 TCP 进程的数据段）已得到确认的数据。释放了已被确认的数据之后，本地 TCP 进程将新数据包中的所有新数据按照正确的顺序插入重新排序的队列。如果重新排序队列中的第一个段具有所期望的下一个序列号，TCP 进程就开始将队列中的该数据发送给应用程序。

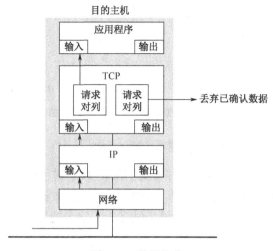

图 4.45 数据接收

TCP 以数据段形式向客户应用程序的邮箱发送已排序好的数据。如果客户邮箱已满，TCP 进程就将这些进入的数据段链接在一起，将其放在重新排序的队列中，并向源 TCP 进程发送确认表示已经接收到这些数据。当应用程序通知本地 TCP 进程，其邮箱有空间时，TCP 会立即向应用程序释放链接好的数据段。

## TCP 的窗口管理

在通信设备之间传送信息的过程中，窗口管理是指对重要的 TCP 数据段进行跟踪的 TCP 进程。窗口机制允许 TCP 进程在确认（ACK）到达之前发送多个数据段，以保证高效地进行数据传送。最初的窗口大小是在连接建立过程中确定的。图 4.46 示出了这一机制。本地 TCP 进程通过在一列字节上设置传送窗口来对数据进行管理。源 TCP 进程将窗口内的所有字节顺序地组织成段，并试图无延迟地发送这些段。

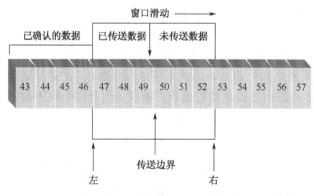

图 4.46 窗口管理——高效传送

窗口由 3 个指针定义：

- ▶ "左"指针标记窗口的左边。此指针左侧数据流中的所有字节都是已经发送并被确认过的。此指针右侧的字节包含在传送窗口之中。
- ▶ "右"指针标记窗口的右边。此指针右侧的所有字节位于传送窗口之外，无法被 TCP 进程发送。位于此指针与"左"指针之间的数据流中的所有字节都包含在传送窗口之中。窗口内编号最高的字节是 TCP 进程在接收到另一个 ACK 之前能够发送的最后一字节。
- ▶ "传送边界"指针定义窗口内的边界。窗口内位于此指针与"左"指针之间的所有字节已被发送，但是还没有得到确认。窗口内位于此指针与"右"指针之间的所有字节在接收到 ACK 之前可以发送。

数据段的分组与传送导致"传送边界"指针在传送窗口内从左向右迅速移动。当发送 TCP 进程接收到来自目的主机的一个确认（ACK）时，对应每一字节的确认，整个窗口向右滑动 1 字节，以匹配窗口的尺寸。由于 ACK 可能被累积（一次确认多个字节），所以在向右移动的过程中，窗口有时会发生跳跃式移动。

只要源结点 TCP 进程能及时接收到 ACK，同时"传送边界"指针未到达标记窗口右边界的"右"指针，当源 TCP 进程发送数据段时窗口就会继续向右移动。如果"传送边界"指针触到"右"指针，发送 TCP 进程必须停止段发送，并要等待 ACK 到达后窗口才能继续向右移动。

每个 TCP 连接维持着两个窗口。一个窗口随着数据的发送而滑动，另一个窗口则随着数据的接收而滑动。由于 TCP 连接属于全双工方式，两个连接的窗口可同步移动，用于发送和接收。

**流量控制**

流量控制防止发送端传输超过接收端处理能力的数据，从而防止淹没后者。流量控制对 TCP 非常重要。如果没有流量控制，在接收缓冲满后，接收端开始丢弃后续数据，由于重传机制会重传所有丢失的数据，进而导致接收端陷入恶性循环。

发送端和接收端都可以执行流量控制。流量控制可以在任意一个需要或者任意一个协议层实现。在具体实现中，常常是传输层的功能。

1. 大小可变的窗口

利用大小可变的窗口可以控制端到端的流量。每个 TCP 进程将其"接收"窗口的尺寸通知其远程进程。接收窗口应是源 TCP 进程希望接受的序列号范围。正常情况下，接收窗口的尺寸在接收数据时缩小，在数据成功地传送到客户应用程序时增大。

大型窗口鼓励传送。为了响应接收窗口的扩大，发送者也扩大其传送窗口，并发送未被确认的字节。为了响应接收窗口的缩小，发送者缩小其传送窗口。窗口的大小伴随 ACK 一同发布，因此窗口大小随着向前滑动可动态地发生变化。

通常，窗口大小被设置为网络带宽乘以到远程主机的往返延迟。例如，在一个具有 5ms 往返延迟的 100 Mb/s 以太网上，可用将每个主机的窗口大小设置为 64 000 字节（100 Mb/s × 5 ms = 0.5 Mbit = 512 Kbit = 64 KB）。当窗口大小按照 RTT 调整后，发送端在窗口满之后恰好收到一个 ACK，使传输高效化。

由于网络带宽和往返延迟会变化，所以窗口总是在收缩或扩张，当然其上限是与套接字缓冲区一样大的。窗口大小的初始值与操作系统有关，不同的操作系统有不同的初始值，小到 4 096 字节，大到 65 536 字节都有可能；Linux 的为 32 120 字节，对于 Windows 则根据各种细节的不同，默认值在 17 000～18 000 字节之间。

### 2. 零接收窗口

TCP 进程只接收和确认那些落入窗口的数据段。如果 TCP 进程不能再接收更多的数据，它通过发送一个通知窗口大小为 0 的 ACK 数据包来关闭接收窗口。TCP 进程在关闭窗口之后可以继续接收数据段，但是这些段将不会得到确认。

面对零发送窗口的 TCP 进程，必须定期发送带有无效序列号、无效 ACK 号以及单字节无效数据的探测数据段。接收 TCP 进程会立即发送一个 ACK 进行响应，同时在重新打开窗口时包含一个非 0 的窗口尺寸。该项探测可确保将窗口重新打开的消息可靠地报告给连接的另一端。

### 连接终止

TCP 连接属于全双工方式，具有两个独立的数据流。为了终止一个连接，两端的 TCP 进程必须关闭两个数据流。图 4.47 示出了这一概念。

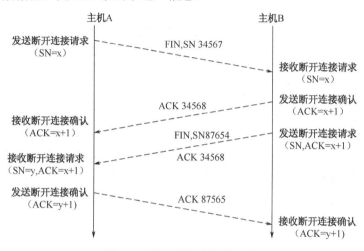

图 4.47　断开连接中的数据流

#### 1. 发出断开连接请求的一方

希望关闭连接的 TCP 进程向远程 TCP 进程发送一个包含设置"完成（FIN）"位的数据包，这称为主动关闭。由于每个连接都是独立的，所以在远程 TCP 进程以含有"FIN"和"ACK"的数据段给予响应之前，发出请求的 TCP 进程必须继续接收来自远程 TCP 进程的数据。远程进程的这种响应称为被动关闭。

当发出请求的 TCP 进程收到来自远程 TCP 进程的应答 ACK 数据包时，它向其客户应用程序发送一个断开连接的消息并等待计时器到期。当计时器达到指定时刻时，发出请求的 TCP 进程释放其资源并退出。

#### 2. 响应断开连接请求的一方

当远程 TCP 进程收到来自发送断开连接请求一方的"完成（FIN）"数据段时，它向其客户应用程序发出一个断开连接信号。同时，远程 TCP 进程继续接收和发送其客户应用程序与发出断开连接请求的 TCP 进程之间的数据。

在所有数据发送完成之后，响应 TCP 进程向其客户应用程序发送一个断开连接消息。此时,远程 TCP 进程关闭其资源,不再接收客户应用程序的数据。远程 TCP 进程向发起断开连接的 TCP 进程发送一个含有 FIN 和 ACK 的数据段,或者发送一个包含未被确认数据和一个 FIN 的数据段。在收到 ACK 或重传失败次数超出规定之前,FIN 数据段将被反复重传。

### 连接复位——紧急恢复

有时由于某些事件的发生,需要使应用程序或通信软件紧急终止连接。例如,当在给定时间内没有对所收到的数据段给予确认时,源 TCP 进程将继续重传未被确认的数据段。在多次重传未被确认后,TCP 进程会紧急终止该连接。TCP 提供了一种连接复位操作来处理这种异常情况。

源 TCP 进程通过传送将复位控制位(RST)设置成 1 的数据段来启动复位。连接的另一端必须终止连接来响应 RST 数据段。接收方还要通知其应用程序进程发生了复位情况。这样,两个方向上的数据传送便立即停止并释放所有资源。

### TCP 报文段封装

根据 TCP,每个报文段包含一个 20 字节的报头(选项部分另加)和 0 至几字节的数据(如果有数据的话)。数据字节最长不超过 65 536 B,即 65 536 B–20 B(IP 头)–20 B(TCP 报头)= 65 496 B,其中 65 536 B 为 IP 数据报的总长。可见,数据段的大小必须首先满足 IP 数据报数据载荷长度限制,其次还要满足底层网络传输介质最大传输单元(MTU)的限制,如以太网的 MTU 为 1 500 B。TCP 报文段被封装在一条 IP 数据报中。图 4.48 所示是 TCP 报文段被封装在一个以太网帧的示例。

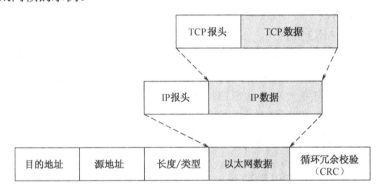

图 4.48　示例:TCP 报文段被封装在一个以太网帧内

## 典型问题解析

【例 4-8】当 TCP 应用程序要建立连接时,其段头中的(　　)标志置 1。
　　a. SYN　　　　b. FIN　　　　c. RST　　　　d. URG

【解析】同步标志 SYN 在 TCP 报文中用于连接建立阶段。当 TCP 应用程序要建立连接时,首先发送方发送一个 SYN 标志置位的段,接收方以 SYN 和 ACK 标志置位的段予以响应,然后发起端以 ACK 标志置位的段应答,连接就建立起来了。参考答案是选项 a。

【例 4-9】TCP 在建立连接的过程中可能处于不同的状态,利用 netstat 命令显示出的 TCP 连接的连接状态为 SYN-SENT,则这个连接正处于(　　)。

a. 监听对方的建立连接请求　　　b. 已主动发出连接建立请求
c. 等待对方的连接释放请求　　　d. 收到对方的连接建立请求

【解析】解答此题需要熟悉 TCP 的连接管理有限状态机的状态。监听对方的建立连接请求的状态为 LISTEN，已主动发出连接建立请求的状态为 SYS SENT，等待对方的连接释放请求的状态为 FIN WAIT，收到对方的连接建立请求的状态为 SYN RECEIVD。参考答案是选项 b。

【例 4-10】在 TCP/IP 网络中，为各种公共服务保留的端口号是（　　）。

　　a. 1～255　　　b. 256～1023　　　c. 1～1023　　　d. 1024～65 535

【解析】TCP/IP 网络提供 16 为的端口号，取值范围是 0～65 535。端口号是系统决定将数据交付哪个应用程序处理的依据。不同的服务端口对应不同的端口号。这些端口号通常被划分为以下几段：

0 不使用。如果为应用程序选择了 0 为端口号，那么系统将为它随机分配一个 1 024～5 000 之间的值。

1～1 023，常用的公共服务占用的端口号，如 FTP 使用 21 号端口，HTTP 使用 80 号端口等。

1 024～5 000 为临时端口号，可以被任何客户端程序占用，大多数 TCP/IP 应用程序给临时端口分配 1 024～5 000 之间的端口号。

5 001～65 535 为其他服务器程序预留端口号，这些服务在 TCP/IP 网络上是不常用的。如果协议开发自己的服务器程序，就应该使用 5 000 以外的端口号。

参考答案是选项 c。

【例 4-11】TCP 是互联网在传输层协议，TCP 进行流量控制的方法是 (1)　，当 TCP 进程发送出连接请求 SYN 后，等待对方的 (2) 响应。

(1) a. 使用停等 ARQ 协议　　　　b. 使用后退 N 帧 ARQ 协议
　　c. 使用固定大小的滑动窗口协议　d. 使用可变大小的滑动窗口协议
(2) a. SYN　　　b. FIN，ACK　　　c. SYN，ACK　　　d. RST

【解析】TCP 使用的可变大小活动窗口机制实现了可靠的高效传送和链路控制。TCP 的窗口以字节为单位进行调整，以适应接收方的处理能力。

TCP 采用三次握手协议来建立连接。首先发送方发送一个 SYN 标志置位的段，接收方以 SYN 和 ACK 标志置位的段响应。

参考答案：(1) 选项 d；(2) 选项 c。

【例 4-12】TCP 是互联网中的传输层协议，使用 (1) 次握手协议建立连接。这种建立连接的方法可以防止 (2)。

(1) a. 1　　　　　　b. 2　　　　　　c. 3　　　　　　d. 4
(2) a. 出现半连接　b. 无法连接　　c. 产生错误的连接　d. 连接失败

【解析】为了确保连接建立和终止的可靠性，TCP 连接采用三次握手的方法。所谓三次握手就是在连接建立和终止的过程中，通信双方需要交换 3 个报文。这种建立连接的方式可以防止产生错误的连接。产生错误连接的主要因素来源于失效期间存储在网络中的连接请求，这些过期连接请求在网络故障恢复后可能继续到达目的端，干扰新发出的连接请求，从而建立错误的连接。在创建一个新的连接过程中，三次握手方法要求每一端产生一个随机的 32 位初始序列号。由于每次请求新连接的初始序列号不同，因此 TCP 进程可以将过期的连接区分开来，避免二义性的产生，从而保证了连接的正确性。

参考答案：(1) 选项 c；(2) 选项 c。

# 练习

1. 将下列的约定端口号与其对应的应用程序连接起来：

   端口 20          DNS
   端口 21          HTTP
   端口 23          SMTP
   端口 25          Telnet
   端口 53          FTP 控制
   端口 80          FTP 数据

2. 本章第一节的练习中列出了一个跟踪数据的例子（在一个以太网上抓取的信息）。它显示以太网帧中封装了一个 IP 数据报，而 IP 数据报中又封装了 TCP 消息。复习有关内容并回答下列问题。

   a. 此例中信息通过 TCP/IP 网络在两个 Web 应用程序之间传送，那么 TCP 使用的端口号是多少？
   b. 此例中 TCP 消息的序列号是多少？
   c. 此例中特定事务的 socket 号是多少？
   d. 此例中跟踪的 SYN 位表示什么？

3. TCP 报文段头的最小长度是（    ）字节。

   a. 16          b. 20          c. 24          d. 32

   【提示】TCP 报头总长最小为 20 字节。参考答案是选项 b。

4. 以太网的数据帧封装格式如下所示，包含在 TCP 段中的数据部分最长应该是（    ）字节。

| 目的 MAC 地址 | 源 MAC 地址 | 协议类型 | IP 报头 | TCP 报头 | 数据 | CRC |
|---|---|---|---|---|---|---|

   a. 1 434          b. 1 460          c. 1 480          d. 1 500

   【提示】在 Ethernet II 格式中，一个帧的最大长度是 1 518 字节，而帧头占 14 字节，帧尾占 4 字节，IP 报头最少 20 字节，TCP 报头最少 20 字节，因此 TCP 段中的数据部分最长为 1 460 字节（1 518-14-4-20-20=1 460）。参考答案是选项 b。

5. 在下面的信息中（    ）包含在 TCP 报头中而不包含在 UDP 报头中。

   a. 目的端口          b. 顺序号          c. 发送端口号          d. 校验和

   【提示】UDP 提供了不可靠的无连接传送服务，每个数据包都是相对独立的，不需要顺序号来标记。而选项 a、c、d 中的内容在 TCP 报头和 UDP 报头中都有。参考答案是选项 b。

6. 在 TCP 中采用（    ）来区分不同的应用进程。

   a. 端口号          b. IP 地址          c. 协议类型          d. MAC 地址

   【提示】一台拥有 IP 地址的主机可以提供多种服务，如 Web、FTP 及 SMTP 等，这些服务完全可以通过一个 IP 地址来实现。主机区分不同的网络服务显然不能只靠 IP 地址，因为 IP 地址与网络服务的关系是一对多的关系，并且通过"IP 地址+端口号"来实现。需要注意的是端口并不是一一对应的，如 PC 作为客户机访问一台 WWW 服务器时，该服务器使用 80 号端口与 PC 通信，但 PC 则可能使用 3 457 号这样的端口。参考答案是选项 a。

7. TCP 协议中，URG 指针的作用是（　　）。

    a. 表明 TCP 段中有带外数据　　　　b. 表明数据需要紧急传送

    c. 表明带外数据在 TCP 段中的位置　　d. 表明 TCP 段的发送方式

【提示】URG：当等于 1 的时候，告诉系统有紧急数据传送。参考答案是选项 b。

8. 在 TCP 协议中，用于进行流量控制的字段为（　　）。

    a. 端口号　　　b. 序列号　　　c. 应答编号　　　d. 窗口

【提示】TCP 使用可变大小的滑动窗口协议实现流量控制。参考答案是选项 d。

9. 在发送 TCP 进程接收到确认（ACK）之前，由其设置的重传计时器时间超出，这时发送 TCP 进程会（　　）：

    a. 放弃该连接　　　　　　　b. 向另一个目标端口重传数据

    c. 调整传送窗口尺寸　　　　d. 重传重要的数据段

10. 下列哪项最恰当地描述了第一次握手？（　　）

    a. 接收方向连接发起方发送一个 SYN-ACK 段

    b. 连接发起方向接收方发送一个 SYN-ACK 段

    c. 连接发起方向目的主机的 TCP 进程发送一个 SYN 段

    d. 接收方向源主机 TCP 进程发送一个 SYN 段作为应答

11. 发送应用程序可以通过设置下列哪两个标志来使 TCP 进程在传送缓冲器填满前发送数据？（　　）

    a. FIL　　　b. PSH　　　c. FIN　　　d. URG

12. 假定目的 TCP 进程设置了一个 1 000 字节的接收缓冲器窗口，源 TCP 进程序列号从 23 100 开始。现在源 TCP 进程顺序发送下列数据段：

    段 1 ——200 字节

    段 2 ——300 字节

    段 3 ——200 字节

    段 4 ——300 字节

在发送上述数据段时，源 TCP 进程接收到下列确认号：

    23 300 + 窗口尺寸 800 字节（接收缓冲器现在能容纳 200～1 000 字节）

    23 600 + 窗口尺寸 500 字节（接收缓冲器现在能容纳 300～800 字节）

源 TCP 进程继续发送其余数据段，直到填满接收方的 1 000 字节容量的缓冲器。但是，源结点接收到的最后一个确认是 23 600。序列号 23 600 的重传计时器已到期。

接下来，源 TCP 进程将（　　）。

    a. 重新发送所有的 4 个数据段

    b. 重新发送段 3 和段 4

    c. 复位重传计时器并再次等待

    d. 继续发送以迫使接收方的缓冲器扩大

**补充练习**

1. 图 4.49 所示是捕获的一个 TCP 报文，查看其中的信息并回答如下问题：

（1）数据包（Frame 8）是对数据包（Frame 7）的响应。此跟踪数据的哪一部分显示了 TCP

进程正在进行通信?

（2）本例中的确认号是多少?

（3）此例中消息的目的客户机端口是哪一个?

图 4.49　TCP 报文

2. 源 TCP 进程在其传送缓冲器中放置了 6 个数据段，共 2 100 字节。接收 TCP 进程将其接收缓冲器（窗口）的大小设为 1 500 字节。如图 4.50 所示。

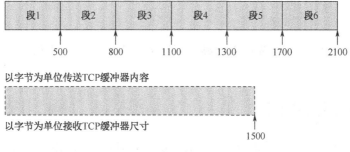

图 4.50　TCP 缓冲器

如果序列号从 0 开始，那么:

（1）接收缓冲器可容纳哪些段?

（2）这些段将使用接收缓冲器多少字节?

（3）源 TCP 进程发送数据段 1 并收到 ACK 号为 500 的确认，那么接收方在该 ACK 500 段中发送的接收窗口大小是多少?

（4）源 TCP 发送数据段 2 并收到 ACK 号为 800 的确认，那么接收方在该 ACK 进程 800 段中发送的接收窗口大小是多少?

（5）在接收到 ACK 800 后，源结点发送的下一个序列号是多少?

（6）源结点未收到预期的 ACK 1 100 段。这时，源结点并未为等待该 ACK 段而停止传送，而是发送数据段 4。那么在发送了段 4 后，源结点将做什么?

## 第六节　TCP/IP 网络的信息传送

通过 TCP/IP 网络传送信息时，首先需要知道逻辑地址、物理地址，然后在应用程序之间建立连接后才能从一个网络中的计算机向另一个网络中的计算机传送信息。本节讨论信息流如何通过网络进行传送。

**学习目标**
- 掌握大多数计算机网络所具有的 3 类地址；
- 掌握获得所需地址的步骤；
- 熟悉应用程序之间传送信息的过程。

**关键知识点**
- 在应用程序之间传送信息的过程。

### 信息传送

通过因特网等 TCP/IP 网络传送信息的过程，一般包括以下 5 个步骤：
- 获取逻辑地址；
- 获取物理地址；
- 在应用程序之间建立连接；
- 传送信息；
- 终止连接。

在深入研究这些步骤之前，先简单回顾一下用于在应用程序之间传送信息的物理地址和逻辑地址。

### 网络各层的主要功能

表 4.8 所示的内容概括了 OSI 参考模型各层的主要功能，并给出了与各层有关的信息单元和地址类型。

表 4.8　OSI 参考模型各层的功能、信息单元和地址类型

| 名　称 | 功　能 | 信息单元 | 地　址　类　型 |
| --- | --- | --- | --- |
| 应用层 | 用户功能 | 程序 | |
| 表示层 | 字符表示<br>压缩<br>安全 | 字符和字 | |
| 会话层 | 建立、实施和结束会话 | | |
| 传输层 | 把消息从发送计算机进程送达接收计算机进程 | 消息 | 应用程序之间的进程对进程 |
| 网络层 | 使单个数据包通过网络 | 数据包 | 数据包地址，识别接收者的网络和主机位置 |
| 数据链路层 | 使包含数据包的帧通过链路路由到最终目的结点 | 帧 | 网络接口卡（网络中的下一结点） |
| 物理层 | 使信号格式的位串（bits）通过物理介质 | 位（bit） | |

## 计算机网络寻址

计算机网络中的地址可以分为两大类：物理地址和逻辑地址。逻辑地址的两种主要类型是网络地址和进程地址。

### 物理地址

物理地址又称为：
- 硬件地址；
- 适配器地址；
- 网络接口卡（NIC）地址；
- 介质访问控制（MAC）地址。

物理地址是将信息最终传递到给定网络结点所需的地址。之所以用"最终"这一词语，是因为信息开始发送时（在网络较高层），通常只是简单地以符号名表示地址，如命令"Telnet Serverhost"中的主机名，其中的"Serverhost"是指用户试图通过远程登录应用程序和协议与之连接的目的主机名。为了使用户能与该主机相连接，必须以某种方式从符号名中得出一个物理地址，然后再在公认的寻址体系中使用该物理地址来到达目的结点。在这个例子中，首先利用域名系统（DNS）等名称服务进程从符号名中得到一个中间逻辑（或软件）地址，也就是IP地址。

通常，很容易将物理地址与物理层联系在一起，但是物理地址实际上是由数据链路层处理的。再次提醒一下，物理层仅用于向物理介质传送和接收来自物理介质的位串（bits）。在这一层，位串不具有任何诸如地址等意义。

为了进行联网，物理地址可以分成两种常见类型：局域网（LAN）地址和广域网（WAN）地址。LAN地址常见于以太网或令牌环网环境，而WAN地址则用于高级数据链路控制（HDLC）或帧中继寻址。

### 逻辑地址

逻辑地址与物理地址不同，逻辑地址通常涉及软件形式而不是硬件实体。逻辑地址有如下两种主要类型：
- 网络地址；
- 端口地址或进程地址。

例如，逻辑地址"144.25.54.8"是一个IP地址（网络地址），而另一个逻辑地址"23"则是端口号（进程地址）。

对于逻辑地址，其中最重要的一点是，逻辑地址不能使信息进入到物理硬件中去。只有物理地址，如广播地址、多播地址和单一目的（单播）地址，才能完成这一功能。

### 获取逻辑地址

通过网络传送信息时需要两个逻辑地址，即网络地址和该网络中主机的地址。正如前面内容所讨论的那样，这是IP的任务，IP地址就是由这两部分构成的。有多种搜寻获取IP地址的方法，其中最常用的方法是，在 DOS 命令行中输入并执行"netstat -n"命令，然后在弹出的界面中就可以看到当前究竟有哪些 IP 地址与该计算机建立了连接。如果对应某个连接的状态为"ESTABLISHED"，就表明与对方计算机之间的连接是成功的。通过"netstat -n"命令获取 IP 地址的一个示例如图 4.51 所示。

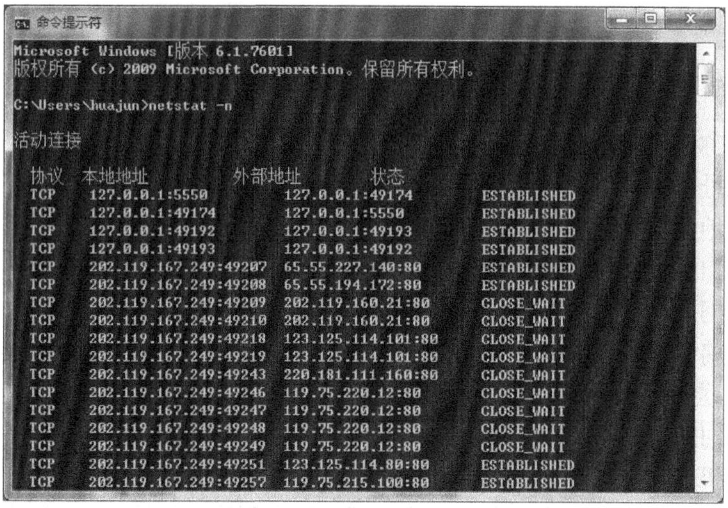

图 4.51  获取的逻辑地址示例

另外，还必须知道信息要到达的计算机中的应用程序。例如，如果要从一台 Web 服务器上获取一个文件，就必须在浏览器中输入此信息。

## 获取物理地址

在图 4.42 所示的例子中，得到了通信所需的 IP 地址。客户机可利用地址解析协议（ARP）获得与 DNS 服务器给出的 IP 地址相关的网络接口卡（NIC）地址。ARP 向网络中的所有结点进行广播，而具有相应 IP 地址的结点以其 NIC 地址给予响应。由此获得通信所需的全部 MAC 地址。这样，客户机进程便可以通过物理网络进行信息传送了。

## 在应用程序之间建立连接

本地 TCP 进程必须与远程计算机上的 TCP 进程建立一个连接，这样本地 TCP 进程才可以与网络另一端的对等 TCP 进程进行通信。这种虚拟线路是利用通信应用程序之间的套接字（Socket）号建立的。TCP 进程设置完虚拟线路后，信息就可以在应用程序之间进行传送了。TCP 负责在通信应用程序之间进行可靠的信息传送。图 4.52 示出了一个 TCP 进程如何利用端口号（如端口 21）将信息发往正确的进程。

## 传送信息

现在可以通过网络传送信息了。TCP 进程跟踪应用程序数据的分段和重装。TCP 进程利用 IP 在网络中传送数据报，而 IP 则利用底层的 LAN 协议或 WAN 协议通过物理链路传送数据包。如果文件服务器位于同一物理网络，则只需建立一个帧。如果文件服务器位于远程站点，则必须在路径中的每个数据包转发点都建立帧。

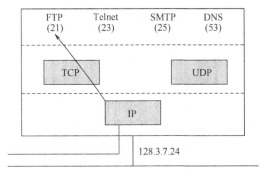

图 4.52　连接到设备——约定端口

## 终止连接

当一段一段地、一个数据包一个数据包地、一帧一帧地在通信应用程序之间传送完所有信息之后，通信主机将终止会话。在发送 TCP 进程断开与接收 TCP 进程的连接后，会话即告终止。一旦会话终止，通信应用程序之间就不再存在虚拟线路，也不会再有信息在 TCP 端口之间进行传送了。

### 练习

1. 下列哪 3 个术语表示物理地址？（　　）
　　a. 端口地址　　b. MAC 地址　　c. 适配器地址　　d. 硬件地址
2. 物理地址位于 OSI 模型的哪一层？（　　）
　　a. 传输层　　b. 网络层　　c. 数据链路层　　d. 物理层
3. 对于给定的逻辑地址，网络主机使用下列哪个协议来得到其物理地址？（　　）
　　a. DNS　　b. RARP　　c. DHCP　　d. ARP
4. TCP 在应用程序之间建立了下列哪种类型的线路？（　　）
　　a. 虚拟线路　　b. 动态线路　　c. 物理线路　　d. 无连接线路
5. 在 TCP 中，采用（　　）来区分不同的应用进程。
　　a. 端口号　　b. IP 地址　　c. 协议类型　　d. MAC 地址

【提示】TCP 使用端口号对主机上的多个应用进程进行区分。TCP 将一个 TCP 进程连接两端的端点称为端口，端口号用一个 16 位的二进制数表示，如域名服务器使用的 TCP 端口号是 53，HTTP 使用的 TCP 端口号是 80。实际上，应用程序路由 TCP 进程数据传送的工程就是数据从一台主机的 TCP 端口流入，经过 TCP 连接，从另一台主机的 TCP 端口流出的过程。

### 补充练习

下载一个免费或共享的网络嗅探器软件，如 Wireshark 等。
1. 将该软件安装在 Windows 系统的 PC 上，并观察本地网络的 TCP 流量。
2. 注意每个获取到的数据包的物理地址和逻辑地址。

3. 观察其 TCP 序列号及窗口信息。

# 本 章 小 结

本章深入探讨了 TCP/IP 协议族，特别是那些用于在源计算机和目的计算机之间传送应用程序信息的协议，以及 IP 如何对数据包分段以便使大型数据包通过网络进行传送。IPv6 的主要特征是：新的报文格式、巨大的地址空间、有效的分级寻址和路由结构、有状态和无状态的地址自动配置、内置的安全机制，以及更好的支持 QoS 服务的功能。IPv6 可以对 IPv4 地址进行转换，并可通过现有的 IPv4 路由器连接进行信息传送。

本章还讲述了要将数据包发送到位于物理网络的目的地址，必须先将其逻辑地址解析为物理地址，这一功能由 ARP 完成。另外，当源结点不知道目的网络的网关地址时，路由器可以用作代理 ARP。

用户数据报协议（UDP）是一种无连接协议，它利用 IP 在使用端口号的应用程序之间传送信息。端口号用于标识 TCP/IP 网络的应用程序。例如，客户机的计算机利用 UDP 从域名系统（DNS）服务器上获得 IP 地址信息。由于 UDP 是无连接协议，所以需要依靠应用层协议来解决信息处理和排序中发生的错误。

与 UDP 相反，TCP 是一种面向连接的协议。当两个应用程序之间需要通信时，TCP 首先在本地应用程序与远程应用程序之间建立会话。在通信程序之间传送数据之前首先要经过"三次握手"。当发送完会话的所有数据后，TCP 负责终止该会话。

**小测验**

1. 位于本地 IP 网段上的一台主机要将数据发送到另一个 IP 网络上的一台主机，源主机需要将目的主机的 IP 地址解析为 MAC 地址。网关路由器将运行下列哪种协议来回应本地主机的 ARP 请求？（  ）
  a. RARP  b. IARP  c. ARP  d. 代理 ARP
2. 下面哪项最恰当地描述了生存期（TTL）在 IP 中的使用？（  ）
  a. TTL 指出了允许发送主机在线的时间长度
  b. TTL 说明了数据报能在网络中保留多长时间
  c. TTL 指出了数据包能在网段上停留的秒数
  d. TTL 对数据报在每个路由器处等待的秒数进行计数
3. 一个数据报被标记为"不可分段"，而这时数据报要通过一个最大传输单元（MTU）小于该数据报尺寸的网段进行传送，那么接下来会发生（  ）。
  a. 用于传送的网络设备将调节网段的最大传输单元以适应该数据报的尺寸
  b. 发送设备将保留该数据报，直到目的网段的最大传输单元增大为止
  c. 用于传送的网络设备将压缩该数据报以适应网段的最大传输单元
  d. 用于传送的网络设备将放弃该数据报并通知源结点
4. IPv6 地址以十六进制数表示，每 4 个十六进制数为一组，组与组之间用冒号分隔。IPv6 地址"ADBF:0000:FEEA:0000:0000:00EA:00AC:DEED"的简化写法是下列中的哪一项？（  ）
  a. ADBF:0:FEEA:0000:00EA:00AC:DEED

b. ADBF:0:FEEA::EA:AC:DEED

c. ADBF:0:FEEA:EA:AC:DEED

d. ADBF::FEEA::EA:AC:DEED

【提示】IPv6 地址为 128 位长，但通常写成 8 组，每组 4 个，十六进制数形式。如果 4 个数字都为零，可以被省略。例如，"2001:0db8:85a3:0000:1319:8a2e:0370:7344"等价于"2001:0db8:85a3::1319:8a2e:0370:7344"。遵从这些规则，如果因为省略而出现了两个以上的冒号，可以压缩为一个。但这种零压缩在地址中只能出现一次。参考答案是选项 b。

5．开放式最短路径优先（OSPF）使用下列哪项 IP 数据包位来提供 ToS 路由？（　　）

    a．ToS 位    b．D-T-R-C 位    c．TTL 位    d．OSPF 位

6．下列哪项 IP 数据包帧字段可确保处理数据报的网关与源数据报的格式一致？（　　）

    a．HLEN 字段    b．ToS 字段  c．版本字段  d．标识符字段

7．在 IP 网络中，所有主机至少必须具有能够处理多少字节的数据报？（　　）

    a．512    b．576    c．1 500    d．65 536

8．对于下列给定的条件：目的网段的最大传输单元（MTU）为 512 字节；一个 1 500 字节的数据报；一个 20 字节的 IP 报头。传送设备需要将数据报分成多少段来匹配网段的最大传输单元（MTU）？（　　）

    a．1    b．2    c．3    d．4

9．下列哪几个应用程序使用 UDP 服务？（　　）

    a．FTP    b．TFTP    c．SNMP    d．DNS

10．下列哪一项最恰当地描述了 UDP 的多路分解过程？（　　）

    a．UDP 使目的主机将接收到的数据包通过多个 IP 地址进行路由

    b．UDP 利用连接号使多个应用程序能在同一主机内同步通信

    c．UDP 利用端口号使多个应用程序能在同一主机内同步通信

    d．UDP 允许多个主机通过单一虚拟线路进行通信

11．下列哪几项属于 TCP 的功能？（　　）

    a．最高效的数据包传递    b．流控制

    c．数据包错误恢复    d．多路分解多个应用程序

12．下列哪一项最恰当地描述了在 TCP 中使用的序列号？（　　）

    a．标识下一个期望的序列号

    b．标识源结点希望连接的下一个应用程序

    c．说明主机在当前会话中接收到的 SYN 编号

    d．标识段中第 1 个数据字节的序列号

13．下列哪一项最恰当地描述了在 TCP 中使用的窗口报头字段？（　　）

    a．它是双向的，因此两端都能控制数据流

    b．它是单向的，仅允许发送方控制数据流

    c．它确定适合网段最大传输单元（MTU）的 TCP 消息

    d．它允许发送应用程序"看到"目的应用程序的端口

14．TCP 套接字（Socket）由下列哪一项中的地址组合而成？（　　）

    a．MAC 地址和 IP 地址    b．IP 地址和端口地址

    c．端口地址和 MAC 地址    d．端口地址和应用程序地址

15. 本地 TCP 进程发送 4 个数据段，每个段的长度为 4 字节，其第 1 个序列号为 7 806 002。那么，接收进程为表明其接收到第 1 个段而返回的确认号是多少？（    ）
  a. 7 806 003  b. 7 806 006  c. 78 060 010  d. 78 090 011
16. 下列 TCP 报头的哪 3 个部分有助于 TCP 确保应用程序之间的可靠通信？（    ）
  a. ACK 控制位  b. 序列号  c. 校验和  d. 紧急指针
17. 下列哪一项 TCP 功能可迫使数据在填满传送缓冲器之前传递？（    ）
  a. Go    b. Send    c. Push    d. Pull
18. 接收 TCP 进程为了表明其已收到源结点的 SYN 数据包，向源结点发送下列哪种类型的数据包？（    ）
  a. SYN-ACK  b. SYN-2  c. ACK  d. RESYN
19. TCP 进程如何处理失败的连接？（    ）
  a. 发送一个 FIN 段轮询目的端的状态
  b. 在超出最大重试次数后发送一个 RST 段
  c. 发送一个 RST 段重置目的端的重传计时器
  d. 发送一个 ACK 段，立即终止该连接
20. 主机甲向主机乙发送一个 TCP 报文段，SYN 字段为 "1"，序列号字段的值为 2000，若主机乙同意建立连接，则发送给主机甲的报文段可能为 (1) ，若主机乙不同意建立连接，则 (2) 字段置 "1"。
  （1）a. (SYN=1，ACK=1，seq=2001，ack =2001)
    b. (SYN=1，ACK=0，seq=2000，ack=2000)
    c. (SYN=1，ÁCK=0，seq=2001，ack=2001)
    d. (SYN=0，ACK=1，seq=2000，ack=2000)
  （2）a. URG  b. RST  c. PSH  d. FIN
21. 主机甲和主机乙建立一条 TCP 连接，采用慢启动进行拥塞控制，TCP 最大段长度为 1000 字节。主机甲向主机乙发送第 1 个段并收到主机乙的确认，确认段中接收窗口大小为 3000 字节，则此时主机甲可以向主机乙发送的最大字节数是（    ）字节。
  a. 1000  b. 2000  c. 3000  d. 4000
22. TCP 是 Internet 的传输层协议，该协议控制流量的方法是 (1) ，当 TCP 进程发出连接请求（SYN）后等待对方的 (2) 响应。
  （1）a. 使用停等 ARQ 协议  b. 使用后退 N 帧 ARQ 协议
    c. 使用固定大小的滑动窗口协议  d. 使用可变大小的滑动窗口协议
  （2）a. SYN  b. FIN 和 ACK  c. SYN 和 ACK  d. RST

【提示】TCP 是 Internet 中的传输层协议，其控制流量的方法是使用可变大小的滑动窗口协议。当 TCP 进程发出连接请求（SYN）后，等待对方的 SYN+ACK 响应。

参考答案：（1）选项 d；（2）选项 c。

# 第五章 TCP/IP 服务

TCP/IP 应用程序给人们的工作和生活带来了极大的便捷性。例如，每当打开个人计算机（PC）时，不但希望登录网络、检测电子邮件（E-mail）及在线课程等一切活动都能正常地进行，而且还希望 E-mail 客户机下载了最新的在线销售信息；同时，还能够连接到在线课程站点检查学生的学习状况。人们在享受这些便捷时，一般很少考虑到每秒运行上百万次的底层网络进程。事实上，要登录到特定服务器，用户必须有相应的网络连接，该连接不只是物理上的，还包括逻辑方面的。用户的 E-mail 客户机必须找到其 E-mail 服务器并向该服务器发送用户的认证信息，然后用户的因特网服务提供商（ISP）的 POP 服务器才能将用户最近的邮件发送给客户机并释放空间。最后，用户的浏览器必须建立与在线课程所在 Web 服务器的连接，并下载用户希望访问的页面。这一切，均基于 TCP/IP 所提供的服务机制。

本章将深入讨论一些常用的 TCP/IP 服务。首先研究域名系统（DNS）、互联网控制报文协议（ICMP），以及互联网组管理协议（IGMP）。域名系统（DNS）主要是将 Web 页面的统一资源定位符（URL）解析为 IP 地址。ICMP 提供了一套专门用来控制和报告差错的机制，帮助数据包找到其从网络的一端到达网络另一端的路径。IGMP 用于支持主机和路由器进行多播。然后，介绍动态主机配置协议（DHCP）。PC 和服务器需要 IP 地址来进行通信，因此还需要具有分配这些地址的方法。DHCP 可用于动态地分配这些地址，因而可减轻人们的管理负担。最后，讨论网络地址转换（NAT），以便计算机既可以在内部网络中使用专用 IP 地址，同时也能够访问公共资源。

## 第一节 域名系统

域名系统（DNS）是通过客户机/服务器模式提供的一种重要的网络服务功能。与 HTTP、FTP 和 SMTP 一样，DNS 是应用层协议。其理由有两个，一是使用客户机/服务器模式在通信的端系统之间运行；二是在通信的端系统之间通过端到端的传输层协议来传送 DNS 报文。然而在某种意义上，DNS 的作用又不同于 Web、文件传送以及电子邮件应用，因为它的应用并不直接与用户打交道。尽管 DNS 这一名称从技术上讲属于应用层，但实质上它并非一种用户应用程序。DNS 的本质是发明了一种有关层次的基于域的命名方案，并且采用分布式数据库系统予以实现。本节将介绍 DNS 的用途和功能。

### 学习目标

- ▶ 掌握 DNS 的基本概念以及域名解析的原理与模式；
- ▶ 掌握 DNS 服务的基本原理以及表示域名的方法；
- ▶ 了解域名管理器的功能，并能描述域名服务器是如何管理域名信息的。

### 关键知识点

- ▶ DNS 资源记录的类型与作用；
- ▶ DNS 将用户的网络名称解析为逻辑 IP 地址。

## DNS 概述

DNS 是"域名系统"的英文缩写,是基于 TCP/IP 协议族的分布式数据库,用于实现用户的网络名称与 IP 地址的转换,广泛用于局域网、广域网以及因特网等运行 TCP/IP 的网络。众所周知,在互联网中唯一能够用来表示计算机身份,并定位计算机位置的方法就是获得其 IP 地址。但网络中往往存在太多的服务器,如提供 E-mail、Web、FTP 等服务的服务器,记忆这些服务器的 IP 地址不仅枯燥无味,而且容易出错。DNS 服务可以使用形象、易记的域名代替复杂的 IP 地址。将这些 IP 地址与域名一一对应,不但使得对网络的访问更加简单,而且完美地实现了与因特网的融合。例如,当在联网计算机的 IE 浏览器地址栏中键入 URL 地址"http://www.baidu.com"并按 Enter 键后,页面的左下角会显示"正在连接到站点 202.108.22.5",这就是 DNS 所起的作用。在键入 URL 地址后,客户机将这一用户友好的 URL 地址解析成计算机友好的 IP 地址。当然,用户也可以在浏览器的地址栏中直接键入服务器的 IP 地址"http://202.108.22.5",这样也可以连接到同样的站点。但是,如果用户只能通过数字形式的 IP 地址来连接喜爱的站点,由于对用户来说,这些不直观的数字很难记忆,因此会带来极大的不方便。

DNS 是在 1984 年由 Paul Mockapetris 发明的。DNS 服务器也称为域名服务器,用于运行域名解析应用程序。而 DNS 客户机也称作解析器(Resolver)。"域名系统"这一术语指的是,与网络操作系统(NOS)一起提供域名解析服务的系统。

用户通常将域名看作由点号(.)隔开的一组文本标记。完整的域名通常也称作全限定域名(FQDN),其中最后一个点号后跟着的"com"指定了其根域,有时不予列出;其第一个标记是主机名称,第一个点号之后的标记为主机所在的域。例如,在"baidu.com"域中的主机 host1,其全限定域名应写作:

    http://host1.baidu.com

使用域名时,用户需要知道一台指定的主机是否与自己的计算机处在同一个域中。如果处在同一域中,用户在发布命令时只需简单地输入该主机名称即可。例如:

    http://host1

这一单独的主机名称也称为相对名称,用于表示相对于当前域的主机名。在本例中,当前域为"baidu.com"。此外,如果用户的计算机和主机位于不同的域,则用户的输入命令中必须包含该主机所属的域。例如:

    http://host.3Com.com

以下关于 DNS 所进行的讨论,适用于希望了解域名系统的底层协议,或需要为将要连接到另一个 TCP/IP 网络建立域名数据库的读者。

## DNS 的层次结构

DNS 是一种网络资源命名机制,因对集中式管理和维护的因特网名称数据库的扩展需求而产生。在 DNS 出现之前,一直由斯坦福研究院网络信息中心(SRI-NIC)对主机表形式的这一中央数据库进行维护和更新。网络管理员将有关主机名称改变的信息提交给 SRI-NIC,然后由 SRI-NIC 对主机表进行更新。网络管理员接着用文件传送协议(FTP)下载最新的主机表并更新其本地域名服务器。当只有一小组用户，且数据库内容几乎不发生变化时，使用中央数据库形式能够高效地进行工作。但是，随着 TCP/IP 的应用越来越广泛，这种中央数据库变得越来越难以维持了。

## 主机文件

当因特网很小时，域名解析使用的是主机文件。主机文件只包括名字和地址两列内容。每一个主机可以把主机文件存储在主机的磁盘上，并对主机文件（Master Host File）定期进行更新。当程序或用户想把名字解析为 IP 地址时，主机就查找这个主机文件并解析。例如，在安装了 TCP/IP 的使用 Windows 操作系统的 PC 上，在其操作系统所在的目录下有一个名字为"hosts"的无扩展名的文件，即主机文件。图 5.1 所示是一个使用 Windows 7 操作系统的 PC 上的默认主机文件，它位于"C:\Windows\System32\drivers\etc"文件夹中，这也是 Windows 7 操作系统的系统文件所安装的路径及文件夹。

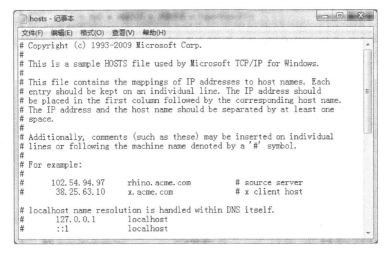

图 5.1 主机文件

该文本文件中保存了静态名称解析条目，利用它，PC 可以在需要时将其中的主机名称解析为 IP 地址。将"hosts"文件中的各项条目排成列，如下所示：

  因特网地址  官方主机名称  别名

默认条目为本地机器的回送（Loopback）地址，该地址用于本地诊断。可以想象，如果每次登录新的 Web 站点时，用户都必须手动更新此文件，那么用户的工作将变得多么冗长乏味，同时，也会造成时间的大量消耗。显然，今天已经不可能用单个主机文件把每一个地址和名字关联起来，因为主机文件会太大而无法存储在每一个主机上。此外，每当名称发生变化时，也不可能对全世界所有的主机文件进行更新。

## DNS 层次

正如前面所讲到的，集中式主机表变得超乎想象的庞大和臃肿。因此，有必要找到一种命名系统，允许在本地进行名称的管理和维护，同时提供一种单一、连贯的命名方法。DNS 提供了一种系统，该系统可以将名称进行分类，并且类别还可在以后进一步细分，从而扩展了因特网名称数据库。类别按照授权域进行定义，这意味着在划分中央名称数据库时，同时定义了包括注册、维护和管理名称权力在内的授权范围。

1. 顶级域名（TLD）

DNS 的名称空间从用点号"."表示的根域开始，这也是域权力分发开始的地方。最初，DNS 定义了 7 个直接位于根域下的顶级域名。这 7 个最早的顶级域名并无国家标识，而是按用途进行的分类。这 7 个类别顶级域名如下：

- .gov（政府）；
- .edu（教育）；
- .com（商业）；
- .mil（军事）；
- .org（组织）；
- .int（国际组织）；
- .net（网络服务提供者）。

此外，每个国家或地区也分别分配了一个由 2 个字母组成的顶级域名代码，称为地理顶级域名代码（ccTLD）。部分地理顶级域名代码如下：

- .au —— 澳大利亚；
- .ca —— 加拿大；
- .cn —— 中国；
- .de —— 德国；
- .it —— 意大利；
- .jp —— 日本；
- .ke —— 肯尼亚；
- .pr —— 波多黎各；
- .uk —— 英国；
- .us —— 美国。

全部的地理顶级域名代码列表可在 http://www.iana.org/domains/root/db 页面上找到。

另外，ICANN 于 2000 年 11 月 16 日又新批准了以下 7 个顶级域名，这些新顶级域名的列表可以在 http://archive.icann.org/en/tlds/ 上查到。这 7 个新顶级域名如下：

- aero（航空运输业）；
- biz（企业）；
- coop（合作社企业）；
- info（无限制）；
- museum（博物馆）；
- name（个人名称注册）；
- pro（专业资格）。

2. 二级子域

每个域都有一个管理员，可以授权形成新的子域。新子域具有特定的授权范围，称作授权区域（Zone of Authority）。通常只针对给定的网络系统或系统组中的命名结点形成新的子域。例如，全限定域名（FQDN）"host1.baidu.com"描述了位于子域"baidu"中的主机 host1，而该子域又位于顶级域名.com 之下。二级子域管理员向 ICANN 指定的域名注册服务商注册其域名。ICANN 的 Web 站点中列出了当前已获得授权的所有域名注册服务商。付费后，域名注册服务商会将这些公司或私有域名进行注册，并将其放在全球 DNS 名称空间的地址映射表中。

二级子域也可以对顶级域进行分类。例如，可对顶级域名".cn"再进行分类，如教育：".edu.cn"。

二级子域管理员可以在这些子域下继续划分更小的子域，例如：

support.txgc.njit.edu.cn

其中的".support"是位于". txgc.njit.edu.cn"下的子域。

图 5.2 示出了部分 DNS 顶级域名的层次结构。这些顶级域名由 ICANN 集中管理，ICANN 负责所有顶级域名的注册并维护 DNS 数据库。尽管 DNS 名称的最终授权和责任由 ICANN 负责，但每个域仍然有责任和权力在其权限内或授权区域内进行命名，并且能够授予由其划分出的子域具有与其类似的权力。域名信息在数据库中得到维护，并由称为域名服务器的应用程序进行管理。

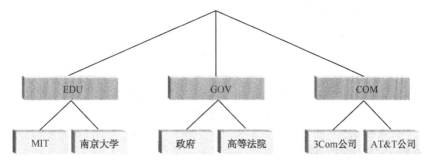

图 5.2　DNS 顶级域名的层次结构

域名信息可以用于以下目的：
- 将域名映射成 IP 地址；
- 将邮箱映射到域名；
- 保留最新信息；
- 使运行不同协议的网络进行通信。

## 域名命名

计算机系统彼此之间通过硬件地址或网络地址进行通信。但是，大多数用户很难记住数字地址，而宁愿给计算机主机和设备起个名字。虽然采用了各种本地命名体系，但当在位于像因特网这样的大型分布式网络中的不同系统之间进行通信时，这些本地命名体系就几乎无法使用了。域名系统（DNS）的开发满足了对一致性命名体系的需要。对于这一命名体系，本地系统几乎不必调整就能适应本地的命名约定。

### 域名

域名系统（DNS）用一种直观的方式区别两个类似的名称。例如，大多数公司都有销售部。对于小公司，在内部文档中说"转交给销售部"就足够了。但如果要区分两个外部公司的销售部，则要说"将此文件发送给 ABC 公司或 XYZ 公司的销售部"。在这个例子中，两个部门的名字是相同的，都叫作"销售部"。如果要用域名区分这些部门，应当表示成如下形式：
- sales.mycompany；
- sales.ABC；
- sales.XYZ。

### 服务器开头的域名

有许多机构指派的域名反映了计算机所提供的服务。例如，一台运行文件传送协议（FTP）的服务器可以命名为

  ftp.foobar.com

类似地，运行 Web 服务器的计算机可以命名为

  www.google.com

这样的域名易于记忆，但并不是必需的。特别是，用 www 来对 Web 服务器的计算机命名，也仅仅是一种习惯而已。热火计算机都可以运行 Web 服务器，即使其计算机的域名不含有 WWW 开头域名的计算机也不要求一定运行 Web 服务器。

每个机构都可以自由地选择其 DNS 服务器的构成细节。例如：一个只有少量计算机的小型科研机构与 ISP 签约，委托其运行 DNS 服务器；一个运行自己的 DNS 服务器的大型组织，可以把本机构内所有计算机的域名放在单台物理服务器上，也可以选择吧域名划分到多台服务器上。其划分可以匹配公司的组织机构（如一个公司所有域名可以放在一个服务器上），也可以匹配地理结构（如每个公司网站对应一个单独的服务器）。

### 域名系统的树状结构

DNS 是一种树状结构的域名方案，域名通过使用标记"."分隔每个分支来表示一个域在逻辑 DNS 层次中相对于其父域的位置。所以，当定位一个主机时，可以从最终位置到父域再到根域。图 5.3 所示将 DNS 表示成由顶级域名开始的树状结构。图 5.4 示出了一个域名的例子。

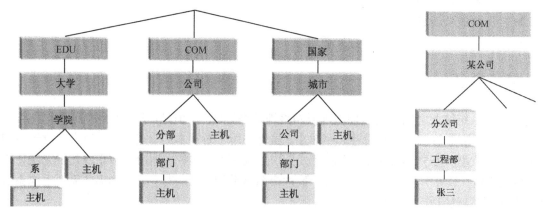

  图 5.3 三列顶级域名层次结构图    图 5.4 域名示例

域名用由点号"."隔开的字符数字串表示。域名中的每一个部分被称为一个标签。标签是域名中用点号与其他标签隔开的字符或数字串。标签的最大长度是 64 字节，而域名的最大长度是 255 字节。域名有两种类型：

▶ 绝对域名 —— 绝对（完全）域名以顶级标签结尾，最后一个标签后面包括一个点号。绝对域名又称全限定域名（FQDN）。
▶ 相对域名 —— 相对域名包括表示域名开始标签的字符串，通常是在一个已知系统中进行识别时所需的最少字符。相对域名通常通过用户界面输入，依靠本地域的软件来完成该域名。

相对域名用于子树或子域，其中的软件可以很容易地确定主机或资源的绝对域名。域名对字母的大小写不敏感。

## 域名授权

域名系统（DNS）的域名授权是分布式的。ICANN 授权域名注册服务商管理顶级域名，域名注册服务商又授权有资格的组织参与下一级域名的管理。ICANN 授权域名注册服务商将它的某些权力下放给管理自己的域并授权增加子网的二级域管理员。二级域管理员也可用类似方法添加域和对新子域进行授权。

尽管每层的管理员被授权并负责管理给定的子域，但由 ICANN 授权具有顶级权力的域名注册服务商保留最终负责整个子域树的权力。

域名管理员的责任中包括确保本域满足所有父域的管理要求。为了找出域名管理员希望加入的域名空间的授权者，域名管理员要求域名注册服务商的主机管理员做到：

▶ 确保任何时候域内数据都是最新的；
▶ 验证域名在域内的唯一性；
▶ 验证域名与标准约定的一致性；
▶ 为域内及域外用户提供对域名和与域名相关信息的访问；
▶ 全天候管理域名服务器，维护本地域名数据库的当前副本。

## 区域

名称服务器管理的域数据库中包含域系统树中所有结点的信息。此数据库的管理不是集中式的。按照组织机构或协议组的要求，域管理员可将其域空间子树分割成各种区域（Zone）。区域由域树中的相邻部分构成，域名服务器拥有该区域的全部信息并具有对该区域的授权。区域是作为 DNS 子树而形成和进行管理的域名组。

每个区域由至少一个域名构成，同时区域内的所有结点都是相连的。在每个区域内，有一个比该区域内的其他结点更接近根结点的结点，这个结点的名字通常用来标识此区域。如图 5.5 所示，在 X 区域内标识此区域的结点是"通信工程系"，而在 Y 区域则是"计算机科学与技术系"。

在图 5.5 中，一个区域是通信工程系，其域名为".txgc.xxu.edu.cn"；而另一个区域是计算机科学与技术系，其域名为".computer.xxu.edu.cn"。每个区域都拥有对其树状结构中所有主机的管理权力，并要负责处理这一特定区域内的名称解析查询。

### DNS 资源记录

每个区域所维护的域名信息的形式为文本格式的结点名称条目，又称为资源记录（RR）。

根据需要，管理员可以向区域添加各种类型的 DNS 资源记录。表 5.1 示出了 DNS 资源记录中以文本格式保存的主机或结点名称及其功能描述等信息。

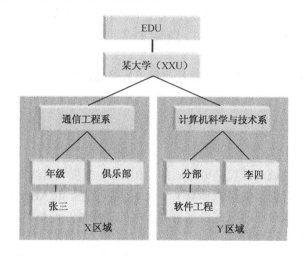

图 5.5　两区域树状结构中的域名示例

表 5.1　DNS 资源记录

| 名　　称 | 功　能　描　述 |
| --- | --- |
| 主机（A）记录 | 将主机记录用于建立正在搜索区域内建立的主机名与 IP 地址的关系。在实现虚拟主机技术时，管理员通过为同一主机设置多个不同的 A 类型记录，来达到同一 IP 地址的主机对应不同主机的目的 |
| 规范名（CNAME）记录 | 为主机建立规范名（又称别名）。例如，某公司（XXX）的 Web 服务器，其实际名称为"jwc.xxx.com.cn"，但其域 DNS 的 CNAME 为"www"，因此用户可以通过"http://www.xxx.com.cn"而非"jwc.xxx.com.cn"来访问该服务器 |
| 邮件交换器（MX）记录 | 邮件交换器（MX）记录的全称是"Mail Exchanger"。MX 记录为地址邮件服务专用，用来查询接收邮件服务器的 IP 地址。域中可以存在多台邮件服务器，但是它们的优先级不同。数值越低，优先级越高（0 最高），取值范围为 0～65 535 |
| 名称服务器（NS）记录 | 用于建立管辖此区域中的名称服务器（NS），包括主要名称服务器和辅助名称服务器 |
| 起始授权（SOA）记录 | SOA 用于建立此区域中的主要名称服务器以及管理此 DNS 服务器的管理员的电子名称。例如，在 Windows Server 2008 操作系统中，每创建一个域，就会自动建立 SOA 记录，因此这条记录是所建域内的第一条记录 |

### 资源记录格式

DNS 资源记录的基本格式如下：

[名称] [TTL] [类] <类型><数据>

▶ [名称] ——由字母和数字组成的标识符。在连续的名称相同的一列条目中，第 1 条之后的条目中的"名称"字段都可省略。"名称"字段可以是全限定域名（FQDN），也可以是相对域名。

- [TTL]（可选）——解析器应当在其本地缓存中保留所获得域名的最长时间（以秒为单位）。如果此字段为空，其 TTL 值默认为 SOA 记录的最小值。
- [类]——表示网络类型，共有 3 种：
  I——表示因特网；
  CH——表示 ChaosNet 网络，一种过时的网络类型；
  HS——表示 Hesiod 网络，用于流行的 BIND DNS 数据库服务。
- <类型>——基本的记录类型有下列 3 种：
  区域（Zone）——指定域及其名称服务器；
  基本（Basic）——将名字映射到地址，同时路由邮件；
  可选（Optional）——提供有关主机的附加信息。
- <数据>——记录提供的数据类型。

常用的一些 DNS 记录类型如表 5.2 所示。

表 5.2　DNS 记录类型

| 类　型 | | 名　称 | 描　述 |
| --- | --- | --- | --- |
| 区域（Zone） | SOA | 起始授权 | 定义所授权的 DNS 区域 |
| | NS | 名称服务器 | 为区域指定服务器 |
| 基本（Basic） | A | 地址 | 名称到地址的转换 |
| | MX | 邮件交换器 | 控制 E-mail 路由 |
| 可选（Optional） | CNAME | 规范名 | 主机的另一个名称 |

## 域名服务器

区域的资源记录由称作域名服务器的程序进行管理。每个域名服务器可以作为一个以上的区域的档案库。相应的，DNS 要求每个区域都必须将其信息保存在一个以上的域名服务器上。

域名服务器的主要功能是回答有关域名、地址、域名到地址或地址到域名的映射的查询。另外，域名服务器还维护一个基于文本的列表，其中列出了所有关于查询类型、分类或域名的资源记录。

为了对查询给予快速响应，域名服务器管理以下两种类型的域名信息：

- 区域所支持的或被授权的本地数据。本地数据中可以包含指向其他域名服务器的指针，而这些域名服务器也可能提供其他必需的信息。
- 缓存数据。缓存数据中含有从其他域名服务器应答中采集的信息。

根据域名服务器的用途，域名服务器可分为以下几种类型：

（1）主域名服务器：负责维护这个区域的所有域名信息，是特定域的所有信息的权威资源。也就是说，主域名服务器内所存储的是该区域的正本数据，系统管理员可以对它进行修改。

（2）辅助域名服务器：当主域名服务器出现故障、关闭或负载过重时，辅助域名服务器作为备份服务提供域名解析服务。辅助域名服务器中的区域文件内的数据是从另一台域名服务器中复制过来的，并不是直接输入的。也就是说，这个区域文件的数据只是一个副本，这里的数据是无法修改的。

（3）缓存域名服务器：可以运行域名服务器软件，但没有域名数据库。缓存域名服务器从某个远程服务器取得每次域名服务器查询的回答，一旦取得一个答案，就将它放在高速缓存中，以后查询相同的信息时就用它予以回答。缓存域名服务器不是权威性服务器，因为它提供的所有信息都是间接转发的。

（4）转发域名服务器：负责所有非本地域名的本地查询。转发域名服务器接收到查询请求时，先在其缓存中查找，如果找不到，就把请求依次转发到指定的域名服务器，直至查询到结果为止；否则，返回无法映射的结果。

## 授权区域信息

每个区域都是域空间中特定子树的一个完整数据库。每个区域都具有该数据库中的域名的授权。这意味着区域负责区域内所有结点的授权信息，即从子树的顶级结点直到末端的叶结点。

区域中具有两条对于区域管理很重要的资源记录，这两条记录也是区域所保留的授权信息的一部分：

- ▶ 维护识别和描述哪个结点是区域顶级结点的信息的资源记录（SOA 记录）；
- ▶ 列出区域内的所有域名服务器的资源记录（NS 记录）。

区域中也有包含未授权信息的资源记录，这些未授权信息与区域中的子区域名称服务器有关。这些记录是子区域顶级结点资源记录的复制文本。

## 主文件

被称为主文件的文本文件中保存着域名服务器所使用的资源记录信息。主文件在某些应用中又叫作域名表，它是以资源记录格式输入的面向行的条目序列。输入资源记录时，使用以下两个控制条目：

- ▶ 来源 —— 指定资源记录的域名；
- ▶ 包含 —— 在主文件中输入记录。

域名服务器主文件中的资源记录条目含有以下信息类型：

- ▶ 域名服务器负责区域内所有结点的授权信息，也就是地址（A）记录；
- ▶ 定义区域顶级结点（授权的起点）的数据，也就是起始授权（SOA）记录；
- ▶ 描述直属委派的子区域的数据，也就是名称服务器（NS）记录；
- ▶ 可以访问子区域名称服务器的数据（黏合数据），也就是保存在父区域记录中的子区域名称服务器的地址（A）记录。

当特定子区域名称服务器不在该子区域的顶级结点中时，黏合资源记录（Glue RR）用作 A 记录定位区域内的子区域名称服务器。如果名称服务器已被子域分割出去，该子域的名称服务器此时被看作指向一个未解析名称。下面列出对子域"instruction.westnetinc.com"指派了名称服务器（NS）记录以及相关黏合记录的父域：

- ▶ instruction.westnetinc.com IN NS；
- ▶ nameserver.instruction.westnetinc.com；
- ▶ nameserver.instruction.westnetinc.com IN A 123.10.17.3。

DNS 黏合记录在当拥有子域授权的名称服务器位于该子域中时使用。图 5.6 示出其名称解析的步骤。

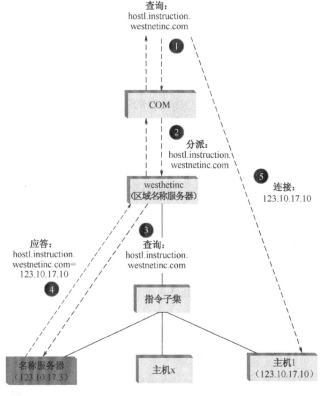

图 5.6 黏合资源记录

① 域"westnetinc.com"接收到一条对主机"host1.instruction.westnetinc.com"进行名称解析的请求。

② "westnetinc.com"的授权服务器将该请求指向子域"instructor.westnetinc.com"的名称服务器。

③ 子域"instructor.westnetinc.com"又将该解析请求转向位于该子域内的区域名称服务器"nameserver.instruction.westnetinc.com",并尝试进行解析。但由于 NS 记录仅指出了该区域的域名服务器的名字而非地址,因此所有发往子域"instructor.westnetinc.com"的名字解析查询都会失败。如果在域"westnetinc.com"中的名称服务器的主文件中输入了一条黏合资源记录,用于将主机名"nameserver.instruction.westnetinc.com"解析为 IP 地址,则所有的名称解析查询都会指向地址"123.10.17.3"而非名称服务器的 FQDN。名称服务器利用资源记录中的信息,可将查询指向另外一台名称服务器,该服务器能够更好地访问与指定查询有关的信息。

④ "nameserver.westnetinc.com"将解析主机名称得到的地址"123.10.17.10"返回给"westnetinc.com"的授权服务器。接着该服务器将地址传送到发出请求的解析器。

⑤ 解析器通过该 IP 地址与主机"host1.instruction.westnetinc.com"进行连接。

## 域名解析

将域名映射为 IP 地址(称为正向解析)或将 IP 地址映射为域名(称为反向解析),都称为域名解析。DNS 被设计为客户机/服务器模式。将域名映射为 IP 地址或将 IP 地址映射为域名的主机需要调用 DNS 客户机，即解析器。解析器用一个映射请求找到一个 DNS 服务器。若该服务器有这个信息，则满足解析器的要求。否则，或者让解析器查找其他服务器，或者查询其他服务器来提供这个信息。

### 解析器

解析器是为解析查询而访问域名服务器的解析程序。用于域名到 IP 地址解析的网络主机就是一个解析器。当用户程序向域名服务器发送一条请求时，它是将请求发送给与域名服务器接口的程序。解析器通常与发出查询的程序位于同一台计算机上，无论这个请求来自客户机还是 DNS 服务器。

不过，在某些应用中，解析功能由请求计算机转移到了域名服务器上，在集中缓存或者请求计算机（如 PC）不具有维护解析器的资源时可能采取这种方式。解析器接收来自用户程序的请求，并以与本地主机数据格式兼容的形式返回所请求的信息。

解析器将以前的查询保留在缓存中并在可用时利用此缓存回应新的查询。典型的解析器应具有下列 3 种功能：

- 将主机名转换成主机地址（IP 地址）；
- 将主机地址转换成主机名；
- 返回一条资源记录的全部内容而非只是处理过的形式。

### 域名解析方式

当解析器向 DNS 服务器提出域名解析请求时，有递归解析和迭代解析两种解析方式：

1. 递归解析

递归解析要求域名服务器系统一次性完成全部域名与 IP 地址之间的映射。换言之，解析器期望服务器提供最终解答。若服务器是该域名的授权服务器，就查询其数据库并响应。若服务器不是该域名的授权服务器，则该服务器将请求发送给另一个服务器并等待响应，直到查找到该域名的授权服务器，并把响应的结果发送给提出域名解析请求的客户机。

2. 迭代解析

迭代解析有时也称为反复解析，每一次请求一个服务器，不行再请求别的服务器。换言之，若服务器是该域名的授权服务器，就检查其数据库并响应，从而完成解析。若服务器不是该域名的授权服务器，就返回认为可以解析这个查询的服务器的 IP 地址。集线器向第二个服务器重复查询，若新找到的服务器能够解决这个问题，就响应并完成解析。否则，就向解析器返回一个新服务器的 IP 地址。解析器如此重复同样的查询，直至找到该域名的授权服务器。

在实际应用中，往往是将递归解析和迭代解析结合起来使用。例如，如图 5.7 所示是一个解析 www.abc.com 主机 IP 地址的全过程。

① 客户机的域名解析器向本地域名 DNS 服务器发出 www.abc.com 解析请求；

② 本地域名服务器未找到 www.abc.com 对应的 IP 地址，则向根域服务器发送 .com 的域名解析请求；

③ 根域服务器向本地域名服务器返回 .com 域名服务器的 IP 地址；

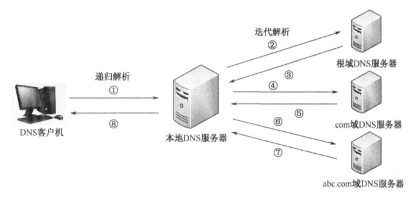

图 5.7 域名解析的过程

④ 本地域名服务器向 .com 域名服务器提出 abc.com 域名解析请求；
⑤ .com 域名服务器向本地域名服务器返回 abc.com 域名服务器的 IP 地址；
⑥ 本地域名服务器向 abc.com 域名服务器提出 www.abc.com 域名解析请求；
⑦ abc.com 域名服务器向本地域名服务器返回 www.abc.com 主机的 IP 地址；
⑧ 本地域名服务器将 www.abc.com 主机的 IP 地址返回给客户机。

## 练习

1．DNS 是（　　）的简称。
2．DNS 域名解析的方式有 2 种，即（　　）和（　　）。
3．DNS 正向解析是指（　　），反向解析是指（　　）。
4．应用层 DNS 协议主要用于实现的网络服务功能是？（　　）
　　a．网络设备名称到 IP 地址的映射　　b．网络硬件地址到 IP 地址的映射
　　c．进程地址到 IP 地址的映射　　d．用户到进程地址的映射
5．DNS 提供了一个（　　）命名方案。
　　a．分级　　b．分层　　c．多级　　d．多层
6．DNS 顶级域名中表示商业组织的代码是？（　　）
　　a．com　　b．gov　　c．mil　　d．org
7．主机可以使用下列哪两种机制将 FQDN 解析为 IP 地址？（　　）
　　a．LMHosts　　b．主机表　　c．WINS　　d．DNS
8．DNS 名称空间从何处开始？（　　）
　　a．根　　b．顶级域　　c．主机名称　　d．国家代码域
9．DNS 域名的最大长度是多少字节？（　　）
　　a．64　　b．128　　c．200　　d．255
10．下列哪两项属于域"westnetinc.com"中的相对域名？（　　）
　　a．telnet.westnetinc.com　　b．telnet
　　c．telnet.westnetinc　　d．host1.telnet.westnetinc.com
11．区域在下列哪种类型的记录中维护域名信息？（　　）
　　a．区域（Zone）记录　　b．资源记录（RR）
　　c．域（Domain）记录　　d．授权（Authority）记录

12. 下列哪三项属于解析器的典型功能？（　　）
    a. 主机名称到主机地址（IP 地址）的转换
    b. 主机地址到主机名称的转换
    c. 返回所有资源记录内容而非只是处理过的形式上的全面查询功能
    d. 域或子域的名称解析授权
13. 在进行域名解析工程中，由（　　）获取的解析结果耗时最短。
    a. 主域名服务器　　　　　　　　b. 辅域名服务器
    c. 缓存域名服务器　　　　　　　d. 转发域名服务器

【提示】缓存域名服务器是一种很特殊的 DNS 服务器，它本身并不管理任何区域，但是 DNS 客户端仍然可以向它请求查询。缓存域名服务器类似于代理服务器，它没有自己的域名数据库，而是将所有查询转发到其他 DNS 服务器处理。当缓存服务器从其他 DNS 服务器收到查询结果后，除返回给客户机外，还会将结果保存在缓存中。当下一个 DNS 客户端在查询相同的域名数据时，就可以从高速缓存中得到结果，从而加快对 DNS 客户端的响应速度。参考答案应是选项 c。

14. 主域名服务器在接收到域名请求后，首先查询的是（　　）。
    a. 本地 hosts 文件　　　　　　　b. 转发域名服务器
    c. 本地缓存　　　　　　　　　　d. 授权域名服务器

【提示】DNS 查询：客户端先本地缓存记录，再看 HOST 表，如果没有找到就发请求给本地域名服务器。本地域名服务器先看区域数据配置文件，再看缓存，然后去找到根域名服务器-顶级域名服务器-权限域名服务器。参考答案应是选项 c。

15. 在 DNS 的资源记录中，A 记录（　　）。
    a. 表示 IP 地址到主机名的映射　　b. 表示主机名到 IP 地址的映射
    c. 指定授权服务器　　　　　　　d. 指定区域邮件服务器

【提示】每一个 DNS 服务器包含了它所管理的 DNS 命名空间的所有资源记录。资源记录包含和特定主机有关的信息，如 IP 地址、提供服务的类型等等。常见的资源记录类型有：SOA（起始授权结构）、A（主机）、NS（名称服务器）、CNAME（别名）和 MX（邮件交换器）。参考答案应是选项 b。

16. DNS 反向搜索功能的作用是 (1)，资源记录 MX 的作用是 (2)，DNS 资源记录 (3) 定义了区域的反向搜索。
    (1) a. 定义域名服务器的别名　　　　b. 将 IP 地址解析为域名
        c. 定义域邮件服务器地址和优先级　d. 定义区域的授权服务器
    (2) a. 定义域名服务器的别名　　　　b. 将 IP 地址解析为域名
        c. 定义域邮件服务器地址和优先级　d. 定义区域的授权服务器
    (3) a. SOA　　　　b. NS　　　　c. PTR　　　　d. MX

参考答案：(1) 选项 B；(2) 选项 c；(3) 选项 c。

## 补充练习

1. 为自己的 Web 站点构思几个域名，检查一下这些域名是否已经被注册。如果已经被注册，看一看是谁拥有了这些域名。

2. 登录 InterNIC 网络解决方案地址 http://www.networksolutions.com，在其中输入一个想

注册的名字，看是否可用。如果该名字不可用，在"whois"选项中键入该名字，查看是谁注册了这个域名。

## 第二节　互联网控制报文协议

RFC 792 中的互联网控制报文协议（ICMP）是紧密集成在 IP 中的必要协议。ICMP 消息以 IP 数据包形式传送，用于与网络错误和问题有关的带外数据（out-of-band，OOB）。

**学习目标**

- ▶ 了解 ICMP 的功能；
- ▶ 掌握 ICMP 的报头格式及数据封装；
- ▶ 了解各种 ICMP 消息类型；
- ▶ 了解 IP 多播及其操作；
- ▶ 掌握如何将 IP 多播地址映射为以太网多播地址。

**关键知识点**

- ▶ ICMP 用于数据报错误的控制与报告。

### ICMP 概述

IP 定义了一种尽力而为的通信服务，它的数据包可能会在传输过程中发生丢失、重复、延迟或者乱序。这样看来，似乎尽力而为的服务并不需要任何差错检测机制。但是，IP 的尽力而为服务并不意味着不关心避免差错并在发生差错时予以报告。为此，IP 使用一个辅助协议来向源发送端报告错误。对于 IPv4，这个协议称为第 4 版互联网控制报文协议（ICMPv4）或简称 ICMP。它的一个修订版本为 ICMPv6。

所有使用 IP 的主机和路由器都必须使用 ICMP。它允许路由器或目的主机向数据包源结点报告在数据报处理过程中出现的错误。ICMP 消息主要应用于如下一些情况：

- ▶ 时间超出（类型 11，代码 0）——由于 TTL 计数器计时期满，路由器必须丢弃一个数据报时；
- ▶ 源结点抑制（类型 4）——当路由器中缺少转发数据报所需的缓存容量时；
- ▶ 需要分段而"不可分段（DF）"位已被设置（类型 3，代码 4）——当路由器必须对一个带有"不可分段"标志的数据报进行分段时；
- ▶ 参数问题（类型 12）——当主机或路由器在 IP 报头中发现有句法错误时；
- ▶ 目的网络未知（类型 3，代码 6）——当路由器的路由表中没有目的网络的路由时；
- ▶ 重定向数据报（类型 5，代码 0）——当路由器要求源主机使用能够提供更短路径的另一台路由器时。

RFC 792、RFC 950、RFC 1256、RFC 1373 和 RFC 1475 中列出了其余的 ICMP 消息类型。

前面已经讲过，IP 不是为可靠传送服务而设计的。ICMP 消息的主要功能是提供对可能发生在通信环境中的各种问题的反馈，而不是对 IP 附加可靠性。需要进行可靠通信时，作为 IP

客户机运行的更高层协议必须执行其自己的可靠性程序。

ICMP 消息作为 IP 数据报的数据部分进行封装。所以，它们能像其他携带正常用户数据的所有 IP 数据报一样进行路由。由于 ICMP 消息以 IP 数据报形式传送，所以 ICMP 消息的发送者无法保证将其传送到最终目的结点。

使用 ICMP 消息并不可靠，无法保证其不会丢失或丢弃。为了避免发生关于消息的追踪信息这一复杂问题，ICMP 不发送任何有关丢失或丢弃 ICMP 消息的数据。另外，只有在处理未分段的数据报或在分段数据报的第一段发生错误时才发送 ICMP 消息。

某些 ICMP 功能可为测试网络提供工具。最常见的调试工具之一是 ICMP 回送请求／应答消息，其更为人们所熟知的名称是数据包网际检测程序（ping）命令。ping 命令向目的地址发送数据（使用域名或地址），如果目的结点是激活的，它将向发送者回送这一数据。许多不了解 TCP/IP 如何工作的人，常单纯地把所有基于 ICMP 的应用都看作 ping。ping 是用于检测一台设备是否正常运行并可达的一种简单的 ICMP Echo 请求和应答。如果 ping 通了，说明网络路径上的路由器、源主机和目的主机都运行正常。但用户在使用 ping 工具时需要注意，小规模的 ping 操作（分组约为 56 字节或 64 字节）往往可以正常工作，而大规模的 ping 操作通常是不可靠的。与 ping 操作不同，traceroute 不是基于 ICMP 的网络功能，但由于 traceroute 使用 ICMP 消息执行操作，并且在使用 ping 之后往往会使用 traceroute。

## ICMP 报文格式与封装

目前，已经定义了 20 多种 ICMP 报文，所有的 ICMP 消息都开始于同样的三个字段：8 位的类型字段、8 位的代码字段和 16 位的校验和字段，图 5.8 示出了 ICMP 的报文格式。由于类型字段的值不同，其后续的字段会相应地不同。

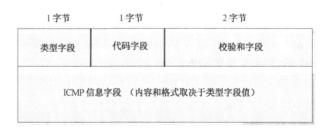

图 5.8　ICMP 报文格式

- 类型字段（8 位）——指定消息含义和数据包其余部分的格式。大多数情况下，ICMP 消息用于指明错误情况，只有 8 和 0 这两个最常见的类型字段值分别用于指示 Echo 请求和 Echo 应答。当类型字段值为 3 时，表明目标不可达。这个字段决定了头部的三个字段之后其他字段所采用的格式。
- 代码字段（8 位）——提供有关消息类型的附加信息。通常，这个字段值设为 0。
- 校验和字段（16 位）——为整个 ICMP 消息提供校验和。
- ICMP 信息字段（可选数据）——对于大多数 ICMP 消息类型，信息字段包括整个 IP 报头和触发 ICMP 消息传送的数据报中数据字段的前 64 位。

ICMP 利用 IP 来传输每一个差错报文。当路由器由一个 ICMP 报文需要传输时，它就产生一个 IP 数据报并将 ICMP 报文封装在其中。就是说，ICMP 报文是放置在 IP 数据报的数据区里被传送出去的。然后，这个数据报向通常那样进行转发，并封装成帧进行传输。ICMPv4 报文总是封装在 IPv4 数据报中，而 ICMPv6 报文总是封装在 IPv6 数据报中。图 5.9 示意了 ICMP 封装的过程。

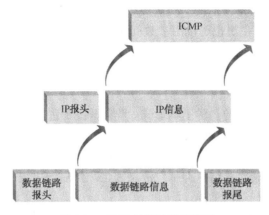

图 5.9　ICMP 封装过程示意图

## ICMP 消息类型

目前，已经定义的 ICMP 消息类型有 40 种，类型 41 到 255 是保留类型，只有极少数消息类型会用到代码字段，一般使用默认值 0 来填充。表 5.3 示出了已定义的 13 种 ICMP 类型字段及其所代表的消息类型。

表 5.3　ICMP 报头——类型字段与消息类型

| 类型字段 | 消息类型 |
| --- | --- |
| 0 | 回送应答 |
| 3 | 目的结点不可达 |
| 4 | 源结点抑制 |
| 5 | 重定向 |
| 8 | 回送请求 |
| 11 | 时间超出 |
| 12 | 参数出问题 |
| 13 | 时标请求 |
| 14 | 时标应答 |
| 15 | 信息请求 |
| 16 | 信息应答 |
| 17 | 地址掩码请求 |
| 18 | 地址掩码应答 |

### 目的结点不可达（3）

产生"目的结点不可达"这一消息的情况有以下几种可能：

▶ 如果路由器不知道如何到达目的网络，它将返回此消息；
▶ 如果数据报指定的源路由不稳定，也会返回此消息。

另外，如果由于指明的协议模块或进程端口未激活而导致目的主机的 IP 模块不能传送数据报，那么这时目的主机可能会向源主机发送一条"目的结点不可达"消息。如果路由器必须将一个设置了不可分段标志的数据报分段，则路由器也会返回一条"目的结点不可达"消息并丢弃该数据报。

### 时间超出（11）

如果由于 TTL 字段的值已经减少到 0 而使路由器被迫丢弃数据报，路由器就会返回一个"时间超出"消息。如果由于丢失分段使得主机无法完成分段数据报的重装，主机也会发送一条"时间超出"消息。

### 参数出问题（12）

如果处理数据报的路由器或主机发现报头参数有问题，无法完成对数据报的处理，它就必须丢弃该数据报。路由器或主机也可以用参数问题消息通知源主机。此参数字段中包含一个指向报头中出现问题字节的指针。

### 源结点抑制（4）

此类型消息提供了流控制的一种基本形式。当数据报到达得太快，路由器或主机来不及处理时，它们就必须被丢弃。丢弃数据报的计算机发送一条 ICMP"源结点抑制"消息，请求源结点放慢发送数据报的速度。"源结点抑制"消息的接收者应当不断降低向指定目的地发送数据报的速度，直到不再收到"源结点抑制"消息为止。然后源主机可以逐渐增加其传送速度，直到再次收到"源结点抑制"消息。

### 重定向（5）

路由器向直接连接在网络中的主机发送 ICMP 重定向消息，这些消息通知主机存在一个更好的连接目的网络的路由。ICMP 重定向消息并不发送给其他路由器。因此，重定向消息不能用于传送和更新路由器之间的路由信息。

图 5.10 是 ICMP 重定向消息应用的示意图。源主机向路由器 A 发送一个指定了目标网络的数据报。路由器 A 检查其路由表，并获悉必须将数据报转发给路由器 B。由于路由器 A 和路由器 B 连接在同一网络中，因此，源主机本应直接将数据报发送给路由器 B。于是，路由器 A 在将已收到的数据报转发给路由器 B 的同时，也向源主机发送一条 ICMP 重定向消息，建议主机把以后要发送给该目标网络的数据发送给路由器 B。

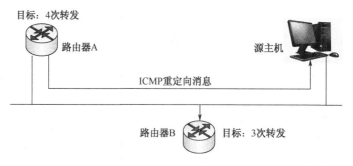

图 5.10 ICMP 重定向消息应用示意图

### 回送请求（8）和回送应答（0）

这两种 ICMP 消息提供了一种用于确定两台计算机之间是否可以进行通信的机制。回送请求消息的接收者应该在回送应答消息中返回消息。Ping 命令使用回送请求和回送应答这两种 ICMP 消息检查两台主机之间的可达性。

### 时标请求（13）和时标应答（14）

这两种 ICMP 消息提供了一种对网络延迟特性进行取样的机制。时标请求消息的发送者在其参数字段中包含一个标识符，并将发送消息的时间放在信息字段中。接收者在发送时标之后添加一个接收时标，并作为时标应答消息返回。

### 信息请求（15）和信息应答（16）

主机用 ICMP 信息请求消息来查找其所连接网络的地址。信息请求主机发送源 IP 地址字段和目的 IP 地址字段的网络部分均设置为"0"的消息。再次提醒一下，网络部分为"0"的 IP 地址表示"本网络"。返回的应答中带有完全确定的地址。

### 地址掩码请求（17）和地址掩码应答（18）

主机可以用"地址掩码请求"消息来查找其所连接网络的子网掩码。主机在网络上广播请求，并等待路由器以包含子网掩码的"地址掩码应答"消息应答。

## ICMPv6

在过渡到 IPv6 的过程中，ICMPv4 无法正常工作。ICMPv4 的修订版本 ICMPv6 进行了系统优化。与 ICMPv4 相比，ICMPv6 主要变化有：

- ICMPv6 消息和工作流程取代了地址解析协议（ARP），有专门的 ICMPv6 消息完成地址的自动配置任务。
- 路径 MTU 发现是全自动化的操作，并且因为 IPv6 路由器不进行分段，所以在源主机发现分组过大时，会发出一个新的分组过大消息。
- ICMPv6 中没有源抑制。
- 用于组播的 IGMPv4 包含在 ICMPv6 中。
- ICMPv6 能帮助检测未启用路由功能的路由器和不活跃的主机。
- 与其他协议不同，ICMPv6 有自己的 IP 号，IPv6 的下一头部字段中字段值 58 保留给 ICMPv6 消息使用。

### 基本的 ICMPv6 消息

一般的 ICMPv6 消息格式与 ICMPv4 相似，甚至更简化，分为目标不可达消息、分组过大消息、超时消息、参数问题报文、Echo 请求和 Echo 应答消息。ICMPv6 的错误信息的值域是 0 到 127，目标不可达消息类型为 1。

### 邻居发现和自动配置

ICMPv6 提供了许多邻居发现功能，具体有路由器的位置、IPv6 参数配置、本地主机的位置、邻居不可达检测、地址自动配置以及重复检测。这些 ICMPv6 功能分别使用的信息类型为：

- 路由请求，类型字段值为 133：当主机希望知道路由器的存在并向路由器索取链路和互联网参数时，向链路内所有拥有 IPv6 组播地址的路由器发送该消息。
- 路由宣告，类型字段值为 134：路由器周期性发送的一种消息，用于响应主机的路由器请求,它与 ICMPv4 响应类似。
- 邻居请求,类型字段值为 135:类似于 IPv4 中的 ARP,这个消息用于寻找邻居结点的链路层地址,验证邻居结点是否可达,并保存在缓存中。
- 邻居公告,类型字段值为 136:用于响应邻居请求消息,类似于 ARP 应答。
- 邻居重定向宣告,类型字段值为 137:其作用域 ICMPv4 中的重定向消息相同。

### 路由和邻居发现

IPv6 路由器发送路由宣告消息给链路本地拥有 IPv6 组播地址的全部主机提供基本的配置和参数信息。而主机不需要等待周期性的路由器消息,可以在启动时就发送一个路由请求消息,相应的应答将发给主机的链路本地地址。每个路由器提供的数据内容为:
- 路由器的链路层地址;
- 所有链路的不同 MTU 大小;
- 局域网(或者说链路内)的所有前缀的列表以及这些前缀的长度;
- 创建地址时主机可使用的前缀;
- 分组的默认跳数限制;
- 各种定时器的值;
- DHCP 服务器的位置。通过 DHCP 服务器,主机能够获得更多的信息。

### 接口地址

每个 IPv6 接口都有一组地址及其相应的前缀,包括一个唯一的链路本地地址。每一台主机都可以使用路由宣告的前缀信息和长度来配置主机地址。私有或者全球地址的构造方式是在宣告的前缀后加上主机唯一的接口标识符,然后将构造处理的地址加到 IPv6 地址列表中。

### 邻居请求和应答

IPv4 中的地址解析协议(ARP)是一个链路层协议,不能很好地胜任 IP 层的工作。在 IPv6 中,"ARP"采用 ICMPv6 消息。邻居请求消息发送到请求结点的 IPv6 组播地址上,该组播地址是由组播前缀加上 IPv6 链路本地地址的最后 3 字节组成的。发送方在发送邻居请求消息时会带上自己的链路层地址。

发送单播路由和邻居请求消息可以用于检测实效路由器和主机。

## 典型问题解析

【例 5-1】ICMP 消息有多种控制报文,当网络出现拥塞时,路由器发出(　　)报文。
  a. 路由重定向　　　　　　　b. 目的结点不可达
  c. 源结点抑制　　　　　　　d. 子网地址掩码请求

【解析】为了控制拥塞,采用了"源结点抑制"技术。路由 ICMP 源结点抑制报文抑制源主机发送 IP 数据报的速率。路由器对每个接口进行密切监视,一旦发现拥塞,立即向源主机发送 ICMP 源结点抑制报文,请求源主机降低发送 IP 数据报的速率。当路由器在进行路由选择时或 IP 数据报转发出现错误的情况下,路由器便发出目的结点不可达报文。当路由器检测到某 IP 数据报经非优路径传送时,它一方面继续将该数据报转发出去,另一方面向主机发送一个路由重定向 ICMP 报文。当主机不知道自己所处网络的子网掩码时，可以利用地址掩码请求 ICMP 报文向路由器询问；路由器在收到请求后以子网掩码应答 ICMP 报文形式通知请求主机所在网络的子网掩码。参考答案是选项 c。

**【例 5-2】** 下面关于 ICMP 的描述中，正确的是（　　）。
  a．ICMP 根据 MAC 地址查找对应的 IP 地址
  b．ICMP 把公网的 IP 地址转换为私网的 IP 地址
  c．ICMP 根据网络通信的情况把控制报文传送给发送主机
  d．ICMP 集中管理网络中的 IP 地址分配

**【解析】** 选项 a 所描述的是 ARP 协议的功能，选项 b 所描述的是 NAT 的功能，选项 d 所描述的是 DHCP 的功能，只有选项 c 描述的是 ICMP 的功能。

## 练习

1．对于下列给定情况，给出类型字段值。（　　）
  a．对 ICMP 类型 8 消息的应答
  b．当无法定位网络时 ICMP 的响应
  c．IP 进程在给定时间段内没有对回送请求做出应答时的 ICMP 类型
2．下列描述分别对应本节中讲到的哪个（些）ICMP 消息类型？（　　）
  a．路由器缺少转发数据报所需的缓存容量
  b．主机或路由器发现 IP 报头中存在句法错误
  c．路由器建议源主机使用另一个可提供更短路径的路由器
  d．路由器要对网络延迟特性进行取样
  e．主机希望找到其所连接网络的地址

## 补充练习

1．针对下列每种 ICMP 信息类型，分别描述网络在发生什么情况时会产生这些消息。（　　）
  a．时间超出　　　　b．源结点抑制　　　c．回送应答
2．使用 sniffer 软件，对一些因特网主机执行 ping 命令并获取其结果。观察 PC 发送了哪些类型的消息，以及接收到了哪些类型的作为应答的消息。

# 第三节　互联网组管理协议

  IPv4 提供了多个版本的互联网组管理协议（IGMP）来解决主机加入和退出多播组问题，IPv6 则采用多播监听发现协议（MLD）来解决。
  标准的 IPv4 网际组成员协议只有一个，即 IGMP，但主机和路由器支持的 IGMP 有多个版本。目前常用的有 IGMPv1、IGMPv2、IGMPv3 三个版本，且各个版本都支持向下兼容，通常情况下，路由器会在局域网接口上运行多个 IGMP 版本，因为向下兼容使得路由器会选择局域网中所有路由器采用的最基本版本来运行。IPv6 不使用 IGMP 管理多播，因为多播组本身就是 IPv6 的一部分；同样，多播监听发现协议（MLD）也是 IPv6 的一部分。在此，仅讨论 IGMP。

**学习目标**

- 了解 IGMP 如何支持 IP 多播；
- 熟悉 IGMP 消息的格式。

**关键知识点**

- IGMP 用于多播组成员之间的通信。

## IP 多播

互联网组管理协议（IGMP）是支持 TCP/IP 网络中的 IP 多播。IP 多播（有时也称为组播、多点传送）允许将一个 IP 多播数据报发送给由一个 IP 目的地址标识的众多 IP 主机。IP 多播对许多新近出现的应用程序非常重要，如交互式电话会议、在线培训以及软件和信息的电子发布等。这些应用程序需要同时向多个接收者发送同样的信息。这与对同一信息进行多份复制后，再发给每个接收者一份有所不同。

如果希望参与多播，IP 主机首先必须加入相应的多播组。多播组中包含许多同意使用唯一多播组 ID（也就是唯一 D 类 IP 地址）的 IP 主机。一旦成为多播组中的成员，IP 主机就可以接收到所有目的地址是该多播组 D 类 IP 地址的 IP 多播数据报。

无论多播组的所有主机是位于同一个本地网络上，还是位于不同的物理网络上，IP 多播都可以进行。与 IP 主机利用路由器从一个网络向另一个网络转发 IP 数据报的方式类似，IP 多播利用多播路由器（或网关）从一个网络向另一个网络转发 IP 多播数据报。

为了让这些多播路由器正常工作，需要通知它们每个网络上都形成了哪些多播组。另外，多播路由器还需要知道哪些 IP 主机属于这些多播组。使用 IGMP 可以实现这一目的。IP 主机和多播路由器通过互换 IGMP 消息来交流多播组成员之间的信息。

IGMP 就像 ICMP 一样，被看作所有 IP 应用的一个集成部分。IGMP 也像 ICMP 一样，将它的消息封装在 IP 数据报中。

## 多播寻址

多播寻址是将数据报向标识同一多播地址的多播组（有 0 台或更多主机）所有成员发送和递交的过程。单播寻址（单一主机寻址）和广播寻址（所有主机寻址）可以看作多播寻址的特例。在单播寻址中，多播组中只有一个成员。

在广播寻址中，所有主机都是多播组的成员。IP 多播可通过将一组 IP 主机与一个 D 类 IP 地址发生联系得到实现。目的地址为 D 类 IP 地址的 IP 数据报被看作 IP 多播数据报，将发送给其多播组的所有成员主机。每个多播组都有其唯一的 D 类 IP 地址。希望收到多播数据报的主机必须首先加入由其对应 D 类 IP 地址标识的多播组。通常利用应用软件发出一条加入 IP 多播组的请求来加入 IP 多播组。此请求应当是支持 IP 多播的 TCP/IP 应用程序编程接口（API）（如 Socket 接口）的一部分。

IP 多播组中的成员数量是动态变化的。主机可以随时加入或离开多播组。一台主机也可以同时属于多个多播组。非成员主机可以向任何多播组发送 IP 多播数据报。IP 多播路由器（或网关）从一个网络到另一个网络向目的结点转发 IP 多播数据报，其转发方式与因特网路由器（或网关）转发 IP 数据报的方式一样。多播路由器可以与 IP 路由器共存，也可以与之分开。

用户数据报协议（UDP）以及用 UDP 作为传输层协议的应用程序可使用 IP 提供的多播设备。将 IP 扩展到支持 IP 多播的标准（RFC 1112）规定了 IP 多播性能的 3 个级别：

▶ 0 级——不支持 IP 多播；
▶ 1 级——只支持发送 IP 多播数据报，不支持接收；
▶ 2 级——同时支持发送和接收 IP 多播数据报。

为了达到 2 级性能，IGMP 是 IP 所必须进行的扩展。IGMP 在 IP 主机和多播路由器之间传播多播组成员信息。

### IP 多播地址和多播组

每个 IP 多播组都可用一个 D 类 IP 地址唯一地标识。为了指定多播的传递，在 IP 多播数据报中，D 类 IP 地址被用作目的地址。描述 D 类 IP 地址的格式如图 5.11 所示。

图 5.11  D 类 IP 地址格式

D 类 IP 地址的范围是从 224.0.0.0 到 239.255.255.255。前 4 位为引导位，其余 28 位为多播组地址标识（ID）。除此之外，多播组 ID 字段没有其他结构，这一点与可以进一步分成网络 ID 字段和主机 ID 字段的 A 类、B 类及 C 类 IP 地址不同。

某些 D 类 IP 地址已经被分配给了约定的多播组，它们包括：

▶ 224.0.0.1——表示"所有主机"组，其中包括本地网络中参与多播的所有主机和多播路由器；
▶ 224.0.0.2——表示本地网络中的所有多播路由器组。

注意：约定多播组的成员可能随时改变，但是多播组地址不变。

约定多播组地址之外的多播 D 类 IP 地址用于瞬时多播组，它们可以由应用程序使用，然后在不需要时丢弃。

### IP 多播地址到物理多播地址的映射

为了能够进行 IP 多播，在网络硬件层必须具有多播设备的支持。同时，必须有一种将 IP 多播地址映射成物理多播地址的方法。

幸运的是，大多数网络接口硬件支持某些多播形式。例如，以太网网络接口通过将以太网目的地址的高序字节的低位设置成 1 来支持多播，设置成 0 时则支持传统的单播。

以下分别是以太网单播、多播和广播寻址的例子（以十六进制方式表示，"x"表示任意十六进制数字）：

▶ 以太网单播地址：00.xx.xx.xx.xx.xx；
▶ 以太网多播地址：01.xx.xx.xx.xx.xx；
▶ 以太网广播地址：FF.FF.FF.FF.FF.FF。

IP 多播通过将 D 类 IP 地址的低序 23 位放到专用以太网多播地址 01.00.5E.00.00.00 的低序 23 位，可将 D 类 IP 多播地址映射为以太网多播地址。以 D 类 IP 多播地址 244.0.0.1 为例，它将被映射成以太网地址 01:00:5E:00:00:01，如图 5.12 所示。

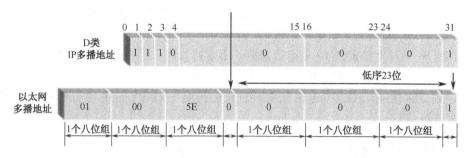

图 5.12　将 IP 多播地址映射为以太网多播地址

这里要注意的是，映射不是唯一的。两个 D 类 IP 地址可能映射为相同的以太网多播地址。尽管映射不是唯一的，但它还是被选择作为一种支持 IP 多播的有效和适用的方式。这也意味着应该执行一些其他的校验，以确保所接收到的所有 IP 多播数据报的正确性。

## IGMP 消息格式

多播主机和多播路由器利用 IGMP 交流多播组成员信息。而多播路由器则使用一种与 IGMP 不同的协议交流路径信息。多播路由器之间最常用的协议是距离向量多播路由协议（DVMRP），DVMRP 与用于 IP 路由器之间通信的路由信息协议（RIP）在很多方面类似。

### 报头格式

图 5.13 示出了 IGMP 消息的格式。注意 IGMP 消息具有固定的长度。

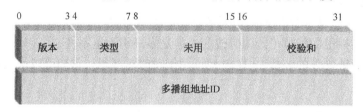

图 5.13　IGMP 消息格式

下面对 IGMP 消息的字段进行说明。

- 版本字段（4 位）——IGMP 的版本号。当前版本号为 3。
- 类型字段（4 位）——IGMP 消息类型。消息类型有 2 种：类型字段=1，多播路由器向主机发送的查询消息；类型字段=2，主机向多播路由器发送的报告（或响应）消息。
- 未用字段（8 位）——未用字段必须设置成 0。
- 校验和字段（16 位）——IGMP 消息的全部 8 个字节的校验和。其校验和的计算方法与 TCP、IP 及 ICMP 校验和的计算方法相同。当需要进行校验和计算时，校验和字段被设成 0。

- 组地址标识字段（ID）——此处定义多播 D 类 IP 地址。如果是多播路由器发送的查询消息，此字段将被设置成 0。而在主机向其多播路由器发送的应答消息中，此字段包含该主机的 D 类 IP 多播地址。

## 操作

当应用程序通过执行 TCP/IP 网络上主机的应用编程接口（API）功能而加入一个多播组时，会发生以下两个主要事件：

（1）主机接口被设置成可以识别和接受与应用程序申请成员资格的 IP 多播组一致的物理多播地址。

（2）主机发送 IGMP 报告，向其直接多播路由器通告相应的多播组 D 类 IP 地址。多播路由器以一定的时间间隔向其物理连接的主机发送查询 IGMP 消息。物理连接到网络上的每台主机，对该主机上应用程序连接的每个多播组，以报告 IGMP 消息给予应答。利用查询 IGMP 消息和报告 IGMP 消息，多播路由器能够跟踪其所连接的网络上的所有组成员。通过与其他多播路由器交流此信息，就可以设计和更新传送 IP 多播数据报所需的路由。

## 封装

尽管 IGMP 被看作 IP 中完整的一部分，IGMP 消息（像 ICMP 消息一样）仍被封装在 IP 数据报中。封装 IGMP 消息时，IP 报头中的"协议号"字段设为"2"。这样就可以将 IGMP 消息发送给 IGMP 模块。图 5.14 示出了这一封装结构。

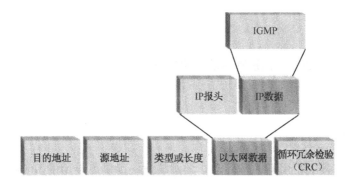

图 5.14　IGMP 封装结构

## 练习

1. 解释 D 类地址范围从 224.0.0.0 到 239.255.255.255 的原因。
2. 给出与"所有主机"的 IP 多播地址相对应的二进制数地址。
3. 给出与位于同一本地网络上的多播路由器的 IP 多播地址相对应的二进制数地址。
4. 对下列以太网地址，指出网络接口卡（NIC）是否可用于多播、单播或广播寻址。
   a．FF.FF.FF.FF.FF.FF　　b．01.01.01.01.01.01　　c．00.01.33.44.55.66
5. 以下地址中用于组播的是（　　）。
   a．10.1.205.0　　b．192.168.0.7　　c．202.105.107.1　　d．224.1.210.5

【提示】组播地址属于 D 类地址，范围：239.0.0.0～239.255.255.255。参考答案是选项 d。

6. 下列 IP 地址中，不能作为源地址的是（   ）。
   a. 0.0.0.0　　　　　b. 127.0.0.1　　　　c. 190.255.255.255/24　　d. 192.168.0.1/24

【提示】选项 c 为广播地址，广播地址只能做目的地址，不能作为源地址。参考答案是选项 c。

### 补充练习

从互联网上下载并阅读 RFC 1112。

## 第四节　动态主机配置协议

DHCP 作为一种网络协议，它的主要目的是通过 DHCP 服务器来动态地分配、管理网络中主机的 IP 地址和其相关配置，以提高 IP 地址的利用率，降低管理人员手工分配 IP 地址的工作量。最初，RFC 1531 将 DHCP 定义为用于为主机分配可重用 IP 地址和配置信息的应用层协议。DHCP 是引导协议（BOOTP）的一种扩展，在最初的 BOOTP 规范上增加了一些功能。后来又有多个 RFC 文档对 DHCP 的最初定义进行了扩充，RFC 2131 是其中最新的一个版本。

本节内容不涉及 IPv6 中的 DHCPv6，其中一个主要原因是 DHCPv6 与 IPv6 主机的自身配置方式有关。由于 IPv6 包括详细的邻居和路由发现协议，使得 IPv6 主机可以使用链路本地地址 IPv6 地址个组播完成相应的配置。DHCPv6 和 IPv6 地址的关系在 RFC3315、RFC3726 中有具体描述。

### 学习目标

- ▶ 了解 DHCP 的功能，识别常用的 DHCP 选项代码；
- ▶ 掌握 DHCP 协议的工作原理和工作过程；
- ▶ 了解 DHCP 中继代理的使用。

### 关键知识点

- ▶ DHCP 可在有限租用期的基础上，为网络设备提供可重用的 IP 地址和配置信息。

### DHCP 的基本概念

在网络管理中，为网络客户机分配 IP 地址是网络管理员的一项复杂工作。因为每个客户机都必须拥有一个独立的 IP 地址，以免出现重复的 IP 地址而引起网络冲突。如果网络规模较小，管理员可以分别对每台计算机进行配置；但对于大型网络，若仍以手工方式设置 IP 地址，不仅效率低，而且容易出错。DHCP 提供了一种向 IP 主机传送配置信息的框架。在 BOOTP 的基础上，DHCP 增加了一些功能，其中包括自动分配可重用 IP 地址（在有限的租用期内使用）以及传送附加的 IP 配置信息。通过 DHCP，网络用户不再需要自行设置网络参数，而是由 DHCP 服务器来配置客户机所需的 IP 地址及相关参数（如默认网关、DNS 和 WINS 的设置等）。

在使用 DHCP 分配 IP 地址时，整个网络至少应在一台服务器上安装 DHCP 服务，其他使用 DHCP 功能的客户机也必须设置成利用 DHCP 获取 IP 地址状态，如图 5.15 所示。

图 5.15 DHCP 服务器工作原理

在 DHCP 网络中有 3 类对象：DHCP 客户机、DHCP 服务器和 DHCP 数据库。DHCP 服务采用客户机/服务器模式，明确划分客户机和服务器角色：发出配置参数请求获取 IP 地址的计算机称为 DHCP 客户机；负责给 DHCP 客户机提供配置参数、分配 IP 地址的计算机称为 DHCP 服务器。DHCP 数据库是指 DHCP 服务器上的数据库，存储了 DHCP 服务配置的各种信息，主要含有 IP 地址池。

DHCP 服务由两部分构成：一部分是用于从 DHCP 服务器为主机传递特定配置参数的协议；另一部分是用于分配主机网络地址的机制。DHCP 服务提供下列 3 种地址分配机制：

- 自动分配机制——DHCP 服务器为客户机分配一个永久地址。在该地址被分配后 DHCP 服务器便不能对其进行再分配了。
- 手动分配机制——管理员手动设置 IP 地址到 MAC 地址的映射，DHCP 服务器仅负责将这些信息传送给客户机。
- 动态分配机制——DHCP 服务器向客户机分配可重用的地址。

从各个方面来看，动态分配机制是这 3 种机制中最理想的一种。首先，动态分配机制非常适合服务器仅有少量可用地址，而主机又仅需要与网络保持短时间连接的场合。很多因特网服务提供商（ISP）对其客户机采用动态 IP 地址分配机制，其中包括拨号用户和直接连接用户。这样，当客户机断开连接或离线时，因特网服务提供商可以将其地址重新分配给另一台主机。使用动态地址分配机制的另一个理由是，在 DHCP 地址池中地址数量有限的情况下，当网络中淘汰旧的主机，加入新的主机时，新主机可以获取旧主机的地址或其他地址。这样，地址池中便可以保持同样的主机地址使用率。

采用手动分配机制可以避免在配置主机过程中可能出现的错误。因为采用手动分配机制时，DHCP 管理员可以在服务器上静态地对主机进行配置，然后客户机再从该服务器上下载其配置信息。

## DHCP 消息格式

DHCP 消息格式建立在 BOOTP 消息格式的基础之上。DHCP 消息格式如图 5.16 所示。DHCP 消息中各个字段的含义如下：

- OpCode 字段（8 位）——携带消息的操作码（OpCode）类型，包括以下两种：①引导请求（BOOT REQUEST）表示从客户机发往 DHCP 服务器；②引导应答（BOOT REPLY）表示从服务器发送到客户机。
- Htype 字段（8 位）——说明硬件地址类型。常用的 Htype 值含义：其值为 1 表示以太网（10 Mb/s）；6 表示 IEEE 802 网络；15 表示帧中继；16 表示 ATM。

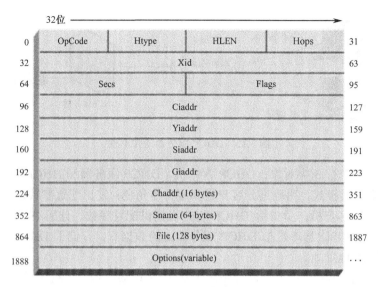

图 5.16 DHCP 消息格式

- HLEN 字段（8 位）——表示硬件地址的长度，以字节表示。例如，以太网 MAC 地址长度为 6 字节，因此以太网的 HLEN 字段值为 6。
- Hops 字段（8 位）——客户机将此字段设为 0，中继代理可以将其设为 DHCP 服务器与客户机之间的跳数。
- Xid 字段（32 位）——客户机选择的随机事务标识符（ID），用于匹配请求与应答消息。
- Secs 字段（6 位）——表示从客户机发送其第 1 个 DHCP DISCOVER 或 DHCP REQUEST 消息到现在所经过的时间，单位为秒。该字段由客户机填写。
- Flags 字段（16 位）——标志位中的第 1 位是广播标志位，客户机用这个位通知 DHCP 服务器和网关广播其应答。此字段除第 1 位外的其余位预留未用。
- Ciaddr 字段（32 位）——由客户机提供的客户机 IP 地址，仅在客户机处于 BOUND、RENEW 或 REBINDING 状态时发送。如果客户机不知道自身的地址，则用 0 填充该字段，即（0.0.0.0）。
- Yiaddr 字段（32 位）——此字段表示服务器为客户机提供的 IP 地址，在 DHCP OFFER 消息中发送。如果客户机在其 DHCP DISCOVER 消息中设置了 Ciaddr，而服务器又在 DHCP OFFER 消息中设置了不同于该 Ciaddr 的 Yiaddr，则客户机将接受该 Yiaddr 作为其新的 IP 地址。
- Siaddr 字段（32 位）——表示用于引导进程中的下一个服务器的地址，在服务器的 DHCP OFFER 消息和 DHCP ACK 消息中发送。
- Giaddr 字段（32 位）——网关 IP 地址，属于可选字段，用于以 BOOTP 中继代理或 DHCP 方式通过网关进行的引导。客户机的 DHCP DISCOVER 消息中此字段必须设为 0.0.0.0。另外，在 DHCP OFFER 或 DHCP ACK 消息中此字段会被客户机忽略。
- Chaddr 字段（128 位）——表示客户机硬件地址，在 DHCP DISCOVER、DHCP REQUEST 和 DHCP NAK 消息中发送。
- Sname 字段（512 位）——服务器主机名称字段，在 DHCP OFFER 和 DHCP ACK 消

息中发送。此字段属于可选字段。
- File 字段（1 024 位）——引导文件的文件名，在 DHCP OFFER 消息中发送。
- Option 字段（可变，最小 312 字节）——可选的供应商指定区域。客户机总是用一个"magic cookie"标识符来填充其前 4 个八位位组。

## DHCP 的工作原理

DHCP 是基于客户机/服务器模式工作的，DHCP 客户机通过与 DHCP 服务器的交互通信来获得 IP 地址租用。DHCP 协议使用端口 UDP 67（服务器端）和 UDP 68（客户机）进行通信，并且大部分的 DHCP 协议通信使用广播进行。

### 初始化租用过程

DHCP 客户机启动时，将从 DHCP 服务器获取 TCP/IP 的配置信息，并获知 IP 地址的租用期。租用期是指客户机拥有对该 IP 地址的使用时间。

DHCP 客户机首次启动时，会自动执行初始化过程以便从 DHCP 服务器获取租用。如图 5.17 示出了客户机初始化时 DHCP 客户与服务器的交互过程。

图 5.17  DHCP 客户机的初始化过程

这个过程包括如下步骤：

（1）客户机向其本地子网广播一条 DHCP DISCOVER（IP 租用请求）消息，客户机进入 INIT（初始化）状态。

（2）DHCP 服务器对 DHCP DISCOVER 消息回应一条 DHCP OFFER 消息。

（3）如果服务器没有回应，则客户机将无法初始化其 TCP/IP 属性，它将持续重发 DHCP DISCOVER 消息，直至收到回应为止。

（4）客户机收到一条（或多条）DHCP OFFER 消息后，便进入 SELECTING（选择）状态。它从接收到的 DHCP OFFER 消息中选择一条首选的消息，然后创建一条回应消息。在接收到多于 1 个服务器回应的消息时，通常客户机会选择其接收到的第 1 条 DHCP OFFER 消息。

（5）客户机发送一条 DHCP REQUEST（DHCP 请求）消息作为对其所选择的服务的回应，然后进入 REQUESTING（请求）状态。

（6）服务器用一条 DHCP 确认（DHCP ACK）消息回应客户机的 DHCP REQUEST 消息。

（7）客户机接收到 DHCP ACK 消息后，对其 TCP/IP 属性进行配置，然后加入网络，进入 BOUND 状态。

在某些情况下，DHCP 服务器会返回一条 DHCP 拒绝确认（DHCP NAK）消息回应客户机的 DHCP REQUEST 消息。这种情形一般在客户机请求重复或地址无效时发生。这时，客户机的初始化进程失败，客户机必须从第 1 步重新开始其初始化过程。

### 客户机初始化 ——DHCP DISCOVER 消息

客户机建立其 DHCP DISCOVER 消息的步骤如下：
（1）将 OpCode 字段设为 1，表示引导请求（BOOT REQUEST）。
（2）设置 Htype 字段，使其与客户机自身的 MAC 地址相匹配。
（3）用客户机 MAC 地址的长度设置 HLEN 字段，以字节为单位。
（4）将 Hops 字段设为 0。
（5）生成一个随机事务标识符并将其放在 Xid 字段中。
（6）将 Secs 字段设为从发送第 1 条 DHCP DISCOVER 消息到现在经过的秒数。第 1 条 DHCP DISCOVER 消息的 Secs 字段值设为 0，每个后续 DHCP DISCOVER 消息的该字段值依次增加。该字段告知 DHCP 服务器，客户机尝试获取租借信息已有多长时间。
（7）设置广播标志位。
（8）将 Ciaddr 字段设为 0.0.0.0。
（9）将 Yiaddr、Siaddr 和 Giaddr 字段均设为 0.0.0.0。
（10）将自身的 MAC 地址放在 Chaddr 字段中。
（11）如果需要，将 Sname 字段设为特定的服务器名称。
（12）在 File 字段中填入要使用的引导文件名称，如果仅需要客户机、服务器和/或网关地址，则将该字段设为空（null）。
（13）将 Option 字段的前 4 个字节设为 RFC 1542 推荐的"Magic Cookie"，这是点分十进制值 99.130.83.99 的十六进制表示形式，其后可跟随多个可选参数。

客户机应使用代码 57 来设置 DHCP 最大消息尺寸选项，以向服务器表明客户机能接受的最大消息长度。

在这些选项后跟随一个对特定配置参数的请求，这个参数请求选项通过选项代码 55 来设置。其后跟随请求选项代码的顺序列表。客户机按顺序请求特定的参数，而 DHCP 服务器却不一定以与此相同的顺序来返回这些参数。客户机请求的选项包括：

- 代码 3 ——路由器。客户机请求其子网的路由器地址。
- 代码 4 ——时间服务器。客户机请求一个 RFC 868 时间服务器地址。
- 代码 6 ——DNS 服务器。客户机请求一个 DNS 服务器地址。
- 代码 12 ——主机名称。客户机请求一个主机名称（Windows 客户机不支持该项）。
- 代码 15 ——DNS 域名。客户机请求一个 DNS 解析器域名。

客户机可以用下列两个选项代码请求特定的 IP 地址及租用期：

- 代码 50 ——IP 地址。客户机请求一个特定的 IP 地址。
- 代码 51 ——IP 地址租用期。客户机请求一个特定的地址租用期。

客户机在这些代码后发送客户机请求的相应信息。当客户机只想续借之前分配的 IP 地址时，可以仅设置选项代码 50。

**注意**：如果客户机在其 DHCP DISCOVER 消息中设置了参数项，则必须也将其包含在后续的消息中。

DHCP 客户机用上述信息建立如下一条 DHCP DISCOVER 消息：

- 设置 UDP 报头源端口为 68，这是默认的客户机端口（BOOTPC）。
- 设置 UDP 报头目的端口为 67，这是默认的服务器端口（BOOTPS）。
- 建立目的地址为受限广播地址 255.255.255.255 的 IP 数据包。

最后，客户机计算 UDP 报头和 IP 报头的校验和，然后发送 IP 数据包和消息。图 5.18 示出了 DHCP DISCOVER 数据包和消息的一个实例。

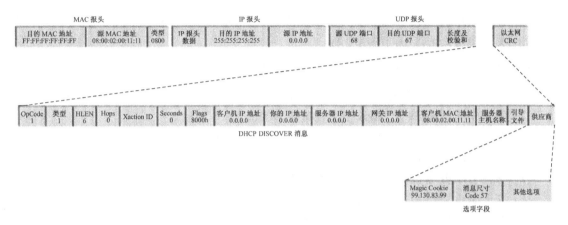

图 5.18　DHCP DISCOVER 数据包和消息实例

## DHCP 服务器——DHCP OFFER 消息

DHCP 服务器用一条 DHCP OFFER 消息来回应 DHCP DISCOVER 消息。服务器对接收到的任何请求都会给予回应。与 BOOTP 中的静态数据库不同，DHCP 使用动态数据库。因此 DHCP 服务器能够向任何发出请求的客户机回应一个地址。

由于提出请求的服务器还未拥有 IP 地址，因此 DHCP 服务器广播其响应。DHCP 按如下所述对 DHCP DISCOVER 消息给予回应：

- 核对数据包和消息的校验和。如果校验和失败，则丢弃这条消息。
- 核对 UDP 目标端口是否为 UDP 端口 67。如果不是，则放弃这条消息。

1. DHCP 服务器为客户机选择 IP 地址的原则

- 如果客户机当前已拥有一个地址，则服务器仍为其提供该地址；否则，按下面的原则进行分配。
- 如果客户机之前曾经拥有过一个地址，该地址已到期或释放，同时该地址当前可重用，则服务器仍为客户机提供该地址；否则，按下面的原则进行分配。
- 如果客户机请求一个特定的地址，而该地址当前可用且有效，则服务器为客户机提供该地址；否则，按下面的原则进行分配。
- 服务器从其地址池中根据 Giaddr 字段的状态为客户机分配一个新的地址。如果 Giaddr 字段值为 0.0.0.0，则从接收到 DHCP DISCOVER 消息的子网中为客户机分配一个地址；否则，便从 Giaddr 指定的地址所在的子网中为其分配地址。

**注意**：服务器分配地址后，便不能重用该地址，直到接收到客户机对服务器的 DHCP OFFER 消息的回应为止。

2. DHCP 服务器为客户机 IP 地址分配租用期的原则

- 如果客户机未请求特定的租用期，并且已拥有一个 IP 地址，则服务器向客户机返回之前已经分配给该地址的租用期。
- 如果客户机未请求特定的租用期，之前也没有分配地址，则服务器向其分配本地配置的租用期。
- 如果客户机请求特定的租用期，则服务器可能向其返回其请求的租用期，也可能返回另一个与其请求不同的租用期。

3. DHCP 服务器建立 DHCP OFFER 消息的步骤

（1）将 OpCode 字段设为 2，表示引导应答。
（2）为 Htype、HLEN 及 Hops 字段设置适当的值。
（3）将 Xid 字段设为初始 DHCP DISCOVER 消息中的 Xid 字段的值。
（4）保持 Secs 字段的值与所接收到的相同。
（5）保持 Ciaddr 字段的值与所接收到的相同。
（6）在 Yiaddr 字段中放入为客户机分配的地址。
（7）在 Siaddr 字段中放入服务器自身的 IP 地址。
（8）保持 Giaddr 字段的值与初始 DHCP DISCOVER 消息中的相同。
（9）按需要设置 Option 字段。其中必须使用选项代码 51 设置租用期，同时也要遵循如下原则发送客户机请求的其他参数：

- 如果服务器明确地配置了客户机请求的参数，则遵循该配置将相应参数的值放在 Option 字段中；
- 如果服务器将客户机请求的这个参数作为一项对客户机主机的定义，则必须在 Option 字段中包含该参数的值；
- 服务器不返回请求参数；
- 服务器必须尽可能多地返回客户机请求的参数信息，同时不能返回任何未经配置的参数信息；
- DHCP 服务器还使用选项代码 1 为客户机提供子网掩码。

4. DHCP 服务器用上述信息建立一条 DHCP OFFER 消息

- 将 UDP 目标端口设为客户机端口 68（BOOTPC）。
- 建立目的地址为受限广播地址 255.255.255.255 的 IP 数据包。如果 DHCP DISCOVER 消息中指定了 Giaddr 字段，则将 UDP 目标端口设为 67（BOOTPS），同时在 DHCP OFFER 消息中将目的 IP 地址设为 Giaddr 字段的值。无论 DHCP DISCOVER 消息中是否指定了 Giaddr 字段，服务器都将自身的 IP 地址作为 IP 数据包的源地址。
- 生成相应的校验和，发送数据包。

图 5.19 示出了 DHCP OFFER 数据包和消息的一个实例。

## DHCP 客户机——DHCP REQUEST 消息

客户机用一条 DHCP REQUEST 消息作为对服务器端 DHCP OFFER 消息的应答。另外，客户机还可能在下列两种情况下发送 DHCP REQUEST 消息：

- ▶ 客户机希望核对之前分配的 IP 地址；
- ▶ 客户机希望延续其租约。

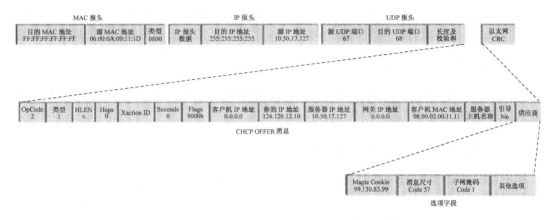

图 5.19　DHCP OFFER 数据包和消息实例

对于服务器发来的 DHCP OFFER 消息（也称为 SELECTING 状态），客户机用下列信息建立一条 DHCP REQUEST 消息作为应答：

- ▶ 在 Siaddr 字段中插入其选择的服务器地址；
- ▶ 将 Ciaddr 字段设为 0.0.0.0；
- ▶ 设置请求的 IP 地址选项（代码 50）以匹配 DHCP OFFER 消息的 Yiaddr 字段中的地址。

客户机可能接收到不止一条 DHCP OFFER 消息。这时，客户机会选择它认为最好的一条，通常选择接收到的第 1 条 DHCP OFFER 消息。在某些网络中，客户机无法分辨 DHCP OFFER 消息是否有效，从而导致故障。例如，如果因为某种原因，网络用户建立了一台未授权的 DHCP 服务器（欺诈服务器），则客户机可能会从其中获取无效或重复的地址和/或无效配置参数。

任何发送了 DHCP OFFER 消息但未收到相应 DHCP REQUEST 消息的服务器均可以重新使用之前预定提供的地址。

客户机也可以先查看 DHCP OFFER 消息中提供的可选参数。如果提供的所有信息均满足其需要，则客户机建立相应的 DHCP REQUEST 消息，将目标 UDP 端口设为 67，然后将其广播出去。因为客户机此时仍未拥有分配的 IP 地址，所以只能广播该条消息。

### DHCP 服务器 ——DHCP ACK 消息

DHCP 服务器用一条 DHCP ACK 消息对客户机的 DHCP REQUEST 消息给予回应。服务器在其中返回客户机地址租用以及其他配置参数。例如，对于地址和租用，Windows DHCP 服务器支持多个不同的可选参数，其中包括：

- ▶ 代码 6 ——DNS 服务器地址；
- ▶ 代码 44 ——WINS 服务器 IP 地址；
- ▶ 代码 46 ——网络基本输入输出系统（NetBIOS）结点类型；
- ▶ 代码 128~254 ——专用网络中供应商指定的选项；
- ▶ 服务器向客户机广播 DHCP ACK 消息。

### DHCP 客户机 —— 接收 DHCP ACK 消息

客户机接收 DHCP ACK 消息后，进入 BOUND 状态，向其 TCP/IP 进程绑定服务器提供的地址，并设置服务器发送的其他可选参数。另外，客户机还要检查服务器提供的这个地址是否未被其他设备使用。客户机通过发送一条对该地址的 ARP 请求来实现这种检查。在该 ARP 请求中，客户机将自身的硬件地址设为发送方的 MAC 地址，将 0.0.0.0 作为发送方的 IP 地址。如果客户机接收到了对应的 ARP 应答，则向提供地址的服务器发送一条 DHCP ECLINE 消息拒绝这个地址。

### DHCP 服务器 —— DHCP NAK 消息

服务器发送的 DHCP NAK 消息用于通知客户机其配置信息的错误。这种错误配置可能由以下原因导致：
- 客户机试图续租之前的地址，但该地址目前不可用；
- 客户机的 IP 地址已无效，因为客户机此时（物理）位于另一个子网。

### DHCP 客户机 —— 接收 DHCP NAK 消息

客户机接收到一条 DHCP NAK 消息后，立即返回 DHCP DISCOVER 阶段。

### 用现有地址初始化

客户机用现有地址进行初始化时，先向服务器发送一条 DHCP REQUEST 消息，然后进入 INIT-REBOOT（初始-重启动）状态。客户机在消息的 Option 字段中用代码 50 插入其请求的 IP 地址，同时指定其余需要的可选参数。另外，还在 DHCP REQUEST 消息中生成 Xid 字段，同时将 Siaddr 字段设为 0.0.0.0。之后，客户机广播该条 DHCP REQUEST 消息，并等待服务器端的 DHCP ACK 消息。

客户机未接收到任何应答或 DHCP NAK 消息时，仍然能在剩余租借期内使用该地址。

## DHCP 客户机租用更新

DHCP 客户机获取 IP 地址后并不能长期占用，而是有一个租期。当使用时间达到租期的一半（50%）后，都会尝试续订租用。客户机此时位于 RENEW 状态。DHCP 客户机通过直接向提供租用的服务器发送一条 DHCP REQUEST 消息来完成这种更新工作。

如果服务器可用，则用一条 DHCP ACK 消息续订租用，此时为客户机提供新的租用期和更新配置参数。客户机使用这些信息更新其配置。

如果服务器不可用，则客户机继续使用之前的租用期。在租用期使用到 87.5% 时，客户机进入 REBIND 状态。此时，客户机广播一条 DHCP REQUEST 来寻找来自任意 DHCP 服务器的回应。如果客户机接收到一条 DHCP ACK 消息，则续订该租用并使用其中的其他配置信息；如果客户机接收到一条 DHCP NAK 消息，则必须返回 INIT 状态。

如果客户机最终未能更新其租用，则在原租用到期后，客户机停止其 TCP/IP 通信，直到获得新的地址为止。在客户机获得有效 IP 地址之前，其中的任何运行在 TCP/IP 上的应用程序都会发生错误。

## DHCP 中继代理

DHCP 中继代理与 BOOTP 中继代理相同。事实上，适应 RFC 1542 的 BOOTP 路由器也支持 DHCP，图 5.20 示出了位于 DHCP 服务器远程子网中的 DHCP 中继代理。

在图 5.20 中，DHCP 中继代理按如下步骤工作：

（1）中继代理接收到包含一条 DHCP DISCOVER 广播消息的数据包。该数据包的源地址为 0.0.0.0，目的地址为受限广播地址 255.255.255.255，UDP 目标端口为 67。

（2）中继代理检查消息的 Giaddr 字段，如果该字段值为 0.0.0.0，则用接收到请求的中继代理的逻辑接口地址填充该字段，然后将该条 DHCP DISCOVER 消息发往 DHCP 服务器。

（3）DHCP 服务器接收到包含 DHCP DISCOVER 消息的数据包后，首先检查其 Giaddr 字段，然后确定为客户机分配 IP 地址的作用域

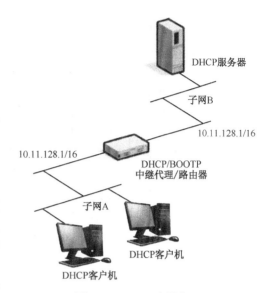

图 5.20　DHCP 中继代理

（scope）。DHCP scope 是指管理员在 DHCP 服务器上为请求分配的主机所配置的 IP 地址范围。scope 可以覆盖多个子网，服务器必须为客户机选择一个位于客户机所在子网的地址。否则，客户机将无法利用 TCP/IP 进行通信。

（4）DHCP 服务器直接向 Giaddr 字段中指定的中继代理（初始的转发中继代理）发送一条 DHCP OFFER 消息，其中包含对客户机 IP 地址租约的提供。

（5）路由器通过在发出请求的客户机所在子网中广播消息的方式将 DHCP OFFER 消息中继到客户机。

（6）中继代理依照上述步骤转发接下来的 DHCP REQUEST 与 DHCP ACK 消息。

## DHCP 客户机——DHCP RELEASE 消息

当客户机希望释放其 IP 地址并取消对该 IP 地址的租用时，向 DHCP 服务器发送一条 DHCP RELEASE 消息即可。

# 练习

1. （　　）服务动态配置 IP 信息。
　　a. DHCP　　　　b. DNS　　　　c. WINS　　　　d. RIS
2. 使用 DHCP 服务的好处是？（　　）
　　a. 降低 TCP/IP 网络配置的工作量　　b. 增强系统的安全性和依赖性
　　c. 对那些经常变动位置的工作站而言，DHCP 能迅速更新位置信息
　　d. 以上都是

3. 下列哪种 DHCP 地址分配方法可为 DHCP 客户机分配可重用的 IP 地址？（　　）
   a. 静态地址分配方法　　　　　b. 手动地址分配方法
   c. 自动地址分配方法　　　　　d. 动态地址分配方法
4. 下列哪项描述是 DHCP 提供的而 BOOTP 不支持的功能？（　　）
   a. DHCP 允许主机向服务器请求配置信息
   b. DHCP 仅手动分配映射地址　　c. DHCP 使用中继代理
   d. DHCP 为发出请求的主机分配可重用地址
5. 将下列描述与对应的 DHCP 获取租约状态连接起来：
   客户机向其本地子网广播一条 DHCP DISCOVER 消息　　BOUND
   客户机接收到一条 DHCP OFFER 消息　　　　　　　　　INIT
   客户机向选中的服务器回应一条 DHCP REQUEST 消息　　REQUESTING
   客户机接收到一条 DHCP ACK 消息　　　　　　　　　　SELECTING
6. DHCP 服务器给 PC1 分配 IP 地址时默认网关地址是 202.117.110.65/27，则 PC1 的地址可能是（　　）。
   a. 202.117.110.94　　　　　　b. 202.117.110.95
   c. 202.117.110.96　　　　　　d. 202.117.110.97
7. 在网络中分配 IP 地址可以采用静态地址或动态地址方案，下面关于两种地址分配方案的论述中错误的是（　　）。
   a. 采用动态地址分配方案可避免地址资源的浪费
   b. 路由器、交换机等联网设备适合采用静态 IP 地址
   c. 各种服务器设备适合采用动态 IP 地址方案
   d. 学生客户机最好采用动态 IP 地址

【提示】参考答案是选项 c。

8. 采用 DHCP 动态分配 IP 地址，如果某主机开机后没有得到 DHCP 服务器的响应，则该主机获取的 IP 地址属于网络（　　）。
   a. 192.168.1.0/24　　b. 172.16.0.0/24　　c. 202.117.0.0/16　　d. 169.254.0.0/16

【提示】如果运行 Windows 的计算机没有配置静态 IP 地址并且无法从 DHCP 服务器中获取动态地址，那么它将在网络 169.254.0.0./16 中随机选取一个自动专用 IP 地址（APIPA）。在 RFC3330 和 RFC3927 中，把这种地址称作 IPv4 链路本地（IPv4LL）地址配置网络。APIPA 使得在 Ad-hoc 无线局域网中的计算机无须配置 DHCP 服务器或静态 IP 地址而可以相互通信。如果在提供 DHCP 服务器的网络上计算机的 IP 地址是 APIPA，意味着该计算机无法联系上 DHCP 服务器。该计算机可能没有正确接入网络或是 DHCP 服务器掉线。参考答案是选项 d。

9. DHCP 客户端通过（　　）方式发送 DHCP DISCOVER 消息。
   a. 单播　　　　b. 广播　　　　c. 组播　　　　d. 任播

【提示】当 DHCP 客户机第一次登录网络的时候（也就是客户机上没有任何 IP 地址数据时），它会通过 UDP 67 端口向网络上发出一个 DHCP DISCOVER 数据包（包中包含客户机的 MAC 地址和计算机名等信息）。因为客户机还不知道自己属于哪一个网络，所以封包的源地址为 0.0.0.0，目的地址为 255.255.255.255，然后再附上 DHCP DISCOVER 的信息，向网络进行广播。参考答案是选项 b。

10. 如果 DHCP 客户端发现分配的 IP 地址已经被使用，客户端向服务器发出（　　）报文,

拒绝该 IP 地址。

  a. DHCP Release    b. DHCP Decline    c. DHCP Nack    d. DHCP Renew

【提示】DHCP 客户端收到 DHCP 服务器回应的 ACK 报文后，通过地址冲突检测发现服务器分配的地址冲突或者由于其他原因导致不能使用，则发送 Decline 报文，通知服务器所分配的 IP 地址不可用。即通知 DHCP 服务器禁用这个 IP 地址以免引起 IP 地址冲突。然后客户端又开始新的 DHCP 过程。参考答案是选项 b。

### 补充练习

  Windows 提供了一种用于显示本地主机 IP 配置信息的命令：winipcfg。使用这个命令，用户可以查看计算机的 IP 地址、默认网关、子网掩码以及其他网络信息。下面使用该命令来查看计算机的 DHCP 设置，以及 DHCP 租借的续订和释放（本练习仅适于 Windows 客户机）。

  注意：计算机所在的网络如果未使用 DHCP，则将无法续订和释放其 IP 地址租借。

1. 将计算机连接到其所在的局域网（LAN）或其 ISP 提供的网络。
2. 选择"开始"菜单中的"运行"，输入"winipcfg"命令后，按下"Enter"键。
3. 如果该 PC 既有网络接口卡（NIC），又有调制解调器（modem），则从中选择一种激活的设备（使用窗口顶部的箭头框），按下"More Info"按钮。
4. 在得到的窗口中找到以下信息并记录：
    a. 主机名称   b. 结点类型   c. 适配器地址   d. IP 地址
    e. 子网掩码   f. 默认网关   g. DHCP 服务器地址
    h. 租借获取的日期和租借时间   i. 租借使用的日期和租借时间
5. 按下"Release"按钮，释放网络地址租借。
6. 定位并记录下列信息：
    a. IP 地址   b. 子网掩码   c. 默认网关   d. DHCP 服务器地址
    e. 租借获取的日期和租借时间   f. 租借使用的日期和租借时间
7. 按下"Renew"按钮。
8. 定位并记录下列信息：
    a. IP 地址   b. 子网掩码   c. 默认网关   d. DHCP 服务器地址
    e. 租借获取的日期和租借时间   f. 租借使用的日期和租借时间
9. 与之前的租借地址相比，在现在的新租借地址中，哪些信息发生了改变？
10. 再次按下"Renew"按钮。这次又有哪些信息发生了改变？
11. 单击"OK"按钮关闭窗口。

## 第五节 网络地址转换

  网络地址转换（NAT）是一种用于扩充可用 IP 地址范围的方法。NAT 允许专用网络在内部使用任意范围的 IP 地址，而对于公用的因特网则表现为有限的公用 IP 地址范围。由于内部网络能有效地与外界隔离开，所以 NAT 也可以对网络的安全性提供一定程度的保障。

## 学习目标

- 了解 NAT 如何节省 IP 地址；
- 掌握使用专用地址的网络如何通过因特网通信；
- 了解 NAT 的安全特性。

## 关键知识点

- NAT 有助于保护公用因特网中的专用网络。

# NAT 概述

发表于 1994 年 5 月的 RFC 1631 文档描述了 NAT。利用 NAT 可节省快速消耗的全球性唯一 IP 地址。无类别域间路由（CIDR）可以作为解决这一问题的短期解决方案，而 IPv6 和其他极具竞争力的技术可以作为其长期解决方案。通过使用网络地址转换实现的地址重用可以作为当前立即可以实施的一种地址节省方案。

NAT 的主要应用于两种情况：一是从安全角度考虑，不想让外部网络用户了解自己的网络结构和内部网络地址；二是从 IP 地址资源角度考虑，当内部网络用户数太多时可以通过网络地址转换实现多台共用一个合法 IP 访问因特网。

### 地址重用

事实上，网络流量的绝大多数发生在本地，也就是说，绝大多数网络流量并未离开其专用网络。地址重用充分利用了这一点。虽然现在因特网在日常的 IP 通信中扮演着越来越重要的角色，但地址重用这一概念仍然适用。

一个专用企业网络结构如图 5.21 所示。在该图中，网络以一种 3 层层次结构展开，其中的大部分流量位于其访问层和分发层。因此，除核心层中连接公用因特网的路由器端口外，网络中其他的所有主机和路由器端口都可以使用专用 IP 地址。而核心层中的路由器端口则从其 ISP 的地址池中分配了一个公用 A 类地址。

只有离开了私有路由域的网络流量需要使用公用 IP 地址。这时就要使用网络地址转换（NAT）了。NAT 允许网络重用公用 IP 地址或专用 IP 地址，而且对日常网络操作的影响很小。

### NAT 地址空间

运行网络地址转换软件的网络路由器或防火墙可以用于 NAT。NAT 通常包含两个物理网络接口，也就是内部的专用网络端和外部的公用网络端。如前所述，主机要在同一个 TCP/IP 网段上通信，其 IP 地址中的网络部分与子网部分必须相同。因此，网络管理员为内部 NAT 端口分配一个内部子网地址，为外部端口分配一个外部网络地址。

内部子网地址可以在世界范围内重复使用。专用 IP 地址的用户并不拥有这些地址，它们可以被所有人使用。NAT 安装在专用域需要公共访问的地方，如因特网网关路由器等。如果网络中包含 1 个以上的公用接口，则其中的每个 NAT 都使用相同的地址转换表。

为了正确进行 NAT 操作，NAT 设备必须维护两个地址空间：一个是用于内部的专用（本地）IP 地址，另一个是用于外部的公用（全球）IP 地址。在内部子网中，主机的本地地址不能重复，否则会导致 NAT 设备无法根据本地 IP 地址跟踪本地设备。

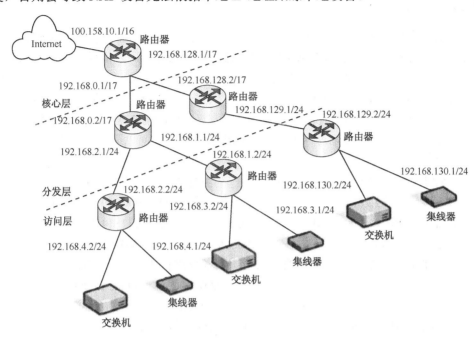

图 5.21 专用企业网络结构

NAT 必须将专用 IP 地址与相应的公用 IP 地址进行匹配，NAT 设备使用下列两种方式之一来实现这种匹配：
- 为内部设备分配唯一的全球性 IP 地址。这种分配方法称为 IP 地址转换。
- 为内部设备分配同样的全球性 IP 地址，以及唯一的 TCP 或 UDP 端口号。这种分配方法称为伪装或网络地址端口转换（NAPT）。

## IP 地址转换

NAT 使用 IP 地址转换方式时，通常从一个地址池中为设备分配全球性地址。表 5.4 示出了这种地址池的一个实例。

表 5.4　NAT 地址池实例（100.158.0.0～100.158.255.255）

| 主机初始 IP 地址 | 转换后的 IP 地址 |
| --- | --- |
| 192.168.2.3 | 100.158.2.3 |
| 192.168.3.4 | 100.158.3.4 |
| 192.168.4.5 | 100.158.4.5 |

NAT 设备必须维护一个内部地址到外部地址的映射表，以确定输入数据包和输出数据包属于哪个内部设备。不同的 NAT 设备使用许多不同的方法来建立这一映射表。

NAT 可以分为静态地址转换、动态地址转换和网络地址端口转换（NAPT）等类型。

### 静态地址转换

静态地址转换是指将本地地址与合法地址进行一对一的转换,并且需要指定转换的合法地址。如果内部网络有 E-mail 服务器或 FTP 服务器等可以为外部用户提供的服务,这些服务器的 IP 地址必须采用静态地址转换类型,以便外部用户可以使用这些服务。前面提到的表 5.4 是一种简单的静态 NAT 表。NAT 管理员手动配置一系列的内部地址与 NAT 网络掩码 255.255.0.0。这个网络掩码操作时反相,使用它,内部地址的前 2 个八位位组被转换为公用地址范围的前 2 个八位位组,而后 2 个八位位组则保持不变。下面以表 5.4 中所列出的地址为例对此进行说明。

首先,NAT 对初始的内部地址和反相网络掩码进行逻辑"与"运算:

  初始地址:192.168.2.3    11000000.10101000.00000010.00000011
  反相网络掩码:255.255.0.0  00000000.00000000.11111111.11111111
  "与"运算结果:      00000000.00000000.00000010.00000011

然后,NAT 对该结果和公用地址的网络及子网部分进行逻辑"或"运算:

  "与"运算结果:      00000000.00000000.00000010.00000011
  公用网络地址:100.158.0.0   01100100.10010110.00000000.00000000
  得到的新地址:100.158.2.3   01100100.10010110.00000010.00000011

逻辑"或"运算规则如表 5.5 所示。

用于分配的公用地址范围为 100.158.0.0/16。NAT 将每个内部地址的前 2 个八位位组转换为网络 100.158.0.0/16 的地址,同时保持后 2 个八位位组不变。只有静态分配了地址的设备可以访问公用网络。

表 5.5 二进制数的逻辑"或"运算规则

| 操作数 A | 操作数 B | 运算结果 |
| --- | --- | --- |
| 0 | 0 | 0 |
| 0 | 1 | 1 |
| 1 | 0 | 1 |
| 1 | 1 | 1 |

### 动态地址转换

在静态地址转换方法中,管理员必须为每个需要访问外部网络的设备映射其内部地址。对于存在大量主机的网络,这意味着要维护大量的地址映射,以及使用大量的公用地址。动态地址转换方法可以减轻这种情况下的管理负担,尤其当网络中有限的公用地址无法满足大量内部主机对外访问的需求时。

动态地址转换也是指将本地地址与合法地址进行一对一的转换,但是其是从合法地址池中动态地选择一个未使用的地址对本地地址进行转换。通常当地址池中的内部地址与外部地址之比大于 1 时,表明可用的外部地址少于需要访问外部的内部地址。这是动态地址转换中的一个潜在问题:可用的外部地址会在满足所有外部连接请求前耗尽。当可用的外部地址耗尽时,NAT 设备只能拒绝所有的连接请求,并向发出请求的主机返回一条"主机不可达"消息或其他等同消息。

### 网络地址端口转换

NAT 基本版本只能处理站点内的每台主机与因特网上唯一的目的地进行通信的情况。如果站点内有两台主机都试图与相同的因特网目的地主机 X 进行通信，那么 NAT 表中就会含有匹配 X 的多个记录，这时 NAT 将无法转发即将进入的数据报。另外，当站点内某台主机上运行的两个或多个应用进程都试图同时与因特网上不同的目的地进行通信时，基本的 NAT 转换方法也行不通。因此需要引入更为复杂的转换形式。

当前，最为广泛使用的 NAT 改进版允许站点内任一台主机上运行任意多的应用进程，所有应用进程都可以与因特网上的任一个目的地进行通信。因而，同一站点上的两台计算机可以同时与某个站点如 Google 通信。这种改进的 NAT 版本在技术上称为网络地址端口转换（NAPT）技术。由于它使用广泛，一般常将其直接称为 NAT。

网络地址端口转换（NAPT）也称为"IP 地址伪装（Masquerading）"，是一种特殊的网络地址转换（NAT）技术。它用一台路由器的 IP 地址隐藏子网中所有主机的 IP 地址。NAPT 方法具有一个明显的优点，那就是它仅使用一个公用 IP 地址。与 NAT 为每个内部主机分配一个唯一的外部地址不同，NAPT 为每个内部连接分配一个与单一的共享外部 IP 地址有关的端口地址。NAPT 充分利用了 TCP 的多路复用特性，因此可支持多个与同一 IP 地址的同步连接。

TCP 能够多路复用和多路分解多个虚拟连接，如图 5.22 所示。

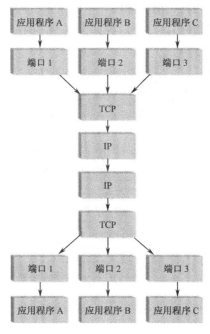

图 5.22　TCP 多路复用/多路分解

NAPT 为每个内部连接动态地分配一个与单一外部地址有关的 TCP 端口，并维护这些内部连接到外部端口的映射。例如，假定一个地址为 192.168.4.3 的内部主机，要使用超文本传送协议（HTTP）服务连接到地址为 167.89.127.145 的 Web 服务器，则内部主机先通过 NAT 设备向外部网络服务器发起一个连接，其中的 NAT 设备配置为内部主机的默认网关。内部主机将自身的本地地址作为源地址,将本地 TCP 端口作为源端口。同时,指定外部 Web 服务器地址作为其目的 IP 地址,指定服务器 HTTP 服务的约定 TCP 端口作为其目的端口。整个过程如图 5.23 所示。

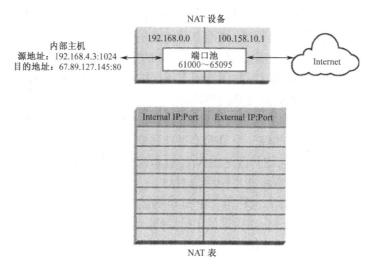

图 5.23　内部主机连接过程

NAT 设备将其中的内部主机的 IP 地址转换为单一的外部 IP 地址(这里是其自身的外部端口地址),将源 TCP 端口转换为其可用的源端口中的一个。同时保持目的 IP 地址和端口地址不变(与内部主机最初指定的相同)。这一过程如图 5.24 所示。

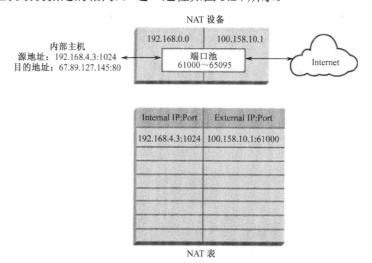

图 5.24　分配外部 IP 地址和端口地址

然后,内部主机使用 NAT 设备分配的共享外部地址和端口,与外部 Web 服务器建立连接。网络地址转换表中记录了这条映射,同时 NAT 设备会在连接保持期间维护该映射。Web 服务器可以以 NAT 指定的公用 IP 地址和端口为目的地址来应答内部主机。而 NAT 将对两条连接进行相应的映射。

NAT 这时还能够处理其他一些连接,直到耗尽其端口池或物理资源(CPU、内存或端口吞吐量等)为止。图 5.25 示出了 NAT 设备利用 NAPT 为多个主机建立连接的过程。

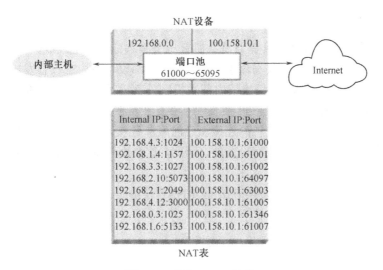

图 5.25　多个 NAPT 连接

在使用 NAPT 时，由外部发起的连接实质上不可能实现。内部主机在 NAT 表中拥有一个对应的条目，该条目仅对活动的 TCP 连接有效。这一点与动态地址转换中的情形不同。在动态地址转换中，只要主机连接到外部网络，NAT 就为其维护一条对应的条目，即使 ICMP 回应了连接状态（主机/端口不可达）消息也一样。这种连接状态消息用来向主机报告无法自动通过 NAT 到达内部网，而必须通过 NAT 设备软件的过滤和中继。

由于某些原因，网络管理员有时必须允许外部通过 NAT 设备与内部建立连接。这时可以通过其他措施来实现这一目的。例如，网络管理员可以建立特定的 NAT 设备，用于中继所有由外部发起的到特定内部主机的 HTTP 端口连接。但是，由于网络只有一个外部可见 IP 地址，因此 NAT 设备必须"收听"用于不同服务的端口和内部主机 IP 地址。因为大多数应用程序"收听"通常不易更改的对外透明的约定端口，因此这种解决方案使用起来非常不便而且通常没有任何选项控制。

所以，唯一的解决方案就是为希望与外部网络进行连接的内部服务提供静态 IP 地址映射。也就是说，要在 NAT 上维护一个以上的外部 IP 地址。在这种情况下，网络既能够提供外部可访问的服务，同时又能保护内部网络的私密性。NAPT 方法的特点是：

- 出去的数据报源地址被路由器的外部地址代替，而源端口号则被一个还未使用的伪装端口号代替；
- 进来的数据包的目的地址是路由器的 IP 地址，目的地址是其伪装端口号，由路由器进行翻译。

## 增强的网络安全性

动态地址转换方法提供了静态地址转换方法无法提供的安全性。静态地址转换方法维护一个预先配置好的内部地址到外部地址的映射表，要进入特定内部主机的计算机黑客在获取该主机的静态 IP 地址后，便可以以此为目标进行攻击。主机一旦在线，计算机黑客就可以不断尝试攻破这台主机，直到成功为止。而使用动态地址转换方法时，主机每次从地址池中动态地提取其地址，黑客截取的地址很可能会指向多个不同的主机。这样，黑客便没有足够的时间攻破特定的某台主机。

使用动态地址转换方法时，只有当设备拥有一个静态分配的地址或其动态地址在 NAT 表中被激活时，外部设备才可能发起与该设备的连接。外部设备对内部设备发出连接请求的回应可以正确地发送，因为此时 NAT 仍将该内部主机到外部地址的映射存储在其地址转换表中。但是，当外部设备试图连接到一个在转换表中不存在相应映射的内部设备时，其连接将失败。另外，如果外部设备在某一内部设备的连接激活时发起连接，则由于内部设备的激活期是为最初（第 1 个）的内部到外部的连接而设置的，因此，这个由外部设备后来发起的连接将在最初的连接终止时终止。

图 5.26 示出了使用动态地址转换方法配置 NAT 设备的一个实例。

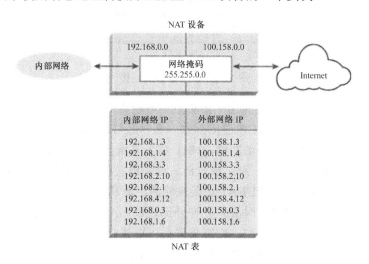

图 5.26  使用动态地址转换方法配置 NAT 设备

NAT 设备在连接终止和映射时间到期之前，一直维护内部设备的地址映射。这里要注意，这种连接的通信方式是双向的，也就是说，NAT 设备不仅允许内部到外部的网络连接，而且允许外部设备对内部发出的连接进行回应。

NAT 机制允许一个站点内多台计算机通过单一的 IP 地址去访问因特网。已有许多家用 NAT 软件和系统可供选用。例如，在安装有宽带网络的居民区域或小型商业区，NAT 特别有用，因为它允许一组计算机共享连接而不要求用户从 ISP 购买额外的 IP 地址。从市场上除了能够买到允许一台 PC 机为其他 PC 充当 NAT 设备的软件外，也可以购买到廉价的专用 NAT 硬件系统。这样的系统通常称为无线路由器，因为它们允许计算机通过 WiFi 连接。

### NAT 配置实例

图 5.27 所示是一个 IP 地址转换示例，如果内部网络有 E-mail 服务器或 FTP 服务器等可以为外部用户提供的服务，这些服务器的 IP 地址必须采用 IP 地址转换，以便外部用户可以使用这些服务。

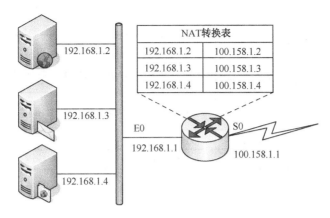

图 5.27　IP 地址转换示例

## 静态 IP 地址转换配置示例

静态 IP 地址转换配置过程包括表 5.6 所示的 3 个步骤。配置程序如下：

```
ip nat inside source static 192.168.1.2 100.158.1.2        //手动设置静态的映射关系
ip nat inside source static 192.168.1.3 100.158.1.3
ip nat inside source static 192.168.1.4 100.158.1.4
interface Ethernet0
ip address 192.168.1.1 255.255.0.0
ip nat inside          //说明该端口是内网接口
interface Serial0
ip address 100.158.1.1 255.255.0.0
ip nat outside         //说明该端口是外网接口
```

表 5.6　静态 IP 地址转换的配置步骤

| 步骤 | 功　能 | 配　置　命　令 |
|---|---|---|
| 1 | 在内部地址和合法地址之间建立静态转换（全局配置模式） | ip nat inside source static 内部地址 合法地址 |
| 2 | 指定连接网络的内部端口 | ip nat inside |
| 3 | 指定连接外部网络的外部端口 | ip nat outside |

## 动态 IP 地址转换配置示例

对于图 5.27 所示的配置示例，若采用动态 IP 地址转换则需要从合法地址池中动态地选择一个未使用的地址对本地地址进行转换，其配置步骤如表 5.7 所示。

表 5.7　动态 IP 地址转换的配置步骤

| 步骤 | 功　能 | 配　置　命　令 |
|---|---|---|
| 1 | 定义合法地址池（全局配置模式） | ip nat pool 地址池名称 起始 IP 地址 终止 IP 地址子网掩码 |

续表

| 步骤 | 功能 | 配置命令 |
|---|---|---|
| 2 | 定义一个标准的访问列表规则，指出允许哪些内部地址可进行动态地址转换 | access-list 标号 permit 源地址 通配符；其中标号为 1~99 之间的整数 |
| 3 | 将由访问列表指定内部地址与指定的合法地址池进行地址转换 | ip nat inside source list 访问列表标号 pool 地址池名称 |
| 4 | 指定与内部网络相连的内部端口 | ip nat inside |
| 5 | 指定连接外部网络的外部端口 | ip nat outside |

配置程序如下：

```
ip nat pool PoolA 100.158.1.2 100.158.1.10 netmask 255.255.255.0    //设置合法地
                                                                     址池，名为"PoolA"，地址范围是100.158.1.2~100.158.1.10
ip nat inside source list 1 pool PoolA          //对访问列表1中设置的本地地址，应用
                                                 PoolA池进行动态地址转换
interface Ethernet0
ip address 192.168.1.1 255.255.0.0
ip nat inside                                   //说明该端口是内网接口
interface Serial0
ip address 100.158.1.1 255.255.0.0
ip nat outside                                  //说明该端口是外网接口
access-list 1 permit 192.168.1.0 0.0.0.255      //对192.168.1.0/24的本地地址进行NAT转换
```

## 练习

1. NAT 如何帮助专用网络免受外部攻击？（     ）
   a. NAT 允许网络管理员为公用因特网路由器端口分配专用 IP 地址
   b. NAT 建立一个"沙盒"，任何要在本地主机上执行的外部应用程序，在执行前都将在这个"沙盒"中运行
   c. NAT 将所有进入的流量封装一个安全数据包中，该数据包仅能到达目的主机
   d. NAT 允许网络在内部网络使用专用 IP 地址，同时仍能访问因特网

2. 下列哪种 NAT 地址匹配技术可将所有的内部 IP 地址映射为同一个外部 IP 地址？（     ）
   a. 直接地址端口转换          b. 唯一地址转换
   c. IP 地址转换               d. NAPT

3. 在将内部地址映射为外部地址时，NAT 网络掩码起到了何种作用？（     ）
   a. 用作子网掩码，指定数据包目的主机所在的网络
   b. 用作通配符掩码，允许 NAT 借助源网络地址过滤由外向内的流量
   c. 用作反转掩码，将内部主机地址转换为外部公用地址
   d. 用作反相掩码，将内部地址的网络部分转换为公用地址

4. 下列哪项内容最恰当地描述了 NAT 的伪装技术？（     ）
   a. 它将所有内部地址隐藏在一个外部地址之后
   b. 它将所有内部地址隐藏在一个内部地址之后

c. 它为所有内部地址静态地分配一个外部地址
d. 它将所有内部地址隐藏在一个端口号之后

5. NAPT 如何处理 IP 数据包的源端口、目的端口和 IP 地址？（ ）

a. NAPT 保留源端口和地址不变，将目的端口和 IP 地址变为自身的外部地址
b. NATP 保留源端口和目的端口不变，将源 IP 地址和目的 IP 地址变为其地址池中的地址
c. NAPT 保留目的端口和地址不变，将源端口和地址变为其地址池中的地址
d. 改变源端口，保留源地址、目的端口和目的地址不变

## 补充练习

假如你管理一个 NAPT 网络地址转换设备，这个设备也是网络中的路由器，如图 5.28 所示。下面列出一些给定的信息：

（1）你拥有公用 IP 子网络地址 199.78.45.8/29。
（2）网络提供内部 HTTP 和 SMTP/POP E-mail 服务，其地址分别为：
▶ HTTP 服务器地址为 10.10.0.250，"收听"端口为 80；
▶ SMTP/POP E-mail 服务器地址为 10.10.0.251，"收听"端口为 25（SMTP）和 110（POP3）。
（3）NAT 设备外部接口的 IP 地址为 199.78.45.9/29。
（4）NAT 使用 TCP 和 UDP 注册端口号 1 024～65 535 为内部连接映射外部地址。

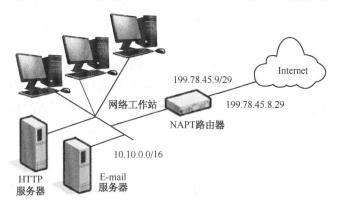

图 5.28 NAPT 示例

填充下表中的空栏。注意，E-mail 服务器仅允许内部客户机的连接。

| 内部地址 | 内部源端口 | 外部地址 | 外部源端口 |
|---|---|---|---|
| 10.10.1.2 | 1 028 | | |
| 10.10.0.17 | 4 350 | | |
| 10.10.2.120 | 1 200 | | |
| 10.10.4.5 | 1 029 | | |
| 10.10.0.250 | 80 | | |
| 10.10.0.251 | 25 | | |

# 本 章 小 结

本章详细介绍了一些关键的 TCP/IP 服务。首先讨论了 DNS 域名及域名的树状结构，从而知道，DNS 主机可以用全限定域名（FQDN）表示；DNS 使用层次型的结构。另外，DNS 定义了不同的授权范围，不同的组织负责这些 DNS 名称空间的各个不同部分。

DNS 基于组织所属行业及国家代码等定义了顶级域名，并将二级子域分发给独立的组织，由这些组织管理自身的子域。二级子域中还可以进一步划分子域。由此可见，DNS 属于分布式而非集中式，域树中的不同区域负责自身的管理及维护。

ICMP 消息产生于 OSI 模型的第 3 层，这些 ICMP 消息用于提供有助于用户和网络设备解析网络问题的一些反馈。ping 和 traceroute 是使用 ICMP 消息的常用的 IP 命令。

IGMP 消息支持 IP 网络上的视频或音频会议等多播应用程序。主机使用 IGMP 加入由 D 类 IP 地址指定的多播组后，主机可以动态进入或离开多播组。IGMP 属于 OSI 模型第 3 层的进程。

由于 DHCP 不需要手动配置 IP 地址和其他工作站信息，大大简化了网络管理工作。DHCP 客户机和服务器使用 DHCP DISCOVER 消息、DHCP OFFER 消息、DHCP REQUEST 消息和 DHCP ACK 消息来获取配置消息。与 BOOTP 使用静态的地址映射数据库不同，DHCP 可动态地分配地址。DHCP 客户机必须有规律地续订其 DHCP 租约以继续进行 TCP/IP 操作。DHCP 中继代理可以在子网之间转发 DHCP 广播。

NAT 使网络管理员可以将其内部网络相对外部公用因特网隐藏起来，同时还可以节约地址。NAT 可以静态实现，这时，网络管理员手动将内部地址映射为外部公共地址；NAT 也可以动态实现，这时，NAT 从一个地址池中按需要进行地址分配；最后，网络也可以通过网络地址端口转换（NAPT）或称作伪装转换（Masquerading），为所有内部设备分配同一个外部 IP 地址，同时，又为每个向外的连接分配一个独有的 TCP 端口。NAT 仅在由内向外的连接激活时才允许由外向内的连接，这有助于网络的安全性。在上述 3 种 NAT 实现方式中，动态实现的安全性高于静态实现，而 NAPT 实现的安全性又高于动态实现。

## 小测验

1. 将 DNS 客户机请求的完全合格的域名解析为对应的 IP 地址的过程称为（　　）。
   a. 正向　　　　　b. 反向　　　　　c. 迭代　　　　　d. 递归
2. 将 DNS 客户机请求的 IP 地址解析为对应的完全合格的域名的过程称为（　　）。
   a. 递归　　　　　b. 反向　　　　　c. 迭代　　　　　d. 正向
3. DNS 的 SOA 记录中指定了下列哪项内容？（　　）
   a. 域的 DNS 服务器　　　　　b. 特定主机的别名
   c. 将主机名称与其 IP 地址绑定　　　　　d. 域的首选 DNS
4. 下列哪项 DNS 记录列出了区域的名称服务器？（　　）
   a. SOA　　　　　b. MX　　　　　c. CNAME　　　　　d. NS
5. 解析器是用来完成下列哪项任务的程序？（　　）
   a. 获得 ARP 信息　　　　　b. 存储 DNS 信息
   c. 检索 IP 地址信息　　　　　d. 检索帧信息

6. 下列哪项表示别名的资源记录？（  ）
   a. MX         b. SOA         c. CNAME         d. PTR
7. 下列哪种 DNS 记录类型指定了黏合（glue）记录条目中类似的名称到地址的转换？（  ）
   a. A          b. CNAME       c. NS            d. SOA
8. 对于域名 test.com 而言，DNS 服务器的查找顺序是（  ）。
   a. 先查找 test 主机，再查 .com 域      b. 随机查找
   c. 先查找 .com，再查 test 主机         d. 以上答案皆是
9. 当 DNS 服务器收到 DNS 客户机查询 IP 地址的请求后，如果自己无法解析，那么会把这个请求传送给（  ），然后继续查询。
   a. 邮件服务器                          b. DHCP 服务器
   c. 打印服务器                          d. Interent 上的根 DNS 服务器
10. 下列说法正确的是（  ）。
    a. 一台服务器可以管理一个域           b. 一台服务器可以同时管理多个域
    c. 一个域可以同时被多台服务器管理     d. 以上答案皆是
11. Ping 命令使用下列哪种 ICMP 消息类型？（  ）
    a. 回送请求    b. 源结点抑制         c. 重定向        d. 回送应答
12. ICMP 使用标识符和序列号的原因是什么？（  ）
    a. 为了提供有关消息类型的附加信息    b. 为了提供引发消息的数据报信息
    c. 为了确定引发消息的上层协议
    d. 为了允许发送方使用相应的请求匹配 ICMP 应答消息
13. 路由器使用下列哪项 IP 来通知相邻路由器接口的拥塞信息？（  ）
    a. IGMP       b. ICMP         c. RARP          d. IARP
14. 在 IP 网络上使用 ICMP 测试的理由是什么？（  ）
    a. 为了获取可能在网络上发生的各种问题的回馈
    b. 为了验证 IP 的各种可靠性机制是否工作正常
    c. 有助于监控网络流量
    d. 为了在不使用 TCP 等高层协议的情况下得到 IP 可靠性
15. 下列哪种情况下设备会发送 ICMP 源结点抑制消息？（  ）
    a. 设备由于 TTL 计数器到期而必须丢弃一个数据报
    b. 设备在 IP 报头中发现句法错误
    c. 设备向源主机要求使用另一台可提供更短路径的路由器
    d. 设备不具有转发数据报的缓冲能力
16. ICMP 支持下列哪 2 种 TCP/IP 命令？（  ）
    a. ping       b. telnet       c. arp           d. tracert
17. IP 多播将地址 224.0.0.1 映射为下列哪个以太网多播地址？（  ）
    a. 01:00:24:40:00:01              b. 01:00:5E:00:00:00
    c. 01:00:5E:00:00:01              d. 01:00:5E:FF:FF:FF
18. 在 IP 网络上使用多播的 3 个目的是什么？（  ）
    a. 在线培训    b. 电话会议     c. 网络管理      d. 软件分发

19. 下列哪 2 项有关多播的描述是正确的？（    ）
    a. IP 多播组的成员资格是动态的    b. 一个网络不能同时支持多播和单播路由器
    c. UDP 使用 IP 多播服务           d. 一台主机只能属于一个多播组
20. 下列哪项内容列出了正确的 DHCP 租借消息顺序？（    ）
    a. DHCP DISCOVER，DHCP OFFER，DHCP REQUEST，DHCP REPLY
    b. DHCP DISCOVER，DHCP OFFER，DHCP REQUEST，DHCP ACK
    c. DHCP REQUEST，DHCP REPLY，DHCP DISCOVER，DHCP OFFER
    d. DHCP REQUEST，DHCP ACK，DHCP DISCOVER，DHCP OFFER
21. DHCP 服务器何时重用 DHCP OFFER 消息中提供的地址？（    ）
    a. 接收到客户机的 DHCP RELEASE 消息后
    b. 接收到客户机的 DHCP DISCOVER 消息后
    c. 等待 DHCP REQUEST 消息的时间超出后
    d. 客户机发送一条 DHCP INFORM 消息后
20. 下列哪个 DHCP 操作码用于指定特定供应商的选项？（    ）
    a. 6            b. 44           c. 46           d. 128
21. 在下列哪一租借期阶段客户机首次尝试续订租约？（    ）
    a. 25%          b. 50%          c. 75%          d. 85%
20. DHCP 客户机可以通过下列哪种消息取消其地址租借？（    ）
    a. DHCP RELEASE 消息           b. DHCP ACK 消息
    c. DHCP NACK 消息              d. DHCP CANCEL 消息
21. 网络地址转换（NAT）中的 IP 地址转换，通过下列哪种方式为内部设备分配外部地址？（    ）
    a. 向 DHCP 服务器发送内部地址请求    b. 为所有内部设备分配同样的外部 IP 地址
    c. 将内部 IP 地址转换为专用 IP 地址    d. 为内部地址分配一个外部地址池中的地址
22. 因动态 NAT 设备的地址资源耗尽而无法再分配时，会发生下列哪种情况？（    ）
    a. 该 NAT 设备拒绝新的连接         b. 该 NAT 设备断开最旧的连接
    c. 该 NAT 设备在内部设备之间共享地址    d. 该 NAT 设备使用备份静态映射条目
23. 下列哪一个解决方案最佳地解决了外部发起的连接通过网络地址端口转换（NAPT）的 NAT 设备的问题？（    ）
    a. 为所有外部可用的内部服务使用静态地址映射
    b. 将外部发起的连接，路由到位于 NAT 网络外部的网络
    c. 将所有外部发起的连接中继到一个特定的注册端口，内部设备在此端口上"收听"
    d. 将内部目的端口号转换为一系列未调节的端口号，然后将这些新的端口号插入到 TCP 报头中

# 第六章 TCP/IP 路由技术

在网络互联中,"路由"是频繁使用的一个术语。早在 20 世纪 70 年代就已经出现了对路由技术的讨论,但直到 20 世纪 80 年代路由技术才逐渐实现商业化应用。路由技术之所以在问世之初没有被广泛应用,主要原因是当时的网络结构比较简单,路由技术没有用武之地。直到大规模的互联网逐渐发展起来,才为路由技术的应用发展提供了良好的基础和平台。

路由是指把 IP 数据报从源结点通过通信网络传递到目的结点的传送过程。互联网是由许多利用路由器连接起来的网络组成的。当数据报需要从源结点发送到目的结点时,它可能要通过许多路由器,直至它到达连接在目的网络上的路由器为止。路由器从网络接收数据报,并把这个数据报转发到另一个网络。一个路由器通常与多个网络连接。当路由器收到数据报时,它应当将数据报转发到哪一个网络呢?如何选择所经过的结点,从而满足数据传送的要求,是网络研究者非常关心的问题。因此,路由是 TCP/IP 非常重要的功能,也是 TCP/IP 得以广泛使用的主要原因。路由功能使 TCP/IP 完美地适应了联网需求。

可将信息从一地携带到另一地的协议称为可路由协议,IP 就是一种可路由协议。路由(选择)协议允许路由器相互之间共享路径信息。本章将首先介绍路由的概念,介绍路由进程并举例说明 IP 数据报路由操作的过程,讨论用户可以在路由器上配置的不同路由类型,包括静态路由、默认路由及动态路由;然后,讨论因特网的路由协议类型,包括距离向量路由算法、链路状态算法和网关协议;重点介绍路由信息协议(RIP),并讨论开放最短路径优先(OSPF)协议如何进行信息交换;最后,介绍常用的外部网关协议(EGP)——边界网关协议(BGP)。

## 第一节 路由的概念

路由选择技术是网络互联技术中的一个重要问题。网际互联层从上层接收数据,将其组装成 IP 数据报,然后依据某些标准(这些标准有时称为权值或量度),如距离、跳数和带宽等,选择最佳路由,之后 IP 数据报经该路由到达目的地。当 IP 数据报的目的主机和发送主机位于同一个局域网时,IP 数据报一般直接由发送主机发送。为了传送目的地是远程网络中的某个主机的 IP 数据报,需要使用专用的路由器。然而,在由多个路由器连接起来的互联网中,可能存在许多不同的路径可供 IP 数据报选择。当网际互联层是基于无连接数据报服务时,互联网络上的每一条路由都可能被选择。那么,数据报究竟应该怎样选择一条传送路径呢?这就是路由选择技术所要解决的问题。

### 学习目标

- ▶ 熟悉互联网 IP 数据报转发的过程;
- ▶ 掌握静态路由、默认路由与动态路由的概念。

### 关键知识点

- ▶ 路由器连接两个或两个以上的数据报交换网络。

## 何谓路由

互联网是世界上基于路由器的最大网络，基于路由器的网络具有特定功能和操作方法。如果某一网络中的主机希望与另一网络中的主机进行通信，源主机必须首先将数据报发往直接连接在本地网络上的路由器。主机可以通过多种方法识别正确的路由器。接收到数据报之后，路由器通过互联的网络和路由器系统转发该数据报，直到最终到达与目的主机连接在同一网络上的一台路由器为止。最后一台路由器将数据报递交给其本地网络上的指定主机。图 6.1 示出了一个可路由的互联网路由组成结构。

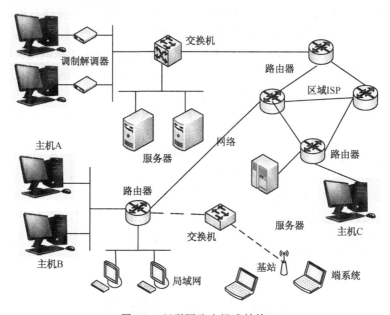

图 6.1　互联网路由组成结构

在图 6.1 中，主机 A 和主机 B 连接在相同的物理网络中，它们之间可以直接通信。但是，如果主机 A 希望与主机 C 通信，则主机 A 就必须将数据报传送到最近的路由器（主机 A 的默认网关）上，然后该网关路由器再将数据报传送给连接因特网的路由器系统，接着数据报从一台路由器传送到另一台路由器，直到最终到达与主机 C 连接在同一网络上的路由器。最后这台路由器使用本地网络提供的服务将数据报递交给主机 C。可见，所谓路由就是把 IP 数据报从源结点通过通信网络传递到目的结点的传送过程。

通常，路由器是通过检查其路由表来确定如何转发数据报的。如果数据报的目的地址位于路由器直接连接的网络，则路由器不需要使用其他路由器就可以递交该数据报，这时称为直接路由。如果目的地址位于远程网络，则路由器必须将该数据报转发到另一个相距目的网络更近的路由器，然后由该路由器负责之后的转发及传递，这时称为间接路由。间接路由又有静态路由、默认路由和动态路由之分。因此，通往远程网络的路由可以通过一些路由选择协议静态配置或动态获得，这些路由选择协议包括路由信息协议（RIP）、开放最短路径优先协议（OSPF）和内部网关路由协议（IGRP）等。

## 路由表

路由器的主要工作就是为经过路由器的每个数据报寻找一条最佳传送路径,并将该数据报有效地传送到目的结点。为了完成这项工作,在路由器中有一张称为路由表的表,保存着与各种传送路径相关的数据,供路由选择时使用。

### 路由表的类型

IP 路由按其采用的技术可以分为静态路由和动态路由两大类。若路径不变,就称之为静态路由;相反,若系统的路由信息随着时间变化则称之为动态路由。路由表既可以由系统管理员固定设置,也可以由系统动态修改和自动调整,还可以由主机控制。因此路由表也有静态和动态之分。

1. 静态路由表

静态路由是一种特殊的路由,路由信息由人工或者软件配置程序输入路由器的路由表中。该路由的选择由网络系统管理员决定。由网络系统管理员事先设置好的固定路径表称为静态路由表,一般在系统安装时就根据网络的配置情况预先设定,而当网络结构改变时需管理员手工改动相应的表项。

尽管静态路由可能在某些场合比较适宜,但它不能随网络拓扑的变化而动态改变。多数主机都采用静态路由。主机的静态路由表一般包含两项:一项指定该主机所连接的网络;另一项是默认项,指向在路由表中未找到的所有其他网络的传送路径。

2. 动态路由表

动态路由表是路由器根据网络系统的运行情况而自动调整的路由表。路由器根据路由选择协议提供的功能,自动学习和记忆网络运行情况,在需要时自动计算数据报传送的最佳路径。当路由器收到一个数据报时,它首先查看数据报的目的地址以确定它的目的网络,然后搜索路由表找到与该目的网络相匹配的表项,最后通过该表项中的接口将数据报转发给下一个路由器。

### 路由表的格式及内容

路由表是保存子网标志信息、网中路由器的个数、下一个路由器的名字等内容的表格,其格式大同小异。在每张路由表中,一般有目的地址、掩码、网关、跳数、标志以及接口等表项。

- 目的 IP 地址和掩码——目的 IP 地址既可以是一个完整的主机地址,也可以是一个网络地址,由该表项中的标志字段来指定。主机地址有一个非 0 的主机号,以指定某一特定的主机,而网络地址中的主机号为 0,以指定网络中(如以太网,令牌环网)的所有主机。目的地址和掩码是整个表的关键字,唯一地确定到某目的地的路由。
- 网关——表示下一跳路由器的 IP 地址,或者有直接连接的网络 IP 地址。下一跳路由器是指一个在直接相联网络上的路由器(网关),通过它可以转发数据报。下一跳路由器不是最终目的地,但通过它可以把传送给它的数据报转发到最终目的地。
- 跳数——路由器与目的结点之间的跳数。数据报必须经过的每个路由器称为一跳,亦称转发次数。
- 标志（Flags）——在 Flags 栏中可以设置多个字符以说明不同的含义。例如：U 表示路由工作正常；G 表示分组必须通过至少一个路由器，如不设置 G 表示直接交付；H 表示该路由是到某个特定主机的，如不设置 H 则表示该路由是到一个网络的；D 表示路由是动态创建的。
- 接口——本地接口的名字，指出数据报应当从哪一个网络接口转发。

另外，一个实际的路由表还包括一些其他内容，例如，用参考计数（Ref）表示该路由活动进程的个数、用 Use 表示使用该路由转发的分组数。

表 6.1 所示是一个 UNIX 主机系统的路由表项目。在该表中，给出了 4 条路由信息，其中 lo0 表示虚拟的回送接口，eth0 表示第一块以太网卡。

表 6.1  UNIX 主机系统路由表

| 目的地址 | 掩码 | 网关 | Flags | Ref | Use | 接口 |
|---|---|---|---|---|---|---|
| 127.0.0.0 | 255.0.0.0 | 0.0.0.0 | UH | 0 | 36106 | lo0 |
| 189.163.1.0 | 255.255.255.0 | 0.0.0.0 | U | 29 | 102 | eth0 |
| 189.163.1.0 | 255.255.255.0 | 189.163.1.2 | UG | 116 | 18128 | eth0 |
| 0.0.0.O | 0.0.0.0 | 189.163.1.1 | UG | 0 | 2666304 | eth0 |

第一条路由表项是到 127.0.0.0 子网的路由。通常把类似 127.x.x.x 的 IP 地址称为回送地址，表示所有网络接口上发送的数据实际上都要交给本主机处理。如果数据报的目的地址为 127.0.0.1，则与该路由表项匹配，因而 IP 把它交给虚拟的回送接口处理。

第二条路由表项的目的子网实际上是与该主机直接相连的子网。目的地址为该子网的子网号，而掩码为该网络接口上的掩码。由于没有设置标志位 G，表示网关域并不是一台真正的路由器地址。此时数据报应该发往以太网接口，而下一跳地址应该是 IP 数据报中的目的主机的地址。

第三条路由表项是到以太网的路由。路由表项中的 G 标志位有效，表示到达该网络应该经过路由器 189.163.1.2。

第四条路由表项的目的地址和掩码全为 0，表示与任何目的地址都可以匹配。这样的路由称为默认路由，表示如果目的地址和路由表项中的网关域是有效的路由器地址，就作为下一个路由器的地址并通过 eth0 接口访问该路由器。

### 网络路由表示例

图 6.2 示出了由 4 个网络和 3 台路由器构成的一个小型互联网。由于每台路由器是根据网络号，而不是根据每台单独主机的地址做出转发决定的，因此在图 6.2 中没有显示出连接到每个网络上的主机。这里的路由器使用地址解析协议（ARP），查找对应于其直接连接网络上的任何主机或路由器的 IP 地址所对应的 MAC 地址。

表 6.2 至表 6.4 示出了图 6.2 中每台路由器的路由表。每条路由对应路由表中包含的一条信息（行）。表中的列包括目的 IP 网络号，下一个转发路由器端口或 IP 地址，以及当需要一次以上路由才能到达目的网络时所选择的最低路由成本度量（单位是跳）。

图 6.2　小型互联网示例

表 6.2　路由器 A 的路由表

| 目的网络号 | 下一个转发路由器端口或 IP 地址 | 度量/跳 |
| --- | --- | --- |
| 128.1.0.0 | 直接端口 1 | 0 |
| 128.2.0.0 | 直接端口 2 | 0 |
| 128.3.0.0 | 128.2.0.3 | 1 |
| 128.4.0.0 | 128.2.0.3 | 2 |

表 6.3　路由器 B 的路由表

| 目的网络号 | 下一个转发路由器端口或 IP 地址 | 度量/跳 |
| --- | --- | --- |
| 128.1.0.0 | 128.2.0.2 | 1 |
| 128.2.0.0 | 直接端口 1 | 0 |
| 128.3.0.0 | 直接端口 2 | 0 |
| 128.4.0.0 | 128.3.0.3 | 1 |

表 6.4　路由器 C 的路由表

| 目的网络号 | 下一个转发路由器端口或 IP 地址 | 度量/跳 |
| --- | --- | --- |
| 128.1.0.0 | 128.3.0.2 | 2 |
| 128.2.0.0 | 128.3.0.2 | 1 |
| 128.3.0.0 | 直接端口 1 | 0 |
| 128.4.0.0 | 直接端口 2 | 0 |

## IP 数据报路由操作过程

图 6.3 示出了一台主机通过互联网向另一台主机传送数据的拓扑结构示例，即路由操作模型。在图 6.3 中，有 1 台源主机（主机 A）、1 台目的主机（主机 B）、3 台中间路由器和 4 个不同类型的物理网络，同时给出了每个主机和路由器端口的 IP 地址和以太网地址。

随着 IP 数据报对网络数据帧的取代，互联网可被看作一个大型的虚拟网络。数据报选取的路径是通过检查路途中所用的每个路由表而决策的。每个路由器只定义路径中的下一跳（转发），并依靠下一个转发路由器在其路径上发送 IP 数据报。中间路由器将数据报传送到 IP 层，

IP 层再将其返回并传送到一个不同的网络中。只有当数据报到达最终目的结点时，本地 IP 进程才提取消息并传递给更高的协议层。

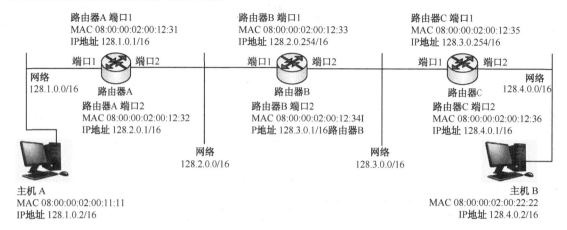

图 6.3 互联网传送拓扑结构示例

### 主机 A

图 6.4 至图 6.7 示出了网络 128.1.0.0 中的主机 A，如何利用远程登录（Telnet）协议与网络 128.4.0.0 中的主机 B 进行连接。这些图还说明：随着数据报由一个路由器传送到另一个路由器，主机 A 定义的 IP 报头是如何保持固定不变的。在数据报向着最终目的结点传送的过程中，唯一改变的地址是源以太网地址和目的以太网地址。

### 网络 128.1.0.0 上的数据报

由于主机 A 和主机 B 处在不同的网络上，因此主机 A 必须执行间接路由并利用 IP 路由器的服务。初始化时，主机 A 便获取了其默认网关的 IP 地址 128.1.0.1。因此，主机 A 必须使用路由器 A 向任何一个位于其他网络的主机发送数据报。如果主机 A 的地址解析协议（ARP）缓存中没有关于设备 128.1.0.1 的条目，则主机 A 将发出一条 ARP 请求并等待路由器 A 的响应。

一旦其默认路由端口有了对应的 ARP 缓存条目，主机 A 就发送一个以太网帧，其目的结点的介质访问控制（MAC）地址为 08:00:02:00:12:31（路由器 A）、源 MAC 地址为 08:00:02:00:11:11（主机 A)，而类型字段为 0800H（IP）。网络 128.1.0.0 上的数据报的结构如图 6.4 所示。

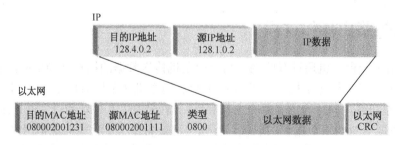

图 6.4 网络 128.1.0.0 上的数据报结构

## 网络 128.2.0.0 上的数据报

路由器 A 收到数据报后，先除去其以太网报头，然后将数据报传递给其 IP 进程。IP 进程检查包含在 IP 报头中的目的网络号，并在其路由表（参见表 6.2）中查找通往网络 128.4.0.0 的路由。

通过查询表 6.2，路由器 A 获知目的网络在两跳（转发点）之外，所以它必须将数据报转发给 IP 地址为 128.2.0.254 的路由器 B。如果路由器 A 在它的 ARP 缓存中没有该地址映射，则路由器 A 将发出一个 ARP 请求并等待路由器 B 给出响应。

最后，路由器 A 通过端口 2 传送以太网帧。该以太网帧的目的结点的 MAC 地址为 08:00:02:00:12:33（路由器 B），源结点 MAC 地址为 08:00:02:00:12:32（路由器 A 的端口 2）。网络 128.2.0.0 上的数据报结构如图 6.5 所示。

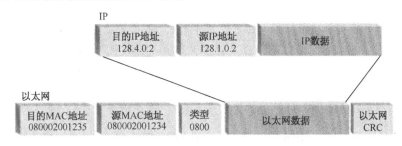

图 6.5　网络 128.2.0.0 上的数据报结构

## 网络 128.3.0.0 上的数据报

路由器 B 收到数据报后，先除去其以太网报头，然后将数据报传递给其 IP 进程。路由器 B 的 IP 进程检查包含在 IP 报头中的目的网络号，并在其路由表（参见表 6.3）中查找通往网络 128.4.0.0 的路由。

通过查询表 6.3，路由器 B 获知目的网络在一跳之外，所以它必须将数据报转发到 IP 地址为 128.3.0.254 的路由器 C。如果路由器 B 的 ARP 缓存中没有该地址映射，则路由器 B 将发出一个 ARP 请求并等待路由器 C 给出响应。

一旦获得地址映射，路由器 B 就通过端口 2 建立并发送一个以太网帧，其目的结点的 MAC 地址为 08:00:02:00:12:35（路由器 C），源结点 MAC 地址为 08:00:02:00:12:34（路由器 B 的端口 2）。网络 128.3.0.0 上的数据报结构如图 6.6 所示。

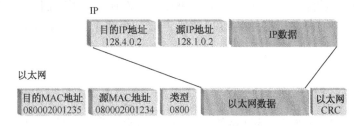

图 6.6　网络 128.3.0.0 上的数据报结构

**注意**：虽然转发期间 MAC 地址发生了改变，但 IP 数据报中的目的 IP 地址和源 IP 地址始终不变。

### 网络 128.4.0.0 上的数据报

路由器 C 收到数据报后，先除去其以太网报头，然后将数据报交给其 IP 进程。IP 进程检查包含在 IP 报头中的目的网络号，并在其路由表（参见表 6.4）中查找通往网络 128.4.0.0 的路由。

通过查询表 6.4，路由器 C 获知目的网络直接连接在端口 2 上，因此它不再需要将数据报发送给其他的路由器。换句话说，路由器 C 能够直接递交数据报。如果路由器 C 的 ARP 缓存中没有该地址映射，则路由器 C 将发出 ARP 请求并等待主机 B 给出响应。

一旦获得了地址映射，路由器 C 就在其端口 2 建立并发送一个以太网帧，该帧目的结点的 MAC 地址为 08:00:02:00:22:22（主机 B），源结点 MAC 地址为 08:00:02:00:12:36（路由器 C 的端口 2）。网络 128.4.0.0 上的数据报的结构如图 6.7 所示。

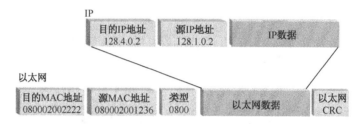

图 6.7　网络 128.4.0.0 上的数据报结构

### 主机 B

主机 B 接收数据报后，除去以太网报头并向 IP 模块发出请求。IP 进程确定数据报是发送给本地主机的后，再去除 IP 报头并将数据报传递给 TCP 进程进行下一步处理。TCP 进程检查其端口号后，将数据报送到 Telnet 进程的输入队列。

## 直接路由

任何物理网络上的计算机均能向与其位于同一网络的其他计算机传送数据报，这种类型的通信不需要路由器提供服务。要传送 IP 数据报时，主机先将该数据报封装在一个物理帧中，然后利用 ARP 将目的 IP 地址映射为 MAC 地址，最后使用网络硬件传送数据报。

为了确定另一台主机是否处在一个与自己直接连接的网络中，源主机必须检查目的 IP 地址的网络部分。源主机用自己的网络号与目的网络号相对照。如果它们相同，则可以直接发送数据报；如果不同，则源主机必须将数据报发送给一个路由器进行传送。直接路由示例如图 6.8 所示。

## 间接路由

当目的结点不在与源结点直接连接的网络中时，就会发生间接路由。间接路由要求源主机向路由器发送数据报，之后向目的网络转发数据报就是路由器的任务了。由于源主机不仅必须标识最终目的结点，而且要标识数据报所通过的路由器，因此这种路由类型较为复杂。间接路由示例如图 6.9 所示。

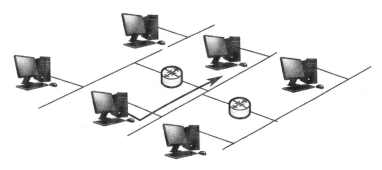

图 6.8 直接路由示例

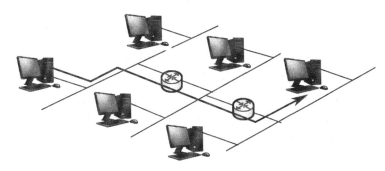

图 6.9 间接路由示例

所谓路由（选择）就是指，路由器为要通往特定目的结点的数据报寻找和选择路径的过程。路由选择有静态路由、默认路由和动态路由 3 种类型。

### 静态路由

静态路由是一种特殊的路由，路由信息由人工或者软件配置程序输入路由器的路由表中。以静态路由方式工作的路由器只知道那些和它有物理连接的网络，而不能发现和它没有直接物理连接的那些网络。对于这种路由器，如果需要让它把数据报路由到任何其他网络时，需要以手工的方式在路由表中添加表项。

每台路由器中的静态路由表都是一个本地文件，该文件中包含所有去往已知网络的路由信息。一个用于配置静态路由的网络结构如图 6.10 所示。

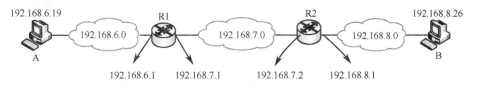

图 6.10 静态路由网络结构示例

在图 6.10 中，路由器 R1 与网络 192.168.6.0 和 192.168.7.0 直接相连，R1 启动时的初始路由表如表 6.5 所示。

当主机 A 要向主机 B 发送信息时，R1 无法根据表 6.5 中的路由表信息进行转发。因此需要网络管理人员对 R1 的路由表进行配置。常用的一种配置方法是在 R1 的路由表中添加与网络 192.168.8.0 相关的表项，如表 6.6 所示。

表 6.5　路由器 R1 的初始路由表

| 目的网络 | 子网掩码 | 网关 | 接口 | 跳数 |
|---|---|---|---|---|
| 192.168.6.0 | 255.255.255.0 | 192.168.6.1 | 192.168.6.1 | 1 |
| 192.168.7.0 | 255.255.255.0 | 192.168.7.1 | 192.168.7.1 | 1 |

表 6.6　在路由器 R1 的路由表中添加目的网络表项

| 目的网络 | 子网掩码 | 网关 | 接口 | 跳数 |
|---|---|---|---|---|
| 192.168.6.0 | 255.255.255.0 | 192.168.6.1 | 192.168.6.1 | 1 |
| 192.168.7.0 | 255.255.255.0 | 192.168.7.1 | 192.168.7.1 | 1 |
| 192.168.8.0 | 255.255.255.0 | 192.168.7.2 | 192.168.7.1 | 2 |

通过配置静态路由，用户可以人为地指定对某一个网络访问时所要经过的路径。当网络结构比较简单，且一般到达某一网络所经过的路径唯一的情况下适宜采用静态路由。

静态路由一般适用于比较简单的网络环境。在简单的网络环境中，易于管理员清楚地了解网络拓扑结构，便于设置正确的路由信息。然而，在大型网络上手工编辑路由表是一件非常困难的事情，不仅工作量大，而且不能及时反映网络拓扑结构的频繁变化，还有可能造成难以管理的冗余路径。

使用静态路由可以确保数据报仅有一条通向特定目的结点的路径。这一点当仅让数据报经历网络之间的特定链路时尤其有用。另外，静态路由还可以保护网络拓扑信息，增强了网络的安全性。静态路由具有以下几个特性：

- ▶ 减少了路由器的额外开销，在路由器之间更新信息时不需要使用带宽，同时增加了网络的安全性。
- ▶ 网络管理员为所有网络维护路由表，并当路由域内发生变化时手动更新这些表，降低了灵活性。
- ▶ 静态路由在路由信息快速增长或改变的环境下无法使用。因为备份路由可能需要使用失效网络或设备资源，从而导致系统失败。在这种情况下，路由表无法完全响应所有的请求。
- ▶ 新的网络增加进来或旧有网络的物理拓扑结构发生改变时，路由域中每个路由器的路由表都需要手动更新。这不仅需要花费网络管理员的大量时间，而且很难发现和更正静态路由表的配置错误。

**默认路由**

要使每台路由器对到每个目的结点的路由都进行维护是不可能的，因此，路由器需要保存一条默认路由。所谓默认路由是一种手动配置的路由。任何未被指定路由的数据报都将通过其默认路由端口发往下一跳的路由器。默认路由仅用于单一对外接口的路由器。特殊地址 0.0.0.0/0 用来描述默认路由。例如，对于图 6.10 中的 R1，可以在其路由表中添加一个默认路由表项，如表 6.7 所示。

当路由器不能用路由表中的一个具体条目匹配一个网络时，就将使用默认路由，向默认路由定义的默认路由器转发该数据报。图 6.11 所示是默认路由的示例。

表6.7 在路由器 R1 的路由表中添加默认路由表项

| 目的网络 | 子网掩码 | 网关 | 接口 | 跳数 |
|---|---|---|---|---|
| 192.168.6.0 | 255.255.255.0 | 192.168.6.1 | 192.168.6.1 | 1 |
| 192.168.7.0 | 255.255.255.0 | 192.168.7.1 | 192.168.7.1 | 1 |
| 0.0.0.0 | 0.0.0.0 | 192.168.7.2 | 192.168.7.1 | 1 |

在图 6.11 中，内部的子网由一个边界路由器连接到因特网。内部路由器运行内部网关协议（IGP），这是一种用于在自治系统内共享路由信息的路由选择协议；边界路由器运行外部网关协议（EGP），用于在外部路由器之间共享路由信息。内部结点相互之间以及与边界路由器之间传递路由信息，但这些内部结点并不包含通向位于其所在自治系统之外的网络的路由。对于发往这些外部网络的数据包，内部结点通常将其发往默认路由条目所指定的端口。

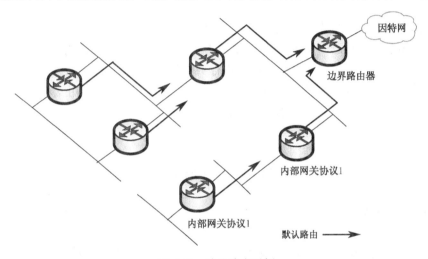

图 6.11 默认路由示例

默认路由仅适用于存根网络（Stub Network）。例如，假设现在有一个包含两个外部网络接口的路由器，并且为每个端口均定义了默认路由，则当路由循环或数据包丢弃或丢失时，网络就会发生故障。默认路由通常用于缩小路由表。由于默认路由仅包含对本地网络的少量测试，同时对所有目的结点采用一个统一的默认路由，因此可以简化路由选择。默认路由的另一个优点是可以显著减少在路由器之间交换的路由表更新消息，但在某些情况下，使用默认路由可能会建立多个路径，或产生路由循环以及配置错误等。

虽然默认路由表项可以让路由器把数据报发送到下一个路由器，并找到一条通往目的网络的路由，但在路由表中只能有一条默认路由表项。为了使信息不仅发得出去，而且还要进得来，通常采用将本自治系统内的网络信息都加到路由表中，而去往本自治系统外的网络的数据报则通过默认路由送出。

默认路由可以由人工静态输入，也可以通过路由选择协议被动学习。静态配置默认路由的命令有 ip router 0.0.0.0 0.0.0.0 和 ip default-network 两条。

### 动态路由

动态路由是指路由器能够自动地建立自己的路由表，并且能够根据实际情况的变化适时进行调整。动态路由机制的运作依赖于路由器的两个基本功能：
- ▶ 对路由表的维护；
- ▶ 路由器之间适时的路由信息交换。

动态路由由共享路由信息的路由器建立。这些路由器可以是直接连接的，使用路由信息协议（RIP）；也可以是位于同一个自治系统中的，使用开放最短路径优先（OSPF）协议和内部网关路由协议（IGRP）等。

与静态路由或默认路由相比，动态路由减轻了管理负担，当然这也是有代价的。在建立和共享路由表更新信息时，动态路由需要使用路由器的资源，其中包括中央处理器（CPU）和内存等。同时，当路由器向其他路由器发送和从其他路由器接收路由更新信息时，需要增加对网络带宽的使用。在动态路由情况下，路由器可以在网络之间的大量可用路由中选择一条最佳路由，这个选择一般是基于跳数、带宽、延迟以及其他变量做出的。使用动态路由还可以实现负载平衡和系统容错功能。

动态路由为网络管理带来了很大压力，这种压力主要表现在路由循环方面。由于路由更新信息在所有路由器之间传送时需要一定的时间，所以一个或多个路由器可能会在某条链路已失效时，却将经过该链路的路由作为最佳路由进行数据报的传送，从而产生错误。路由表更新信息的传送称为"汇聚"或"收敛"，协议的汇聚能力越快越好。如果路由器还未与网络中的其他路由器"汇聚"其路由表，则可能发生路由循环。

动态路由协议具有以下特性：
- ▶ 动态路由协议自动响应网络拓扑的变化；
- ▶ 动态路由方法通过增加或删除路由表中的条目来自动处理这些变化。

## 路由选择示例

在运行 TCP/IP 的网络中，每个数据报都记录了该数据报的源 IP 地址和目的 IP 地址。路由器通过检查数据报的目的 IP 地址，判断如何转发该数据报，以便对传送中的下一跳路由做出判断。

路由选择协议依赖路由选择算法计算从源到目的地的最小代价路径。路由选择算法是网络层软件的一部分，负责决定一个输入的分组应该输出到哪个输出端口。路由选择算法使用最小代价权值（Least Cost Metric）确定最佳路径。通常的代价权值有跳数（即一个分组在到达目的地的途中所经过的路由器到路由器的连接数）、传送延迟、带宽、时间、链路利用率和错误率等。例如，对于图 6.12 所示的网络及其子网，一种权值是跳数，另一种权值是带宽。如果分组通过路径"R1→R2"传送，H1 和 H2 之间的跳数是 2。同样，如果分组通过"R1→R3→R2"或者"R1→R4→R5→R3→R2"传送，那么跳数分别是 3 和 5。显然，如果最佳路径或最小代价路径由跳数决定，那么从 H1 到 H2 的分组应该走的路径是"R1→R2"，因为这条路径具有最少的跳数。另一方面，如果用带宽作为权值，那么最佳路径应该是"R1→R3→R2"或"R1→R4→R5→R3→R2"。跳数忽略了链路速率和延迟，因此，在图 6.12 中，分组将总是走"R1→R2"（假如链路正常），即使它可能比"R1→R3→R2"或"R1→R4→R5→R3→R2"慢。

路由跟踪程序（Trace Route，在 Windows 2008/8 中是 tracert）是一个跟踪数据报通过路径的 UNIX 程序，它能显示出所跟踪的 IP 数据报从源结点到目的结点所经过的路由。例如，tracert 从作者计算机跟踪到 www.sina.com 的数据报所经过路由的输出结果如图 6.13 所示。

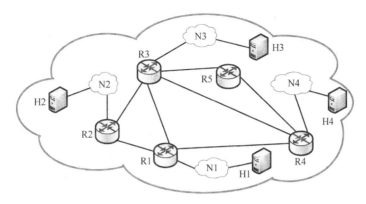

图 6.12　基于权值确定分组应该走的最佳路径

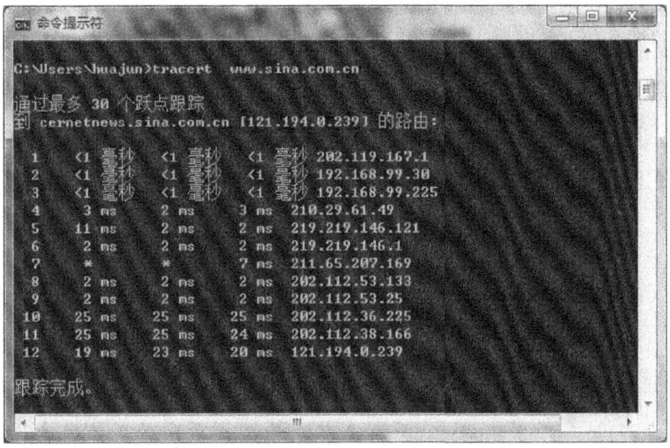

图 6.13　tracert 示例

**注意**：路由器跳数是 11，最后一个条目是目的结点信息，不是路由器信息。每一行分别表示路由器的逻辑名字、IP 地址以及数据报到达网关的往返时间（以毫秒计）。方括号内的数字代表目的结点的 IP 地址。

## 管理位距

路由器用管理位距（AD）来确定源路由信息的可信度。路由器的供应商为每种路由选择类型和协议指定特定的默认 AD，路由器使用这些 AD 号来确定哪个通向目的网络的路由可信度最高。Cisco 系统将其 AD 值设为 0～255，其中的 0 用于指定可信度最高的路由，而 255 则用于指定不允许任何流量通过的路由。表 6.8 示出了 Cisco 路由器常用的一些 AD 值。

从表 6.8 中的内容可以看出，路由器总是优先使用直接连接的接口作为路由。另外，路由器对静态路由的信任度高于动态路由。路由器的管理员也可以重新设置静态路由的 AD 值，但在 Cisco 路由器中，该 AD 值总是默认为 1。

表 6.8　管理位距

| 路由类型和协议 | 默认 AD 值 |
| --- | --- |
| 直接连接的接口 | 0 |

续表

| 路由类型和协议 | 默认 AD 值 |
|---|---|
| 静态路由 | 1 |
| 增强型内部网关路由协议（EIGRP） | 90 |
| 内部网关路由协议（IGRP） | 100 |
| 开放最短路径优先（OSPF）协议 | 110 |
| 路由信息协议（RIP） | 120 |
| 未知 | 255 |

## 练习

用下图中所示的信息填写之后的表格。

**注意**：发送时，总是存在一个与发送和接收应用程序有关的端口号，同时也总是存在一个 IP 地址。然而，如果通过网络发送数据报，在建立帧时可能有多个局域网标识（LAN IDs）。此练习阐述如何在 TCP/IP 网络中联合使用帧、数据报和端口地址。

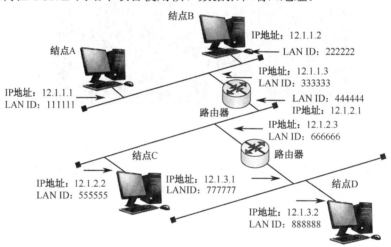

| FTP 端口=21<br>Telnet 端口=23 | 直接或间接路由 | 源端口 | 目的端口 | 源 IP | 目的 IP | 源 LAN ID | 目的 LAN ID |
|---|---|---|---|---|---|---|---|
| A 到 B 的 FTP | | | | | | | |
| A 到 C 的 FTP | | | | | | | |
| A 到 D 的 FTP | | | | | | | |
| D 到 B 的 FTP | | | | | | | |
| D 到 C 的 Telnet | | | | | | | |
| D 到 A 的 Telnet | | | | | | | |

## 补充练习

研究和总结 RFC 791、RFC 793 和 RFC 768 请求评论（RFC）文档。

## 第二节 路由算法与协议

路由选择协议的核心是路由算法，即需要用何种算法来获得路由表中的各个项目。若按路由表建立的方式，可将路由算法分为静态路由算法和动态路由算法。这也是目前最普遍的分类方法。

静态路由选择算法几乎不能称作一种算法。静态路由表在开始选择路由之前由网络管理员建立，不随网络运行状态的变化而变化，只能由网络管理员更改，所以只适于网络传送状态比较容易预见，以及网络设计较为简单的环境。动态路由选择算法则能根据网络运行环境的改变而适时地进行路由表的刷新，以适应网络拓扑的变化。典型的动态路由算法有距离向量路由算法和链路状态路由算法。

目前有许多路由选择算法可用于路由选择，在此主要讨论距离向量和链路状态两种分布式计算量度信息的路由算法。这两种算法的目的都是无环路地通过某些中间路由器将数据报从网络的一个结点路由到另一个结点。环路指的是一个数据报在同一条链路上转发多次。距离向量路由算法和链路状态路由算法的主要区别，在于它们收集和传送选路信息的方式不同。

**学习目标**

- ▶ 掌握自治系统的概念；
- ▶ 掌握距离向量路由算法（DVA）路由选择协议；
- ▶ 掌握链路状态路由算法（LSA）路由选择协议；
- ▶ 了解内部网关协议（IGP）和外部网关协议（EGP）。

**关键知识点**

- ▶ 路由器互相传递路由信息，以确保位于同一自治系统内的所有路由器都共享同样的路由信息。

## 路由选择协议

路由选择协议是路由器交换路由选择信息的语言。路由选择协议可以使路由器全面了解整个网络的运行状况，为数据报确定从源结点通过网络到达目的结点的路径。

### 自治系统

在因特网发展早期，用于连接不同网络以构成因特网的路由器主要有两类。一类是由国际网络运作中心（INOC）运行和维护的一组功能强大的核心路由器。这些路由器构成核心网关系统，并为构成因特网的所有网络维护可达性信息。这些路由器使用网关到网关协议（GGP）交换路由信息。另一类是由一组数量较多、功能稍差且由各种组织控制的非核心路由器。这类路由器用于各个本地网络与核心系统的连接。

核心网关系统是为所有可能目的结点提供可靠而一致的路由而设计的，它将因特网构成一个整体并使之成为全球通信网络主干。连接到因特网的本地网络将这个核心网关系统作为传送系统或"长途"系统，图 6.14 所示描述了这些概念。

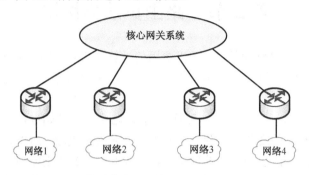

图 6.14　因特网路由——核心网关系统与信息传送

随着因特网的不断扩展，不得不添加许多新的路由器，以使不断扩展的网络相互连接，如图 6.15 所示。过去，这种扩展以无组织、偶然的方式进行，新的路由器被简单地添加到已存在的因特网系统中，很少考虑网络的拓扑结构或其他问题。这些新路由器利用网关到网关协议组合在一起。

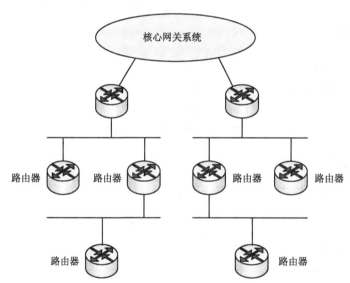

图 6.15　因特网路由——网络扩展

然而，随着因特网的继续扩展，其规模非常之大，路由器数量达到数百万个，路由的动态变化要及时反映到全局路由表中已非常困难，一旦发生变化会使路由表在一段时间内丧失一致性；而且，这种全局性的路由更新也会占用很大的网络带宽。为了解决这些问题，因特网开始发展成为相互独立部分的集合，并将其称为自治系统（AS），如图 6.16 所示。

自治系统（AS）由独立管理机构所管理的一组网络和路由器组成。AS 内部包含多个网络和路由器，AS 本身由一个独立的组织管理，其拓扑结构、路由表的建立与刷新机制等都由该管理机构自由选择。引入自治系统的概念后，网络的扩充变得非常容易，几乎可以扩展到任意规模。为了区分多个自治系统，因特网网络信息中心（InterNIC）为每个自治系统分配一个唯一的识别码。该识别码称作自治系统的编号。当不同自治系统的两台路由器交换网络可达性信息时，其消息中必须包含自治系统编号。

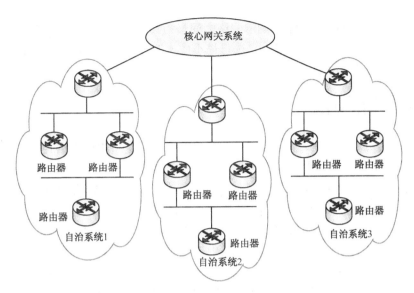

图 6.16　因特网路由——自治系统

AS 之间的路由称为域间路由，AS 内部的路由称为域内路由。AS 的经典定义是，在统一技术管理下的一系列路由器，在 AS 内部使用内部网关协议（IGP）和统一量度来路由数据报，而在 AS 外部则使用外部网关协议（EGP）路由数据报。该经典定义尚在发展，一些 AS 也在其内部使用多种内部网关协议和量度。使用 AS 这个术语强调了这样一个事实：即使使用了多个 IGP 和量度，对别的 AS 而言，AS 的管理仍表现出一致的路由计划和一致的目的地可达。这样，因特网中的路由协议就被配置成了一种层级式结构，涉及内部和外部等类型。

## 路由选择协议的分类

路由器之间的路由信息交换是基于路由选择协议来实现的。根据路由选择协议的演进过程，按照应用域可将其划分为以下三大类：

- 内部网关协议（Interior Gateway Protocol，IGP）——包括路由信息协议（Routing Information Protocol，RIP）、内部网关路由协议（Interior Gateway Routing Protocol，IGRP）、开放最短路径优先（Open shortest Path First，OSPF）协议以及增强型内部网关路由协议（EIGRP）。
- 外部网关协议（Exterior Gateway Protocol，EGP）——最常用的外部网关协议是边界网关协议（Border Gateway Protocol，BGP）。
- 多播路由协议——包括距离向量多播路由协议（Distance Vector Multicast Routing Protocol，DVMRP）和协议无关多播（Protocol Independent Multicast，PIM）路由协议。

若按路由算法可将路由选择协议划分为以下两大类：

- 距离向量路由协议（Distance Vector Routing Protocol，DVRP），又称作 Bellman-Ford 算法；
- 链路状态路由协议（Link State Routing Protocol，LSRP），又称作开放最短路径优先协议或 Dijkstra 算法。

所有路由算法都必须使用存储在路由表中的路由度量标准（如带宽、延迟、跳数和最大传输单元)来选择到达目的结点的最佳路径。确定网络之间最短路径的方法是：分析到达目的结点的所有路由并按度量标准的最小值选择路由。选择最小成本路径的度量标准可以是跳数、传送延迟、线路容量或者是管理意义上的距离等。

## 距离向量路由算法

距离向量路由算法是一种基本的路由算法，其核心思想是路由器根据距离选择使用哪条路由。在距离向量路由算法中，相邻路由器之间周期性地相互交换各自的路由表备份。当网络拓扑结构发生变化时，路由器之间也将及时地相互通知有关变更信息。距离向量路由算法是一种基于少量网关信息交换的路由分类算法，使用此算法的路由器要求保存系统内所有目的结点信息；通常每个自治系统（AS）被简化为一个单一的实体来代表，也就是被抽象为一个 IP 层地址来表示；在一个 AS 内的路由对另一个 AS 内的路由器是不可见的。在路由表里的每一个条目都含有一个数据报要转发的下一个网关地址，同时还包括了量度到目的结点的总距离。这里的距离只是一个概念，距离向量路由算法就是因为它是通过交换路由表中的距离信息来计算最优路由而得名的。同时，信息的交换只是在相邻的路由器之间进行。

采用距离向量路由算法的路由器所持有的路由信息库中的每一条目都由以下 5 个主要部分组成：

- ▶ 主机或网络的 IP 地址；
- ▶ 沿着该路由遇到的第一个网关；
- ▶ 到第一个网关的物理接口；
- ▶ 到目的结点所需的跳数；
- ▶ 保存有关路由最近被更新时间的计时器。

距离向量路由算法总是基于这样一个事实：路由数据库中的路由已是目前通过报文交换而得到的最优路由。同时，报文交换仅限于相邻的实体之间，也就是说，实体共享同一个网络。当然，要定义路由是否是最佳的，就必须有计算方法。在简单网络中，通常用可行路由所经过的路由器数简单地计算权值。在复杂网络中，权值一般代表该路由传送数据报的延迟或其他发送开销。

例如，Bellman-Ford 算法就是基于距离向量算法的一个典型示例。其原理很简单：如果某个结点在结点 A 和结点 B 之间的最短路径上，那么该结点到结点 A 或结点 B 的路径必定也是最短的。为了更好地理解 Bellman-Ford 算法，将通信网络看作一个由一组结点（顶点）和一组链路（或边）构成的网络无向图，如图 6.17 所示。顶点 A、B、C、D、E 和 F 代表路由器或 AS 等，连接顶点的边表示通信链路，边上的数字表示使用这条链路的代价（或量度）。如果将路径的成本定义为此路径上链路成本的总和，那么一个结点对之间的最短路径是具有最小成本的路径。下面以跳数为选择标准计算从结点 A 到结点 D 的最短路径。

为清楚起见，如图 6.18（a）所示，逐跳考查从结点 A 到结点 D 的所有路径代价。

第一跳，路径 AB=1，路径 AE=4，选择路径 AB；

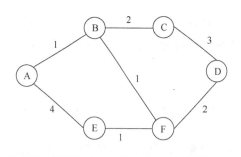

图 6.17 描述 Bellman-Ford 算法的网络无向图

第二跳，路径 ABC=1+2=3，路径 ABF=1+1=2，选择路径 ABF；

在最后一步（第三跳），路径 ABCD=1+2+3=6，路径 ABFD=1+1+2=4，选择路径 ABFD。ABFD 代表基于跳数的从结点 A 到结点 D 的最小代价路径。

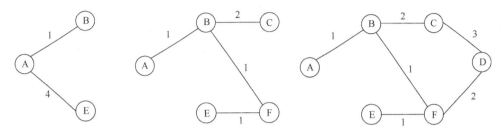

图 6.18（a）　以跳数为选择标准计算从结点 A 到结点 D 的最短路径

Bellman-Ford 算法最后的结果是生成一棵代表从源结点到网络的每个结点的最小代价路径的树。采用同样的方法可以为网络的每个结点产生一棵这样的树。在这个例子中，结点 A 的最小代价树如图 6.18（b）所示。从结点 A 出发，到结点 B 的最小代价路径是 AB=1，到结点 C 的最小代价路径是 ABC=3，到结点 D 的最小代价路径是 ABFD=4，到结点 E 的最小代价路径是 ABFE=3，到结点 F 的最小代价路径是 ABF=2。

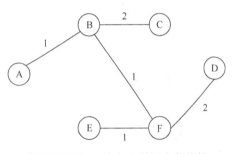

图 6.18（b）　结点 A 的最小代价树

现在把距离向量算法形式化。

假设，网络中所有结点的集合为 $N$；$D(i)$ 表示 $N$ 中任意结点 $i$ 到某一目的结点 $d$ 的距离；$L(i,j)$ 表示 $N$ 中两个结点 $i$ 和 $j$ 之间的距离，$i \neq j$，并有如下原始数据：当 $i$ 和 $j$ 直接相连接时，$L(i,j)$ 就是图中所标注的距离；当 $i$ 和 $j$ 不直接相连接时，$L(i,j)=\infty$。那么，求结点 $i$ 到目的结点 $d$ 的最短距离 $D(i)$ 的算法为：

（1）初始化：$D(i)=\infty$，其 $i \in N$ 但 $i \neq d$，即除了目的结点外，所有结点到目的结点的距离初始化为 $\infty$。$D(d)=0$。

（2）更新最小距离：对每个 $i \in N$ 但 $i \neq d$，即除了目的结点外，更新每个结点 $i$ 到目的结点的距离 $D(i)$。$D(i) = \min\limits_{j \in N 但 j \neq i} \{L(i,j)+D(j)\}$，即对于每个 $i$，求 $i$ 经过其他所有结点到目的结点的距离，取其中的最小者为 $D(i)$。

（3）重复步骤（2），直至迭代所有 $D(i)$ 不再变化。

距离向量算法的前提是所有路由器周期性地与邻接路由器交换路由信息。邻接的路由器互称临站，它们连接在同一个物理网络上，IP 数据报只是一跳传送。"距离向量"这个术语来源于交换的信息内容。交换的报文包含 $(D, V)$ 序列的列表，$D$ 是到该目的网络的距离，$V$ 标识目的网络，称为向量。在这样的系统中，所有的路由器都要参与交换距离向量信息，交换处理的过程是一个分布式处理过程。路由器根据得到的路由信息，执行距离向量算法，不断地丰富和优化自己的路由表。如果运行中网络发生变化，如两个路由器之间的链路因故障突然断开，双方都会收不到对方的路由表，它们之间的距离就变为 $\infty$。距离向量算法会在新的情况下计算出新的结果。

距离向量路由算法已经使用了多年，因此有很多应用实例，并且已被软件开发者所理解和接受。距离向量路由算法只需要中央处理器（CPU）进行很短的循环运算，就可确定到达远程网络的最短路由。但这种方法也可能引起错误，因为潜在的收敛缓慢问题可能需要多次对数据进行更新。这些简单的计算在路由稳定和网络到达收敛状态之前可能需要执行多次。

距离向量路由算法存在许多缺点，主要表现在以下两个方面：

（1）根据网络大小的不同，在相邻结点之间交换的信息量可能非常大。当路由域中包含很多网络并且拓扑结构复杂时尤其如此。在距离向量路由算法中，每个路由器向其相邻结点发送它到其他所有目的网络的路由信息。其他路由器不可能精确检查这些信息，因此路由器难以自动忽略有问题的路由器提供的信息。另外，由于每台路由器发送的信息是它所接收到的相邻结点的信息的函数，因此要识别有问题的路由器提供的不准确数据非常困难。

（2）某一路由器路由表发生的变化可能导致一连串的信息更新。这些信息要到达路由域中的所有其他路由器可能需要相当长的时间。路由信息传播缓慢的一个结果是距离向量路由算法可能形成路由循环，并导致收敛缓慢。这种缓慢收敛可能导致路由的不稳定并增加额外开销。因此，距离向量路由算法在用于大型网络时效果不佳。

## 链路状态路由算法

链路状态路由算法有时也称作最短路径优先（Shortest Path First，SPF）算法，也是一种基本的路由算法。这种算法需要每一个路由器都保存一份关于整个网络的最新网络拓扑结构数据库。因此，路由器不仅知道从本路由器出发能否到达某一指定网络，而且还能在保证到达的情况下，选择出其最短路径以及采用该路径将经过的路由器。

在链路状态路由算法里，网络的路由器并不向其他路由器发送它的路由表。相反，路由器相互发送关于它们与其他路由器之间建立的链路信息。这个信息通过链路状态通告（Link State Advertisement，LSA）发送，LSA 包括邻居路由器的名字及代价量度。LSA 在整个路由域里泛洪（Flood）。路由器还存储它们收到的最新 LSA，并且利用 LSA 信息来计算目的路由。因此，不像距离向量路由算法那样存储真正的路径，链路状态路由算法存储的是计算最佳路径的信息。

链路状态路由算法的一个例子是 Dijkstra 的最短路径优先算法，它通过反复迭代路径的长度来产生最短路径。这个算法使用最近结点概念，并基于这样一个准则：给定一个源结点 $n$，从 $n$ 到下一个最近的结点 $s$ 的最短路径，或者是一条直接从 $n$ 连接到 $s$ 的路径；或者由一条包含结点 $n$ 及任何前面已经找到的最近结点的路径和一条从该路径的最后一个结点到 $s$ 的直接连接组成。

为了说明 Dijkstra 算法，考虑如图 6.19 所示的网络无向图。顶点 A、B、C、D、E 和 F 可看作路由器，连接顶点的边代表通信链路，边上的数字表示它的代价。目的是找到一条基于距离的从结点 A 到结点 D 的最短路径。

为了实现 Dijkstra 算法，需要维护一个依次到源结点最近的一系列结点的记录。用 $k$ 表示离源结点第 $n$ 近的结点。因此，A 结点的 $k=0$，即到 A 第

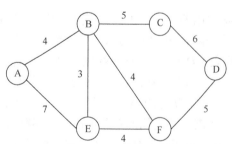

图 6.19　描述 Dijkstra 算法的网络无向图

0 近的结点是它自己。这是算法的初始步骤。现在开始搜寻依次到 A 最近的结点。

第 1 近的结点（$k=1$）：到 A 最近的结点要么是 B 要么是 E，因为它们都与 A 直连。由于 AB 路径代价最小，选择 B 作为到 A 第 1 近的结点。

第 2 近的结点（$k=2$）：到 A 第 2 近的结点要么与 A 直连，要么经由第 1 近的结点。可能的路径和相应的代价是：ABC=9，ABF=8，ABE=7，AE=7。有两条最短的路径：ABE 和 AE。因此，E 成为到 A 第 2 近的结点。

第 3 近的结点（$k=3$）：到 A 第 3 近的结点必须通过一条包含 B 或 E 的路径（因为没有其他结点与 A 直连）。可能的路径和相应的代价是：ABC=9，ABF=8，ABEF=11，AEF=11。最近的路径是 ABF。因此，F 成为到 A 第 3 近的结点。

第 4 近的结点（$k=4$）：到 A 第 4 近的结点必须通过一条包含 B、E 或 F 的路径。可能的路径及相应的代价是：ABC=9，ABFD=13。最短的路径是 ABC。因此，C 成为到 A 第 4 近的结点。

**注意**：在算法的该阶段不用考虑 ABEF 或 AEF，因为 F 已经被列为第 3 近的结点了。

第 5 近的结点（$k=5$）：到 A 第 5 近的结点必须通过一条包含 B、E、F 或 C 的路径。可能的路径及相应的代价是：ABCD=15，ABFD=13，ABEFD=16，AEFD=16。最短路径是 ABFD，因此 D 成为到 A 第 5 近的结点。

由于 D 是目的结点，因此，从 A 到 D 的最短路径是 ABFD。

现在把 Dijkstra 算法形式化。

假设，$D(i)$ 表示任意结点 $i$ 到源结点 $s$ 的距离，$i \neq s$；$L(i,j)$ 表示结点 $i$ 和 $j$ 之间的链路距离，$i \neq j$，当 $i$ 和 $j$ 直接相连接时，$L(i, j)$ 就是图 6.19 上所标注的距离；当 $i$ 和 $j$ 不直接相连接时，$L(i,j)=\infty$；$N$ 为一个集合，它包含了到 $s$ 的最短距离已得到的诸结点，$N^c$ 为其补集；那么，Dijkstra 算法可按下述步骤进行：

（1）初始化：$N = \{s\}$ —— 初始化时，$N$ 只有源结点；
$$D(i) = L(i,s), i \in N^c$$ —— 初始化 $D(i)$。

（2）迭代：寻找结点 $j \in N^c$ 使得 $D(j) = \min_{i \in N^c} D(i)$，将结点 $j$ 加入集合 $N$，即：先求不在 $N$ 中的、距离 $s$ 最近的结点，然后放入 $N$ 中。

（3）更新最小距离：对每个结点 $i \in N^c$，$D(i) = \min\{D(i), L(i,j) + D(j)\}$，即：对于不在 $N$ 中的每个结点 $i$，使用步骤（2）得到的 $D(j)$，更新最小距离。

（4）重复步骤（2）。

在链路状态路由算法中，每台路由器在计算到达每个目的网络的最短路径之前必须知道整个网络的拓扑结构。每个路由器向路由域内的其他各台路由器通告最新消息，这些消息中包含度量标准和链路中每台路由器的状态。由于每台路由器都对同一数据库使用相同的路由算法，路由的一致性可得到保证。一台本地路由器检测到的任何拓扑结构变化都通过广播或多播方式报告给路由域内的所有其他路由器，因此每个结点都可拥有计算从其自身到路由域内其他任何网络的最小成本路由所需的所有信息。

使用链路状态路由算法时，每台路由器都维护一个相同的链路状态数据库，因此很容易检测到出错的路由器。由于每个路由器都向其相邻结点报告自己的链路状态，所以可将受怀疑的路由器所提供的信息与其相邻结点路由器报告的信息进行对照，只有当链路的每一端都对链路状态的看法一致时才认为链路可用。

由于链路状态路由算法能够将一个自治系统分割成多个区域，因此能够消除在超大型网络中所发生的问题。链路状态路由算法根据每个区域的情况进行计算，区域之间的目的结点从连接到一个以上区域的路由器中获得。

由于每台路由器都必须维护包含整个网络拓扑结构的最新数据库，在大型网络中可能需要大量额外的存储器和通信开销。与距离向量路由算法相比，链路状态路由算法在每次计算时需要占用 CPU 更多的时间。但是，由于新的路由通过直接计算得到，而不是通过向解决方案收敛的方式确定，因此只需执行一次计算，这可以部分抵消对 CPU 的额外需求。

## 网关协议

相互交换路由信息的两台路由器称作相邻结点或对等实体。属于同一自治系统的这类路由器称作内部相邻结点，而属于不同自治系统的这类路由器则称作外部相邻结点。

### 内部网关协议

单一自治系统内路由器之间的通信可使用某一动态路由协议，这些动态路由协议通常称作内部网关协议（IGP）。也就是说，IGP 是一个在自治系统内部使用的路由选择协议，用来在一个 AS 内交换因特网路由信息，有时简称为域内路由协议。连续通信需要动态地更新每个路由器中的路由信息和可达性信息，以便精确地反映网络拓扑结构的当前状态。

性能对 IGP 非常关键。路由算法应能保证对故障立即给予响应，并能找到通往目的网络的最经济的路径（最低成本路径）。目前这类路由协议使用得最多。常见的域内协议包括路由信息协议（RIP）、RIP-2、开放最短路径优先（OSPF）协议、IGRP 和增强性 IGRP（Cisco 系统的内部网关路由协议）等。路由信息协议和开放最短路径优先协议都属于内部网关协议（IGP）。

### 外部网关协议

若源结点和目的结点处在不同的自治系统（AS）中，而且这两个 AS 使用不同的内部网关协议，当数据报传送到一个 AS 的边界时，就需要使用一种协议将路由选择信息传递到另一个 AS 中。这种类型的协议称作外部网关协议（EGP），也称为自治系统边界网关协议。EGP-2 和边界网关协议（BGP）是两种最常用的外部网关协议。

运行 EGP 以通告其可达性的路由器，也需要运行 IGP 以获得来自其自身自治系统的信息。每个自治系统可以自由地选择最适合其需要的 IGP，不过所有相互通信的自治系统必须使用相同的 EGP。图 6.20 所示是一个简单的 IGP 和 EGP 的应用示例，由 3 个自治系统 AS1、AS2 和 AS3 组成一个互联网。在 AS1、AS2 和 AS3 内部使用 IGP，如 RIP 和 OSPF，而在 AS 之间使用 BGP。IGP 和 EGP 协同工作，使得全网范围可以实现相互访问。

在图 6.20 中，AS1 中的 R11 至 R14 运行内部网关协议 RIP，进行 AS1 内部的路由更新；AS2 中的 R21 至 R24 运行内部网关协议 OSPF，进行 AS2 内部的路由更新；AS3 中的 R31 至 R34 运行内部网关协议 OSPF，进行 AS3 内部的路由更新。R11、R21 和 R31 又是外部网关，它们又运行外部网关协议 BGP，在运行内部网关协议的基础上，交换 AS 之间访问的路由信息。

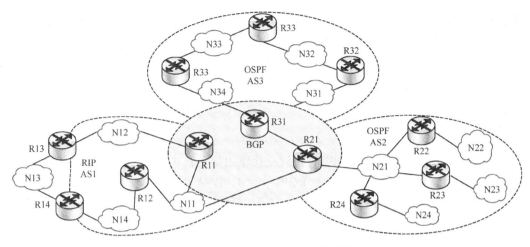

图 6.20　IGP 和 EGP 的应用示例

## 典型问题解析

【例 6-1】在互联网中,可以采用不同的路由选择算法,所谓松散源路由是指 IP 分组(　　)。
　　a. 必须经过源站指定的路由器　　b. 只能经过源站指定的路由器
　　c. 必须经过目的站指定的路由器　　d. 只能经过目的站指定的路由器

【解析】本例考核路由的基本概念。松散源路由只给出 IP 数据报必须经过源站指定的路由器,并不给出一条完整的路径,没有直连的路由器之间的路由需要有寻址功能的软件支撑。参考答案是选项 a。

【例 6-2】在距离矢量路由协议中,每一个路由器接收的路由信息来源于(　　)。
　　a. 网络中的每一个路由器　　b. 它的邻居路由器
　　c. 主机中存储的一个路由表　　d. 距离不超过两跳的其他路由器

【解析】本例考核对基本路由类型的掌握情况。距离矢量名称的由来是因为路由是以矢量(距离、方向)的方式被通告出去的,这里的距离是根据度量来决定的。距离矢量路由算法是动态路由算法。它的工作流程是:每个路由器维护一张矢量表,表中列出了当前已知的每个目标的最佳距离及所使用的线路。通过在邻居之间交换信息,路由器不断更新它们内部的表。参考答案是选项 b。

【例 6-3】如图 6.21 所示,网络由 6 个路由器互联而成,路由器之间的链路费用如图中所标注,从 PC 到服务器的最短路径是__(1)__,通路费用是__(2)__。

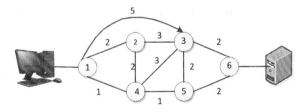

图 6.21　例 6-3 用图

(1) a. 1→3→6　　b. 1→4→5→6　　c. 1→4→3→6　　d. 1→2→4→5→6
(2) a. 4　　　　　b. 5　　　　　　c. 2d. 6

【解析】本例考核最短路径算法计算问题。题目给出的四个选项中：对于路径 1→3→6，通路费用=5+2=7；路径 1→4→5→6，通路费用=1+1+2=4；路径 1→4→3→6，通路费用=1+3+2=6；路径 1→2→4→5→6，通路费用=2+2+1+2=7。所以路径 1→4→5→6 为最短路径。参考答案：(1) 选项 b、d；(2) 选项 a 。

## 练习

1．自治系统相互之间使用下列哪种协议交换路由信息？（　　　）
　　a．IGRP　　b．IGP　　c．EGP　　d．DVA
2．在同一自治系统内，路由器一般使用下列哪种协议进行通信？（　　　）
　　a．IGP　　b．EGP　　c．BGP　　d．IDRP
3．下列哪两种协议属于 EGP？（　　　）
　　a．OSPF　　b．RIP　　c．EGP2　　d．BGP
4．下列哪项是 DVA 的别名？（　　　）
　　a．Dijkstra 算法　　　　b．SPF 算法
　　c．Bellman-Ford 算法　　d．LSA
5．下列哪 3 项属于动态路由选择协议的度量标准？（　　　）
　　a．跳数　　b．路由器性能　　c．链路性能　　d．传送延迟
6．下列哪种路由选择类型允许网络覆盖失效的路由？（　　　）
　　a．多路径路由　　b．动态路由　　c．静态路由　　d．冗余路由
7．下列哪种网络体系结构，允许路由器基于其在区域中的特定功能位置来执行不同的任务？（　　　）
　　a．平面型网络体系结构　　b．分块型网络体系结构
　　c．递升型网络体系结构　　d．层次型网络体系结构

## 补充练习

1．IGRP 和 EIGRP 是 Cisco 公司开发的路由协议，它们采用的路由度量方法是下述哪一项（　　　）。
　　a．以跳数计数表示通路费用　　　　b．链路费用与带宽成反比
　　c．根据链路负载动态地计算通路费用　d．根据带宽、延迟等多种因素计算通路费用

【提示】IGRP 是一种动态距离向量路由协议，它使用组合用户配置尺度，包括延迟、带宽、可靠性和负载。默认情况下，IGRP 每 90 s 发送一次路由更新广播，在 3 个更新周期内（即 270 s）没有从路由中的第一个路由器接收到更新，则宣布路由不可访问。在 7 个更新周期（即 630 s）后，Cisco IOS 软件从路由表中清除路由。

IGRP 度量标准的计算公式为：
　　度量标准=[K1×带宽+（K2×带宽）/（256−负载）+K3×延迟]×[K5/(可靠性+K4)]

默认的常数值为 K1=K3=1，K2=K4=K5=0。因此，IGRP 的度量标准计算化简为：度量标准=带宽+延迟。

增强型内部网关路由协议（EIGRP）是在 IGRP 基础上的一组改进型协议，其度量标准主要有带宽、延迟、可靠性、负载、最大传输单元。

EIGRP 计算度量的公式为：

度量标准=[K1×带宽+（K2×带宽）/（256−负载）+K3×延迟]×[K5/(可靠性+K4)]×256
默认的常数值为 K1=K3=1，K2=K4=K5=0。

参考答案是选项 d。

2．IGRP 是 Cisco 公司设计的路由协议，它发布路由更新信息的周期是（　　）。

  a．25 s    b．30 s    c．50 s    d．90 s

【提示】IGRP 是一种基于距离向量的内部网关协议。距离向量路由协议要求每个路由器以一定的周期向相邻的路由器发送其路由表的全部或部分信息，以更新路由信息。IGRP 发布路由更新信息的周期是 90 s。参考答案是选项 d。

3．使用自己最喜欢的搜索引擎，查找 Cisco 的专用路由协议（IGRP 和 EIGRP）的信息。总结这些协议的特点。例如，它们是距离向量路由协议还是链路状态路由协议？

## 第三节　路由信息协议（RIP）

路由信息协议（RIP）是最早的 AS 内部因特网路由协议之一，且目前仍在广泛使用。它的产生与命名来源于 Xerox 网络操作系统（XNS）体系结构。RIP 得到广泛应用的主要原因是在支持 TCP/IP 的 1982 年 UNIX 伯克利软件分布（BSD）中包含了它。RFC 1058 定义了 RIPv1，在 RFC 2453 中定义了向后兼容的 RIPv2。

### 学习目标

- ▶ 了解 RIP 如何在自治系统内支持动态路由，以及它的主要优点和缺点；
- ▶ 掌握 RIP 的报文格式，了解 RIP 的两个版本 RIPv1 与 RIPv2 之间的区别。

### 关键知识点

- ▶ RIP 设计用来在小于 15 跳的自治系统内传递路由信息。

## RIP 概述

RIP 是在 TCP/IP 网络和 Novell 的 IPX/SPX 网络中使用的一种距离向量算法（DVA）路由选择协议。RIP 最初是为伯克利的 UNIX 系统开发的，之所以命名为 RIP 的部分原因是基于称为"路由宣言"的 UNIX 的 Daemon 程序（Daemon 类似于 DOS 的常驻内存程序）。

RIP 使用简单的距离向量算法，用于多个相关的小型自治系统。这些小型自治系统允许的最大直径为 15 跳，因为 RIP 路由器允许的最大跳数为 15。RIP 无法接受 16 跳及 16 跳以上的网络。由于同一自治系统内的每个 RIP 路由器相互之间都要交换完整的路由表信息，因此这种尺寸限制非常必要。当自治系统中的路由器数量增加时，网络中的 RIP 消息的数量就会急剧增加。

默认状态下，RIP 路由器每隔 30 s 便向邻近的路由器发送路由更新信息。每台 RIP 路由器均无法获知超出其相邻路由器的网络信息，它只能依靠其相邻结点来获取正确的路由信息。这个过程有时也称为"传闻路由"，因为路由器仅能从其他路由器处获知路由信息。

RIP 路由器通过 UDP 端口 520 收发路由更新信息。RIP 定义了两种消息类型：请求消息和应答消息。路由器通过向相邻的路由器发送一条请求消息来请求更新信息，而接收到请求的路由器发回应答消息作为回应。初始化时，RIP 路由器每隔 30 s 便从所有激活的 RIP 接口发出应答消息。

路由器将接收到的所有新路由条目存储在其路由表中，同时存储通告该路由条目的路由器地址和跳数。如果路由器接收到的一条路由更新消息其跳数小于现存的对应路由条目的跳数，则路由器会用该路由更新（取代）旧的路由；如果路由器接收到的路由更新消息其跳数大于原有的记录，同时该路由更新消息与原有的路由记录来自同一台路由器时，则接收路由器将在管理员配置的一段时间内使该条更新消息保持"抑制"（holddown）状态。虽然 RFC 1058 在对 RIP 的说明中并未提及"抑制"（或称"阻持"）这一概念，但事实上路由器使用"抑制"状态来避免向所有自治系统的路由器通告失效路由更新消息所产生的短暂的储运损耗，从而保证了网络的稳定性。

如果同一路由器再次通告相同的路由和度量单位（跳数），则接收路由器会取消 "抑制"并继续传递该更新消息。本节将在稍后的内容里详细讨论"抑制"这一概念。

## RIP 报文格式

### RIPv1

RFC 1058 规定的、实现 IP 路由的 RIPv1 报文格式及其在 UDP 数据报中的封装格式，如图 6.22 所示。RIP 报文包含一个 4 B 的报文头以及若干路由信息。一个 RIP 报文最多可以携带 25 个路由信号，因而 RIP 报文的最大长度为 4 B+(20×25)B=504 B。如果超过这个值，则需再用一个 RIP 报文来传送。

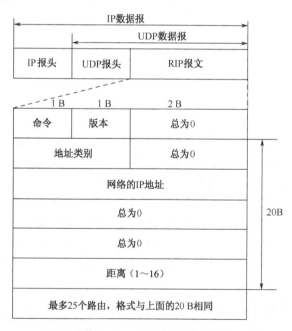

图 6.22　RIPv1 报文格式及其封装

RIPv1 报文中各字段的含义如下：

（1）命令字段。该字段表示该报文是一个请求或响应。数值 1 用于请求，数值 2 用于响应。请求命令向响应方要求发送全部或一部分路由表，响应方的目的结点列在该报文的后面；响应命令则是对请求的一个应答，在大多数情况下，是一个定性的路由更新信息。在响应报文中，响应系统可以包括路由表或路由表的一部分，而定期的路由更新信息则包括整个路由表。

（2）版本字段。该字段规定实现的 RIP 版本。由于在 Internet 中可能有多种方法实现 RIP，因此，该字段可用于指明不同的 RIP 的实现版本。RIPv1 将该字段设为 1，RIPv2 将该字段设为 2。

（3）地址类别字段。该字段标识所用的地址类别。在 Internet 中，地址类别就是 IP（其值为 2），但该字段也可表示其他的网络类型。

（4）网络的 IP 地址字段。在 Internet 的 RIP 中，该字段包含一个 IP 地址，用于指示目的结点的 IP 地址。它可以是一个网络地址或主机地址。

（5）距离字段。该字段表示到达目的结点需经过的中间结点个数，即到达目的结点的量度，其范围为 1～15，数值 16 表示目的结点不可达。

图 6.23 所示是一个 RIPv1 请求报文示例，它给出了 RIPv1 请求报文中的各项参数。

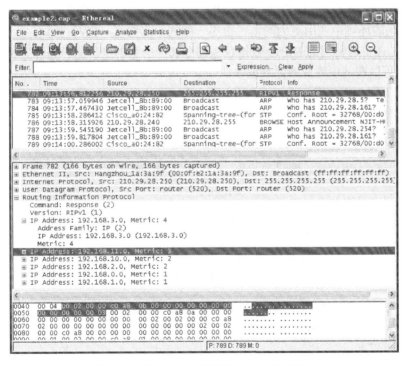

图 6.23 用 Ethereal 捕获的 RIPv1 请求报文

**注意**：在单个 RIP 报文中，最多可以有 25 个地址类标识符、地址和量度。也就是说，在单个 RIP 报文中，最多可有 25 个目的结点。多个 RIP 报文用来从更大的路由表上传送信息。

同其他的路由协议一样，RIP 也采用了不少计时器。RIP 路由更新计时器通常设置为 30 s，以保证每个路由器每隔 30 s 向其邻接路由器发送一次路由表。路由失效计时器则用于决定某个路由器在多长时间没有收到特定的路由表时，该路由器应被认为失效。当某个路由器失效时，其邻接路由器将获得有关路由器的失效通知，该通知必须在路由刷新计时器（Route Flush

Timer）超时之时发出。若路由刷新计时器超时，该路由将被从路由表中删除。路由失效计时器一般设为 90 s，而路由刷新计时器则一般设为 270 s。

尽管简单是 RIP 的一个明显优点，但 RIP 也存在一些局限性，包括有限的指标使用及结束速度较慢。由于使用跳数和对于此指标所规定的一个小数值范围（1～15），该协议无法考虑网络负载条件。此外，RIP 不能区分高带宽链路和低带宽链路，同时该协议的执行性能也比较差。

### RIPv2

RIPv1 出现于 IP 地址的子网掩码之前。当子网变得常用时，RIP 推出了版本 2（RIPv2）来处理这种额外的路由信息。与 RIPv1 相比，RIPv2 增加了如下 4 个元素：
- 路由标记；
- 子网掩码；
- 下一跳；
- 验证。

RIPv2 是版本 1 的扩展，它不是一个新的协议。RIPv1 中所使用的在自治系统的直径（最大 15 跳）上的限定和复杂性同样适用于 RIPv2。同时，RIPv2 也允许在要求验证或使用可变长度的子网掩码的环境中使用更为简单、更小一些的距离向量（DV）协议。

RIPv2 通过在目前使用的 RIPv1 数据包头部添加一些新的字段来携带这些额外的信息。如图 6.24 所示，可以在其中看见新添加的字段。

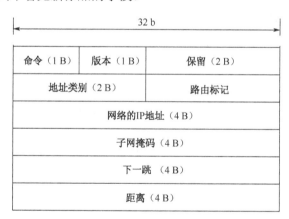

图 6.24　RIPv2 添加的新字段

**1. 路由标记字段**

路由标记字段提供了区分"内部"RIP 路径（在 RIP 路由域内的网络路径）和"外部"RIP 路径的方法，该字段可以从 EGP 和 IGP 中导入。将路由标记分配给路径后，该路由标记被保存在将来的 RIPv2 数据包中，以再次广告该路径。

为了防止路由标记被复制，不支持 RIP 的路由器应该重置来自不同源结点路径的路由标记。例如，来自 EGP 或 BGP 的路径，其路由标记应该设置为任意值，或至少设置成路径所在的自治系统编号。

## 2. 子网掩码字段

子网掩码字段包含了用于 IP 地址的子网掩码，用来得到地址中的非主机部分。如该字段为零，则表示该项没有子网掩码。

## 3. 下一跳字段

这个字段指明了数据包将被转发去往的 IP 地址。换句话说，当分组要发往路由表条目指出的目的地址时，该字段指明了应把它发送到下一跳的 IP 地址。增加下一跳字段的目的，是为了避免被路由的分组在系统中经过多余的跳数。当 RIP 并不是在网络中所有的路由器上运行时，该字段特别有用。

如果该字段的值是 0.0.0.0，则表示路由选择应该经过 RIP 广告的始发站。下一跳中指定的地址必须是在产生广告的逻辑子网中可直接到达的。

## 4. 距离字段

距离字段与 RIPv1 消息里的"到网络的距离"字段的含义是一样的，它代表到特定网络的跳数。

## 5. 验证字段

RIP 消息中的隐藏信息通常并不是很重要，但仍然有必要采取措施防止向路由器中加入虚假的路由信息。RIPv2 允许管理员为每个路由器配置简单的密码，然后路由器使用这些密码来验证彼此之间的 RIP 消息。

虽然在 RIPv2 中指定的验证机制还不是很理想，但它的确防止了不能直接访问网络的人加入假的路由信息。

身份验证由 RIPv2 消息数据包来实现。由于验证是面向每一个报文的，并且在报文头中只有两个 8 位字节可用，而且任何合理的验证模式都要求不止 2 个字节，所以 RIPv2 中的验证模式使用整个 RIP 条目的空间。图 6.25 所示说明了验证分组的各个条目。

图 6.25 RIPv2 验证数据报文

如果报文中第 1 个条目（只是第 1 个）的地址集标识符是 FFFF，则剩余条目就包含验证。这意味着在报文剩余部分最多可以有 24 个条目。如果没有使用验证，则报文中不会有地址集标识符为 FFFF 的条目。

目前，RIPv2 仅支持简单的密码验证，即类型 2。剩余的 16 字节包含纯文本密码。如果密码少于 16 字节，它会向左对齐并在右边添加空值（00）。

## RIP 的稳定特性

路由信息协议（RIP）中指定了一些在网络拓扑发生快速变化时能使其操作更稳定的特性。DVA 路由容易受到路由循环的影响，而这种路由循环主要是由慢速"收敛"所引起的。RIP 中的 DVA 稳定特性有助于控制使用 DVA 路由选择协议时可能发生的路由循环。这些稳定特性包括跳数限制、抑制、水平分割（split horizon）及毒素反向更新等。

### 跳数限制

RIP 允许的最大跳数为 15，任何大于 15 跳的目的网络对 RIP 来说都是不可达的。RIP 的这种最大跳数限制了它在大型因特网网络中的应用，但同时也避免了会导致无休止网络路由循环的"无穷计数"问题。"无穷计数"问题如图 6.26 所示。

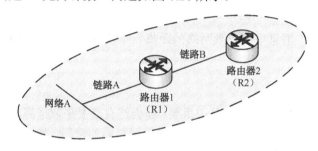

图 6.26 "无穷计数"问题

在图 6.26 中，假定路由器 1（R1）通向网络 A 的链路 A 失效，R1 检查其信息后发现路由器 2（R2）有一条通向网络 A 的链路，该链路的跳数为 1。由于 R1"知道"R2 是与它直接连接的，因此 R1 通告一条通往网络 A 的 2 跳的路径，并开始通过 R2 路由所有发往网络 A 的流量。

这个过程可能会导致路由循环：当 R2 获知 R1 现在到达网络 A 需要 2 跳时，它会改变自身的路由表，表明其有一条 3 跳的通向网络 A 的路径；而 R1 获知 R2 这条新的 3 跳路径时，会在自身路由表中加入一条 4 跳的通向网络 A 的路径；这种路由循环会无限持续下去，直到遇到一些外部限制为止。这个限制就是 RIP 的最大跳数。当跳数增加到 15 时，RIP 路由器会将接下来的路由标记为不可达路由。一定时间后这条路由会从路由表中移出。

### 抑制

抑制用于阻止失效路由更新消息的不适当恢复。一条路由失效后，邻近的路由器将会探测到。然后这些路由器计算新的路由并发送路由更新消息，以将这种路由变化通知它们的相邻结点。这将引起大量路由更新消息在网络中的过滤。

通过指定在改变到新的最佳路由前失效路由的恢复时间或网络的稳定时间，抑制有助于阻止路由改变得太快。"抑制"也常用于限制路由器将误传的失效路由作为可用的路由变化消息发送出去。"抑制"用于通知路由器避免在某段时间内传播与近期（从路由表）移出的路由相关的路由变化消息。"抑制"时间段通常大于用某个路由变化消息更新整个网络所需的时间。使用"抑制"可以避免由发往同一网络的多个通告导致的"无限计数"问题。

路由器从邻近结点接收到一条更新消息，表明之前可以访问的网络现在已不可访问时，路由器的"抑制"计时器便开始计时。同时，路由器将该路由更新消息传播出去。如果在计数器结束计数前该路由器又接收到一条新的更新消息，这条更新消息包含的跳数小于之前接收到更新消息的跳数，则路由器"取消"该抑制并将这个更新消息传递出去。但是，如果新的更新消息包含的跳数大于之前路由更新消息的跳数，则路由器将忽略这条更新消息，同时保持计数器的计数不变。这样，"抑制"为网络提供了更多的"收敛"时间。图 6.27 示出了这一概念。

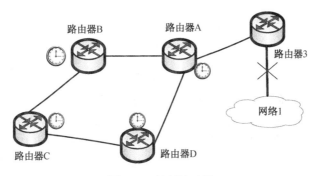

图 6.27　抑制计时器

在图 6.27 中，路由器 A 从路由器 E 接收到一条更新消息，表明其通向网络 1 的链路已失效。之后，路由器 A 将该网络标记为不可达并为其设置一个抑制计时器。如果路由器 E 再次发送一条表明网络 1 可达的路由更新消息，则路由器 A 便取消该抑制。

在路由器 A 的抑制时间内，如果路由器 B 向路由器 A 发送一条跳数较高的通往网络 1 的路由更新消息，则路由器 A 将忽略该条更新消息。这时如果路由器 A 立即接受该条更新消息，通过路由器 B 去往网络 1 的数据包循环将会被终止。然而，如果路由器 B 向路由器 A 发送一条跳数较低的更新消息，则路由器 A 会将网络 1 标记为可达并取消抑制。最后，所有的路由器都稳定下来，而所有的抑制也都被消除。

"抑制"使用触发更新（triggered update）这一方法。这种方法不必等待通常 30 s 的路由更新间隔时间，而是由网络变化立即触发路由更新。由于触发更新消息无法立即到达每台网络设备，因此网络中的一台设备可能在接收到表明一个网络失效的触发更新消息前向另一台已接收到该触发消息的设备发送另一条更新消息（该消息将触发更新中已失效的路由表示为有效），那么后一台设备现在便包含了不正确的路由信息，而且还可能将该条错误信息通告出去。

路由器使用触发更新计时器可避免上述问题。RIP 路由器在发送一条触发更新消息时，同时为该更新计时器设置一段随机时间（1～5 s）。在计时器指定的时间内，路由器将无法发送其他的触发更新消息。而在路由器发送另一个触发更新消息之前，网络已经稳定下来了。

在下列两种情况发生时，触发更新消息会重新设置抑制计时器：
▶ 抑制计时器到期；
▶ 另一条更新消息表明网络状态已发生改变（向更好的状态变化）。

## 水平分割

水平分割源于不需要向路由信息发出的方向回发路由信息这一事实。水平分割用于邻近的路由器之间。下面以图 6.28 所示的情形为例对水平分割进行介绍。

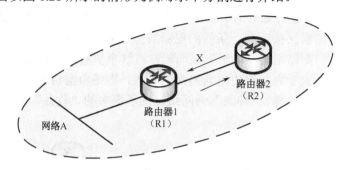

图 6.28　水平分割示例

在图 6.28 中，路由器 1（R1）初始时发出一条通告，表明其有一条通向网络 A 的路由。路由器 2（R2）在回发给 R1 的更新消息中不应该包含此条路由，因为 R1 距离网络 A 更近。按照水平分割规则，R2 应该从它发往 R1 的所有更新消息中取出这条路由。

水平分割原则有助于避免两个结点之间的路由循环。例如，假定 R1 通向网络 A 的接口失效，在不使用水平分割的情况下，R2 会继续通知 R1 它可以通过 R1 到达网络 A。如果 R1 此时不含有有效的智能功能，它将用 R2 发来的这条路由代替其失效的直接连接，从而导致路由循环。虽然"抑制"可以阻止这种情况的进一步恶化，但水平分割算法提供了额外的稳定性。

**毒素反向更新**

相对于水平分割可以避免邻近结点之间的路由循环，毒素反向更新则能避免更大范围内的路由循环，如图 6.29 所示。其原理是，路由度量值的增加通常象征着路由循环，接下来便发送毒素反向更新以便从路由表中移去该条路由并将其置于"抑制"状态。

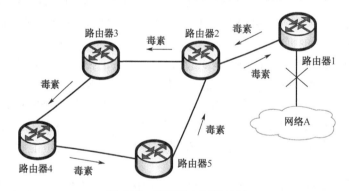

图 6.29　毒素反向更新示例

在图 6.29 中，路由器 1（R1）获知网络 A 不可访问后，在其路由表中将网络 A 对应的条目改为不可达（跳数为 16）。然后 R1 向路由器 2（R2）发送这条毒素路由更新消息，以阻止其他错误的通向网络 A 的路由更新消息发往 R2。R2 接着在自治系统中传播这条毒素路由信息，包括向 R1 回发。这种毒素反向更新方法并不遵守水平分割规则。R2 回发给 R1 的更新消息与 R1 初始发送的更新消息相同。

"毒素反向更新"与"抑制"一起使用，可以加快网络的"收敛"速度。路由"中毒"将触发路由更新，因此路由器广播毒素更新的速度快于默认的 RIP 更新速度（每隔 30 s 更新一次）。

### 路由信息协议计时器

路由信息协议（RIP）使用下列 3 种计时器对其性能进行控制。
- 路由更新计时器——用于设置普通的路由更新消息之间的时间间隔，通常设为 30 s。根据具体的路由器，其取值可在 0 至 $4\times 10^9$ s 以上。
- 路由失效（到期）计时器——用于确定在接收到一条更新消息之前，路由器在其路由表中保持激活状态的时间。这个计时器的取值范围是可变的，基于供应商的不同实现方法可有多种取值。其值通常设为路由更新计时器时间间隔的倍数。
- 路由刷新计时器——也称为"垃圾收集"，用于表示从一条路由变为失效到路由器将该条路由从路由表中完全移出所经历的时间。这个计时器的值通常也配置为路由更新计时器时间间隔的某个倍数，但它的值要大于路由失效计时器的值。

另外，如果供应商使用了"抑制"，则 RIP 中还存在第 4 种计时器——路由抑制计时器。该计时器的值通常介于路由失效计时器和路由刷新计时器二者的取值之间。

## 为 IPv6 设计的 RIPng

用于 IPv6 的 RIP 版本称为 RIPng。RIPng 使用与 RIP 完全相同的跳数度量，相同的逻辑以及相同的定时方式。所以 RIPng 仍然是一种距离向量 RIP。但是，与之前的 RIP 版本相比，有两大不同：
- 数据报文格式扩展为科研携带更长的 IPv6 地址；
- 用 IPv6 的安全机制取代了 RIPv2 中的认证机制。

RIPng 数据报文的总体格式与 RIPv2 的报文格式相同，仍然由一个 4 字节的报头加上一堆（最多 25 个）20 字节的路由条目组成。其报头字段与 RIPv2 使用的报头完全相同，即 1 字节的命令代码字段，后接 1 字节的版本字段，再接 2 字节其值必须为 0 的保留字段。但是，其后 20 字节的路由条目与 RIPv2 中的完全不同。

## 典型问题解析

【例 6-4】RIPv2 协议对 RIPv1 协议有 3 方面的改进。在下面的选项中，（1）RIPv2 的特点不包括（    ）；（2）在 RIPv2 中可以采用水平分割法来消除路由循环，这种方法是指（    ）。
（1）a. 使用多播，而不是广播来传送路由更新报文
   b. 采用触发更新机制来加速路由收敛
   c. 使用经过散列的口令字来限制路由信息的传播
   d. 支持动态网络地址变换以使用私网地址
（2）a. 不能向自己的邻居发送路由信息
   b. 不要把一条路由信息发送到该信息来的方向
   c. 路由信息只能发送给左右两边的路由器
   d. 路由信息必须用多播方式而不是广播方式发送

【解析】RIPv2 是增强的 RIP，所以基本上还是一个距离向量路由协议，但是有 3 个方面的改进。首先，使用多播而不是广播来传送路由更新报文，并且采用了触发更新机制加速路由

收敛,即出现路由变化时立即向邻居发送路由更新报文,而不必等待更新周期是否到达;其次,RIPv2 是一个无类别的协议,可以使用变长子网掩码(VLSM),也支持无类别域间路由(CIDR),这些功能使得网络的设计更具伸缩性;最后,增强的是 RIPv2 支持认证,使用经过散列的口令字来限制路由更新信息的传送,其他方面的特性与第 1 版相同,如以跳数来度量路由费用,并且允许的最大跳数为 15 等。

距离向量算法要求相邻路由器之间周期性地交换路由表,并通过逐步交换把路由信息泛洪到网络中所有的路由器。如果对这种逐步交换过程不加以限制,将会形成路由环路(Routing Loop),使得各个路由器无法就网络的可到达性取得一致。

RIP 更新的一个示例如图 6.30 所示。在该图中,路由器 A、B 和 C 的路由表已经收敛,每个路由表的后两项通过交换路由信息这一学习得到。如果在某一时刻,网络 10.4.0.0 发生故障,路由器 C 检测到故障并通过 S0 将故障通知路由器 B。然而,如果路由器 B 在收到路由器 C 的故障通知前已将其路由表发送到路由器 C,路由器 C 则认为通过路由器 B 可以访问 10.4.0.0,并据此将路由表中的第 2 条记录修改为 10.4.0.0 S0 2。这样一来,路由器 A、B 和 C 都认为通过其他路由器存在一条通往 10.4.0.0 的路径,结果导致目的地址为 10.4.0.0 的数据包在 3 台路由器之间来回传递,从而形成路由环路。

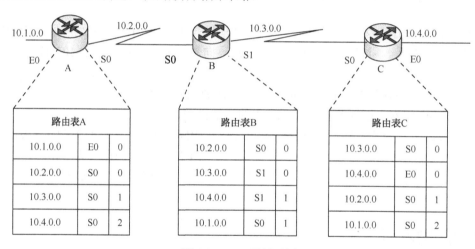

图 6.30 RIP 更新示例

解决路由环路问题可以采用水平分割法,这种方法规定路由器必须有选择地将路由表中的信息发送给邻居,而不是发送整个路由表。具体地说,一条路由信息不会被发送到该信息来的方向。下面对图 6.30 中路由器 B 的路由表项加上一些注释,如图 6.31 所示。

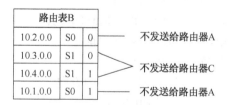

图 6.31 水平分割后的路由表

从图 6.31 中可以看出,每一条路由信息都不会通过其源接口向回发送,这样就避免了路由环路的产生。

简单的水平分割方案是,"不能把从邻居那里学习到的路由发送给那个邻居";带有反向毒化的水平分割方案是,"把从邻居那里学习路由的费用设置为无限大,并立即发送给那个邻居"。所以,采用后者更安全一些,它可以立即中断环路;而前者必须等待一个更新周期才能中断环路的形成过程。

另外,前面提到的触发更新技术也能加快路由收敛,如果触发更新足够及时——路由器 C 在接收路由器 B 的更新报文之前把网络 10.4.0.0 的故障告诉路由器 B,则可以防止环路的形成。

参考答案:(1)选项 d;(2)选项 b。

【例 6-5】RIPv1 不支持 CIDR,对于运行 RIPv1 的路由器,不能设置的网络地址是下列哪一项(  )。

  a. 10.16.0.0/8  b. 172.16.0.0/16  c. 172.22.0.0/18  d. 192.168.1.0/24

【解析】RIPv1 使用广播发送报文,不支持变长子网掩码(VLSM)和无类别域间路由(CIDR)。选项 a、b、d 分别是 A 类、B 类、C 类地址。172.22.0.0/18 为 CIDR 地址,因此不能使用。参考答案是选项 c。

【例 6-6】(1)RIP 是一种基于(  )的路由协议;(2)RIP 规定通路经过的最大路由器数是下列选项中的哪一项(  )。

(1)a. 链路状态算法  b. 距离向量算法  c. 最短路径算法  d. 最小费用算法
(2)a. 1 024  b. 512  c. 16  d. 8

【解析】RIP 是一种分布式的基于距离向量算法的路由协议。它最初是为 Berkeley 的 UNIX 系统开发的,UNIX 程序内存驻留程序"Routed"是按照路由信息协议编写的。RIP 适用于相对较小的自治系统,它们的直径"跳数"最大为 15,超过 16 跳就认为是"不可到达"的。这是因为每一个自治系统里的路由器要与在同一个系统里的其他路由器交换路由表信息,当内部路由器的数目增多时,网络的 RIP 信息交换量会大幅度增加。

参考答案:(1)选项 b;(2)选项 c。

## 练习

1. 简要描述 RIP 自治系统中"范围"的概念。
2. RIP 是一种自治系统之间的外部网关协议。判断正误。
3. RIPv1 和 RIPv2 的最大直径都是 15 跳。判断正误。
4. RIPv2 使用的身份验证机制是安全的,因为使用了加密的密码。判断正误。
5. 在 RIP 中,下列哪项内容正确地解释了"最大直径为 15 跳"的含义?(  )
  a. 路由器最大可以有 15 个端口  b. 路由器最大可连接 15 个独立的网络
  c. 任何一个网络不能超过 15 跳  d. 任何所连接的网段都仅支持 15 台主机
6. 下列哪几项稳定特性属于 DVA 的稳定特性?(  )
  a. 停止  b. 抑制更新  c. 跳数限制  d. 水平分割
7. 假定你现在负责维护一个自治路由网络,该网络运行的路由选择协议为 RIPv1。在网络的繁忙时段,距你最近的一台路由器上发生的路由变化,传播到最远的一台路由器上需要花费 45 s。过去,这种慢速"收敛"常常引起路由循环。现在,应如何配置网络中的路由器,以便在发生路由变化时避免产生路由循环?(  )
  a. 将网络中所有路由器的最大跳数限制为 50 s

b. 在距离最近的路由器上设置毒素反向更新
　　c. 在距离最远的路由器上设置路由循环限制
　　d. 在网络中所有路由器上设置 50 s 的路由更新抑制
　8. 下列哪项 RIP 稳定特性将路由的跳数设为 16，以便防止将来的更新消息设置通向不可达网络的错误路由？（　　）
　　a. 水平分割　　b. 毒素反向更新　　c. 抑制更新　　d. 跳数限制
　9. RIPv2 在下列哪几方面与 RIP 不同？（　　）
　　a. RIPv2 增加了"路由标记"这个路由表条目
　　b. RIPv2 将自治系统的最大直径设为 30 跳
　　c. RIPv2 支持变长子网掩码　　　　d. RIPv2 可提供更新消息验证
　10. RIPv2 对 RIPv1 协议的改进之一为路由器有选择地将路由表中的信息发送给邻居，而不是发送整个路由表。具体地说，一条路由信息不会被发送给该信息来的方向，这种方案称为 (1) 其作用是 (2) 。
　　(1) a. 反向毒化　　b. 乒乓反弹　　c. 水平分割法　　d. 垂直划分法
　　(2) a. 支持 CIDR　　b. 解决路由环路　　c. 扩大最大跳数　　d. 不使用广播方式更新报文
　11. RIPv2 相对 RIPv1 主要有三方面的改进，其中不包括下述哪一项？（　　）
　　a. 使用多播来传播路由更新报文　　b. 采用了分层的网络结构
　　c. 采用了触发更新机制来加速路由收敛　　d. 支持变长子网掩码和路由汇聚
【提示】RIPv2 实际是对 RIPv1 的增强和扩充，其中一些增强功能包括：
▶ RIPv2 报文中携带掩码信息，支持 VLSM（变长子网掩码）和 CIDR；
▶ RIPv2 以多播方式发送路由更新报文，减少网络与系统主要消耗；
▶ RIPv2 支持对协议报文进行验证，增强安全性；
▶ RIPv2 采用了触发更新机制来加速路由收敛。
参考答案：选项 b。
　12. RIP 是一种基于 (1) 的路由协议，规定通路上经过的最大路由器数是 (2) 。
　　(1) a. 链路状态算法　　b. 距离向量算法　　c. 最短路径算法　　d. 最小费用算法
　　(2) a. 1 024　　b. 512　　c. 16　　d. 8
【提示】本题考查的 RIP 是使用最广泛的距离向量协议。RIP 的度量基于跳数，每经过一台路由器，路径的跳数加 1。如此跳数越多，路径越长，RIP 算法会优先选择跳数少的路径。它支持的最大跳数是 15，跳数为 16 的网络被认为不可达。
参考答案：(1) 选项 b；(2) 选项 c。
　13. 在 RIP 中默认的路由更新周期是（　　）秒。
　　a. 30　　b. 60　　c. 90　　d. 100
【提示】在 RIP 中默认的路由更新周期是 30 s，IGRP 是 90 s。路由器 180s 没有回应则表示路由不可达，240s 内没有回应则删除路由表信息。该题主要考查学生对路由协议的一些基本参数的了解，必须熟记一些常用参数，如更新及失效时间等。参考答案是选项 a。
　14. 在 RIP 中可以采用水平分割法解决路由环路问题，下面说法中正确的是（　　）。
　　a. 把网络分割成不同的区域以减少路由循环
　　b. 不要把从一个邻居那里学习到的路由再发送回该邻居
　　c. 设置邻居之间的路由度量为无限大　　d. 必须把整个路由表发送给自己的邻居

【提示】RIP 水平分割规则为路由器不向路径到来的方向回传此路径。当打开路由器接口后路由器记录路径的源接口，并且不向此接口回传此路径。参考答案是选项 b。

15. 为了解决伴随 RIP 的路由环路问题，可以采用水平分割法，这种方法的核心是 (1)，而反向毒化方法则是 (2)。

(1) a. 把网络水平分割为多个网段，网段之间通过指定路由器发布路由信息
    b. 一条路由信息不要发送给该信息来的方向
    c. 把从邻居学习到的路由费用设置为无限大并立即发送给那个邻居
    d. 出现路由变化时立即向邻居发送路由更新报文

(2) a. 把网络水平分割为多个网段，网段之间通过指定路由器发布路由信息
    b. 一条路由信息不要发送给该信息来的方向
    c. 把从邻居学习到的路由费用设置为无限大并立即发送给那个邻居
    d. 出现路由变化时立即向邻居发送路由更新报文

【提示】参考答案：（1）选项 b；（2）选项 c。

### 补充练习

R1 和 R2 是一个自治系统中采用 RIP 的两个相邻路由器，R1 的路由表如表 6.9 所示，当 R1 收到 R2 发送的如表 6.10 所示的 $(V, D)$ 报文后，R1 更新的 4 个路由表项中距离值从上到下依次为 0、2、3、3，那么，①②③④可能的取值依次为（　　）。

　　a. 0、3、4、3　　　　b. 1、2、3、3　　c. 2、1、3、2　　　　d. 3、1、2、3

表 6.9　R1 路由表

| 目的网络 | 距离 | 路由 |
|---|---|---|
| 10.0.0.0 | 0 | 直接 |
| 20.0.0.0 | 3 | R2 |
| 30.0.0.0 | 5 | R3 |
| 40.0.0.0 | 3 | R4 |

表 6.10　R1 收到的 R2 报文

| 目的网络 | 距离 |
|---|---|
| 10.0.0.0 | ① |
| 20.0.0.0 | ② |
| 30.0.0.0 | ③ |
| 40.0.0.0 | ④ |

## 第四节　开放最短路径优先（OSPF）协议

开放最短路径优先（OSPF）是一种链路状态路由算法（RFC 1131/1247）的内部网关协议，它由 IETF 的内部网关协议（IGP）工作组于 1989 年推出，1990 年开始成为标准，新的版本是 OSPF-2（RFC 2328，Internet 标准）。顾名思义，OSPF 有两个主要特性：一是它的开放性，OSPF 是公开发表的，不受某一厂家控制；二是基于最短路径优先（SPF）路由算法。SPF 路由算法有时也根据其发明人的姓名迪杰斯特拉（Dijkstra）命名，称为 Dijkstra 算法。

OSPF 是当前 IP 网络中最通用的内部网关协议（IGP）之一。其中的"开放"指的是这个协议基于开放标准而建立，并不是专有的。

### 学习目标

▶ 掌握最短路径优先（SPF）树、问候报文（hello message）、相邻结点及邻接等概念；

- ▶ 掌握 OSPF 的报文格式，了解路由区域是如何工作的；
- ▶ 熟悉区域边界路由器（ABR）、主干区域、自治系统边界路由器（ASBR）及指定路由器（DR）等在 OSPF 中所起的作用。

**关键知识点**

- ▶ OSPF 是一种能够从很多不同的路径中计算出"最佳路径"的内部网关协议。

## OSPF 概述

OSPF 是一种分布式的链路状态协议，所有的 OSPF 路由器都维持一个链路状态数据库（Link State DataBase，LSDB）。数据库存储的链路状态信息描绘了整个自治系统的网络拓扑，以及各个链路的量度。链路的量度可以表示通过这条链路的距离、费用、延迟、带宽等，用 1～65 535 之间无量纲的整数来描述。

网络不是一成不变的，网络的链路状态可以随时间的推移而变化。为了描述动态的链路状态，OSPF 的每一个链路状态带有一个 32 位的序号，序号越大就表示状态越新。OSPF 规定链路状态序号增长的时间间隔不能小于 5 s，32 位的序号空间可使在 600 多年内序号是唯一的，不会重复。

OSPF 路由器之间要不断地交换链路状态信息并泛洪到整个自治系统，以保持 LSDB 的动态性和在自治系统范围内的一致性。自治系统的所有路由器都有相同的 LSDB，即链路状态数据库同步。路由器在此基础上执行 Dijkstra 算法，计算出以自己为根的最短路径树，从最短路径树再得到转发 IP 数据报的路由表。

在因特网中当自治系统很大时，链路状态信息将难以管理，为此 OSPF 引入了区域（Area）的概念。OSPF 允许将一个 AS 划分成若干区域，每个区域维护本区的链路状态数据库，并由专门的路由器负责跨区域的链路状态信息交换。区域路由将内部选路与外部选路问题隔离开来。

OSPF 可以计算到一个特定目的结点的多条路由，每条路由针对一种 IP 服务类型。这一功能提供了 RIP 所不具备的额外灵活性。

OSPF 的路由更新也非常有效并可以通过密码、数字签名等进行认证。认证机制可以确保路由器正在与受信任的相邻结点交换信息。

OSPF 还有其他一些特点，如网络拓扑发生改变后的快速恢复、避免选路环路，以及独立地解析并重新分发 EGP 和 IGP 路由信息等。

对 OSPF 只需做很小的改动，就可以成为适用于 IPv6 的 OSPFv3。RFC2740 描述了 OSPFv3。

## OSPF 报文格式

RIP 报文使用 UDP 数据报进行传送，而 OSPF 报文则直接使用 IP 数据报进行传送，IP 数据报头的协议字段的值为 89。RFC 2328 描述了最新版本的 OSPF 报文，所有的 OSPF 报文均有一个 24 B 的报头，如图 6.32 所示。

OSPF 报头的各字段含义如下：

（1）版本字段。版本字段标识所用 OSPF 的版本号，当前版本号为 2。

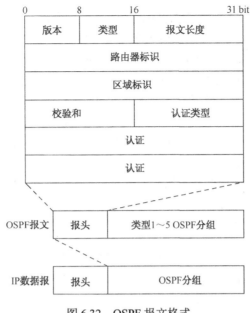

图 6.32 OSPF 报文格式

（2）类型字段。类型字段指明 OSPF 报文类型。OSPF 报文分为以下 5 种类型：
- 问候报文（Hello Message）——周期性地发送该报文，以建立和维护与相邻路由器的关系，即用来发现相邻的路由器。
- 数据库描述报文（DataBase Description，DBD）——描述拓扑数据库的内容，在其相邻路由器正被初始化时向邻结点发送本结点链路数据库中的链路状态简要信息。
- 链路状态请求报文（Link State Request，LSR）——向其相邻结点的拓扑数据库请求发送某些指定链路的链路状态信息。该报文是在路由器发现其拓扑数据库（通过检查数据库描述报文）的部分内容已经过期后发送的。
- 链路状态更新报文（Link State Update，LSU）——对链路状态请求报文的响应。
- 链路状态应答报文（Link State Acknowledgment，LSAck）——对链路状态更新报文的应答。对于每个链路状态更新报文均需给予明确的应答，以保证在某一区域中的链路状态数据能可靠地传送。

（3）报文长度字段。规定 OSPF 报文的字节数，包括 OSPF 报文头本身，以字节计。

（4）路由器标识字段。标识该报文的源路由器，该字段通常设为接口的 IP 地址。

（5）区域标识字段。标识该 OSPF 分组所属的 OSPF 域。所有的 OSPF 分组都属于某一个特定的 OSPF 域。域 ID 0.0.0.0 被保留用于骨干域。

（6）校验和字段。校验和字段用于检测 OSPF 分组中的差错。

（7）认证类型字段。认证类型字段指明了要求的认证类型。目前只有两种："0" 不用，"1" 口令。认证类型为 "0" 时填入 0，认证类型为 "1" 时填入 8 个字符的口令。

**注意**：链路状态更新报文也用于链路状态通告（LSA）的分发。在同一个报文中可以包括多个 LSA。在链路状态更新报文中的每个 LSA 均包含一个类型字段。

LSA 有 4 种类型：
- 路由器链路公告（RLA）：描述路由器到某一特定区域的链路状态。路由器向其所需的每个区域发送一个 RLA。RLA 可在整个区域内传送，但不能越过该区域。

- 网络链路公告（NLA）：由指定的路由器发送，用于描述连接到一个多路访问网络上的所有路由器，该类信息在包括多路访问网络的区域内传送。
- 汇总链路通告（SLA）：对某个区域外但在同一个 AS 内的目的结点路由进行汇总。它们由区域边界路由器产生，并在该区域内传送。在主干域中，仅发送区域内路由；而对于其他区域，区域内路由和区域间路由均需发送。
- AS 外部链路状态通告：描述 AS 外部目的结点路由。AS 外部链路状态公告由 AS 边界路由器产生。只有这种类型的公告可以在该 AS 中的任何区域传送，而所有其他类型的公告只能在特定的域中传送。

OSPF 报头和链路状态更新报文示例，如图 6.33 所示。在中间的窗格内，可以看到 OSPF 报头的各个字段内容，以及一个汇总 LSA 的所有字段内容。需要指出的是，该 LSA 还描述了一条使用网络掩码 255.255.255.0、量度为 10、到网络 201.100.6.1 的路由。

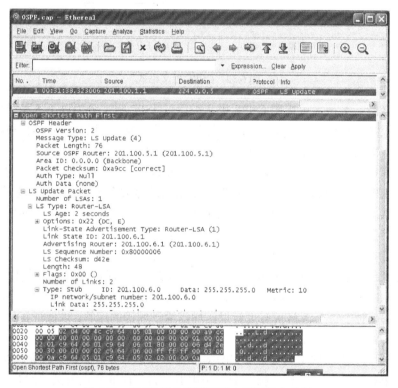

图 6.33　OSPF 报头和链路状态更新报文示例

## OSPF 路由区域

为了提高可扩展性，根据 OSPF 协议可以对自治系统进行分组，通常将邻近的网络和主机分为一组。每个组，包括接口与该组中网络连接的路由器，称为一个区域。这些区域通过一个中心主干域互联，区域中的路由器只知道该区域内的完整拓扑；不同的区域可以通过主干域交换数据报，如图 6.34 所示。一个区域由一个 32 位的数字来标识，称为区域 ID，用点分十进制数表示；主干区域由区域 ID 0.0.0.0 标识。

也就是说，在 OSPF 域里，网络和主机的集合（即互联网）组合在一起形成区域。一个区域内的路由器，称为域内路由器，在域内的网络之间路由数据报。域内路由器维护同一个拓扑数据。OSPF 域通过区域边界路由器互联，这些路由器分别保存它们所连区域的拓扑数据。这些区域可以互联而组成一个 AS。因此，在 OSPF 环境里，路由器互联形成网络，网络互联形成区域，区域互联形成 AS。为了进一步理解这一概念，继续考查图 6.34，它表示了由 3 个区域组成的 OSPF 区域。路由器 R1 和 R2、R4 和 R5、R8 和 R9 分别是区域 0.0.0.1、0.0.0.2、0.0.0.3 的域内路由器。此外，R1 是区域 0.0.0.1 的边界路由器，R4 是区域 0.0.0.2 的边界路由器，R7 是区域 0.0.0.3 的边界路由器。每个区域是一个单独的自治系统，域内路由器只携带本域内网络的信息。例如，从网络 N1 到网络 N3 的数据报通过 R1 和 R2 内部路由；从网络 N1 到网络 N7 的数据报必须先路由到边界路由器 R1，然后转发给 R3 和 R7。

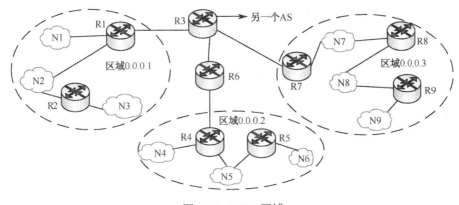

图 6.34 OSPF 区域

因此引入 OSPF 区域的概念后，OSPF 路由发生在 3 个级别上，从最低层到最高层依次是：
- 区域内部路由；
- 区域之间路由，通过区域边界路由器（ABR）和主干区域；
- 自治系统之间路由，通过自治系统边界路由器（ASBR）。

在图 6.34 中，主干网中的路由器由路由器 R3、R6 和 R7 组成。为了减少主干网的路由更新，每个区域有一个指定路由器和一个备份指定路由器。在区域内，每个路由器与指定路由器交换链路状态信息。指定路由器负责（当它失效时由备份路由器负责）代表本网络产生链路状态通告（LSA）。

当一个新的路由器加入网络时，它给每个邻居发送问候报文。所有的路由器也都周期性地发送问候报文以告知相邻路由器它们在正常运行。OSPF 路由器使用链路状态算法（如 Dijkstra 算法）建立它们看到的网络拓扑数据库。然后通过链路状态通告（LSA）将其发送给相邻路由器。域内路由器只与同一域内的路由器交换 LSA，而区域边界路由器则与其他区域的边界路由器交换 LSA。

## 区域路由的组件

区域路由的组件包括：区域边界路由器、主干区域、虚拟链路、自治系统边界路由器和存根区域。

### 区域边界路由器

区域边界路由器（ABR）是一种连接到多个区域的 OSPF 路由器，如图 6.35 所示。区域之间的路由由 ABR 处理。ABR 为它所连接的每个区域维护独立的链路状态数据库，并根据每个数据库建立独立的 SPF 树。

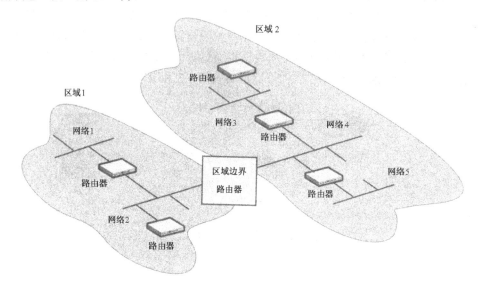

图 6.35　区域边界路由器

ABR 为其区域"发言"。它汇总从自己的区域中学习到的信息，然后通过链路状态通告（SLA）向其他区域广播这些信息。每个 SLA 中包括费用、服务类型（ToS）和区域内每个路由器的子网掩码。这样就可以告诉其他 ABR 如何路由流量，而不用透露区域拓扑结构的详细情况。

ABR 必须一直处于通过内部区域路由可达状态。只要区域边界路由器可达，其汇总链路通告中的网络便可达。到达汇总链路通告中网络的成本等于其链路状态通告的成本加上内部区域到达区域边界路由器的成本。

### 主干区域

多个区域之间通过称为主干区域的特定区域连接在一起，这个主干区域的区域 ID 号为 0。如图 6.36 所示，主干区域由未指定区域的网络、连接在这些网络上的路由器以及所有的 ABR 构成。

主干区域的主要功能是在区域之间分发路由信息。主干区域执行与其他区域相同的 OSPF 过程和算法，来维护自己的链路状态数据库和 SPF 树。主干区域的拓扑结构对它所连接的区域是不可见的；同样，这些区域的拓扑结构对于主干区域也是不可见的。

ABR 运行两个 OSPF 的副本。第一个副本运行在连接其本地区域的接口上，从该区域的其他路由器接收广播 LSA。第二个副本运行在连接主干区域的接口上，在主干区域接收和发送 SLA，使所有区域能够获知关于主干区域的可到达性，而不用直接参与主干区域的路由通告。

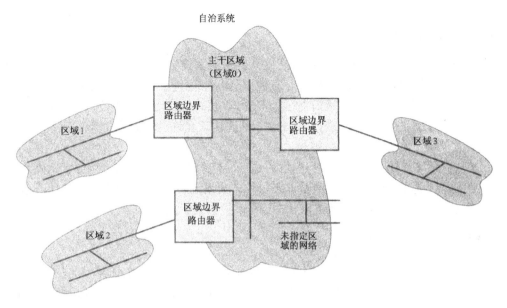

图 6.36 主干区域

## 虚拟链路

当 ABR 及其区域不与主干区域相邻时,虚拟链路能将 ABR 和主干区域连接起来。这时,与主干区域不相邻的 ABR 构成虚拟链路的一端,而连在主干区域的 ABR 构成另一端。所有这些 ABR 都必须属于至少一个非主干区域,如图 6.37 所示。

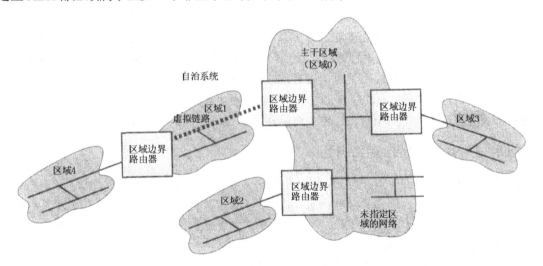

图 6.37 虚拟链路

虚拟链路通道可以在任何可用的物理链路上形成,因此虚拟链路并不局限于某个特定的物理链路,从而可以为路由数据包在非邻接的区域边界路由器之间建立最佳的路径。

在图 6.37 中,主干区域的成员发出区域内路由信息时,用于连接主干区域与区域 1 的区域边界路由器通过虚拟链路将这些信息转发到区域 4。同样,当区域 4 中的路由发生变化时,其区域边界路由器也通过虚拟链路向主干区域发送一条汇总链路通告(SLA)消息。

### 自治系统边界路由器

自治系统边界路由器（ASBR）用于连接其他自治系统中的路由器。就像 ABR 相对其他 ABR 来说代表它的区域一样，ASBR 相对其他 ASBR 来说代表它的自治系统。

每个 ASBR 在其自治系统的接口上运行 OSPF。在其他自治系统的接口上，ASBR 运行用于自治系统之间的路由协议，如 EGP 和 BGP。这些协议允许 ASBR 在每个自治系统内部交换汇总路由信息。

当 ASBR 学习有关其自治系统外的目的地址（或手工配置的路由，例如默认路由）时，通过在自治系统内发送一个外部连接通告来与其自治系统共享信息。只有外部连接通告才能在整个自治系统的每一个区域内广播链路状态通告。

### 存根区域（Stub Area）

如果一个区域中所有流入、流出网络的流量都通过一个单独的路由器，则只有该路由器需要维护有关其他自治系统的路由信息。该区域上的主机仅仅需要发送所有流出量到该路由器。在这种情况下，管理员可以将这个"输入/输出"路由器作为该区域的默认路由器；同时，通过这个路由器还可以阻止外部链路通告进入该区域，从而减小该"残余区域"的链路状态数据库规模。

## 邻居和邻接

如前所述，OSPF 的分层结构方法避免了当每个路由器都和自治系统中的其他路由器交换信息时所引发的高负载阻塞网络的情况。在使用 OSPF 的自治系统中，路由器只和很少的与其紧邻的邻居交换信息。这种邻居间的特殊关系被称为邻接。邻接是 OSPF 的一个很重要概念。

位于同一个网络，或通过串行链路直接连接的路由器称为相邻的路由器。邻接是在被选中的相邻的路由器之间为交换路由信息而进行的双向通信。两个（一对）路由器形成邻接关系后，便同步其链路状态数据库。又因为同一区域中的每个路由器至少都会与一个其他的路由器形成邻接关系，所以该区域中的所有路由器最终都包含同样的链路状态数据库。

### 指定路由器和备份指定路由器

虽然一个路由器可能有多个邻居，但并不是每对相邻的路由器都能组成邻接。在多路访问网络（例如以太网）中，路由器只和指定路由器（DR）以及备份指定路由器（BDR）组成邻接。在点对点的网络中不用选择 DR。DR 的建立有助于减少单一网络中的路由信息量，就像 ABR 减少了自治系统内的流量一样。

网络管理员选择网络中最可靠的路由器作为指定路由器，同时选择次可靠的路由器作为备份指定路由器（BDR）。备份指定路由器用于在指定路由器无法正常工作时立即取代其位置。如果管理员未选择指定路由器，则配置为最高优先权的路由器将成为指定路由器（配置为次高优先权的路由器成为备份指定路由器）。

### 组成邻接关系

组成邻接关系的过程可分为以下 3 个步骤。

### 1. 找到邻居路由器

首先，路由器必须找到与其相邻的路由器，并维护自身与这些相邻路由器之间的双向关系。为了定位这些相邻的路由器，该路由器从其所有端口发出一条问候报文，这条问候报文的目的地址为 IP 多播地址 224.0.0.5。所有 OSPF 路由器都属于这个多播组。每个问候报文都包含下列信息：

- 路由器的优先权值，用于在管理员未指定的情况下确定指定路由器（DR）和备份指定路由器（BDR）。
- 路由器发出新问候报文的时间间隔，以秒为单位。
- 路由器在确定相邻路由器失效前预期从该相邻路由器接收问候报文所需的时间，以秒为单位。
- 近期发出问候报文的路由器列表。
- 当前的指定路由器（如果管理员未指定）。

这些相邻路由器通过向该路由器发送自身的问候报文作为应答。如果这些问候报文中的"最近接收"列表中包含该路由器，则表明相邻路由器已接收到该路由器发来的问候报文。

路由器之间的双向关系建立之后，便可依据路由器的最高优先权值从这个网络的路由器中选出一个指定路由器和一个备份指定路由器（在管理员未指定 DR 和 BDR 的前提下）。备份指定路由器（BDR）是指定路由器（DR）的"影子"，仅在 DR 失效的情况下才取代 DR 的功能。另外还要注意，只有多入口的网络才需要指定路由器和备份指定路由器。

### 2. 同步链路状态数据库

路由器识别出所有邻居后，便开始组成至少一个邻接的过程，该过程通过同步链路状态数据库来完成。在多路访问网络中，所有的路由器都与 DR 和 BDR 组成邻接。

要建立邻接关系的一对路由器互相交换其链路状态数据库汇总，这里的汇总也称作数据库描述数据包，它包含一些简短的数据链路状态通告的列表。

基于从相邻路由器接收到的数据库描述数据包，每个路由器可以建立一个请求列表，用于请求完整的链路状态通告，这些链路状态通告是更新该路由器链路状态数据库所必须具备的。通过检查自身链路状态数据库与在汇总中接收到的每个链路状态通告的副本，路由器可以建立请求列表。对于某一个链路状态通告，路由器如果不含有该通告或发现其相邻路由器中有该通告的更新版本，则该通告将被加到这个路由器的请求列表中。

需要建立邻接关系的一对路由器互相交换其链路状态请求数据包中的请求列表；同时，每个路由器用包含被请求链路状态通告的链路状态更新数据包作为回应。

这两个相邻的路由器接收完所有其请求的链路状态通告后，其链路状态数据库便同步了，这两个路由器也完全建立了邻接关系。每个邻接路由器都以自身为根，使用其链路状态数据库来建立自身的最短路径优先（SPF）树，然后使用这个 SPF 树生成路由表。

### 3. 维护数据库同步

每个路由器都通过泛洪（Flood）链路状态通告向所有路由器通知其链路状态的变化。当一条链路状态通告被发出时，该通告从一个路由器传递到其邻接路由器，直到路由域内的所有路由器都得到更新为止。每个路由器自己确定是否继续传递一个链路状态通告。例如，路由器将不会转发由自身初始创建的链路状态通告，也不会转发版本较旧的链路状态通告。

每条链路状态通告的"年龄"记录在其数据包报头的一个字段中。链路状态通告驻留在路由器的链路状态数据库中时,其"年龄"值会定时增加。这个"年龄"值达到特定的限度后,路由器便自动刷新该条链路状态数据库。

路由器也可以用来自邻接路由器的版本更新链路状态通告以替代旧的通告。路由器通常用一个 32 位的链路状态序列号来检测新的链路状态通告,该序列号也是数据包报头的一部分。路由器每次生成新的链路状态通告时,都使用下一个可用的序列号。

上述链路状态通告的发送过程是可靠的,因为接收或转发链路状态通告的路由器,必须向初始建立该通告的路由器发送一条确认消息。同时,源路由器会不断重传其链路状态通告,直到收到确认为止。

### 链路状态通告类型

OSPF 定义了多种数据包类型。每种数据包的类型字段中都携带一条链路状态路由算法(LSA)消息的有效负载。LSA 消息中携带了一种包含特定信息的报头,其中的特定信息包括消息的"年龄"、初始建立该数据包的路由器类型以及其他信息等。链路状态通告报头的格式如图 6.38 所示。

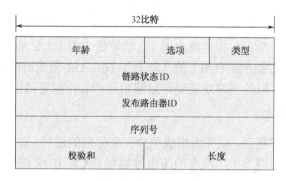

图 6.38 链路状态通告报头格式

例如,OSPF 路由器建立邻接关系时,要发送 OSPF 数据库描述数据包,该数据包中用链路状态路由算法(LSA)作为其消息字段的内容。各字段的含义如下。

(1)年龄字段:LSA 从初始建立到现在所经历的时间,以秒为单位。

(2)选项字段:指定 OSPF 域的可选功能。

(3)类型字段:OSPF 定义了多种路由器类型,其中包括内部路由器、区域边界路由器(ABR)及自治系统边界路由器(ASBR)等。该字段用于指定初始建立该 LSA 消息的路由器的类型。OSPF 在 LSA 消息报头中包含了一个类型字段。该字段的值主要有以下几种:

- ▶ 类型 1(路由器 LSA)——所有 OSPF 路由器都产生这种 LSA,它列出了路由器到区域的链路状态,以及输出链路的成本。OSPF 路由器仅在初始区域内发送这些 LSA。
- ▶ 类型 2(网络 LSA)——指定路由器(DR)发起的网络 LSA。这些 LSA 向多入口网络及所有连接在其上的路由器发送通告。与路由器 LSA 类似,OSPF 路由器仅在初始区域内发送这些 LSA。
- ▶ 类型 3(网络汇总 LSA)——这些 LSA 用于向一个区域的外部网络发送通告,包括默认路由。OSPF 路由器仅在单一区域内发送这些 LSA。
- ▶ 类型 4(ASBR 汇总 LSA)——用于向一个区域外部的多个 ASBR 发送通告。OSPF 路由器仅在单一区域内发送这些 LSA。

- 类型 5（AS 外部 LSA）——由 ASBR 发起。这些 LSA 用于向 OSPF 自治系统外部发送通告，包括通往外部目的结点的默认路由。OSPF 路由器在所有 OSPF 域的非存根区域内发送这些 LSA。

(4) 链路状态 ID：用于确定 LSA 描述的 OSPF 域部分。

(5) 发布路由器 ID：初始建立 LSA 的路由器的 ID 号。

(6) 序列号字段：初始路由器每次发送一个 LSA 时，都顺序增加此字段的值。这样有助于其他路由器确定最新的 LSA。

(7) 校验和字段：用于验证 LSA 的正确性。

(8) 长度字段：用于指定 LSA 的长度，以字节为单位。

## 路由服务类型

IP 报头中包含了一个 4 位的服务类型（ToS）字段，源主机用这个字段来请求特定的路由服务类型。ToS 字段中的每位都代表了一种服务要素，如表 6.11 所示。

表 6.11 ToS 字段

| 位 值 | 延 迟 | 吞 吐 量 | 可 靠 性 | 成 本 |
|---|---|---|---|---|
| 设置为 1 | 低延迟 | 高吞吐量 | 高可靠性 | 低成本 |
| 清除为 0 | 常规延迟 | 常规吞吐量 | 常规可靠性 | 常规成本 |

通过将 ToS 字段中的各个位设置为 1 或清除为 0，主机可以选择最多 16 种不同的路由服务类型。这 16 种服务类型（ToS 0 到 ToS 15）如表 6.12 所示。

表 6.12 服务类型

| 服务类型值 | 服务类型字段值 | 请求的服务类型 |
|---|---|---|
| ToS 0 | 0000 | 默认：所有要素都为常规值 |
| ToS 1 | 0001 | 低成本 |
| ToS 2 | 0010 | 高可靠性 |
| ToS 3 | 0011 | 高可靠性，低成本 |
| ToS 4 | 0100 | 高吞吐量 |
| ToS 5 | 0101 | 高吞吐量，低成本 |
| ToS 6 | 0110 | 高吞吐量，高可靠性 |
| ToS 7 | 0111 | 高吞吐量，高可靠性，低成本 |
| ToS 8 | 1000 | 低延迟 |
| ToS 9 | 1001 | 低延迟，低成本 |
| ToS 10 | 1010 | 低延迟，高可靠性 |
| ToS 11 | 1011 | 低延迟，高可靠性，低成本 |
| ToS 12 | 1100 | 低延迟，高吞吐量 |
| ToS 13 | 1101 | 低延迟，高吞吐量，低成本 |
| ToS 14 | 1110 | 低延迟，高吞吐量，高可靠性 |
| ToS 15 | 1111 | 低延迟，高吞吐量，高可靠性，低成本 |

因此，OSPF 路由器使用 ToS 4 路由表来引导 ToS 4 流量（通往卫星链路），使用 ToS 8 路由表来引导 ToS 8 流量（通往电话线路）。如果首选链路失效，则路由器仍然可以用一条使用 ToS 0（默认的常规服务）路由表的备用链路来路由流量。对于未在路由表中指定服务类型请求的流量，路由器均为其使用 ToS 0 路由表。

为每种服务类型建立一个特定的 SPF 树及路由表，将消耗大量路由器内存和 CPU 资源。因此，OSPF 协议允许管理员将 OSPF 路由器配置为仅计算和使用单一服务类型的 ToS 0 路由表。使用这种单一表的路由器通过将其路由器链路通告数据包报头中的 ToS 位全部清 0，来通知其对等实体。使用多个 ToS 表的路由器在转发非 0 的 ToS 流量时，通常会尝试绕过这种单一表路由器。但是，如果找不到非 0 的 ToS 路由，则仍要通过这种 ToS 0 路由来转发流量。

## 典型问题解析

【例 6-7】为了限制路由信息的传播范围，OSPF 把网络划分成 4 种区域，其中，__(1)__ 的作用是连接各个区域的传送网络，__(2)__ 不接收本地自治系统之外的路由信息。

（1）a. 不完全存根区域　　　b. 标准区域　　　c. 主干区域　　　d. 存根区域
（2）a. 不完全存根区域　　　b. 标准区域　　　c. 主干区域　　　d. 存根区域

【解析】如果将区域看作一个点，则 OSPF 网络是以主干区域（area 0）为顶点，其他区域为终端的星形拓扑结构。标准区域可以接收链路更新信息和路由汇总。

存根区域是不接收自治系统以外的路由信息的区域。如果需要自治系统以外的路由，它要使用默认路由 0.0.0.0。

完全存根区域不接收外部自治系统的路由以及自治系统内其他区域的路由汇总，需要发送到区域外的报文则使用默认路由 0.0.0.0。完全存根区域是 Cisco 自己定义的。

不完全存根区域类似于存根区域，但是允许接收以 LSA Type 7 发送的外部路由信息，并且要把 LSA Type 7 转换成 LSA Type 5。

参考答案：（1）选项 c；（2）选项 d。

【例 6-8】在 OSPF 网络中，路由器定时发出问候报文（Hello Message）与特定的邻居进行联系。在默认情况下，如果（　　）没有收到这种报文，就认为对方不存在了。

　　a. 20 s　　　　b. 30 s　　　　c. 40 s　　　　d. 50 s

【解析】当一个路由器启动时首先向邻接路由器发送问候报文，收到应答，该路由器就知道了自己有哪些邻居。问候报文中包含两个参数：HelloInterval 表示发送问候报文的时间间隔，RouterDeadInterval 表示多长时间内必须收到邻居的消息。通常把 HelloInterval 的值设置为 10 s，RouterDeadInterval 的值设置为 40 s。所以在 40 s 内没有收到邻居的消息，就认为该邻居不存在了。参考答案是选项 c。

【例 6-9】开放式最短路径优先（OSPF）协议采用（　　）算法计算最佳路由。

　　a. Dynamic-Search　　b. Bellman-Ford　　c. Dijkstra　　d. Spaning-Tree

【解析】OSPF 是一种基于 Dijkstra 算法的链路状态协议，这种协议要求路由器掌握完整的网络拓扑结构，并据此计算出到达目标的最佳路由。该算法的基本思想是：互联网上的每个路由器周期性地向其他路由器广播自己与相邻路由器的路径关系，路由其他路由器的广播信息，互联网上的每个路由器都可以形成一张由点和线连接而成的抽象拓扑结构图。一旦得到了这张图，路由器就可以按照 Dijkstra 算法计算出以本地路由器为根的 SPF 树，通过这棵树路由器就可以生成自己的路由表。参考答案是选项 c。

【例 6-10】OSPF 适用于 4 种网络。在下面的选项中，属于广播多址网络的是 (1) 中的哪一项，属于非广播多址网络的是 (2) 中的哪一项。

（1）a. Ethernet　　　b. PPP　　　c. Frame Relay　　　d. RARP
（2）a. Ethernet　　　b. PPP　　　c. Frame Relay　　　d. RARP

【解析】OSPF 适用的 4 种网络类型为广播型、非分别型、点对多点型、点对点型。当链路层协议是 Ethernet、FDDI 时，OSPF 默认网络类型是广播型。如果链路层协议是帧中继、HDLC、X.25 或 ATM 时，OSPF 默认网络类型是非广播多址访问类型。当链路层协议是 PPP、LAPB 或 POS 时，OSPF 默认网络类型是点到点类型。没有一种链路层协议会被默认为是点对多点类型。

参考答案：（1）选项 a；（2）选项 c。

# 练习

1. OSPF 是一种在自治系统内部使用的内部网关协议。判断正误。
2. OSPF 是使用标准规则的专用路由协议。判断正误。
3. 指定路由器（DR）在点对点型网络中是不用的。判断正误。
4. RIP 并不适合在大型网络中使用，其中一个限制就是对于路由表的频繁广播。描述 OSPF 是如何解决该问题的。
5. 举例说明，路由数据包在 IP 网络中时 RIP 路由器仅考虑跳数，OSPF 路由器在做路由决定时还需要考虑哪些网络因素？
6. 解释与 OSPF 路由器相关的术语"邻居和邻接"。
7. 解释 OSPF 网络中的路由区域，说明把自治系统分成路由区域的优点。
8. OSPF 协议把网络划分成 4 种区域（Area），其中（　　）不接收本地自治系统以外的路由信息，对自治系统以外的目标采用默认路由 0.0.0.0。
　　a. 分支区域　　　b. 标准区域　　　c. 主干区域　　　d. 存根区域
9. 链路状态路由协议利用广播数据包共享相邻路由器的路由信息，这些广播数据包又称作什么？（　　）
　　a. PDU　　　b. LSA　　　c. DVA　　　d. SPF
10. 链路状态路由器建立下列哪项内容以描述到达每个目的网络的成本？（　　）
　　a. LSA 树　　　b. DNS 树　　　c. STP 树　　　d. SPF 树
11. OSPF 用下列哪 3 种方法来控制网络路由表更新的流量？（　　）
　　a. OSPF 将网络分为多个子域，称为区域路由
　　b. OSPF 支持多播，而不是广播路由以更新消息
　　c. OSPF 仅传递路由表中发生改变的条目，而不是整个路由表
　　d. OSPF 定义了 15 跳的自治系统直径
12. 使用 OSPF 路由（选择）区域后，会出现下列哪两项内容所描述的结果？（　　）
　　a. 大大减少了整个自治系统中的路由信息流量
　　b. 路由器维护唯一的链路状态数据库，这个数据库仅描述直接连接的网络
　　c. 路由信息层次的应用

d. 增大了用于描述整个自治系统链路状态的数据库

13. 下列哪项内容最恰当地描述了 OSPF 虚拟链路？（　　）
    a. 虚拟链路指定了网络的主干区域
    b. 虚拟链路指定了区域边界路由器（ABR）之间的物理连接
    c. 虚拟链路用于连接非主干区域中的区域边界路由器
    d. 虚拟链路与特定的物理链路绑定在一起

14. 为了定位相邻路由器，OSPF 路由器会发送下列哪种类型的数据包？（　　）
    a. Discover 数据包　　　　b. Hello 数据包
    c. Locate 数据包　　　　　d. LSA

15. 关于 OSPF 拓扑数据库，下面选项中正确的是（　　）。
    a. 每一个路由器都包含了拓扑数据库的所有选项
    b. 在同一区域中的所有路由器包含同样的拓扑数据库
    c. 使用 Dijkstra 算法来生成拓扑数据库
    d. 使用 LSA 来更新和维护拓扑数据库

16. OSPF 使用（　　）报文来保持与其邻居的连接。
    a. Hello　　　b. Keep alive　　　c. SPF　　　d. LSU

17. 关于 OSPF 路由协议的说法中，正确的是（　　）。
    a. OSPF 路由协议是一种距离矢量路由协议
    b. OSPF 路由协议中的进程号全局有效
    c. OSPF 路由协议不同进程之间可以进行路由重分布
    d. OSPF 路由协议的主区域为区域

18. 运行 OSPF 协议的路由器在选举 DR/BDR 之前，DR 是（　　）。
    a. 路由器自身　　　　　　b. 直连路由器
    c. IP 地址最大的路由器　　d. MAC 地址最大的路由器

19. 在广播网络中 OSPF 要选出一台指定路由器（DR），以下关于 DR 的描述中（　　）不是其具有的作用。
    a. 减少网络通信量　　　　b. 检测网络故障
    c. 负责为整个网络生成 LSA　　d. 减小链路状态数据库的规模

【提示】在 OSPF 网络中每台路由器都要向其邻居路由器发送路由更新信息，所以当一个局域网（以太网）中有 N 台路由器时，则每台路由器将向其他（N–1）台路由器发送 LSA，因此共有"N（N–1）"个链路状态要传送，这样网络通信量将很大。在 OSPF 网络中使用 DR 代表该局域网上的所有链路向连接到该网络上的各路由器发送 LSA 状态信息，可使得网络的广播通信量下降，链路状态数据库的规模变小。参考答案是选项 b。

20. OSPF 网络被划分为各种区域，其中作为区域之间交换路由信息的是（　　）。
    a. 主干区域　　　　　　b. 标准区域
    c. 存根区域　　　　　　d. 不完全存根区域

【提示】参考答案是选项 a。

21. 关于 OSPF，下列说法错误的是（　　）。
    a. OSPF 网络中的每个区域（Area）运行路由选择算法的一个实例
    b. OSPF 路由器向各个活动端口多播问候报文来发现邻居路由器

c. 问候报文还用来选择指定路由器，每个区域选出一个指定路由器

d. OSPF 默认的路由更新周期为 30 s

【提示】在网络中，OSPF 路由器可以发送问候报文来寻找邻居，当问候报文中的几个字段的内容互相一致时，相邻的 OSPF 路由器就会形成邻居关系。问候报文的特点如下：

▶ 用来发现邻居；

▶ 包含多个需要 OSPF 路由器协商的参数，以形成邻居关系；

▶ 可以用来维持邻居之间链接的存活；

▶ 用来确定指定路由器（DR）及备份指定路由器（BDR），BDR 作为 DR 的备份。

OSPF 不像 RIP 操作那样使用广播发送路由更新，而是使用多播技术发布路由更新，并且只是发送有变化的链路状态更新（路由器会在每 30 s 发送链路状态的概要信息，不论是否已经因为网络有拓扑变化发送了更新），所以 OSPF 会更加节省网络链路带宽。

路由协议 RIP 和 IGRP 的 4 个 Timer 分别是 Update Timer（更新计时器）、Invalid Timer（失效计时器）、Holddown Timer（抑制计时器）和 Flush Timer（刷新），其默认值如表 6.13 所示。

表 6.13  RIP 与 IGRP 的默认值

| 协议 | 更新计时器 | 失效计时器 | 抑制计时器 | 刷新计时器 |
| --- | --- | --- | --- | --- |
| 描述 | 路由器发送路由表副本给相邻路由器的周期性时间 | 经过该时间，一个路由选项没有得到确认，路由器就认为其已失效 | 当路由器得知路由失效后将进入抑制状态，路由器接收到路由更新以后或者超过这段时间，保持计时器停止计时 | 如果经过某段时间，路由表的选项仍没有得到确认，则将其从路由表中删除 |
| RIP | 30 s | 90 s | 180 s | 240 s |
| IGRP | 90 s | 270 s | 280 s | 630 s |
| OSPF | 只有 OSPF 路由器会每隔 30 s 发送一次链路状态的概要信息，不论是否已经因为网络有拓扑变化而发送了更新 | | | |

参考答案：选项 d。

22. 下列关于 OSPF 的描述中，错误的是（　　）。

a. 每一个 OSPF 区域拥有一个 32 位的区域标识符

b. OSPF 区域内每个路由器的链路状态数据库包含全网的拓扑结构信息

c. OSPF 要求当链路状态发生变化时用洪泛方式发送此信息

d. 距离、延迟、带宽都可以作为 OSPF 链路状态的度量

【提示】参考答案是选项 b。

23. 以下关于 OSPF 的描述中，错误的是（　　）。

a. 根据链路状态法计算最佳路由

b. 用于自治系统内的内部网关协议

c. 采用 Dijkstra 算法进行路由计算

d. OSPF 网络中用区域 1 来表示主干网段

【提示】参考答案是选项 d。

24. 以下关于 RIP 与 OSPF 的说法中，错误的是（　　）。

a. RIP 定时发布路由信息，而 OSPF 在网络拓扑发生变化时发布路由信息

b. RIP 的路由信息发送给邻居，而 OSPF 路由信息发送给整个网络路由器

c. RIP 采用组播方式发布路由信息，而 OSPF 以广播方式发布路由信息

d. RIP 和 OSPF 均为内部路由协议

【提示】参考答案是选项 c。

### 补充练习

本练习用于配置和检验 Cisco 路由器上的 OSPF。本练习需要访问 Cisco 路由器或模拟路由器。

1．访问路由器或模拟路由器。

2．登录到路由器，通过在提示符"router>"后键入"enable"进入特许模式。

3．在提示符"router#"后键入"config t"，进入全球配置模式。

4．在提示符"router(config)#"后键入"router ospf 1"。这个命令用于打开 OSPF 路由，并将进程 ID 设为 1。进程 ID 的概念与 IGRP 中的 AS 编号不同，OSPF 允许在同一个路由器上运行多个 OSPF 进程。

5．在提示符"router(config-router)#"后键入"network 10.10.4.0 0.0.0.255 area 0"，设置 OSPF 运行的接口地址和区域。

注意：OSPF 报文通常在网络号后指定一个通配掩码，OSPF 进程使用这个掩码来识别特定区域的路由器接口。在本例中，网络 10.10.4.0 中的所有接口都属于区域 0。

6．在提示符"router(config-router)#"后键入"ctrl-z"，返回到特许模式。

7．在提示符"router#"后，键入"show ip protocol"，显示路由选择协议的信息。查看这里显示了哪种类型的可用信息，与第 4 节内容中所讨论的 IGRP 信息有何不同？

8．在提示符"router#"后键入"exit"，从该路由器注销。

## 第五节　边界网关协议（BGP）

自治系统不仅必须在内部共享路由信息，而且还必须在外部共享路由信息。用于在自治系统之间共享路由信息的路由选择协议称为外部网关协议（EGP）。边界网关协议（BGP）是运行于 TCP 之上的一种自治系统的路由协议，也是唯一能够妥善处理好不相关路由域间的多路连接的协议。BGP 系统的主要功能是与其他的 BGP 系统交换网络可达信息。网络可达信息包括列出的自治系统（AS）的信息。这些信息有效地构造了 AS 互联的拓扑图并由此消除了路由环路，同时可在 AS 级别上实施策略决策。

### 学习目标

▶ 了解内部网关协议（IGP）与外部网关协议（EGP）的不同之处；

▶ 掌握边界网关协议（BGP）的报文格式。

### 关键知识点

▶ 边界网关协议允许路由器共享自治系统之间的路由信息。

# BGP 概述

在一个自治系统可以使用另一个自治系统作为其传送介质之前，边界系统（相互间外部相邻的路由器）必须能够找出所有能够通过其他边界系统到达的网络。外部网关协议（EGP）允许边界系统之间交换这些信息。

外部网关协议是对所有用于在自治系统之间交换信息的协议的一种统称。实际使用时，会有特定的外部网关协议。早期曾经出现过一种称为"EGP"的实际的外部网关协议，但它并未包含较复杂的大型网络所需的全部性能。另一种实际的外部网关协议就是由 RFC 1771-1772 定义的边界网关协议（BGP）。BGP 的当前版本为 4，是最常用的外部网关协议（EGP）。它能在多个自治系统域内或域间对数据报传送的路由进行选择和对域间路由信息进行交换。BGP 版本 4 通常称为 BGP-4 或简称为 BGP。

BGP 极其复杂，许多专著致力于研究该主题。作为设计者或较高层的 ISP 管理员，即使在阅读了这些专著和相关的 RFC 后，如果不长时间实际操作 BGP 的话，也较难全面掌握。BGP 是因特网中极为重要的协议，从本质上讲，是这个协议把所有的知识融合在一起了。

## BGP-4

边界网关协议（BGP）是一种用于自治系统内的路由选择协议。BGP 系统的主要功能是与其他 BGP 系统交换网络可达性信息。这里的网络可达性信息包括该信息经过的所有自治系统的信息。使用这种信息，路由器可以建立一个互相连接的自治系统图，使用这个图，可以消除路由循环，同时加强自治系统级别的一些策略决议。

BGP 运行在 TCP 之上。对路由器和主机，TCP 表现为一种可靠的传输协议，也就是说，TCP 用于处理更新消息的分段、重传、确认和排序等。TCP 的所有验证机制都可以与 BGP 自身的验证机制一起使用。BGP 的错误通知机制假定 TCP 进程在关闭连接前会传递所有的重要数据。BGP 在 TCP 约定端口 179 上建立其连接。BGP 在整体网络中的位置如图 6.39 所示。

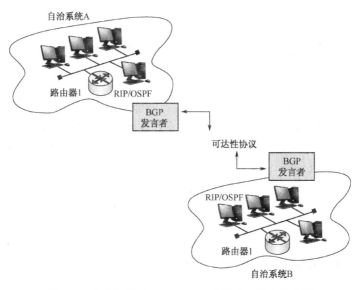

图 6.39　边界网关协议（BGP）在整体网络中的位置

## BGP 的实际应用

图 6.39 中显示了 2 个自治系统 A 和 B。这 2 个自治系统的网络边缘处都有一个 "BGP 发言者"（"BGP Speaker"）。

当两个 BGP 发言路由器建立一个 TCP 连接后，首先交换消息以发送和确认连接参数，然后再交换完整的 BGP 路由表。每个路由器都在其路由表内容发生改变时发送更新信息。BGP 不需要定期更新整个 BGP 路由表，因此，BGP 发言者在连接期内必须保留其所有对等实体的完整 BGP 路由表的当前版本。BGP 通过周期性地发送 KeepAlive（保持激活）消息来测试连接状态。连接在发生错误或其他特殊状况时会回应相应的通知消息。如果连接发生错误，则发送一条通知消息并同时关闭连接。

执行 BGP 的主机不一定是路由器，非路由主机，如网关（协议转换器），也可以使用 EGP 或 IGP 与路由器交换路由信息。

## BGP-4 报头格式

每个 BGP 报文都有一个 19 B 的报头。这个报头之后可以有（也可以没有）数据部分，这取决于该报文的类型。图 6.40 示出了 BGP-4 报头格式。

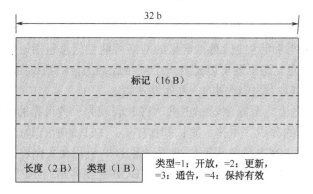

图 6.40 BGP-4 报头格式

BGP 报头主要包含标记、长度和类型三个字段。每个字段的含义如下。

1. 标记（Marker）字段

标记字段用于检测一对 BGP 端（对等实体）之间的同步损失，以及验证输入的 BGP 报文。这个字段为 16 字节，其值应该是报文接收方可以预知的。如果报文的类型为 "OPEN"，或报文中未携带任何验证信息（验证信息是可选参数），则标记字段的所有位必须全设为 1；否则，标记字段的值应可以通过一些计算方法预知，这些计算方法作为 BGP 使用的验证机制的一部分被预先指定。

2. 长度（Length）字段

长度字段为 2 字节，用于指示以字节为单位的 BGP 报文的总长度，包括报头，以字节为单位。长度字段的数值必须在 19～4 096 B 之间。

3. 类型（Type）字段

类型字段为 1 字节的数字代码，用于标识 BGP 报文的类型；值为 1～4，分别对应开放、更新、通告和保持有效 4 种类型的 BGP 报文。

- 开放（Open）报文——Open 报文共有 6 个字段，即版本字段、自治系统号、保持时间字段、BGP 标识符字段、可选参数长度字段及可选参数字段。Open 报文是在建立 TCP 连接之后，BGP 路由器发出的第一个报文，主要用来与相邻的另一个 BGP 发言者建立联系。
- 更新（Update）报文——Update 报文用于更新可达性信息，它共有 5 个字段，即不可行路由长度字段、撤销的路由字段、路径属性总长度字段、路径属性字段、网络层可达性信息（NLRI）字段。在 TCP 连接建立后，BGP 对等体通过使用 Update 报文发送某一路由信息，以及列出要撤销的多条路由。Update 报文用来构造一个 AS 连接图，是 BGP 协议的核心内容。
- 通告（Keepalive）报文——Keepalive 报文只有 BGP 报文的 19 B 的报头，没有数据部分。BGP 发言者通过周期性地交换 Keepalive 报文来持续监视对等体的可达性。需要频繁交换 Keepalive 报文，以查看"发言者"是否仍处于激活状态。
- 保持有效报文（Notification）——Notification 报文有 3 个字段，即差错代码字段、差错子代码字段和差错数据字段。当一个 BGP 发言者检测到一个错误或异常时，该 BGP 发言者发送一个 Notification 报文，然后关闭此 TCP 连接。

## BGP-4 的 Open 报文格式

BGP "发言者" 在要建立连接以共享和传播可达性信息时，首先交换 Open 报文，BGP-4 的这种 Open 报文的格式如图 6.41 所示。

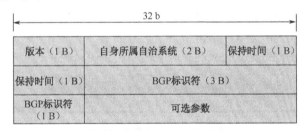

图 6.41 BGP-4 Open 报文格式

当 TCP 连接建立后，所连接的两端发送的第 1 条消息都是 Open 报文。如果另一端接受这一 Open 报文，则发回一条 KeepAlive 报文作为对 Open 报文的确认。在 Open 报文得到确认后，连接双方就可以交换 Update 报文、KeepAlive 报文以及 Notification 报文了。Open 报文各字段的含义如下：

- 版本——该字段占用 1 字节，用于表示报文协议的版本号。当前的 BGP 版本号为 4。
- 自身所属自治系统——该字段占用 2 字节，用于表示发送方的 AS 编号。
- 保持时间——该字段占用 2 字节，用于表示发送方为保持计时器设置的时间，以秒为单位。这里的保持计时器是发送方在接收连续的 KeepAlive 报文和/或更新报文之间所经历的最大时间（以秒为单位）。BGP "发言者" 接收到一条 Open 报文后，会比较该 Open 报文的保持时间和自身的保持时间，然后用其中较小的数值设置保持计时器。

- BGP 标识符——该字段是 4 个八位位组的无量纲整数，用于表示发送方的 BGP 标识符。该标识符与发送方的 IP 地址相同，其值在启动时确定。
- 可选参数——该字段可以包含一系列可选参数，其中每个参数的形式为<参数类型，参数长度，参数值>。用于验证 BGP 对等实体的验证码就是一种可选参数。

图 6.42 所示是两个 BGP 发言者之间交换的一系列 BGP 报文。中间的窗格描述了到前缀 1.0.0.0/8 的路径中一个 BGP 更新报文中的字段。该报文指示到此目的结点的下一跳路由器是 201.100.1.1，同时还可以看到 Origin、AS Path 和 Next Hop 等路径属性值。

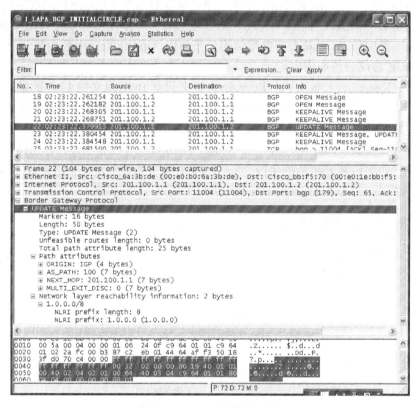

图 6.42　BGP 更新报文示例

总之，BGP 属域间路由协议，是高性能核心路由器上必须运行的一种路由协议，它主要应用于各主干网所在的自治域系统之间的互联。为了使各互联网间的信息能相互通达，需要配置 BGP 的发布和接受路由策略。BGP 的配置是目前高速互联网中最复杂的部分，直接关系到全世界互联网的稳定运行，是使互联网络具有可扩展性和可持续发展的基础。

## 典型问题解析

【例 6-11】下面关于边界网关协议（BGPv4）描述中，不正确的是（　　）。
　　a. BGPv4 网关向对等实体发布可以到达的 AS 列表
　　b. BGPv4 网关采用逐跳路由模式发布路由信息

c. BGPv4 可以通过路由汇聚功能形成超网（Supernet）

   d. BGPv4 报文直接封装在 IP 数据报中传送

【解析】BGP 是边界网关协议，目前版本为 BGPv4，是一种增强的距离矢量路由协议。该协议运行在不同 AS 的路由器之间，用于选择 AS 之间花费最小的协议。BGP 基于 TCP，端口 179,。使用面向连接的 TCP 可以进行身份认证，可靠地交换路由信息。BGPv4+支持 IPv6。参考答案是选项 d。

【例 6-12】（1）边界网关协议（BGP）的报文（    ）传送。（2）一个外部路由器通过发送（    ）报文与另一个文本路由器建立邻居关系，如果得到应答，才能周期性地交换路由信息。

   （1）a. 通过 TCP 连接        b. 封装在 UDP 数据包中
       c. 通过局域网            d. 封装在 ICMP 包中
   （2）a. Update           B. Keepalive        C. Open         D. 通告

【解析】BGP 报文通过 TCP 连接传送。BGP 常见 4 种报文：Open 报文，用于建立邻居关系；Update 报文用于发送新的路由信息；Keepalive 报文用于对 Open 报文的应答和周期性地确认邻居关系。通告报文用于报告监测到的错误。

建立邻居关系的过程是一个路由器发送 Open 报文，另一个路由器如果愿意接受请求则以 Keepalive 报文应答的过程。

参考答案：（1）选项 a；（2）选项 c。

【例 6-13】在 TCP/IP 协议族中，BGP 是一种（1），BGP 报文封装在（2）中传送。

   （1）a. 网络应用      b. 地址转换协议     c. 路由协议      d. 名字服务
   （2）a. 以太网        b. IP 数据报        c. UDP 报文      d. TCP 报文

【解析】BGP 一种路由协议，运行在不同的自治系统的路由器之间。BGP 报文通过 TCP 连接传送，这是因为边界网关之间不仅需要进行身份认证，还要可靠地交换信息，所以使用了面向连接的网络服务。

参考答案：（1）选项 c；（2）选项 d。

# 练习

1. 下列哪种路由器可以接收来自相邻路由器的数据包，同时可以将这些数据包至少转发给一个其他路由器？（    ）
    a. 终端系统      b. 自治系统       c. 边界系统      d. 中间系统

2. 管理员可以指定下列哪种路由器在自治系统之间转发数据包？（    ）
    a. 终端系统      b. 自治系统       c. 边界系统      d. 中间系统

3. BGP 虽然是一种外部网关协议（EGP），但它的操作与下列哪种路由选择协议类似？（    ）
    a. LSA          b. DVA           c. IGP           d. SPF

4. 最低成本路由可以使用下列哪几个成本要素来为数据包计算成本最小的路径？（    ）
    a. 带宽         b. 延迟          c. 路由器负载     d. 资金成本

5. 边界网关协议（BGP）的作用是下列哪一项（    ）。
    a. 用于自治系统之间的路由器之间交换路由信息

  b. 用于自治系统内部的路由器之间交换路由信息
  c. 用于主干网中路由器之间交换路由信息
  d. 用于园区网中路由器之间交换路由信息
6. 下列关于 BGP 协议的描述中，错误的是（  ）。
  a. 当路由信息发生变化时，BGP 发言者使用 Notification 报文通知相邻自治系统
  b. 一个 BGP 发言者与其他自治系统中 BGP 发言者交换路由信息时使用 TCP 连接
  c. Open 报文用来与相邻的另一个 BGP 发言者建立关系
  d. 两个 BGP 发言者需要周期性地交换 Keepalive 报文以确认双方的相邻关系
【提示】参考答案是选项 a。
7. 在 BGP4 协议中，_(1)_ 报文建立两个路由器之间的邻居关系，_(2)_ 报文给出了新的路由信息。
  （1）a. 打开   b. 更新   c. 保持活动   d. 通告
  （2）a. 打开   b. 更新   c. 保持活动   d. 通告
【提示】参考答案：(1) 选项 a；(2) 选项 b。
8. 两个自治系统（AS）之间的路由协议是（  ）。
  a. RIP   b. OSPF   c. BGP   d. IGRP
【提示】参考答案是选项 c。

### 补充练习

  CoS 路由、ToS/QoS 路由以及策略路由等高级路由技术都支持汇聚通信，如 IP 语音通信技术（VoIP）和统一报文传送等。试着查找这些高级路由功能并总结它们是如何支持汇聚技术的。下面是一些可以参考的 URL 地址：
1. https://www.cisco.com
2. http://www.protocols.com
3. http://www.telephonyworld.com

## 本 章 小 结

  本章介绍了在网络中使用 TCP/IP 的关键要素，讨论了 TCP/IP 在不同网段中传送信息的能力。因特网是大量由路由器连接在一起的各类网络的集合。这些路由器必须获知通往其他网络的路径，这样，主机才能够与位于其他网络中的主机进行通信。路由器维护包括对网络信息路由表的维护，这些信息包括网络号及其成本等。路由表可以为数据报指定特定的路由器接口，也称为下一跳路由器，之后数据报在这里又被路由到下一跳，依此类推，直至到达最终目的结点。路由器使用 3 种路由选择类型中的一种来建立路由表。这 3 种路由选择类型分别为：静态路由、默认路由和动态路由。

  组合在一起的一些网络称为自治系统。内部网关协议（IGP）用于在同一自治系统内的路由器之间共享路由信息，而外部网关协议（EGP）用于在自治系统之间传递路由信息。动态路由选择协议主要有两种，即距离向量算法（DVA）路由协议和链路状态算法（LSA）路由协议。路由信息协议（RIP）和内部网关路由协议（IGRP）都属于 DVA 协议，而开放最短路径优先

（OSPF）协议则属于 LSA 协议。DVA 协议用于建立平面型网络，而 LSA 协议则用于建立层次型网络。

RIP 是一种常用的 DVA 协议，它使用简单的跳数作为度量路径的标准，其允许的最大跳数为 15。RIP 不仅支持 TCP/IP 网络，而且还支持 IPX/SPX 网络。作为一种 DVA 协议，RIP 也容易引起路由循环。因此，RIP 中提供了多种机制来控制这种循环，从而使网络更加稳定。这些控制机制包括最大跳数、毒素反向更新、水平分割及抑制更新等机制。抑制与触发更新共同作用，可加速路由器的"收敛"。RIP 提供了多种可配置的计时器，以对网络进行调整，使其更适合应用程序的运行。RIP 的当前版本 RIPv2 在 RIP 基础上增加了 4 种要素：路由标记、子网掩码、下一跳和验证，同时还支持变长子网掩码。

开放最短路径优先（OSPF）是一种开放式 LSA 协议。作为 LSA 协议，OSPF 需要获知比 RIP 和 IGRP 更多的有关自治系统拓扑的信息。OSPF 解决了很多 RIP 在处理大型网络时所出现的问题。OSPF 支持多种可配置的度量标准，而 RIP 仅支持跳数。OSPF 的"收敛"速度很快，而且不会出现路由循环。OSPF 路由器仅在网络拓扑发生变化时传递路由更新信息，并且每个路由器都对路由交换信息进行验证，以防止路由表欺诈。OSPF 通过多播更新减少了网络流量，同时还能够在多个成本相等的链路上平均分配负载。另外，OSPF 还可以传递子网划分信息，并且支持 ToS 路由。OSPF 支持区域路由，从而可以控制路由更新信息的流量，维护区域拓扑信息，发展区域层次结构。OSPF 还可以确定相邻路由器并在它们之间建立邻接。

外部网关协议（EGP）用于在自治系统之间互相交流路由信息。目前较常用的一种 EGP 为 BGP-4。因特网服务提供商（ISP）等自治系统可以使用 BGP-4 来与其他自治系统交换路由信息。BGP-4 使用 TCP 在自治系统之间建立连接，而相互通信的自治系统发送 KeepAlive 消息来保持这种连接。不同的路由选择协议所支持的高级路由功能可能不同。最低成本路由基于路径成本来确定路由；负载分割用于在多个冗余网络路径之间平衡负载。

## 小测验

1. 路由器根据下列哪种信息来做出数据包转发决定的？（　　）
   a. 路由器的 MAC 地址表　　b. 路由器的路由表
   c. 路由器的主机表　　　　　d. 路由器的 NAT 表
2. 下列哪种网络通信类型不需要使用路由器？（　　）
   a. 间接路由　　b. 点到点路由　　c. 默认路由　　d. 直接路由
3. 下列哪 3 种路由类型属于间接路由类型？（　　）
   a. 静态路由类型　　　　　　b. 默认路由类型
   c. 存根（Stub）路由类型　　d. 动态路由类型
4. 为了自动建立路由表，路由器必须使用下列哪种间接路由类型？（　　）
   a. 静态路由类型　　　　　　b. 默认路由类型
   c. 存根（Stub）路由类型　　d. 动态路由类型
5. 路由信息协议（RIP）使用下列哪种度量标准来确定路径？（　　）
   a. 成本　　b. 带宽　　c. 滴答数（Tick Count）　　d. 跳数
6. 静态路由通过下列哪两种方式提供了优于其他路由选项的网络安全性？（　　）
   a. 静态路由中网络管理员需要"知道"每个路由的密码
   b. 静态路由可以将数据包流量限制到单一的指定路由

c. 静态路由不与其他路由器分享路由信息
d. 静态路由将路由表信息更新限制到单一的指定链路

7. 下列哪种路由器协议类型在同一自治系统内共享路由信息？（　　）
   a. IGP　　　　　b. EGP　　　　　c. BGP　　　　　d. AS-RIP

8. 下列哪3种协议属于内部网关协议（IGP）？（　　）
   a. IGRP　　　　b. RIP　　　　　c. OSPF　　　　d. IDRP

9. 下列哪一项内容正确地描述了距离向量算法（DVA）的操作？（　　）
   a. 在计算通往目的网络的最佳路径前，每个路由器都必须获知整个网络的拓扑结构
   b. 在 DVA 发送的路由消息中包含其链路的状态和度量标准
   c. DVA 通过将更新信息多播到特定的一些路由器，从而限制路由更新信息的流量
   d. 将路由表通告给直接连接的相邻路由器

10. 在 TCP/IP 协议族中，BGP 是一种 (1) ，BGP 报文封装在 (2) 中传送。
    （1）a. 网络应用协议　b. 地址转换协议　　c. 路由协议　　d. 名字服务协议
    （2）a. 以太网报文　　b. IP 数据报　　　c. UDP 报文　　d. TCP 报文

11. 默认状态下，RIP 路由器向相邻路由器发出应答消息的频率是多少？（　　）
    a. 每隔60 s 一次　　　　b. 仅在初始化时发送
    c. 每隔30 s 一次　　　　d. 仅当拓扑结构发生变化时发送

12. 下列哪种情况会导致路由器在对之前接收到的更新信息仍处于抑制状态时更新路由条目？（　　）
    a. 具有比之前接收到的更少跳数的触发更新
    b. 接收到与之前更新信息发自同一路由器的触发更新
    c. 接收到带有新的抑制计时器设置的触发更新
    d. 具有比之前接收到的更小循环计数的触发更新

13. RIPv2 验证如何保护路由表信息？（　　）
    a. 对路由表条目加密
    b. 在路由器之间发送加密的密码
    c. 用密码保护路由器之间的路由表更新
    d. 在更新消息中将路由表条目最大数限制为12

14. 下列哪两项属于 IGRP 的默认度量标准？（　　）
    a. 跳数　　　b. 可靠性　　　c. 带宽　　　d. 延迟

15. 对于默认 Cisco 路由器的默认管理位距（AD），下列哪项路由最可信？（　　）
    a. RIP　　　b. 静态路由　　c. EIGRP　　d. OSPF

16. 在 LSA 的 SPF 树中，路由器使用下列哪3项度量标准来描述到达每个目的网络的成本？（　　）
    a. 线路速度　b. 线路距离　　c. 线路延迟　　d. 跳数

17. 下列哪项内容最恰当地描述了 OSPF 的区域边界路由器（ABR）（　　）？
    a. 它仅为单一区域的拓扑维护链路状态数据库。
    b. 它为所连接的每个区域维护一个链路状态数据库。
    c. 它仅对其指定的区域泛洪（flood）汇总链路通告（SLA），而丢弃所有其他的 SLA。
    d. 它与位于其他自治系统的路由器相连接。

18. OSPF 的自治系统边界路由器（ASBR）运行下列哪两种路由选择协议？（　　）
    a. 在自身自治系统的接口上运行 OSPF 协议
    b. 在其他自治系统的接口上运行 OSPF 协议
    c. 在其他自治系统的接口上运行 EGP 协议
    d. 在自身自治系统的接口上运行 EGP 协议
19. 为了减少邻接网络之间的路由信息流量，OSPF 网络选择了下列哪两种设备？（　　）
    a. 指定路由器（DR）　　　　　b. 区域边界路由器（ABR）
    c. 自治系统边界路由器（ASBR）　d. 备份指定路由器（BDR）
20. BGP 路由器发送下列哪种消息类型来测试连接的状态？（　　）
    a. KeepAlive　　b. Notification　　c. Hello　　d. Update
21. 在下面有关 BGP4 的描述中，不正确的是哪一项？（　　）
    a. BGP4 是自治系统之间的路由协议
    b. BGP4 不支持 CIDR 技术
    c. GBP4 把最佳通路加入路由表并通告邻居路由器
    d. BGP4 封装在 TCP 段中传送
22. RIP 是属于哪种类型的路由协议？（　　）
    a. 链路状态　　b. 距离向量　　c. 源路由　　d. 生成树
23. OSPF 是属于哪种类型的路由协议？（　　）
    a. 链路状态　　b. 距离向量　　c. 源路由　　d. 生成树
24. 如图 6.43 所示，其中 V0 至 V2 的最短路径长度为（　　）。

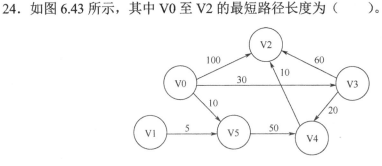

图 6.43　V0 至 V2 的最短路径长度

    a. 90　　　　b. 60　　　　c. 70　　　　d. 100

【提示】这是一个最短路径的计算题，如果熟悉 Dijkstra 算法，应该可以看出来 V0→V3→V4→V2 的距离为 30+20+10＝60。参考答案是选项 b。

25. 网络结构和 IP 地址分配如图 6.44 所示，并且配置了 RIPv2。如果在路由器 R1 上运行命令 R1 # show ip route，在下面 4 条显示信息中正确的是（　　）。
    a. R 192.168.1.0 [120/1] via 192.168.66.1，00：00：15，Ethernet0
    b. R 192.168.5.0 [120/1] via 192.168.66.2，00：00：18，Serial0
    c. R 192.168.5.0 [120/1] via 192.168.66.1，00：00：24，Serial1
    d. R 192.168.65.0 [120/1] via 192.168.67.1，00：00：15，Ethernet0

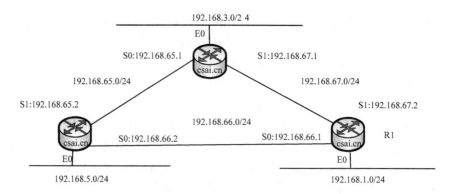

图 6.44 IP 地址分配

【提示】本题考查对路由表的了解情况。很简单，只要知道目的地址和下一跳的接口即可判断。在 R1 上到达 192.168.5.0 的下一跳一定是经过路由最少的一跳，那么一定是 192.168.66.2，通过本路由的 S0 接口。参考答案是选项 b。

# 第七章 典型应用程序原理

Web 是当今网络中最流行的应用服务之一。它采用浏览器-服务器模式,以超文本标记语言(HTML)与超文本传送协议(HTTP)为基础,向用户提供界面一致的信息浏览系统。Web 是被大多数人认为等同于因特网(Internet)的应用程序。文件传送协议(FTP)用来把文件从一个主机"复制"到另一个主机;电子邮件是因特网应用最为广泛的一种服务。HTTP、FTP 和简单邮件传送协议(SMTP)等应用程序采用 TCP 和 IP 作为发送信息的传送协议和网络协议。本章将讨论这些最常见的应用层协议的工作原理,并介绍在客户机和服务器之间如何利用这些协议进行信息传送。

本章主要讨论 HTTP、HTML 以及在 Web 客户机和 Web 服务器之间传送信息的交互机制,然后介绍 FTP 和 SMTP 应用程序的工作原理。

## 第一节 Web 工作原理

Web 是一个体系结构框架,它把分布在整个因特网上的数千万台机器上的内容连接起来供人们访问。Web 的核心技术是超文本传送协议(HTTP)、超文本标记语言(HTML)、超链接和统一资源定位符(URL)。用 HTML 创建的网页存储在 Web 服务器中;用户通过 Web 浏览器进程用 HTTP 请求报文向 Web 服务器发出请求;Web 服务器根据 Web 浏览器请求的内容,将保存在 Web 服务器中的页面以应答报文的方式发送给客户;浏览器在收到该页面后,对其进行解释,最终将图、文、声并茂的画面呈现给用户。用户也可以通过页面中的超链接功能,方便地访问位于其他 Web 服务器中的页面,或是其他类型的网络资源。当然,在用户输入一个 Web 服务器域名之后,浏览器首先要通过域名访问系统解析出 Web 服务器的 IP 地址。

本节在讨论 Web 工作模式的基础上,将比较详细、循序渐进地介绍 Web 浏览器与 Web 服务器之间的信息流。

**学习目标**

- ▶ 掌握 Web 的工作原理;
- ▶ 掌握 HTTP 和 HTML 的基本概念;
- ▶ 熟悉 Web 客户机-服务器模式通信软件各层的功能及工作机制。

**关键知识点**

- ▶ Web 的核心技术包括 HTTP、HTML、超链接和 URL。

## Web 的工作模式

Web 是一种典型的浏览器/服务器(B/S)模式。Web 浏览器向服务器发出请求,服务器向 Web 浏览器送回所要的 Web 文档。在一个运行 Web 浏览器的主机窗口上显示出来的 Web 文档称为页面（Page）。浏览器要取得用户要求的页面必须先与页面所在的服务器建立 TCP 连接。Web 服务器的专用端口（80）时刻侦听连接请求，建立连接后用 HTTP 与客户机进行交互。

在万维网中，通过 HTTP 可实现客户端（浏览器）与 Web 服务器之间的信息交换，Web 的基本工作原理如图 7.1 所示。

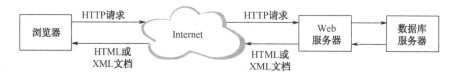

图 7.1  Web 的基本工作原理

在浏览器地址栏中，用户键入要访问的网页地址 URL，向访问 Web 服务器提出 HTTP 请求；Web 服务器根据 URL 中指定的网址、路径和网页文件，调出相应的 HTML、XML 文档，或 JSP、ASP 文件；根据文档的类型，Web 服务器决定是执行文档中的脚本程序，还是直接将网页文件传送到客户端。其中，HTTP 是为分布式超媒体信息系统而设计的一种网络协议，主要用于名字服务器和分布式对象管理，它能够传送任意类型的数据对象，以满足 Web 服务器与客户机之间多媒体通信的需要。

现在一般的 Web 应用都是与数据库直接结合在一起的，服务器端的脚本程序主要负责与数据库服务器建立连接并完成必要的数据查询、插入、删除、更新等数据库操作，然后利用获得的数据产生一个新的包含动态数据的 HTML 或 XML 文档，并将其发送给客户端 Web 浏览器。最后由 Web 浏览器解释该文档，在浏览器窗口中显示给用户。

### Web 页面

在 Web 上可获得的超媒体文档称为网页（Web Page），也称为文档；而称一个机构或者个人的 Web 页为主页（Home Page）。在服务器上，主要以 Web 页面的形式向用户发布多媒体信息。Web 页是由对象（Object）组成的。简单地说，对象就是文件，如 HTML 文件、JPEG 图形文件、GIF 图形文件、Java 小应用程序、声音剪辑文件等。这些文件可通过 URL 进行寻址。多数 Web 页含有一个基本的 HTML 文件和多个引用对象。例如，如果一个 Web 页包含 1 个 HTML 文本和 5 个 JPEG 图形文件，那么这个 Web 页有 6 个对象：1 个基本的 HTML 文件和 5 个图形。在基本的 HTML 文件中通过对象的 URL 引用对象。

Web 页是一种采用 HTML 描述的超文本文件，其文件后缀为 html 或 htm。HTML 是一种标准的 Web 页制作基础语言，就像编辑程序一样，HTML 可以编辑出图文并茂、色彩丰富的 Web 页。但严格地说，HTML 并不是一种编程语言，只是一些能让浏览器看懂的标记。当浏览器从服务器读取某个页面的 HTML 文档后，就按照 HTML 文档中的各种标签，根据浏览器所使用显示器的尺寸和分辨率大小，重新进行排版并恢复出所读取的页面。现在有许多可视化的 Web 页制作工具，用于开发和制作 Web 页。

另外，有一种特殊的 Web 页面称为主页。通常，主页是指包含个人或机构基本信息的页面，用于对个人或机构进行综合性介绍，是访问个人或机构详细信息的入口。

### 超文本与超链接

为了理解 Web 的工作原理，首先需要了解超文本与超链接的概念。

超文本是指与其他数据有关联（Links）的数据。假设用户正在读"树"这个条目，在文章的最末有一句话"相关信息参见'植物'"。从"树"到"植物"这个条目，就是一个关联。当然，这只是一个简单示例，Web 基于一个个复杂得多的超文本文件，在文件的任何地方都可能有关联，而不只是在文件的末尾。

超链接的出现改变了人们按顺序阅读的习惯。单击组成超链接的文本、图片之后，链接目标就会出现在浏览器窗口中；而当单击返回主页的超链接时，则可从当前网页直接返回站点主页。使用超链接的 Web 又称为超媒体。

超链接不仅可以指向其他网页，还可以指向网页的文本、按钮和图片，从而建立内部链接。内部链接指向的目标又称为书签。单击内部链接时，设置为书签的内容将出现在浏览器窗口中。如果将书签也设置为内部链接，那么用户还可以直接从书签处跳转到网页内的任意位置。超链接的出现，极大地方便了用户对网页内容的访问。

超链接指向的资源可以是另一个 Web 页面、另一个文件或另一个 Web 站点。另一个站点的页面又可以指向其他站点，使互联网上的 Web 服务器连成一体。这就是所谓的超文本和超链接技术。用户只要用鼠标在 Web 页面上单击，就可以获得互联网上的多媒体信息服务。

**统一资源定位符**

在 Web 系统中，使用统一资源定位符（URL）来唯一地标识和定位 Internet 中的信息资源。RFC 1738 和 RFC 1808 对 URL 的定义是：URL 是对可以从 Internet 上得到资源的位置和访问方法的一种简洁表示。URL 给资源的位置提供一种抽象的识别方法，并用这种方法给资源定位。只要能够对资源定位，系统就可以对资源进行各种操作，如存取、更新、替换和查找等。其中，资源是指 Internet 上可以被访问的任何对象，包括文件目录、文档、图像、声音等，以及与 Internet 相连的任何形式的数据。资源还包括电子邮件地址和新闻组（Usenet），或新闻组中的报文。

1. URL 的组成

URL 相当于一个文件名在网络范围内的扩展，因此 URL 是与 Internet 相连接的机器上的任何可访问对象的一个指针。在 Internet 上寻找资源、获取文件，首先要知道访问的资源域名或 IP 地址。由于对不同对象的访问方式不同，如通过 Web、FTP 等，所以，URL 不仅要给出访问的资源类型和地址，还需指出读取某个对象时所使用的访问方式。因此，一个典型的 URL 由 3 个部分组成：

- ▶ 访问方式，即客户机与服务器之间所使用的通信协议；
- ▶ 存放信息资源的服务器域名；
- ▶ 存放信息资源的路径和文件名。

2. URL 的格式

URL 的一般格式为：

&lt;URL 访问方式&gt;://&lt;服务器域名&gt;[:&lt;端口&gt;]/&lt;路径&gt;/&lt;文档名&gt;

（1）URL 访问方式。URL 的第一项定义了"访问方式"所使用的关键字，说明如何访问文档，即采用什么协议或方式访问文档。例如：

- ▶ http——用 http 协议检索 Web 服务器上的文档；
- ▶ ftp——用 ftp 协议检索匿名 FTP 服务器上的文档；

- mailto——检索某人的电子邮件地址；
- news——读最新 Usenet 新闻；
- telnet——远程登录到某服务器。

（2）服务器域名[：端口]。URL 中第一个冒号后面的部分是希望到达的 Internet 主机域名。冒号后的两条斜杠"//"指示一个主机域名和一个端口，这个主机是文档所在的服务器。若不指定端口，则用与访问方式关联的默认端口，如 HTTP 的默认 TCP 端口是 80。

（3）路径和文档名。URL 最后的斜杠"/"指示所要访问的路径和文档名，路径可以是层次型的，用"/"代表层次型结构，指明信息保存在主机的什么地方，即哪个子目录中。路径和文档名是可选项。

例如：http://www.w3.org/somedir/welcome.html 是一个 URL。其中：http:// 是协议名称，表示使用超文本传送协议，通知 Web 服务器显示 Web 页，客户机可不输入；www 代表一个 Web 服务器；w3.org/表示 Web 服务器的域名，或站点服务器的名称；somedir/ 表示 Web 服务器上的子目录，类似机器中的文件夹；welcome.html 表示 Web 服务器上 somedir 子目录中的一个网页文件，即 Web 服务器传送给客户机浏览器的文件。

一旦知道了某个特定的 URL，就可以用 Web 浏览器来访问它，这种情况属于直接使用 URL。而当用户在 Web 文档中单击超链接时，也是在使用 URL，这种情况属于间接使用 URL。在 URL 中常常只需指定 Web 服务器域名，而忽略路径和文档名，例如 http://www.njit.edu.cn/。

以上介绍的是绝对 URL，还有所谓相对 URL，用于指向在同一服务器甚至同一目录下的信息资源。相对 URL 指示目标 URL 相对于当前 URL 的位置，其前提是目标 URL 与当前 URL 使用同样的访问方式和服务器域名。

## 超文本传送协议

超文本传送协议（HTTP）是一种用于从 Web 服务器端传送超文本标记语言（HTML）文件到用户端浏览器的传送协议，由 RFC 1945 和 RFC 2616 定义。它是 Internet 上最常用的协议之一。通常访问的 Web 页，就是通过 HTTP 进行传送的。1997 年之前，基本上是采用 RFC 1945 定义的 HTTP/1.0 协议实现浏览器和服务器。从 1998 年开始，一些 Web 服务器和浏览器开始实现在[RFC 2616]中定义的 HTTP/1.1。HTTP/1.1 向后兼容 HTTP/1.0，运行 1.1 版本的服务器可以与运行 1.0 版本的浏览器进行会话，运行 1.1 版本的浏览器也能与运行 1.0 版本的服务器进行会话。由于 HTTP/1.1 目前占主导地位，因此当讲到 HTTP 时其实是指 HTTP/1.1。

从网络协议的角度看，HTTP 处于 TCP/IP 协议栈的应用层，是对 TCP/IP 协议栈的扩展。HTTP 由客户机程序和服务器程序两部分实现，它们运行在不同的端系统中，通过交换 HTTP 报文进行会话。HTTP 定义了这些报文的格式以及客户机和服务器应如何进行报文交换。HTTP 基于客户机-服务器模式且是面向连接的。

### HTTP 的事务处理规则

HTTP 定义了 Web 客户机（如浏览器）向 Web 站点请求 Web 页以及服务器将 Web 页传送给客户机的规则。当用户请求一个 Web 页（如点击一个超链接）时，浏览器向 Web 服务器发出对该 Web 页中所包含对象的 HTTP 请求报文，Web 服务器接受请求并用包含这些对象的 HTTP 响应报文进行响应。客户机和 Web 服务器之间的交互过程，如图 7.2 所示。

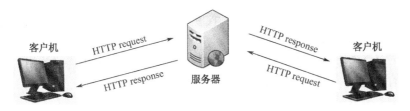

图 7.2　HTTP 的请求与响应

　　HTTP 使用 TCP（而不是 UDP）作为底层传输协议。当用户在一个 HTML 文档中定义了一个超文本链接后，客户机将通过 TCP 与指定的服务器建立连接。一旦连接建立，客户机和服务器进程就可以通过套接字访问 TCP。从技术上讲，客户机只要在一个特定的 TCP 端口（端口号为 80）上打开一个套接字即可。如果该服务器一直在这个熟知端口上侦听连接请求，则该连接便会建立起来。然后，客户机通过该连接发送一个包含请求方法的请求报文。

　　典型的 HTTP 事务处理过程由连接（Connection）、请求（Request）、响应（Response）和断开（Disconnection）4 个阶段组成。

　　（1）连接阶段：HTTP 以 TCP 作为传输协议，HTTP 的客户机在地址栏中给定一个地址和端口号（默认端口是 80），与目标资源的服务器进行 TCP 连接。

　　（2）请求阶段：服务器侦听并接受连接，客户机向服务器提出请求消息。消息中含有资源在服务器上的位置。

　　（3）响应阶段：服务器响应客户机的请求，并根据请求返回相应的状态码，表示请求是否完成，并在消息标题中进一步描述响应和请求的对象（一般为 HTML 文件）。

　　（4）断开阶段：一旦响应消息发出，服务器将关闭 TCP 会话，释放连接，完成事务处理全过程。

### 非持久连接和持久连接

　　HTTP 支持非持久连接和持久连接两种连接方式。在默认方式下，HTTP/1.1 使用持久连接方式，但 HTTP 客户机和服务器也能配置成非持久连接方式。

　　1. 非持久连接

　　客户机与服务器之间的 HTTP 连接一般属于一次性连接，即限制每次连接只处理一个请求，当服务器返回本次请求的响应后便立即释放连接，下次请求时再重新建立连接。这种一次性连接主要是考虑 Web 服务器面向 Internet 中成千上万个用户，却只能提供有限个连接，故服务器不会让一个连接处于等待状态，及时地释放连接可以提高服务器的执行效率。例如，某 Web 页含有 1 个基本的 HTML 文件和 10 个 JPEG 图形，并且这 11 个对象位于同一个服务器上。该文件的 URL 为：http://www.njit.edu.cn/cecDepartment/home.index。在非持久连接情况下，从服务器向客户机传送一个 Web 页的步骤如下：

　　（1）HTTP 客户机启动 TCP 连接到 www.njit.edu.cn 上的 HTTP 服务器（进程）；www.njit.edu.cn 的 HTTP 服务器在端口 80 等待 TCP 的连接请求；接受连接并通知客户机。

　　（2）HTTP 客户机发送 HTTP 请求报文（包括 URL）进入 TCP 连接插口（Socket）。请求报文中包含了路径名/cecDepartment/home.index。

　　（3）HTTP 服务器接收到请求报文，形成响应报文（包含了所请求的对象，HTTP 服务器/cecDepartment/home.index），将报文送入插口。

(4) HTTP 服务器进程通知 TCP 关闭该 TCP 连接（但是直到 TCP 进程确认客户机已经收到响应报文为止，它才会真正中断连接）。

(5) HTTP 客户机接收到了包含 HTML 文件的响应报文；TCP 连接关闭。报文指出封装的对象是一个 HTML 文件，客户机从响应报文中提取出该文件，检查该文件，得到对 10 个 JPEG 图形的引用。

(6) 对 10 个引用的 JPEG 图形对象重复步骤（1）至步骤（5）。

当浏览器收到 Web 页后，把它显示给用户。不同的浏览器也许会以某种不同的方式解释（即向用户显示）该页面。HTTP 不负责客户机如何解释一个 Web 页。

上述步骤说明，每个 TCP 连接在服务器返回对象后就关闭，即该连接并不会为其他的对象而持续下来。每个 TCP 连接只传输一个请求报文和一个响应报文。显然，在本例中客户机请求该 Web 页需要建立 11 个 TCP 连接。

需要注意的是，在上面描述的步骤中，没有涉及客户机获得这 10 个 JPEG 图形对象时，是使用 10 个串行的 TCP 连接还是使用并行的 TCP 连接问题。事实上，用户可以设置浏览器的相关属性以控制并行度。在默认方式下，大部分浏览器可以打开 5~10 个并行的 TCP 连接，而每个连接处理一个请求/响应事务。如果用户愿意，也可以把最大并行连接数设置为1，这时 10 个连接就会以串行方式建立。使用并行连接可以缩短响应时间。

2. 持久连接

非持久连接的优点是能提高服务器的执行效率，但存在两个缺点。一是必须为每一个请求对象建立和维护一个全新的连接。每一个这样的连接，客户机和服务器都要为其分配 TCP 的缓冲区和变量，这给服务器带来了沉重的负担，因为一个 Web 服务器可能同时服务于数以千计的不同的客户机请求。二是每一个对象的传输要经过两个往返时间（RTT）的延迟，即一个 RTT 用于 TCP 建立，另一个用于请求和接收一个对象。

所谓持久连接，就是服务器在发送响应后保持该 TCP 连接，在相同的客户机与服务器之间的后续请求和响应报文可通过相同的 TCP 连接进行传送。特别是对于一个完整的 Web 页（如上例中的 HTML 文件加上 10 个图形）可以用单个持久 TCP 连接进行传送。更有甚者，位于同一个服务器的多个 Web 页在从该服务器发送给同一个客户机时，也可以在单个持久 TCP 连接上进行。一般来说，如果一个连接经过一定时间间隔（一个可配置的超时间隔）仍未被使用，HTTP 服务器就将关闭该连接。

持久连接有非流水线方式（Without Pipelining）和流水线方式（With Pipelining）两种。在非流水线方式下，客户机只能在前一个响应接收到之后才能发出新的请求。在这种情况下，客户机每一个引用对象的请求和接收（如上例中的 10 个图形）都要用去一个 RTT。尽管这与非持久连接时每个对象要花费两个 RTT 有所改进，但在流水线方式下，可以进一步缩减 RTT。非流水线方式的另一个缺陷是，在服务器发送完一个对象后，连接处于空闲状态，等待下一个请求的到来。这种空闲浪费了服务器资源。

HTTP 的默认模式使用流水线方式的持久连接，HTTP 客户机一遇到引用就会立即产生一个请求。这样，HTTP 客户机就为引用对象产生一个接一个的连续请求。也就是说，在前一个请求的响应未接收到之前就产生了新的请求。当服务器接收一个接一个的请求时，它也以一个接一个的方式发送这些对象。采用流水线形式，所有的引用对象可能只花费一个 RTT（不同于非流水线形式下，每一个引用对象都要用去一个 RTT）。此外，流水线方式的 TCP 连接处于空闲状态的时间段也较小。

同时还应注意到，Web 使用客户机-服务器模式，即 Web 服务器总是打开的，具有一个固定的 IP 地址，它服务于数以百万计的不同浏览器。

## HTTP 报文格式

HTTP 定义了多种请求方法，每种请求方法规定了客户机和服务器之间的不同信息交换方式。服务器将根据客户机请求完成相应操作，并以响应报文形式返回给客户机，最后释放连接。在 HTTP 进程中，通过下列两种报文结构来实现客户机与服务器之间的数据交换。

1. HTTP 请求报文

一个典型的 HTTP 请求报文示例如下：

```
GET/admins/upload/attachment/logo/Mon_1106/s_753.jpg HTTP/1.1\r\n ↙
Host: xinghuo.njit.edu.cn\r\n ↙
Connection: Keep-Alive\r\n ↙
User-Agent: Mozilla/4.0 (compatible;…; MALC)\r\n ↙
Accept-Language: zh-CN\r\n fr ↙
```

观察这个简单的请求报文，可以发现：首先，该报文是用普通的 ASCII 文本书写的；其次，该报文含有 5 行，每行用一个回车换行符结束，最后一行后跟有附加的回车换行符。该报文只有 5 行，而实际的请求报文可以有更多行或者仅有 1 行。HTTP 的请求报文的第一行称为请求行（Request Line）或描述行，后继的行称为报头行（Header Line）。

（1）请求行。请求行中包含方法字段、请求资源的 URL 字段和 HTTP 版本字段。请求报文中的各个字段可根据不同的请求方法任选。

① 方法字段：定义在该资源上应执行的操作。HTTP 通过不同的请求方法可实现不同的功能，表 7.1 示出了常见的 HTTP 请求方法。每个 HTTP 请求都包含两个部分。第一部分是 HTTP 请求行，绝大部分 HTTP 请求报文使用 GET 和 POST 方法。GET 方法通常只是用于请求指定服务器上的资源。这种资源可以是静态的 HTML 页面或其他文件，也可以是由公共网关接口（Common Gateway Interface，CGI）程序生成的结果数据。POST 方法一般用于传递用户输入的数据。第二部分为 HTTP 请求中的可选消息头，这些消息头会由于使用的 HTTP 客户机浏览器或客户机浏览器配置选项的不同而有所不同。

表 7.1 常见的 HTTP 请求方法

| 请求方法 | 功能描述 |
| --- | --- |
| GET | 向 Web 服务器请求一个文件 |
| POST | 向 Web 服务器发送数据，让 Web 服务器进行处理 |
| PUT | 向 Web 服务器发送数据并存储在 Web 服务器内部 |
| HEAD | 检查一个对象是否存在 |
| DELETE | 从 Web 服务器上删除一个文件 |
| CONNECT | 对通道提供支持 |
| TRACE | 跟踪到服务器的路径 |
| OPTIONS | 查询 Web 服务器的性能 |

② 请求资源的 URL 字段：在 URL 字段中填写该对象的 URL 地址。在本示例中，该字段为浏览器请求对象/admins/upload/attachment/logo/Mon_1106/s_753.jpg。

③ 版本字段：HTTP 版本字段是自说明的，在本例中，浏览器实现的是 HTTP1.1 版本。

（2）报头行。报头行用来说明浏览器、服务器和报文主体的一些信息，报头行的行数不固定。本例的报头行"Host: xinghuo.njit.edu.cn\r\n"定义了目标所在的主机。有人也许认为该报头行是多余的，因为在该主机中已经有一条 TCP 链接存在了。但是，该报头行提供的信息是 Web 缓存所要求的。通过包含"Connection: Keep-Alive\r\n"报头行，浏览器告诉服务器希望使用持久连接；若是"Connection:close"报头行，浏览器告诉服务器不希望使用持久连接，它要求服务器在发送完被请求的对象后就关闭连接。报头行"User-agent:"用来定义用户代理，即向服务器发送请求的浏览器类型。这里的浏览器类型是 Mozilla/4.0，即 Netscape 浏览器。这个报头行是有用的,因为服务器可以正确地为不同类型的用户代理发送相同对象的不同版本（每个版本都由相同的 URL 处理）。报头行"Accept-language："表示：如果服务器中有这样的对象，则用户想得到该对象的语法版本；否则，使用服务器的默认版本。报头行"Accept-language:"仅是 HTTP 中的众多可选内容协商报头之一。

（3）实体主体（Entity Body）。请求报文一般不包含实体主体。

基于以上对 HTTP 请求报文示例的讨论，下面具体介绍 HTTP 客户请求报文的通用格式，如图 7.3 所示。其中阴影部分表示空格，CR LF 为回车换行。RFC 2068 中规定的最小 HTTP 1.1 请求报文必须由请求行和 HOST 标题报头字段组成。

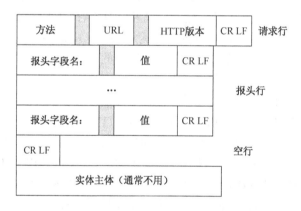

图 7.3　HTTP 请求报文的通用格式

从图 7.3 不难看到，该通用格式在最后有一个实体主体。实体主体是客户机进行 POST 请求时的表单（FORM）内容，提供给服务器的 CGI 程序做进一步处理。使用 GET 方法时实体主体为空，当使用 POST 方法时才使用实体主体。HTTP 客户机常常在用户提交表单时使用 POST 方法，例如用户向搜索引擎提供搜索关键词。在使用 POST 方法的报文中，用户仍可以向服务器请求一个 Web 页，但 Web 页的特定内容依赖于用户在表单字段中输入的内容。当方法字段的值为 POST 时，实体主体中包含的就是用户在表单字段中的输入值。另外，HTML 表单也经常使用 GET 方法，将数据（在表单字段中）传送到正确的 URL。

2. HTTP 响应报文

HTTP 响应报文是服务器对于客户机请求的返回结果。例如，一个典型请求报文的 HTTP 响应报文如下：

```
HTTP/1.1 200 OK\r\n ✓
Server: nginx\r\n ✓
Date: Wed, 06 Jul 2011 20:51:12 GMT\r\n ✓
Last-Modified: Wed, 06 Jul 2011 07:49:02 GMT\r\n ✓
Content-Type: text/html; charset=gb2312\r\n ✓
Content-Length: 250\r\n ✓
Connection: keep-alive\r\n ✓
(data data data data data…) ✓
```

可以看出，HTTP 响应报文分成三部分：1 个状态行（Status Line）；6 个报头行（Header Line）；实体主体。实体主体部分是报文的主体，它包含了所请求的对象本身（表示为 data data data data data…），可以是任何格式的超媒体文件。

状态行位于响应报文的第一行，由协议版本号、状态码和解释状态码的短语 3 个字段组成，中间使用空格相隔。在该示例中，状态行表示服务器使用的协议是 HTTP/1.1，并且一切正常，即服务器已经找到并正在发送所请求的对象。

在报头行中，"Server:" 报头行表明该报文是由一个 nginx Web 服务器产生的，它类似于 HTTP 请求报文中的 "User-agent:" 报头行。"Date:" 报头行表示服务器产生并发送响应报文的日期和时间。注意，这个时间不是指对象创建或者最后修改的时间，而是服务器从它的文件系统中检索到该对象、插入到响应报文并发送该响应报文的时间。"Last-Modified:" 报头行表明对象创建或者最后修改的日期和时间，这个报头行对既可能在客户机又可能在网络缓存服务器上缓存的对象来说是非常重要的。"Content-Type:" 报头行表明实体中的对象是 HTML 文本，也就是说，应使用 "Content-Type:" 报头行而不是用文件扩展名来指明对象类型。"Content-Length:" 报头行表明了被发送对象的字节数。服务器用 "Connection: keep-alive（或 close）" 报头行告诉客户机在报文发送完后保持或关闭该 TCP 连接。

通过该示例，可以给出 HTTP 响应报文的通用格式，如图 7.4 所示。该通用格式中状态行、报头行等与前面响应报文例子中的含义相同，状态码和解释状态的短语表明了请求的结果。

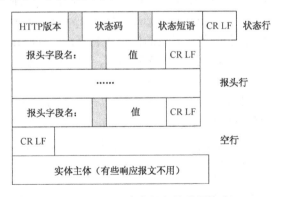

图 7.4　HTTP 响应报文的通用格式

一些常见的状态码和短语有：
- 200 OK：请求成功，被请求的对象在返回的响应报文中；
- 301 Moved Permanently：被请求的对象被移动过，新的位置在报文中有说明（Location:）；

- 400 Bad Request：一个通用差错代码，表示该请求不能被服务器解读；
- 404 Not Found：被请求的对象不在该服务器上；
- 505 HTTP Version Not Supported：服务器不支持请求报文使用的 HTTP 版本。

总之，HTTP 是为分布式超文本信息系统设计的一个协议。对于非持久性连接，HTTP 的特点是建立一次连接，只处理一个请求，发回一个应答，然后就释放连接，所以被认为是无状态的协议，即不能记录以前的操作状态，因而也不能根据以前操作的结果连续操作。这样大大减轻了服务器的存储负担，从而保持了较快的响应速度。HTTP 是一种面向对象的协议，允许传送任意类型的数据对象。它通过数据类型和长度来标志所传送数据的内容和大小，并允许对数据进行压缩传送。在 HTTP 中定义了很多可以被浏览器、Web 服务器和 Web 缓存服务器插入的报头行，在此只讨论了 HTTP 请求报文和响应报文的一小部分报头行。

HTTP 简单、有效且功能强大。HTTP 响应报文中携带的数据不仅仅是 Web 页面中包含的对象，即 HTML 文件、GIF 文件、JPEG 文件、Java 小应用程序等多媒体信息；它也常用于包含其他类型的文件。例如，HTTP 常用于从一台机器到另一台机器传送可扩展标记语言（Extensive Markup Language，XML）电子商务文件、VoiceXML、WML（WAP 标记语言）以及其他的 XML 文档。另外，在 P2P 文件共享应用中，HTTP 也常常被当作文件传送协议使用，有时也用于流式存储的音频和视频文件。

## 超文本标记语言

超文本标记语言（HTML）是用于创建网页文档的语言。标记语言这个名词是从图书出版领域借鉴而来的。在图书出版过程中，编辑在阅读、编辑稿件和排版过程中要做许多记号，这些记号可以告诉具体的排版人员如何处理书稿中的文字和图表，使其符合印刷要求。创建网页的语言也采用了这种思想。例如：

      A set of layers and protocol is called a \<B>network architecture\</B>

表示在浏览器中要使"A set of layers and protocol is called a network architecture"中的 network architecture 用黑体字显示，其中\<B>表示黑体字开始，\</B>表示黑体字结束。

HTML 是标准通用标记语言（Standard General Markup Language，SGML）的一种。SGML 是定义结构化文本类型和标记这些文本类型的标记语言系统。HTML 的标记符定义了文档结构、字体字形、版面布局、超链接等超文本文档结构，使 Web 浏览器能够阅读和重新格式化任何 Web 页面。

HTML 的第一个版本诞生于 1999 年。自从那以后，Web 世界已经经历了巨变。HTML 的最新版本是 HTML 5.0。HTML5 的设计目的是为了在移动设备上支持多媒体，新增加了支持 Web 应用开发者的许多新特性和更符合开发者使用习惯的新元素，包括控制 APIs、多媒体、结构和语义等。目前，主流的浏览器软件都支持 HTML5。

## 浏览器访问 Web 服务器的交互过程

Web 以浏览器-服务器模式工作。浏览器访问 Web 服务器的信息交互要经过以下几个过程：
- Web 服务器等待客户机请求；
- 解析服务器 IP 地址；

- 客户机 TCP 进程向服务器 TCP 进程发送连接请求;
- 服务器 TCP 进程响应客户机 TCP 进程;
- 客户机确认服务器 TCP 连接响应;
- 客户机向 Web 服务器发出 HTTP 请求;
- 服务器处理 Web 页请求,在一个客户机主窗口上显示出称为页面(Page)的 Web 文档。

### Web 服务器等待客户机请求

当 Web 服务器不处理来自客户机的请求时,它处于"等待状态",等待客户机的请求,如图 7.5 所示。该请求可能来自网络中知道这一 Web 服务器地址的任何一台客户机。

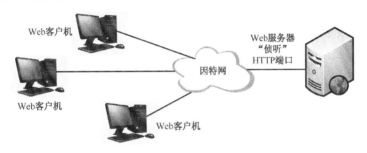

图 7.5　Web 服务器等待客户机请求

### 解析服务器 IP 地址

大多数客户机在发送请求前要先对 Web 服务器的 IP 地址进行解析。地址解析可以在 IP 层(域名系统)进行,也可以在链路层(地址解析协议)进行。同时,是否进行这种地址解析取决于所存储的客户机信息。如果客户机最近向同一个服务器发送过请求,则不需要再次对此服务器的地址进行解析。图 7.6 示出了采用域名系统(DNS)请求的信息流、协议栈及设备。

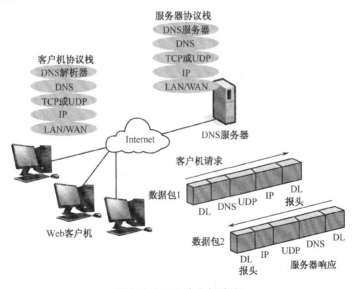

图 7.6　DNS 请求与响应

图 7.7 所示的跟踪数据包详细显示了客户机到服务器和服务器到客户机传送的信息。这是利用 Wireshark 从 100 Mb/s 的以太网中捕获的。

```
⊞ Frame 91: 70 bytes on wire (560 bits), 70 bytes captured (560 bits)
⊞ Ethernet II, Src: HonHaiPr_95:f4:03 (00:1c:25:95:f4:03), Dst: Cisco_3d:19:ff (00:1f:6c:3d:19:ff)
⊟ Internet Protocol Version 4, Src: 202.119.167.106 (202.119.167.106), Dst: 202.119.160.12 (202.119.160.12)
    Version: 4
    Header length: 20 bytes
  ⊞ Differentiated Services Field: 0x00 (DSCP 0x00: Default; ECN: 0x00: Not-ECT (Not ECN-Capable Transport))
    Total Length: 56
    Identification: 0x314f (12623)
  ⊞ Flags: 0x00
    Fragment offset: 0
    Time to live: 64
    Protocol: UDP (17)
  ⊞ Header checksum: 0x0000 [incorrect, should be 0x6d00 (maybe caused by "IP checksum offload"?)]
    Source: 202.119.167.106 (202.119.167.106)
    Destination: 202.119.160.12 (202.119.160.12)
⊟ User Datagram Protocol, Src Port: 56358 (56358), Dst Port: domain (53)
    Source port: 56358 (56358)
    Destination port: domain (53)
    Length: 36
  ⊞ Checksum: 0xdc9b [validation disabled]
⊟ Domain Name System (query)
    [Response In: 92]
    Transaction ID: 0xc067
  ⊞ Flags: 0x0100 (Standard query)
    Questions: 1
    Answer RRs: 0
    Authority RRs: 0
    Additional RRs: 0
  ⊟ Queries
    ⊟ img.eol.cn: type A, class IN
        Name: img.eol.cn
        Type: A (Host address)
        Class: IN (0x0001)
```

图 7.7　DNS 客户机的请求查询

在 Wireshark 捕获的数据包中，91、92 号数据包显示了 DNS 查询中的客户机服务器对。第 1 个数据包由 DNS 查询组成，其中 DNS 服务器的 IP 地址为 202.119.160.12。DNS 服务器通常位于因特网服务提供商（ISP）处，请求报文通常先发送到本地网络的网关（路由器），然后再到达该 ISP。但是，在本例中，因为域名服务器位于本地网络，所以查询直接发送到该服务器。本例中要到达的目的 Web 站点为 http://www.edu.cn。

在 Wireshark 协议代码框（最下边的窗口）中给出了与上述信息等同的十六进制的跟踪信息，如图 7.8 所示。其中最先列出了数据链路层报头，它由目的地址（前 6 字节）、源地址（接下来的 6 字节）以及协议类型组成，从十六进制地址 0000h 开始，到 000Dh 结束；但未显示前同步码、帧定界符开始标记以及错误检测消息。图中的反显示部分标记了帧报头（以太网）结束、数据包报头（IP）开始的 IP 数据报的信息。

```
0000  00 1f 6c 3d 19 ff 00 1c  25 95 f4 03 08 00 45 00   ..l=.... %.....E.
0010  00 38 31 4f 00 00 40 11  00 00 ca 77 a7 6a ca 77   .81O..@. ...w.j.w
0020  a0 0c dc 26 00 35 00 24  dc 9b c0 67 01 00 00 01   ...&.5.$ ...g....
0030  00 00 00 00 00 00 03 69  6d 67 03 65 6f 6c 02 63   .......i mg.eol.c
0040  6e 00 00 01 00 01                                   n.....
```

图 7.8　十六进制形式的跟踪信息

自十六进制数"00"之后显示数据包，从十六进制数 45 开始，其地址为 000Eh。这表示该数据包遵循 IPv4。IP 数据包长度为 5 个 32 位字长，以十六进制数 0c 结束。其中的 0c 是目的地址的最后一个数字，对应的十进制数 12（202.119.160.12）为 DNS 服务器的地址。

IP 数据包后紧跟的是 UDP 消息，其地址从 0022h 开始。UDP 消息中首先显示的是源端口号，它占用 2 个十六进制字节，其值为 dc 和 26，对应的十进制数为 56358，这是 UDP 请求的端口号。接下来的 2 个字节为目的端口号，其值为 00 35，对应十进制数 53，端口号 53 是 DNS

的约定端口。要了解更多关于端口号的信息,可以访问 http://www.rfc-editor.org/rfc.html 等站点的 RFC 1700 文档。

接下来的 92 号数据包是 DNS 服务器的响应。DNS 服务器以客户机所请求的 Web 站点(www.edu.cn)的 32 位 IP 地址(例如 202.205.109.128)作为响应,如图 7.9 所示。注意,此处给出了该 Web 站点的多个 32 位 IP 地址。客户机有了这个地址后,就可以向该 Web 服务器发送请求了。

```
⊞ Frame 92: 191 bytes on wire (1528 bits), 191 bytes captured (1528 bits)
⊞ Ethernet II, Src: Cisco_3d:19:ff (00:1f:6c:3d:19:ff), Dst: HonHaiPr_95:f4:03 (00:1c:25:95:f4:03)
⊞ Internet Protocol Version 4, Src: 202.119.160.12 (202.119.160.12), Dst: 202.119.167.106 (202.119.167.106)
⊞ User Datagram Protocol, Src Port: domain (53), Dst Port: 56358 (56358)
⊟ Domain Name System (response)
    [Request In: 91]
    [Time: 0.000763000 seconds]
    Transaction ID: 0xc067
  ⊞ Flags: 0x8180 (Standard query response, No error)
    Questions: 1
    Answer RRs: 4
    Authority RRs: 2
    Additional RRs: 0
  ⊞ Queries
  ⊟ Answers
    ⊞ img.eol.cn: type CNAME, class IN, cname edu.ccn.eol.cn
    ⊞ edu.ccn.eol.cn: type A, class IN, addr 202.205.109.128
    ⊞ edu.ccn.eol.cn: type A, class IN, addr 202.205.109.2
    ⊞ edu.ccn.eol.cn: type A, class IN, addr 202.205.109.51
  ⊟ Authoritative nameservers
    ⊞ eol.cn: type NS, class IN, ns dns2.resource.edu.cn
    ⊞ eol.cn: type NS, class IN, ns dns1.resource.edu.cn
```

图 7.9　DNS 服务器的请求响应

## 客户机 TCP 进程向服务器 TCP 进程发送连接请求

超文本传送协议(HTTP)是一种相对较简单的协议,它定义了多种请求方法,每种请求方法规定了客户机和服务器之间不同的信息交换方式。HTTP 协议通过不同的请求方法可实现不同的功能,所定义的几种请求方法作为 HTTP 报头的一部分,用于在客户机与服务器之间传递消息。RFC 2068 定义的 7 种基本请求方法如下:

- ▶ DELETE —— 接收站点用这个请求来删除指定的资源,这些资源由统一资源标识符(URI)列出。接收站点不需要具有 DELETE 授权请求。
- ▶ GET —— 该请求用于从服务器向客户机传送 Web 页面等资源。
- ▶ HEAD —— 该请求用于传送报头信息,而非传送整个资源。这一方法常用于测试目的或用于核对修改和更新的信息。搜索引擎也使用 HEAD 来显示标题(TITLE)和元(META)信息。
- ▶ OPTIONS —— 客户机用来请求与可用通信选项有关的附加信息。使用这一方法的目的是为了使客户机能够获得有关选项和需求的附加信息,同时不会在服务器部分引发任何动作。
- ▶ POST —— 接收方使用 POST 请求将所封装的资源变成下一级列出的 URI。作为 POST 请求应用的特例,POST 请求可用于对现有资源向公告板、新闻组、邮件列表等邮寄消息的注释,向数据处理进程提供数据块,并将其添加到数据库中。
- ▶ PUT —— 该请求用于将封装的资源存储在特定的 URI 下。如果 PUT 请求引用的资源已在其 URI 下,则接收站点应该(但不是必须)将该资源视为对之前 URI 下资源的更新。

▶ TRACE —— 接收站点收到请求后,向发送方返回一份请求消息的副本,就好像请求消息已被收到一样(回送)。TRACE 请求用于测试目的,使发送站点可以"看到"其发送的消息如何被接收。

在 HTTP 对 Web 服务器上文档的 GET 请求发出之前,客户机的 TCP 进程与 Web 服务器的 TCP 进程之间必须先建立一个连接。在 TCP 会话成功建立后,客户机就可以发送对文档的 HTTP 请求了。图 7.10 示出了客户机和服务器的协议栈以及信息传送方向。

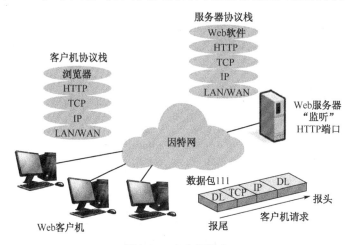

图 7.10  客户机请求

图 7.11 示出了从客户机直接到达服务器的信息的传送细节。这是通过物理链路发送给 Web 服务器的帧和帧的内容。帧内是数据包和消息。在消息中,客户机 TCP 进程请求与远程(Web 服务器)TCP 进程建立一个会话(第一次握手)。在后面的两个数据包(数据包 111 和数据包 113)中,客户机 TCP 进程与其对等的 Web 服务器 TCP 进程建立序列和同步参数。连接指向 Web 服务器(HTTP)进程的目的端口,也就是端口 80。从中还可以看到序列号(Sequence Number)为 0,同时设置了同步序列号(SYN)位。如果服务器的 TCP 进程接受了该连接,则将这个序列号增加 1,并将该结果放在确认号字段中。服务器还在序列号字段中包含了起始序列号(在数据包 111 中列出)。

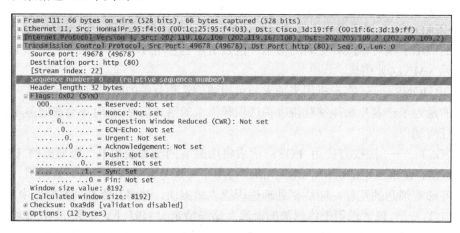

图 7.11  客户机向服务器发出的连接建立请求报文

### 服务器 TCP 进程响应客户机 TCP 进程

服务器 TCP 进程通过向客户机返回一条消息来响应客户机 TCP 进程。图 7.12 示出了信息流方向、客户机和服务器协议栈以及通过网络的帧格式。

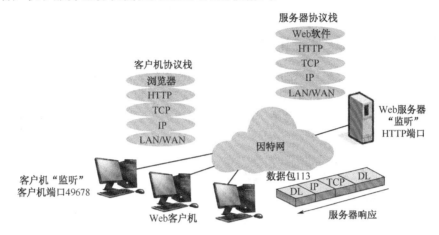

图 7.12　服务器 TCP 进程响应连接建立

以下内容给出了以太网 IP 数据报和 TCP 报文传送的详细过程。这是 Web 服务器通过物理链路发出的帧,帧内是数据包和消息。在图 7.13 所示的 113 号数据包的消息中,服务器 TCP 进程正在响应客户机 TCP 进程之前的请求,即进行第二次握手。注意到来自之前数据包(111 号)的序列号加 1 后(即 1,relative ack number)放入了确认号字段。服务器也将自身的起始序列号(0,relative sequence number)放在序列号字段中。客户机的 TCP 进程以同样方式确认服务器的连接请求,也就是将序列号加 1 后放入确认号字段中。客户机的确认出现在数据包 115 号中。

```
⊞ Frame 113: 66 bytes on wire (528 bits), 66 bytes captured (528 bits)
⊞ Ethernet II, Src: Cisco_3d:19:ff (00:1f:6c:3d:19:ff), Dst: HonHaiPr_95:f4:03 (00:1c:25:95:f4:03)
⊞ Internet Protocol Version 4, Src: 202.205.109.2 (202.205.109.2), Dst: 202.119.167.106 (202.119.167.106)
⊟ Transmission Control Protocol, Src Port: http (80), Dst Port: 49678 (49678), Seq: 0, Ack: 1, Len: 0
    Source port: http (80)
    Destination port: 49678 (49678)
    [Stream index: 22]
    Sequence number: 0    (relative sequence number)
    Acknowledgement number: 1    (relative ack number)
    Header length: 32 bytes
  ⊟ Flags: 0x12 (SYN, ACK)
      000. .... .... = Reserved: Not set
      ...0 .... .... = Nonce: Not set
      .... 0... .... = Congestion Window Reduced (CWR): Not set
      .... .0.. .... = ECN-Echo: Not set
      .... ..0. .... = Urgent: Not set
      .... ...1 .... = Acknowledgement: Set
      .... .... 0... = Push: Not set
      .... .... .0.. = Reset: Not set
    ⊟ .... .... ..1. = Syn: Set
      ⊟ [Expert Info (Chat/Sequence): Connection establish acknowledge (SYN+ACK): server port http]
          [Message: Connection establish acknowledge (SYN+ACK): server port http]
          [Severity level: Chat]
          [Group: Sequence]
      .... .... ...0 = Fin: Not set
    Window size value: 4344
    [Calculated window size: 4344]
  ⊞ Checksum: 0x26fe [validation disabled]
  ⊞ Options: (12 bytes)
  ⊟ [SEQ/ACK analysis]
      [This is an ACK to the segment in frame: 111]
      [The RTT to ACK the segment was: 0.019407000 seconds]
```

图 7.13　服务器响应客户机请求的确认报文

需要注意的是，在 Web 服务器返回的消息中，除了 TCP 请求响应，没有任何与 Web 信息有关的资料。这是因为 TCP 请求必须首先建立一个连接。由于以太网协议和 IP 是无连接协议，因此在对等网络接口卡（NIC）驱动器进程或对等 IP 进程之间没有建立连接。而 TCP 是面向连接的，在进行高层通信之前，两个通信的 TCP 进程必须建立同步关系。需要进一步了解关于 TCP 连接建立、同步及排序等方面的细节，可以参考 RFC 793。

**客户机确认服务器 TCP 连接响应**

在服务器发出响应客户机请求的确认报文后，即服务器发送了自身的连接请求后，客户机将向服务器发送一个接受服务器 TCP 连接请求的确认报文，报文内容如图 7.14 所示。在图 7.14 中，115 号数据包显示的是第三次握手。经过上述三次握手后，Web 客户机与 Web 服务器便建立了一条 TCP 连接。

```
⊞ Frame 115: 54 bytes on wire (432 bits), 54 bytes captured (432 bits)
⊞ Ethernet II, Src: HonHaiPr_95:f4:03 (00:1c:25:95:f4:03), Dst: Cisco_3d:19:ff (00:1f:6c:3d:19:ff)
⊞ Internet Protocol Version 4, Src: 202.119.167.106 (202.119.167.106), Dst: 202.205.109.2 (202.205.109.2)
⊟ Transmission Control Protocol, Src Port: 49678 (49678), Dst Port: http (80), Seq: 1, Ack: 1, Len: 0
    Source port: 49678 (49678)
    Destination port: http (80)
    [Stream index: 22]
    Sequence number: 1    (relative sequence number)
    Acknowledgement number: 1    (relative ack number)
    Header length: 20 bytes
  ⊟ Flags: 0x10 (ACK)
      000. .... .... = Reserved: Not set
      ...0 .... .... = Nonce: Not set
      .... 0... .... = Congestion Window Reduced (CWR): Not set
      .... .0.. .... = ECN-Echo: Not set
      .... ..0. .... = Urgent: Not set
      .... ...1 .... = Acknowledgement: Set
      .... .... 0... = Push: Not set
      .... .... .0.. = Reset: Not set
      .... .... ..0. = Syn: Not set
      .... .... ...0 = Fin: Not set
    Window size value: 4344
    [Calculated window size: 17376]
    [Window size scaling factor: 4]
  ⊞ Checksum: 0xa9cc [validation disabled]
  ⊟ [SEQ/ACK analysis]
      [This is an ACK to the segment in frame: 113]
      [The RTT to ACK the segment was: 0.000122000 seconds]
```

图 7.14　客户机接受服务器 TCP 连接请求的确认报文

**客户机向 Web 服务器发出 HTTP 请求**

在 HTTP 环境下，通过请求、响应两种报文结构来实现客户机与服务器之间的数据交换。117 号数据包显示的消息是客户机发送给服务器的 HTTP 请求报文。TCP 连接已经建立，此时客户机向端口 80，即超文本传送协议（HTTP）端口发送一个 HTTP 请求报文，如图 7.15 所示。这个请求由 Web 服务器的应用程序 "User-Agent: Mozilla/5.0（compatible; MSIE 9.0; Windows NT 6.1; Trident/5.0; MALC)\r\n" 处理。客户机请求的 Web 页面（即 HTTP 响应报文）会在接下来的 123 号数据包中返回。由于 HTTP 的 GET 请求未指定特定的 HTML 文档，因此 Web 服务器返回的是默认文档，该文档的名称通常为 INDEX.HTML。

通过图 7.15 也可以看到客户机向服务器发送的 HTTP 请求报文格式。HTTP 请求报文由请求行 "GET/images.cer.net/log/edu.png…HTTP/1.1\r\n"、报头行（Accept、Referer、Accept-Language、User-Agent、Host、Connection）和实体主体部分组成。

**注意**：使用 GET 方法时实体主体为空，当使用 POST 方法时才使用实体主体。

```
Frame 117: 389 bytes on wire (3112 bits), 389 bytes captured (3112 bits)
Ethernet II, Src: HonHaiPr_95:f4:03 (00:1c:25:95:f4:03), Dst: Cisco_3d:19:ff (00:1f:6c:3d:19:ff)
Internet Protocol Version 4, Src: 202.119.167.106 (202.119.167.106), Dst: 202.205.109.2 (202.205.109.2)
Transmission Control Protocol, Src Port: 49678 (49678), Dst Port: http (80), Seq: 1, Ack: 1, Len: 335
    Source port: 49678 (49678)
    Destination port: http (80)
    [Stream index: 22]
    Sequence number: 1    (relative sequence number)
    [Next sequence number: 336    (relative sequence number)]
    Acknowledgement number: 1    (relative ack number)
    Header length: 20 bytes
  ⊞ Flags: 0x18 (PSH, ACK)
    Window size value: 4344
    [Calculated window size: 17376]
    [Window size scaling factor: 4]
    Checksum: 0xab1b [validation disabled]
  ⊞ [SEQ/ACK analysis]
Hypertext Transfer Protocol
  ⊟ GET /images/cer.net/log/edu.png?183533310862938966 HTTP/1.1\r\n
    ⊟ [Expert Info (Chat/Sequence): GET /images/cer.net/log/edu.png?183533310862938966 HTTP/1.1\r\n]
        [Message: GET /images/cer.net/log/edu.png?183533310862938966 HTTP/1.1\r\n]
        [Severity level: Chat]
        [Group: Sequence]
    Request Method: GET
    Request URI: /images/cer.net/log/edu.png?183533310862938966
    Request Version: HTTP/1.1
    Accept: image/png, image/svg+xml, image/*;q=0.8, */*;q=0.5\r\n
    Referer: http://www.edu.cn/\r\n
    Accept-Language: zh-CN\r\n
    User-Agent: Mozilla/5.0 (compatible; MSIE 9.0; Windows NT 6.1; Trident/5.0; MALC)\r\n
    Accept-Encoding: gzip, deflate\r\n
    Host: pv.img.eol.cn\r\n
    Connection: Keep-Alive\r\n
    \r\n
    [Full request URI: http://pv.img.eol.cn/images/cer.net/log/edu.png?183533310862938966]
```

图 7.15　客户机向服务器发送 HTTP 请求

## 服务器处理 Web 页请求

服务器对于客户机所请求的信息以 HTTP 响应报文予以响应，即 Web 页。服务器基于 IP 地址和客户机请求的端口号来回应 Web 页。IP 地址 202.205.109.2 是 Web 服务器（www.edu.cn）的地址，端口号 80 是 HTTP 的约定端口，两者的组合触发 Web 服务器以其起始 Web 页（index.html）作为响应。服务器以 HTTP 响应报文向客户机返回请求的结果。图 7.16 示出了该响应报文、协议栈以及由服务器到客户机的信息流方向。

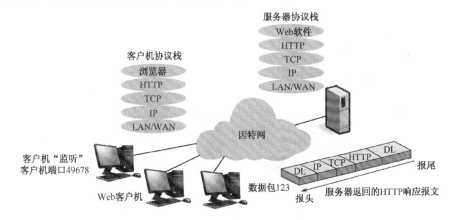

图 7.16　Web 页响应

Web 页内容包含在消息之中发往提出请求的客户机，而消息又在数据包内和帧内。123 号数据包描述了这一跟踪信息的具体细节，如图 7.17 所示。

由此也可以看出，HTTP 响应报文由三部分组成：1 个状态行（Status Line），6 个报头行（Header Line），最后是实体主体（Entity Body）。实体主体部分是报文的主体，它包含了所请求的对象本身，可以是任何格式的超媒体文件。

```
⊞ Frame 123: 499 bytes on wire (3992 bits), 499 bytes captured (3992 bits)
⊞ Ethernet II, Src: Cisco_3d:19:ff (00:1f:6c:3d:19:ff), Dst: HonHaiPr_95:f4:03 (00:1c:25:95:f4:03)
⊞ Internet Protocol Version 4, Src: 202.205.109.2 (202.205.109.2), Dst: 202.119.167.106 (202.119.167.106)
⊞ Transmission Control Protocol, Src Port: http (80), Dst Port: 49678 (49678), Seq: 1, Ack: 336, Len: 445
    Source port: http (80)
    Destination port: 49678 (49678)
    [Stream index: 22]
    Sequence number: 1       (relative sequence number)
    [Next sequence number: 446     (relative sequence number)]
    Acknowledgement number: 336     (relative ack number)
    Header length: 20 bytes
  ⊞ Flags: 0x18 (PSH, ACK)
    Window size value: 4679
    [Calculated window size: 4679]
    [Window size scaling factor: 1]
  ⊞ Checksum: 0xbdad [validation disabled]
  ⊟ [SEQ/ACK analysis]
      [This is an ACK to the segment in frame: 117]
      [The RTT to ACK the segment was: 0.021721000 seconds]
      [Bytes in flight: 445]
⊟ Hypertext Transfer Protocol
  ⊟ HTTP/1.1 200 OK\r\n
    ⊞ [Expert Info (Chat/Sequence): HTTP/1.1 200 OK\r\n]
        [Message: HTTP/1.1 200 OK\r\n]
        [Severity level: Chat]
        [Group: Sequence]
      Request Version: HTTP/1.1
      Status Code: 200
      Response Phrase: OK
    Server: nginx/0.8.34\r\n
    Date: Thu, 17 May 2012 02:18:47 GMT\r\n
    Content-Type: image/png\r\n
    Connection: keep-alive\r\n
    Last-Modified: Mon, 11 Oct 2004 07:11:40 GMT\r\n
    ETag: "56c5d4-0-ac0fe300"\r\n
    Accept-Ranges: bytes\r\n
    Content-Length: 0\r\n
    Cache-Control: max-age=300\r\n
```

图 7.17　服务器返回给客户机的 Web 页信息

123 号数据包包含了建立 Web 页所需信息的应用程序（HTTP）数据。客户机的 Web 浏览器（如 Internet Explorer）获取这些信息并将其显示在屏幕上。图 7.18 示出了这一过程。这里要注意，事实上还需要从 Web 站点获取更多信息来建立屏幕，包括按钮、图片、动画等，图 7.18 所示的 Web 响应过程概况图中没有给出这些信息。这些信息可以从完整的跟踪信息中得到。

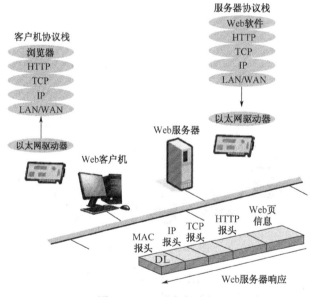

图 7.18　Web 响应过程

## 练习

1. 在 HTTP 中，用于读取一个网页的操作方法是下列中的哪一项？（  ）
   a. READ　　　b. GET　　　c. HEAD　　　d. POST
2. 浏览器与 Web 服务器通过建立（  ）连接来传送网页。
   a. UDP　　　b. TCP　　　c. IP　　　d. RIP
3. 利用 Wireshark 协议分析器捕获访问某网站的数据包。在所捕获的跟踪信息中，指出十六进制的帧报头、数据包报头和 TCP 报头。同时指出哪个字节（代码）用于表示 TCP 的同步连接，给出此字节的二进制形式并标出 SYN 位。
4. 画图说明 Web 的工作模式和原理。

### 补充练习

1. 利用 Web 浏览器访问一个 Web 页，列出访问 Web 页的过程中看到的消息。给出"查找主机"或"连接主机"等消息的意义。
2. 试着用无效 Web 名访问一个 Web 站点。结果如何？它有什么含义？

# 第二节　文件传送协议

文件是对长期存储实体的基本抽象。随着计算机网络的出现，如何将任意文件的副本从一台计算机上转移到另外一台计算机上呢？由于在计算机文件命名和存储方式方面存在差别，而因特网又能够将异构的计算机系统连接起来，使得文件传送问题变得更为复杂。因此，计算机网络环境中的一项基本应用就是如何有效地把文件从一台计算机传送给另一台计算机。文件传送协议（FTP）用于 TCP/IP 网络中客户机与服务器之间的信息传送。本节将比较详细地介绍文件传送的工作过程以及 FTP 工作原理。

*学习目标*

- 了解 FTP 的功能特性和 FTP 定义的数据类型；
- 掌握 FTP 的工作原理和工作过程；
- 掌握 FTP 定义的文件结构和所支持的传送模式。

*关键知识点*

- FTP 连接分为控制连接与数据连接；
- FTP 可以提供可靠、有效的数据传送。

## 文件传送协议概述

文件传送协议（FTP）应用非常普遍，它用于实现客户机与服务器之间的文件传送。虽然通过 HTTP 也可以实现文件的上传下载，但是使用 FTP 可以获得更高效率并且可以严格控制文件的读写权限。一般来说，FTP 有两个含义：一个是指文件传送服务；另一个是指文件传送协议。FTP 使用客户机-服务器模式,用户通过支持 FTP 的客户机端软件连接到服务器上的 FTP 服务进程。当通过账户验证后,可以向服务器端发出命令,服务器执行完成后返回结果给客户机端。

FTP 是因特网中仍然在使用的最古老的协议之一,而且当用户请求文件下载的时候还能与浏览器一起使用。最初是把 FTP 定义为 ARPNet 协议组的一个组成部分,它的出现要早于 TCP 和 IP。在有了 TCP/IP 之后,又开发了一个新版本的 FTP 加到 TCP/IP 协议族一起使用。FTP 因采用 TCP/IP 而成为标准的 TCP/IP 应用程序。根据 RFC 959 所定义的文件传送协议(FTP)规范,FTP 具有如下功能:

- ▶ 文件共享;
- ▶ 远程文件访问;
- ▶ 对用户透明的文件存储技术;
- ▶ 可靠、有效的数据传送。

FTP 可提供用户名和可选密码以便用户登录,并列出目录以及发送或接收的文件。尽管用户之间可以相互传送文件,但利用 FTP 可以在程序之间进行数据传送。传送数据的格式可以是文本文件、编码数据或程序等。

用户进程可以请求从主机向用户计算机传送文件,也可以在两台远程主机之间启动第三方的传送。

## FTP 连接

FTP 在客户机-服务器模式下工作,一个 FTP 服务器可同时为多个客户机提供服务。它使用客户机端软件与服务器连接,然后才能从服务器上获取文件(称为文件下载),或向服务器发送文件(称为文件上载)。

在 FTP 连接中,用户进程和服务器进程分别具有控制端口和数据端口。控制连接端口在整个 FTP 会话中始终保持激活和打开状态。数据端口和数据连接仅在每次传送文件时建立,并在传送结束时终止。服务器控制端口和数据端口分别是 TCP 熟知端口 21 和 20。图 7.19 示出了这两个概念。

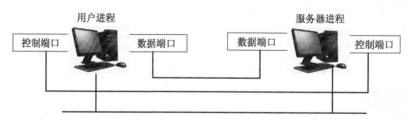

图 7.19 数据端口和控制端口

在一个完整的 FTP 文件传送中需要建立两种类型的 TCP 连接:一种为文件传送下命令,称为控制连接;另一种实现真正的文件传送,称为数据连接。

- ▶ 控制连接,使用熟知端口 21;
- ▶ 数据连接,使用熟知端口 20。

FTP 在其命令通道中使用远程登录(Telnet)协议,用户则利用 Telnet 访问控制过程进行识别。

### FTP 控制连接

当客户机希望与 FTP 服务器进行上传/下载的数据传送时，它首先向服务器的 TCP 21 端口发起一个建立连接的请求，FTP 服务器接受来自客户机端的请求，完成连接的建立过程，这样的连接称之为 FTP 控制连接。这条连接主要用于传送控制信息（命令和响应）。TCP 控制连接按照以下两个步骤创建：
- 服务器在熟知端口 21 被动打开，等待客户机请求；
- 客户机使用临时端口发出主动打开请求。

在整个过程中这个连接一直是打开的。IP 使用的服务类型是延迟最小的，因为这是用户（人）与服务器的交互式连接。用户键入命令并期望收到的响应延迟不应太大。

### FTP 数据连接

FTP 控制连接建立之后，即可开始传送文件，传送文件的连接称为 FTP 数据连接。FTP 数据连接使用服务器的熟知端口 20。创建数据连接的方法如下：
- 客户机使用一个临时端口发出被动打开请求（这必须由客户机来做，因为是客户机发出的传送文件的命令）；
- 客户机使用 PORT 命令把这个端口号发送给服务器；
- 服务器收到这个端口号，并使用熟知端口 20 和收到的临时端口号发出响应。

## FTP 客户机与 FTP 服务器通信

在不同计算机上运行的 FTP 客户机和服务器必须能够彼此进行通信。这两台计算机可以使用不同的操作系统、不同的字符集、不同的文件结构以及不同的文件格式。FTP 必须使这种异构性得到兼容。FTP 使用控制连接和数据连接两种不同的方法解决了这些问题。

### 在控制连接上的通信

FTP 使用 Telnet 或 SMTP 之类的方法在控制连接上进行通信，它使用 NVT ASCII 字符集。通信是通过命令和响应来完成的。这种简单方法对控制连接是合适的，因为用户一次发送一条命令（响应）。每一条命令或响应都是一个短行，因此不必担心它的文件格式或文件结构。每一行的结束处是两字符（回车和换行）的行结束记号。

### 在数据连接上的通信

数据连接的目的和实现与控制连接不同。用户传送数据时既可以是向另一个用户发送数据，也可以是让这个用户复制数据。数据是作为文件存储的。客户机必须知道要传送的数据类型、文件结构以及传送模式。在数据端口上传送数据之前，要先通过控制端口做好传送的准备。异构性问题可通过定义以下 3 个通信属性来解决：
- 数据类型——不同系统采用不同的方式表达数据。如果要共享数据，则发送系统要将数据翻译成其他系统能够接收的标准表达类型。其他系统在必要时再将数据翻译成其内部的表达类型。
- 文件结构——文件结构依赖于存储文件的主机。某些文件可以作为连续字节存储，其他文件可能是面向行（记录）的结构，还有一些文件则可能是便于随机访问的按页索引结构。
- 传送模式——数据可以作为字节流传送，也可以作为压缩形式传送，另外还可以格式化成含有标记（如错误发生后需要重新发送数据时使用的标记）的形式来传送。

1. 数据类型

文件传送协议（FTP）定义了系统必须能够使用的有限数据类型。用户进程可以利用"Type（类型）"命令指定数据类型。

（1）文本数据。文本数据文件的扩展名通常为 TXT（纯文本）和 ASC（ASCII 文件），文本数据文件必须用以下数据类型之一表达：
- ASCII：用于执行所有 FTP 任务所需的默认数据类型。每一个字符使用 NVT ASCII 进行编码。发送端把数据从本地数据类型转换成 NVT ASCII 表达形式，而接收端由 NVT ASCII 字符转换成它自己的表达形式。
- 扩充的二进制编码的十进制交换码（EBCDIC）：这是 IBM 主机用来存储其数据的数据类型。当从一台 IBM 主机向其他主机传送数据时，采用这种形式保存数据效率更高。EBCDIC 数据用 8 位 EBCDIC 字符表示。

（2）非文本数据。非文本数据可以按照以下数据类型进行传送：
- 图像（二进制）数据，用于相同系统之间可执行程序或编码数据的交换。执行图像传送时，信源的位序列在到达目的结点后仍保持不变，不会遗漏或修改。常用的图像文件扩展名包括 BMP（位图格式）、GIF（图形互换格式）以及 JPG（JPEG 的简称，静止图像压缩标准格式）等。
- 逻辑数据，当需要保留发送数据的字节大小时，应使用逻辑字节长度（LBS）值。例如，当一台 36 位计算机向一台 32 位计算机发送数据时，逻辑字节长度参数使接收计算机能够按照对 32 位计算机有意义的格式存储数据，而且还可以按照原 36 位格式重新恢复数据。
- 其他的二进制形式文件扩展名包括 EXE（可执行文件）、SEA（自解压 Macintosh 存档文件）、TAR（TAR 文档格式）以及 ZIP（PKZIP 压缩文件）等。

（3）格式控制。传送 ASCII 和 EBCDIC 数据类型时，FTP 指定一个选项参数表示文件的纵向格式。这些纵向数据文件控制格式如下：
- 非打印格式，用于未指定纵向文件格式时（默认格式）。
- Telnet 格式控制，用于回车、换行、新行、换页和行结束。打印机进程能够正确地解释这些控制符。
- 托架控制，用于将纸向上移动 1 行或 2 行、将纸移动到下一页页首和将纸翻面打印（Overprinting）等。

2. 文件结构

文件结构同时影响文件的传送模式以及文件的解释和存储。用户可以用"Structure（类型）"命令指定传送文件的结构。文件传送协议（FTP）定义的文件结构有下列 3 种：
- 字节结构——文件被看成数据字节的连续序列，没有内部结构。在未使用"Structure"命令的默认情况下文件就是这种结构。

- 记录结构——文件由连续的记录构成。所有 FTP 实现时都必须将其作为文本文件（ASCII 或 EBCDIC 数据）来接收。
- 页面结构——文件由独立的可以随机访问的索引页构成。每页发送时带有一个页报头，其中包括报头长度（HLEN）、页索引（Page Index）、数据长度（Data Length）、页类型（Page Type）以及选项字段。

3. 传送模式

在主机之间传送数据的命令包括规定如何传送数据位的"Mode"（模式）命令。FTP 使用数据流（Stream）、数据块（Block）和数据压缩（Compressed）3 种传送模式在数据连接上传送数据。对于数据的块模式和压缩模式，FTP 为其定义了一个过程，该过程允许发送者在数据中插入一个称作"重启标记（restart marker）"的专用代码。一旦出现系统故障，FTP 便使用这个代码来标记文件中重新发送的数据块。

数据流模式是默认的传送模式，它将数据作为字节流进行传送，是一种不考虑数据表达类型的传送模式。对于某些系统而言，由于数据流模式传送数据时很少或者不进行处理，因此可以更快地传送数据。所以，这是一种可在两个相同系统之间传送数据的有效模式。

数据块模式将文件作为由报头引导的一系列数据块进行传送。报头提供数据块总长（以字节为单位）等信息，并包括定义以下内容的描述代码：

- 文件中的最后一个块（文件结束[EOF]）；
- 记录中的最后一个块（记录结束[EOR]）；
- 重启标记；
- 某些数据类型的不可信数据（被怀疑包含错误的数据）。例如，在有磁带读取错误等本地错误的情况下发送的地震数据或天气数据。

数据压缩模式用于发送以下 3 种信息：

- 按照字节串发送的规则数据；
- 重复串压缩数据（如连续的空格字节或连续的 0 字节串）；
- 控制信息。

实际上，传送数据时很少使用或支持数据压缩模式。

## 数据传送进程的交互模式

FTP 数据连接是指 FTP 数据传送的过程，它有两种工作模式：主动传送和被动传送。

主动传送模式如图 7.20（a）所示。当 FTP 的控制连接建立，客户机提出目录列表、传送文件时，客户机在控制连接路径上用 PORT 命令告诉服务器"我打开了 xxxx 端口（如图 7.20 中的 Port 1551），你过来连接我"。于是，FTP 服务器使用一个标准端口 20 作为服务器端的数据连接端口（ftp-data），向客户机的 xxxx 端口（如图 7.20 中的 Port 1551）发送连接请求，建立一条数据连接来传送数据。在主动传送模式下，FTP 的数据连接和控制连接方向相反，由服务器向客户机发起一个用于数据传送的连接。客户机的连接端口由服务器端与客户机端通过协商确定。在主动模式下，FTP 服务器使用 20 端口与客户机的暂时端口进行连接，并传送数据，客户机只是出于接收状态。当 FTP 默认端口修改后，数据连接端口也会发生改变，例如，若 FTP 的 TCP 端口配置为 600，则其数据端口为 599。

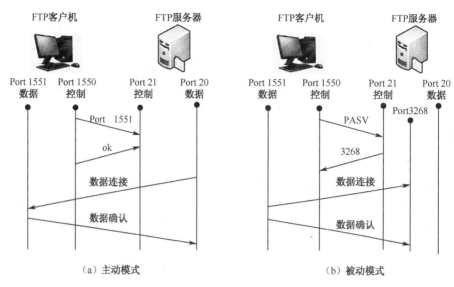

图 7.20　FTP 数据传送工作模式

被动传送模式如图 7.20（b）所示，当 FTP 的控制连接建立，客户机提出目录列表、传送文件时，客户机发送 PASV 命令使服务器处于被动传送模式。服务器在控制连接路径上用 PASV 命令告诉客户机"我打开了 xxxx 端口（如图 7.20 中的 Port 1551），你过来连接我"。于是，客户机向服务器的 xxxx 端口（如图 7.20 中的 Port 3268）发送连接请求，建立一条数据连接来传送数据。在被动传送模式下，FTP 的数据连接和控制连接方向一致，由客户机向服务器发起一个用于数据传送的连接。客户机的连接端口是发起该数据连接请求时使用的端口。当 FTP 客户机在防火墙之外访问 FTP 服务器时，需要使用被动传送模式。在被动传送模式下，FTP 服务器打开一个暂态端口等待客户机对其进行连接，并传送数据，而服务器并不参与数据的主动传送，只是被动地接收。

### 文件传送过程

一个文件传送的具体过程如图 7.21 所示。在图 7.21 中，用户进程发起连接；建立控制连接后，用户进程提供一个用户名；服务器进程验证该用户名，并要求输入密码；用户提供密码后，便成功登录；此时用户可以请求获取服务器上的文件；服务器进程找到该文件，打开一个数据连接，发送文件；在成功完成传送之后关闭连接。在用户进程终止连接之前，控制连接保持打开状态。

### 文件传送协议命令结构

文件传送协议（FTP）使用控制连接在客户机进程与服务器进程之间建立通信。在通信时遵守远程登录协议网络虚拟终端（Telnet NVT）ASCII 协议规范，从客户机向服务器发送命令，而响应则从服务器发回客户机。文件传送命令以一个后接参数字段的命令代码作为开始。命令代码由 4 个或更少的字母字符组成，并且对字母的大小写不敏感。文件传送命令可分成以下 3 类：

- 访问控制命令；
- 传送参数命令；

- 服务命令。

下面对这 3 种类型的命令分别进行介绍。

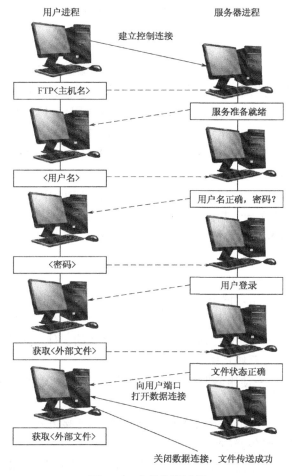

图 7.21 文件传送过程

### 访问控制命令

- 访问控制命令也称为接入命令,用于规定用户访问系统和系统内文件的特权,这对于防止未经授权使用文件或意外使用文件非常必要。服务器 FTP 进程可调用的访问控制命令如下:
- 用户名(USER)——识别用户。
- 密码(PASS)——识别用户的密码。
- 账户(ACCT)——识别用户的账户。
- 改变工作目录(CWD)——允许用户不必改变登录信息或账户信息,就可以在不同的目录下存储文件或检索文件。
- 变为父目录(CPUD)——CWD 的特例,表示将父目录变成当前工作目录。
- 结构安装(SMNT)——允许用户不必改变登录信息或账户信息,就可以安装不同文件系统的数据结构。

- 重新初始化（REIN）——终止用户，刷新所有输入／输出信息和账户信息，但是允许完成正在进行的所有传送。所有参数都重置为默认设置，控制连接保持打开状态。
- 退出登录（QUIT）——终止用户并关闭控制连接。

### 传送参数命令

传送参数命令包含端口定义命令和数据格式化命令。端口定义命令用于定义在客户端的数据连接的端口号。数据格式化命令让用户定义数据结构、文件类型以及传送模式。所有数据传送参数都有默认值。只有在需要改变默认参数时，才需要用到以下命令：

- 数据端口（PORT）——指定用于数据连接的数据端口。
- 被动传送（PASV）——请求服务器数据传送进程（DTP）"监听"非默认数据端口的信息并等待连接。
- 表达类型（TYPE）——指定表达类型（ASCII、EBCDIC、图像或本地）。
- 文件结构（STRU）——指定文件结构（文件、记录或页）。
- 传送模式（MODE）——指定传送模式（数据流、数据块或压缩数据）。

### 服务命令

- 服务命令用于定义用户请求的文件传送或文件系统功能，实际上是让用户传送文件并对文件进行管理。随命令提供的参数通常是一个路径名。FTP 没有规定标准的路径名约定。每个用户必须遵守传送中涉及的文件系统的文件命名约定。以下服务命令定义了文件传送或文件系统功能：
- 检索（RETR）——使服务器数据传送进程（DTP）向数据连接的另一端传送一个文件副本。
- 存储（STOR）——使服务器 DTP 接收通过数据连接方式传送的数据，并将数据作为一个文件存储在服务器站点。
- 添加（APPE）——使服务器 DTP 接收通过数据连接方式传送的数据，并将数据作为文件存储在服务器站点。如果服务器上已经存在该文件，该数据就添加在该文件后面。
- 分配（ALLO）—— 某些服务器在为所传送的新文件保留足够的存储空间时需要这项功能。
- 重新启动（REST）——在指定的检查点重新开始文件传送。
- 改名（RNTO）——为文件指定一个新的路径名。
- 紧急终止（ABOR）——让服务器紧急终止先前的 FTP 服务命令和所有相关数据的传送。
- 删除（DELE）——删除服务器站点所删除的路径名中指定的文件。
- 删除目录（RMD）——删除指定目录。
- 建立目录（MKD）——建立指定目录。
- 打印工作目录（PWD）——打印当前工作目录名作为应答。
- 列表（LIST）——将文件表或文本表从服务器发送到用户的被动数据传送进程（DTP）。
- 名称列表（NLST）——将目录列表从服务器发送到用户站点。
- 系统（SYST）——获取服务器上的操作系统类型。
- 状态（STAT）——通过控制连接发送状态响应（正在进行的操作的当前状态）作为

应答。
- 帮助（HELP）——让服务器通过控制连接向用户发送有关的帮助信息。
- 无操作（NOOP）——不引起动作，但是服务器会发送一个"OKAY"（好）应答。

## 文件传送协议的实现

下面以一个示例介绍在磁盘操作系统（DOS）下实现文件传送协议（FTP）的过程。

### 启动文件传送协议

传送控制协议（TCP）的命令行方式具有 3 种从 DOS 提示符下启动文件传送协议（FTP）的方法，即：
- 如果要启动 FTP 并同时连接一台主机，则使用命令：
  ftp  <主机名>
- 如果要先启动 FTP，然后再连接到主机，则使用命令序列：
  ftp open  <主机名>|<IP_地址>
- 如果要启动 FTP 并在加载和卸载文件时占用最小的内存，则使用命令序列：
  ftp  <主机名>|<IP_地址>
  open  <主机名>|<IP_地址>

### 传送文件

如果要从一台 PC 向一台主机传送文件，则使用 put 命令：
  put  <本地_文件名>  [<远程_文件名>]
如果要从一台主机向一台 PC 传送文件，则使用 get 命令：
  get  <远程_文件名>  [<本地_文件名>]

### 关闭连接

如果要关闭 FTP 连接，则在 FTP 提示符下使用 close 命令；如果要终止连接并将其关闭，则在 FTP 提示符下使用 quit 命令。

## 典型问题解析

【例 7-1】FTP 命令用来设置客户端当前工作目录的命令是（　　）。
  a．get    b．list    c．lcd    d．!list

【解析】get 命令用于从远程主机中传送文件至本地主机中。list 命令用于请求服务器返回当前远程主机目录下的目录和文件。lcd 命令用于改变当前本地主机的工作目录。参考答案是选项 c。

【例 7-2】若 FTP 服务器开启了匿名访问功能，匿名登录时需要输入的用户名是（　　）。
  a．root    b．user    c．gust    d．anonymous

【解析】因特网中有很多匿名服务器，提供一些免费软件或者有关因特网的电子文档。所谓匿名 FTP 是这样的一种功能：用户通过控制连接登录时，采用专门的用户登录标识符

"anonymous",并把自己的电子邮件地址作为口令输入。参考答案是选项 d。

【例 7-3】在 FTP 中,控制连接是由( )主动建立的。
　　　　a. 服务器　　　　b. 客户机　　　　c. 操作系统　　　　d. 服务提供商

【解析】FTP 采用客户机-服务器模式。客户机和服务器之间要建立两条 TCP 连接,一条用于传送控制消息,一条用于传送文件内容。控制连接的建立使用的是被动模式:服务器进程以被动方式在 TCP 的 21 号端口上打开,等待客户机的连接请求。当用户访问 FTP 服务器时,客户机进程以主动的方式在一个 TCP 的随机临时端口上打开,请求与服务器建立连接。参考答案是选项 b。

## 练习

1. 当 FTP 进程正在传送数据时突然其控制连接出现严重故障,你认为会出现什么问题?
2. 试解释为什么 FTP 没有规定报文格式。
3. 通过 Web 网站查找出有关 FTP 的 RFC 文档。
4. 试用 UNIX 或 Windows 找出 FTP 的常用命令。
5. FTP 默认的控制连接端口是( )。
　　　a. 20　　　　　b. 21　　　　　c. 23　　　　　d. 25

6. FTP 客户上传文件时,通过服务器 20 号端口建立的连接是 (1) ,FTP 客户端应用进程的端口可以为 (2) 。
(1) a. 建立在 TCP 之上的控制连接　　b. 建立在 TCP 之上的数据连接
　　c. 建立在 UDP 之上的控制连接　　d. 建立在 UDP 之上的数据连接
(2) a. 20　　　　　b. 21　　　　　c. 80　　　　　d. 4155

【提示】FTP 客户上传文件时,通过服务器 20 号端口建立的连接就是在 TCP 之上的数据连接,通过服务器 21 号端口建立的连接是建立在 TCP 之上的控制连接。当客户端命令端口为 $n$ 时,数据传输端口为 $n+1$($n \geqslant 1024$)。参考答案:(1) 选项 b;(2) 选项 d。

7. FTP 协议默认使用的数据端口是( )。
　　　a. 20　　　　　b. 80　　　　　c. 25　　　　　d. 23

【提示】FTP 服务器使用 20 和 21 两个网络端口与 FTP 客户端进行通信。主动模式下,FTP 服务器的 21 端口用于传输 FTP 的控制命令,20 端口用于传输文件数据。参考答案是选项 a。

## 补充练习

从某一 FTP 站点下载一个文件,例如扩展名为 hlp 的文件。下载之后使用 Windows 系统执行以下任务:

1. 进入下载文件的目录;
2. 双击该文件;
3. 应用程序启动后,单击搜索按钮;
4. 搜索术语"Telnet",查找有关 Telnet 的其他信息。

## 第三节 电子邮件系统

电子邮件（E-mail）指的是以电子形式创建、发送、接收及存储消息或文档的概念。目前，几乎所有的计算机系统都有一个作为电子邮件服务界面的应用程序。一个电子邮件系统包含用户代理（User Agent，UA）、邮件服务器（Mail Server）和简单邮件传送协议（SMTP）三个主要组成部件。其中，简单邮件传送协议用于通过 TCP/IP 网络传送电子邮件，无论该网络是在世界的另一边还是位于同一个房间内。SMTP 运行于 TCP/IP 顶层，并使用熟知端口 25。SMTP 之所以被称为"简单"，是因为协议报头中使用的命令就像英语一样，非常简单直观。邮局协议（POP3）和互联网消息访问协议（IMAP4）用于把邮件报文从服务器读取到客户机。

本节针对电子邮件通过因特网传输时所产生的客户机与服务器之间的交互操作，讨论电子邮件表示、传输、转发以及邮箱访问等问题。

**学习目标**

- ▶ 了解电子邮件系统的组成与工作原理；
- ▶ 掌握 SMTP 传送邮件报文的步骤；
- ▶ 了解基本的 SMTP 命令；
- ▶ 掌握 POP3 和 IMAP4 读取邮件报文的过程。

**关键知识点**

- ▶ SMTP 使用命令和响应在发送端 SMTP 进程和接收端 SMTP 进程之间（即报文传送代理 MTA 之间）传送报文。POP3 和 IMAP4 都是用来从邮件服务器读取报文的协议。

### 电子邮件系统的构成

电子邮件系统使用了许多传统办公中的术语和概念，它主要由用户代理、邮件服务器和简单邮件传送协议三部分组成，如图 7.22 所示。

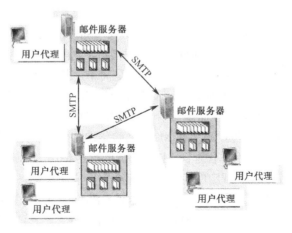

图 7.22 电子邮件系统的组成

### 用户代理

用户代理（UA）就是用户与电子邮件系统的接口，在大多数情况下它是指在用户 PC 中运行的程序。用户通过它来交付、读取和处理电子邮件。电子邮件的用户代理有时也称为邮件阅读器。UA 至少应当具有撰写、阅读和管理（删除、排序等）3 个功能，以便用户阅读、回复、转发、保存和撰写报文。当发信人完成邮件撰写时，其邮件 UA 向邮件服务器发送邮件，并且将该邮件放在邮件服务器发送队列中。当收信人想读取一条报文时，其邮件 UA 从他所在的邮件服务器邮箱中获取该报文。20 世纪 90 年代末，具有 GUI（图形用户界面）的电子邮件 UA 开始流行，它允许用户阅读和编写多媒体电子邮件。当前，Eudora、Microsoft 的 Outlook 和 Netscape 的 Messenger 都是流行的具有 GUI 的电子邮件 UA。同时，还有很多免费的基于文本的电子邮件 UA。

### 邮件服务器

邮件服务器是电子邮件系统的核心部件。邮件服务器是指用户所在的通信子网中专门用来存放邮箱的计算机。邮件服务器需要使用两个不同的协议。一个协议用于发送邮件，即 SMTP；而另一个协议用于接收邮件，即邮局协议（Post Office Protocol，POP）。一个典型的邮件发送过程是：从发信人的 UA 开始，传送到发信人的邮件服务器，再传送到收信人的邮件服务器，并放在其收信人的邮箱中；收信人可随时上网到邮件服务器进行读取。当收信人在他的邮箱中访问该报文时，存有他的邮箱的邮件服务器对收信人的身份进行识别（用户名和口令）。如果发信人的服务器不能将邮件投递到收信人的邮箱服务器，发信人的邮件服务器在一个报文队列中保持该报文并在以后尝试再次发送。通常每 30 min 左右进行一次尝试；如果几天后仍不能成功，服务器删除该报文并以电子邮件的形式通知发信人。因此，常将邮件服务器软件称为消息传送代理（Message Transfer Agent，MTA）。用 TCP 进行的邮件交换是由 MTA 完成的。最普通的 UNIX 系统中的 MTA 是 Sendmail。用户通常不与 MTA 打交道，由系统管理员负责本地的 MTA。在此主要讨论在两个 MTA 之间如何利用 TCP 交换邮件，而不考虑 UA 的运行或实现。

### 简单邮件传送协议

由 RFC 821、RFC2 821 定义的简单邮件传送协议（SMTP）是一种应用层协议，它使用低层协议在主机之间可靠地传送消息。SMTP 不考虑 E-mail 消息的内容，其主要目的是在计算机之间有效、可靠地传送消息。SMTP 的最大特点是简单，其力量也来自它的简单。SMTP 只定义了邮件如何从一个"邮局"传递给另一个"邮局"，即邮件如何在 MTA 之间通过 TCP 连接进行传送。它不规定 MTA 如何存储邮件，也不规定 MTA 隔多长时间发送一次邮件。

SMTP 使用 TCP 可靠数据传送服务在 MTA 之间传递邮件，即从发信人的邮件服务器向收信人的邮件服务器发送邮件。用户代理向 MTA 发送邮件也使用 STMP。在两台主机之间通过 SMTP 传送电子邮件是使用协议规定的专门命令集合来完成的。SMTP 使用 TCP 的 25 号端口发送邮件，接收端在 TCP 的 25 号端口等待接收邮件。SMTP 的实际操作以发起主机（发送端 SMTP）建立一条到目的主机（接收端 SMTP）的 TCP 连接开始。一旦连接成功，发送端 SMTP 和接收端 SMTP 进行一系列命令和响应的会话。SMTP 规定了 14 条命令和 21 种应答信息，每条命令由 4 个字母组成，而每一种应答信息一般只有 1 行，由一个 3 位数字的代码开始，后面附上很简单的文字说明。SMTP 的一些常用命令和响应分别如表 7.2 和表 7.3 所示。接收端为响应每个命令而做出应答，其代码描述参见 RFC 821。常用的应答代码为：250 表示请求命令完成；354 表示开始输入邮件信息，并以<CRLF>.<CRLF>结束。邮件传递结束后释放连接。对于发送端发布的每个命令，接收端提供一个确认应答。

表 7.2  SMTP 常用命令

| 命　令 | 命令语法格式 | 命　令　功　能 |
|---|---|---|
| HELP | HELP<CRLF> | 请求接收端给出有关帮助信息 |
| HELLO | HELO<发送主机域名> <CRLF> | 开始会话，指出发送端 E-mail 主机域名 |
| MAIL FROM | MAIL FROM: <发送端 IP 地址><CRLF> | 开始一个邮递处理，指出发送端的 IP 地址 |
| RCPT TO | RCPT TO: <接收端 IP 地址><CRLF> | 指出邮件接收端 IP 地址 |
| DATA | DATA<CRLF><br>…<br><CRLF>.<CRLF> | 用来传递邮件数据，用第一列为 "." 且只有一个 "." 的一行结束 |
| VERIFY | VRFY <数据> | 验证用户名 |
| EXPAND | EXPN <数据> | 扩展邮件列表 |
| QUIT | QUIT<CRLF> | 结束邮件传递，连接关闭 |

注：HELO 是 HELLO 的缩写；CR 和 LF 分别表示回车和换行。

表 7.3  SMTP 常用响应

| 代码 | 功　能　描　述 | 代码 | 功　能　描　述 |
|---|---|---|---|
| 220 | 服务准备就绪 | 450 | 邮箱不可用 |
| 221 | 关闭传送信道 | 451 | 命令异常终止：本地差错 |
| 250 | 请求命令完成 | 452 | 命令异常终止：存储器不足 |
| 251 | 用户不是本地的；报文将被转发 | 500 | 语法错误，不能识别的命令 |
| 354 | 开始输入邮件信息 | 502 | 命令未实现 |

## SMTP 邮件进程

SMTP 邮件进程由下列两部分构成：
- 发送端 SMTP 进程 —— 与发出 E-mail 消息的传送有关；
- 接收端 SMTP 进程 —— 与接收来自因特网的 E-mail 消息有关。

SMTP 只考虑一台计算机与另一台计算机之间的 E-mail 的递送，并不规定用户如何在 E-mail 递送系统中编辑和表达 E-mail。SMTP 不考虑用户如何接收通知和获取到来的 E-mail。SMTP 不规定如何存储 E-mail 和发送消息的频率。SMTP 仅仅定义了发送端 SMTP 进程和接收端 SMTP 进程之间的转换。图 7.23 示出了发送端 SMTP 进程与接收端 SMTP 进程之间的关系。

### 发送端 SMTP 进程

用户进程建立 E-mail 消息之后，就将其放在要传送的发出邮件队列中。发送端 SMTP 进程定期扫描队列并打开与远程目的结点之间的 TCP 连接来传送 E-mail。连接的另一端可以是最终目的结点,也可以是中间转发主机。

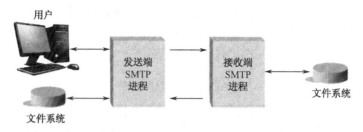

图 7.23 SMTP 应用模型

通常情况下,发送端 SMTP 进程在接收端 SMTP 进程的数据传送完成之前负责对所有错误进行处理。所以,出现错误时可能导致重复传送,但是不会丢失消息。

SMTP 进程发送端成功地将 E-mail 消息传送给一个目的结点之后,便从该消息目的结点列表中将其删除。当所有目的结点的投送都完成后,便从队列中删除该 E-mail 消息。

### 接收端 SMTP 进程

接收端 SMTP 进程的主要功能是接收本地 TCP 端口 25 传来的 E-mail 消息。接收完一条 E-mail 消息后,SMTP 进程会将该消息放进用户邮箱,或者将其复制到发出邮件队列中转发给另一台主机。接收端 SMTP 进程的纠错功能负责放弃失败的,或者长时间没有反应的 TCP 连接。

## SMTP 邮件传送

SMTP 电子邮件(SMTP E-mail)消息在发送端 SMTP 进程与接收端 SMTP 进程之间通过 TCP 连接进行传送。在 TCP 连接上传送邮件需要以下 3 个阶段:
- 连接建立阶段 —— 为可靠的数据传送建立 TCP 连接;
- 邮件报文传送阶段 —— 向一个或多个远程主机上的邮箱发送 E-mail 消息;
- 连接关闭阶段 —— 终止 TCP 连接。

### 连接建立阶段

连接建立阶段负责为可靠的数据传送建立一个 TCP 连接。在该阶段使用传统的三次握手方式初始化 TCP 连接,其中包括确保发送端 SMTP 进程和接收端 SMTP 进程接收彼此间 E-mail 传送的一些基本交换信息。

具体地说,使用 SMTP 进程把一封邮件报文从发送邮件服务器传送到接收邮件服务器的过程,与人类面对面交往的行为方式有些类似。首先,发送端 SMTP 进程(运行在发送端邮件服务器上)在 25 号端口建立一个到接收端 SMTP 进程(运行在接收端邮件服务器上)的 TCP 连接。如果服务器没有开机,发送端 SMTP 进程会在稍后继续尝试连接。一旦连接建立,发送端 SMTP 进程和接收端 SMTP 进程执行三次握手。在 SMTP 进程握手阶段,发送端 SMTP 进程指明发送端的邮件地址和接收端的邮件地址。一旦该发送端 SMTP 进程和接收端 SMTP 进程建立连接之后,发送端 SMTP 进程就发送该报文。SMTP 进程能利用 TCP 提供的可靠数据传送无差错地将邮件传送到接收端 SMTP 进程。该发送端 SMTP 进程如果有另外的报文要发送到该接收端 SMTP 进程,就在该相同的 TCP 连接上重复这种处理;否则,它指示 TCP 关闭连接。连接建立阶段所涉及的交换信息如下：

  S: &lt;TCP Connection Request&gt;

  R: &lt;TCP Connection Confirm&gt;

  R: 220 sina.com Service Ready

  S: HELO sina.com

  R: 250 sina.com

由此可以看出，建立了 TCP 连接之后，接收端 SMTP 进程用连接确认（ACK）"220"标识自己，发送端 SMTP 进程用"Hello"命令向接收端 SMTP 进程标识自己。然后，接收端 SMTP 进程通过标准的 250 成功响应并接收发送者的标识。

## 邮件报文传送阶段

在邮件报文传送阶段可以发送一条或多条 E-mail 消息。每次传送都通过使用 From、Recipient 和 Data 这 3 条 SMTP 命令来完成。

### 1. From 命令

From 命令用于标识消息的发送源点。如下所示的消息来自"sina.com"主机的"huajun07"：

  S: MAIL FROM:&lt; huajun07@sina.com &gt;

  R: 250 OK

### 2. Recipient 命令

Recipient 命令用于标识消息的接收结点。由发送方 SMTP 进程发出的 Recipient（接收）命令用于标识 E-mail 的每个接收者的邮箱。接收端 SMTP 进程对每个需要该邮件的目的结点用一个独立的回答作为响应。

如下所示的消息进一步说明了 E-mail 消息示例中的 Recipient 命令。在这一例子中，xxgc 将接收不到消息，因此她将在本周余下的几天里继续工作。

  S: RCPT TO:&lt;txgc@njit.edu.cn&gt;

  R: 250 OK

  S: RCPT TO:&lt;xxgc@njit.edu.cn &gt;

  R: 550 No such user here

  S: RCPT TO:&lt;dzxxgc@njit.edu.cn&gt;

  R: 250 OK

如果 xxgc 的邮箱不在"njit.edu.cn"上，但是主机 njit 获知她的转发地址在主机 sina 上，那么接收端 SMTP 进程将给出响应消息："251 User not local;will forward to &lt;xxgc@sina.com&gt;"（251 不是本地用户；转发给&lt;xxgc@sina.com&gt;）。在这种情况下，xxgc 将收到消息并在本周余下的几天里休息。

### 3. Data 命令

在传送并应答了所有的 Recipient 命令之后，发送端 SMTP 进程便发出一条 Data 命令。Data 命令包括消息报头和正文。接收端 SMTP 进程用"354 Start Mail Input"（354 开始邮件输入）响应该条 Data 命令。这部分邮件传送过程如下：

　　　　S: DATA

　　　　R: 354 Start mail input; end with <CR><LF> . <CR><LF>

此时将 E-mail 消息的文本输入事务进程。SMTP 进程使用 RFC 822 中规定的格式传送 E-mail 消息。RFC 822 格式是一种位于包含文本的 E-mail 消息正文之前的消息报头推荐格式。最常用的 822 关键词为 Date（日期）、From（始端）、Subject（主题）和 To（主送）。

　　**注意**：SMTP 不区分由"To："（主送）与"CC："（抄送）所指定的接收者。二者初始都由独立的接收（Recipient）命令标识。

　　E-mail 消息的正文可以根据需要使用尽可能多的行，由 5 个字符序列"<CR><LF>.<CR><LF>"终止。包括 822 报头和正文的完整的 SMTP E-mail 消息如下：

　　　　S: Date: 28 May 12 11:41:56 PDT
　　　　S: From:huajun07@sina.com
　　　　S: Subject: Vacation Time
　　　　S: To: txgc@njit.edu.cn,xxgc@sina.com
　　　　S: CC: dzxxgc@njit.edu.cn
　　　　S:
　　　　S: Dear Staff:
　　　　S:
　　　　S: Take the rest of the week off !
　　　　S:
　　　　S: Hua
　　　　S: <CR><LF>.<CR><LF>

## 连接关闭阶段

发送端 SMTP 进程在完成一次邮件报文的传送过程中，始终起着控制作用。当向特定目的结点发送完所有 E-mail 消息后，要发出一个"Quit"命令，来终止这个 TCP 连接。在连接关闭阶段交换信息的步骤如下：

　　　　S: QUIT
　　　　R: 250 sina.com Service Closing Transmission Channel
　　　　R: <TCP Close Request>
　　　　S: <TCP Close Confirm>

# 邮件读取协议

在消息传送代理（MTA）之间使用 SMTP 传送邮件报文。SMTP 是一种推送协议，它把报文从客户机推送到服务器。由于用户的邮件报文存储在远程邮件服务器上而非直接存在本地 PC 上，因而需要把邮箱的内容从邮件服务器传送到本地 PC 上，并能够充分利用本地 PC 操作系统的特性与电子邮件交互。显然，其关键问题是接收端如何通过运行本地 PC 上的用户代理，获得存储于某 ISP 邮件服务器上的邮件。由于收取邮件是一个拉操作，而 SMTP 是一个推送协议，因此，接收端的用户代理不能使用 SMTP 取回邮件。这就需要引入一个特殊的邮件读取协议来解决这个难题。目前有多个流行的邮件读取协议可供使用，主要有第三版的邮局协议

（Post Office Protocol-Version 3，POP3）、互联网消息访问协议（Internet Message Access Protocol，IMAP）以及 HTTP。这些邮件读取协议采用客户机-服务器（C-S）模式，通过在自己的端系统上运行一个用户代理来阅读电子邮件。这里的端系统可能是办公室的 PC、笔记本计算机或者 PDA。通过运行本地主机上的用户代理，用户可以享受一系列的功能，包括查看多媒体报文和附件等。

## POP3

由 RFC 1939 定义的 POP3 是一个非常简单的邮件读取协议。POP3 建立在 TCP 连接之上，使用 C-S 模式，为用户提供对邮箱的远程访问。当用户代理（客户机）打开一个到邮件服务器（服务器）端口 110 上的 TCP 连接后，POP3 就开始工作。随着 TCP 连接的创建，POP3 按照特许（Authorization）阶段、事务处理阶段和更新阶段分三步进行工作。第一个阶段，即特许阶段。当 TCP 连接建立完成时，服务器发送标志 POP3 进程的问候消息。然后当前的会话进入特许状态：客户机用户代理发送（以明文形式）服务器上的邮件用户名及口令以供服务器鉴别。第二个阶段，即事务处理阶段。假定授权成功，该会话进入事务处理状态。客户机用户代理指挥服务器根据客户机的电子邮件程序的配置取回用户邮件。在这个阶段，用户代理还能对邮件进行其他操作，如做报文删除标记、取消报文删除标记，以及获取邮件的统计信息等。第三个阶段，即更新阶段。它出现在客户机发出了 QUIT 命令之后，目的是结束该 POP3 会话。这时，邮件服务器删除那些已经被标记为删除的邮件报文。

与 SMTP 进程一样，客户机发出的每个命令都由服务器返回一个响应。因此，客户机与 POP3 服务器分别交换命令和响应，直到连接关闭或者异常退出。在 POP3 中，只定义了+OK 与-ERR 两种响应类型。表 7.4 示出了一些常用的 POP3 命令。

表7.4 常用的 POP3 命令

| POP3 命令 | 命令格式 | 命令功能 |
| --- | --- | --- |
| USER | USER \<user name\>\<CRLF\> | 指定用户在邮件服务器上的账户名 |
| PASS | PASS \<password\>\<CRLF\> | 指定邮件服务器上的用户密码 |
| LIST | LIST\<邮件编号\>\<CRLF\> | 给出指定的全部邮件的报头信息 |
| DELE | DELE\<邮件编号\>\<CRLF\> | 删除指定的邮件 |
| RETR | RETR\<邮件编号\>\<CRLF\> | 把指定的邮件从服务器传送到服务器 |
| QUIT | QUIT\<CRLF\> | 退出 POP3 连接 |

使用 POP3 接收邮件的过程如图 7.24 所示。POP3 系统允许用户的邮箱安放在某个运行 SMTP 服务器程序的邮件服务器上，从网络上收到的本地用户的邮件传送到这个邮件服务器的邮箱中，用户主机的 UA 不定期地连接到这台服务器上，通过使用登录账户名和用户密码读取和处理邮件。

显然，在接收邮件的过程中，接收邮件服务器要运行两个服务器程序，一个是 SMTP 服务器程序，一个是 POP3 服务器程序。SMTP 服务器通过 SMTP 与 SMTP 客户机进程通信，负责从因特网上接收邮件。POP3 服务器与用户主机中的 POP3 客户机进程通过 POP3 通信，负责向本地提供邮箱中的邮件。

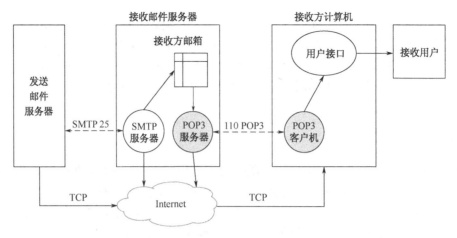

图 7.24　使用 POP3 接收邮件的过程

## IMAP

使用 POP3 读取邮件时，用户将邮件下载到本地主机后，建立一个邮件文件夹，并且将下载的邮件放入该文件夹中。这样，用户可以随意删除邮件报文，在文件夹间移动邮件报文，也可以查询邮件报文（通过发送端的名字或报文主题）。但是，这种通过文件夹把邮件报文存放在本地机上的方法，不利于移动办公用户。因为移动办公最好使用一个在远程服务器上的层次文件夹，以便从任何一台机器上均可对所有邮件报文进行读取；然而，POP3 并没有给用户提供任何操作远程文件的方法。为了解决这些问题，由 RFC 2060 定义了互联网消息访问协议（IMAP）。与 POP3 一样，IMAP 也是一个邮件读取协议，也基于 C-S 模式工作，但比 POP3 具有更多的特色，不过也比 POP3 复杂得多。

在使用 IMAP 时，所有收到的邮件同样是先送到 ISP 邮件服务器的 IMAP 服务器。在用户的计算机上运行 IMAP 客户机程序，然后与 ISP 的邮件服务器上的 IMAP 服务器程序建立 TCP 连接。这时用户在自己的机器上操作 ISP 邮件服务器的邮箱，就像操作本地机一样。因此 IMAP 是一个联机协议，为用户提供了创建文件夹以及在文件夹之间移动邮件的命令。IMAP 服务器把每个邮件报文与一个文件夹联系起来。当邮件报文第一次到达邮件服务器时，它把邮件报文放在收件人的收件箱文件夹里。IMAP 收件人也可以把邮件移到一个新的、由用户创建的文件夹内，或阅读邮件、删除邮件等。

此外，IMAP 还为用户提供了在远程文件夹中查询邮件的命令，可按指定条件去查询匹配的邮件。注意与 POP3 不同的是，IMAP 服务器维护了 IMAP 会话的用户状态信息。例如，文件夹的名字以及哪个邮件报文与哪个文件夹相联系。

IMAP 的另一个重要特性是它具有允许用户代理读取报文组件的命令。例如，用户代理可以只读取一个邮件报文的报头，或只是 MIME 报文的一部分。当用户代理和其邮件服务器之间使用低带宽连接时（如无线连接，或通过低速调制解调器链路进行的连接），这个特性非常有用。例如，在低带宽连接的情况下，用户可能并不想取回其邮箱中的所有邮件，或要避免可能包含音频或视频内容的大邮件等。

注意，不要将邮件读取协议 POP3、IMAP 与简单邮件传送协议（SMTP）相混淆。发信人的用户代理向源邮件服务器发送邮件，以及源邮件服务器向目的邮件服务器发送邮件，使用

SMTP。而 POP3 和 IMAP 则是用户从目的邮件服务器上读取邮件所使用的协议。

实际上，目前所有的电子邮件都采用 E-mail 应用软件进行收发，用户无须知道其操作细节。当然，若这些应用软件是建立在 SMTP 之上的，则仍然需要这些技术细节。假若用户 A 想给用户 B 发送一封简单的 ASCII 报文，其基本操作过程如图 7.25 所示。

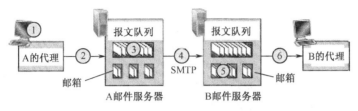

图 7.25  用户 A 向用户 B 发送一条邮件报文的操作过程

（1）用户 A 启动用户代理程序并提供用户 B 的邮件地址，撰写邮件，通过用户代理发送该邮件。

（2）用户 A 的用户代理把邮件报文发给用户 A 的邮件服务器，并存放在报文发送队列中。

（3）运行在用户 A 邮件服务器上的 SMTP 客户机发现报文队列中的报文之后，创建一个到运行在用户 B 的邮件服务器上的 SMTP 服务器的 TCP 连接。

（4）在经过一些初始 SMTP 握手后，SMTP 客户机通过该 TCP 连接发送用户 A 的邮件报文。

（5）在用户 B 的邮件服务器上，SMTP 服务器接收该邮件报文；然后，用户 B 的邮件服务器将该报文放入用户 B 的邮箱中。

（6）用户 B 调用用户代理阅读该邮件报文。

## 典型问题解析

【例 7-5】下述哪一项不属于电子邮件协议？（    ）
 a．POP3    b．SMTP    c．IMAP    d．MPLS

【解析】在 TCP/IP 网络中，邮件服务器之间使用简单邮件传送协议（SMTP）相互传递电子邮件，电子邮件应用程序使用 SMTP 向邮件服务器发送邮件。使用 POP3 或者 IMAP 从邮件服务器的邮箱读取邮件。

MPLS 为多协议标签交换，是一种第三层交换技术，不属于电子邮件协议。

参考答案：选项 d。

【例 7-6】简单邮件传送协议（SMTP）默认的端口号是下述哪一个？（    ）
 a．21    b．23    c．25    d．80

【解析】SMTP 默认的端口号是 25。SMTP 邮件传送前，SMTP 客户机请求与服务器的 25 号端口建立一个 TCP 连接，连接建立后，可进行邮件的传送。参考答案是选项 c。

【例 7-7】POP3 采用（ 1 ）模式，当客户机需要服务时，客户机软件（例如 Outlook Express 或者 FoxMail）与 POP3 服务器建立（ 2 ）连接。

（1）a．Browser/Server    b．Client/Server    c．Peer to Peer    d．Peer to Server
（2）a．TCP    b．UDP    c．PHP    d．IP

【解析】POP3 是邮局协议（POP）的第三个版本，它允许用户通过 PC 动态检索邮件服务器上的邮件。POP3 采用客户机-服务器模式，其客户机运行在用户的 PC 上，当用户需要下载邮件时，客户机向 POP 服务器的 TCP 端口 110 发送连接请求，当 TCP 连接建立成功后，POP 客户机就可以向服务器发送命令、下载和删除邮件了。

参考答案：(1) 选项 b；(2) 选项 a。

## 练习

1. SMTP 进程使用下列哪种服务？（　　）
   a. UDP　　　　　b. TCP　　　　　c. RTP　　　　　d. POP
2. 下列哪项有关 SMTP 的描述是正确的？（　　）
   a. SMTP 在接收到邮件后会通知用户
   b. SMTP 定义了消息的格式
   c. SMTP 为客户机应用程序获取邮件
   d. SMTP 用于在计算机之间传递邮件
3. 接收方 SMTP 进程在下列哪个约定端口上接收输入的 E-mail？（　　）
   a. TCP 端口 23　　b. TCP 端口 25　　c. UDP 端口 23　　d. UDP 端口 25
4. SMTP 邮件传送分为下列哪 3 个阶段？（　　）
   a. 连接关闭　　　b. 数据传送　　　c. 邮件传递　　　d. 连接建立
5. 对于发送方 SMTP 进程发出的 "Data" 命令，接收方 SMTP 进程会回应下列哪项？（　　）
   a. 354 send mail input（354 发送邮件输入）
   b. 354 start mail input（354 开始邮件输入）
   c. 250 OK（250 准备就绪）
   d. 220 positive acknowledgement（220 肯定确认）
6. 发送方 SMTP 进程发出下列哪条命令来终止 TCP 连接？（　　）
   a. QUIT　　　　　b. EXIT　　　　　c. 250 OK　　　　d. END
7. 试给出 aaa.@163.com 到 bbb@sina.com 的连接建立阶段。
8. 试给出 aaa.@163.com 到 bbb@sina.com 的报文传送阶段。邮件报文是 "Good morning my friend"。
9. 试给出 aaa.@163.com 到 bbb@sina.com 的连接终止阶段。

## 补充练习

1. 描述通过 E-mail 服务器由一个人向另一个人发送 E-mail 的必要步骤。
2. HELO 和 MAIL FROM 命令都是必需的吗？为什么？
3. 若已经建立了 TCP 连接，为什么传送邮件时还要建立 TCP 连接？
4. 查阅有关 SMTP 的 RFC 文档、POP3 的 RFC 文档和 IMAP4 的 RFC 文档。

## 本 章 小 结

随着计算机、手持设备等硬件的普及，网络应用变得更加广泛，新的网络服务不断提出，但最主要的还是基于 Web 的服务。本章详细介绍了在两台计算机之间进行 TCP/IP 应用程序信息的传送机制与工作原理。

与以太网连接的计算机在访问 Web 网站时，与 Web 服务器进行信息传送的客户机首先要使用 DNS 将 URL 解析为 IP 地址。客户机在获取服务器地址后，其 TCP 进程便与服务器上的 TCP 进程建立连接。连接建立之后，使用 IP 服务和局域网（LAN）底层协议，信息便可在建立了连接的端口之间进行传送。

FTP 应用程序是非常通用的 TCP/IP 应用程序，可用于通过因特网移动所有类型的文件，为文件共享和客户机透明地访问文件提供了一种有效的机制。

SMTP 使用面向连接的 TCP 应用程序将电子邮件从客户机移向服务器。SMTP 用于定义客户机与服务器之间的会话，而不用于存储和恢复电子邮件。

## 小测验

1. 使用 TCP 在两个应用程序之间发送数据之前，必须进行以下哪项工作？（　　）
   a．必须建立 IP 连接　　　　　　b．必须建立 TCP 连接
   c．必须将 TCP 消息分段　　　　d．必须将 IP 数据包分成帧
2. IP 数据包地址最可能来自（　　）：
   a．用户输入的统一资源定位符（URL）　　b．地址解析协议（ARP）
   c．网络中的路由器　　　　　　　　　　　d．Web 服务器
3. FTP 服务器使用 FTP 控制端口执行下列哪项操作？（　　）
   a．解释来自客户机的请求　　　　　　b．控制数据包中的数据总量
   c．控制数据通过局域网（LAN）发送的速率　d．从服务器向客户机发送数据
4. 下列哪项内容解释了 TCP/IP 应用程序简单的原因？（　　）
   a．TCP/IP 应用程序易于理解
   b．TCP/IP 应用程序易于复制
   c．TCP/IP 应用程序使用易读的命令
   d．TCP/IP 应用程序使用易于处理的数据
5. Web 客户机的浏览器向 HTTP 服务器发送一条 Web 页面请求后，服务器按下列哪种顺序对该请求消息进行解封装？（　　）
   a．应用层，传输层，网络接口层，网络层
   b．传输层，应用层，网络层，网络接口层
   c．网络接口层，网络层，应用层，传输层
   d．网络接口层，网络层，传输层，应用层
6. TCP 应用程序如何确认接收到的最后一条消息？（　　）
   a．在其应答消息中，对 TCP 端口号加 1
   b．对接收到的序列号加 1，并将其放在应答消息的确认号字段中发送
   c．对应答序列号加 1，并将其放在应答消息的确认号字段中发送
   d．对应答消息的确认和同步位清零
7. 如果一个 HTTP 客户机未在其 HTTP 请求消息中指定文件名称，则 HTTP 服务器将返回下列哪项作为应答？（　　）
   a．一个空页面　　　　　　b．一条错误消息
   c．默认文件　　　　　　　d．一条 HTTP 的 NACK（不确认）消息

8. 下列哪项组合信息触发 TCP 或 UDP 应用程序回应信息请求？（  ）
   a．MAC 地址和 IP 地址　　　　b．IP 地址和端口号
   c．MAC 地址和端口号　　　　　d．文件名称和端口号
9. 下列哪 3 项属于 FTP 的目标？（  ）
   a．文件共享　　　　　　　　　b．透明文件存储技术
   c．远程终端访问　　　　　　　d．可靠的数据传送
10. FTP 在其命令通道上使用下列哪种应用层协议？（  ）
    a．HTTP　　　b．TFTP　　　c．Uuencode　　　d．Telnet
11. 下列哪种文本文件类型是 FTP 默认的？（  ）
    a．ASCII　　　b．EBCDIC　　c．二进制　　　d．本地
12. FTP 使用下列哪 3 种模式传送数据？（  ）
    a．串模式　　　b．流模式　　　c．块模式　　　d．压缩模式
13. FTP 服务器的控制端口和数据熟知端口是（  ）：
    a．TCP 端口 20　　　　　　　b．TCP 端口 21
    c．TCP 端口 22　　　　　　　d．TCP 端口 23
14. 下列哪种 FTP 命令用于将文件放到 FTP 服务器上？（  ）
    a．Send　　　b．Put　　　c．Get　　　d．Transfer
15. 下列哪个 SMTP 命令标识了发送主机？（  ）
    a．IAM　　　b．FROM　　　c．HELO　　　d．IDSEND
16. 发送方进程使用下列哪个 SMTP 命令来标识特定的接收方邮箱？（  ）
    a．HELO　　　b．RCPT　　　c．MBOX　　　d．TO
17. 下列哪个 SMTP 命令之后为消息的文本？（  ）
    a．DATA　　　b．START　　　c．TEXT　　　d．HELO

# 第八章 多媒体通信协议

随着基于 IP 业务种类的增加，互联网已不再只用于文本数据传输。近年来，基于互联网的多媒体技术（Multimedia Technology）发展迅速，特别是音频技术、视频技术。自 2000 年以来，数字音频和视频的应用已经成为因特网发展的主要驱动力。目前，已有多种多媒体通信网络系统，诸如：

（1）IP 电话（Voice over IP，VoIP）。VoIP 是将模拟的声音信号通过 IP 网络传输的一种电话业务。它是一种最普遍的多媒体应用技术，全世界的电话公司都用 IP 路由器取代了传统的电话交换机。

（2）视频点播（Video on Demand，VOD）。VOD 是 20 世纪 90 年代在国外发展起来的一种多媒体应用。顾名思义，VOD 是一种交互式多媒体信息服务系统，就是根据观众的需求和兴趣选择多媒体信息内容，并控制其播放过程。VOD 是计算机技术、网络通信技术、多媒体技术、电视技术和数字压缩技术等多领域融合的产物。

（3）因特网广播（Internet Broadcasting），也称为 Web 广播或者在线广播、网上广播。Web 广播是指数字化的信息通过因特网进行广播的一种形态，即在因特网上广播音频、视频等多媒体信号。例如，通过因特网在个人电脑上收视/收听电视或广播节目。因特网广播通常采用多播、单播和广播等多种形式实现。

今天大多数互联网流量来自流媒体数据，包括数字音频/视频等，其中许多混合协议（包括 RTP/UDP 和 RTP/HTTP/TCP）用于来自 Web 站点的媒体流。音频/视频还可用于实时会议，许多呼叫使用了 VoIP（SIP 和 H.323），而不是传统的电话网络。多媒体通信协议体系如图 8.1 所示。

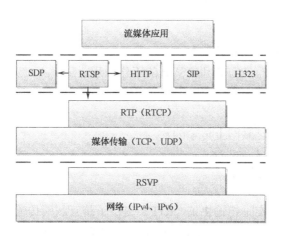

图 8.1 多媒体通信协议体系

本章主要讨论流媒体传输协议（RTP、RTCP、RTSP 和 RSVP）以及 VoIP 协议（SIP、H.323），这些协议可用来在基于数据包的 TCP/IP 网络中携带语音、视频及数据信息。

# 第一节 流媒体传输协议

多媒体技术的发展已经改变了人们对音频和视频的使用。在过去,通过无线电收音机收听广播,通过电视机观看视频广播节目;现在,人们希望使用以太网来进行文字通信和图像通信,而且还要得到音频和视频服务。流媒体又叫流式媒体,是多媒体的一种。通常可以把流媒体应用分为以下三大类:

- 流式存储的音频/视频——可按需请求到的压缩音频/视频文件;
- 流式直播音频/视频——通过因特网广播的无线电和电视节目;
- 交互式音频/视频——通过因特网进行交互式的音频/视频应用。

流媒体是指采用流式传输的方式在互联网上播放的媒体格式。流式传输是实现流媒体的关键技术。流式传输的定义很广泛,主要指通过网络传送媒体(如视频、音频)的技术总称;其特定含义为通过互联网将音频/视频数据传送到计算机。实现流式传输有两种方法:

- 实时流式传输(Real Time Streaming)。实时流式传输指保证媒体信号带宽与网络连接匹配,使媒体可被实时观看到。实时流式传输根据网络情况来调整输出音、视频的质量,从而实现媒体的持续、实时传送;用户可快进或后退,以观看前面或后面的音、视频内容。
- 顺序流式传输(Progressive Streaming)。顺序流式传输是顺序下载,在下载流媒体文件的同时用户可观看在线媒体;但在给定时刻,用户只能观看已下载的那部分,而不能跳到还未下载的前面部分,在传输期间不能根据用户连接的速度对下载顺序做调整。

在流媒体传输中,标准的流媒体传输协议包括实时传输协议(Real-time Transport Protocol,RTP)、实时传输控制协议(Real-time Transport Control Protocol,RTCP)、实时流媒体协议(Real-Time Streaming Protocol,RTSP)和资源预留协议(RSVP)等。

**学习目标**

- 了解流媒体传输协议标准;
- 熟悉 RTP、RTCP、RTSP 和 RSVP 的工作原理。

**关键知识点**

- 流媒体是如何在互联网上传输的?

## 实时传输协议(RTP)

在互联网协议族中,实时传输协议(RTP)提供了跨互联网传输实时数据的机制。在此使用"传输"这个术语有些不够严密,因为 RTP 位于传输层协议之上,但通常还是把它看成一个传送协议。RTP 由 IETF 的多媒体传输工作小组于 1996 年在 RFC 1889 中公布,后在 RFC3550 中进行了更新。

RTP 详细说明了在互联网上传递音频和视频的标准数据包格式。它一开始被设计为一个多播协议,但后来被用在很多单播应用中。RTP 常用于流媒体系统(配合 RTSP)、视频会议和一键通(Push to Talk)系统(配合 H.323 或 SIP),使之成为 IP 电话产业的技术基础。RTP 和 RTSP、RTCP 一起使用,而且它建立在 UDP 之上。

## RTP 报文格式

RTP 报文由报头和有效载荷两部分组成。RTP 报头格式如图 8.2 所示。其中,载荷类型(Payload Type)域、序列号(Sequence Number)域、时间戳(Timestamp)域和同步源(SSRC)域组成 RTP 数据包标题域。

图 8.2 RTP 报头格式

V:RTP 的版本号,占 2 位,当前协议版本为 2。

P:填充标志,占 1 位。如果 P=1,则在该报文的尾部填充一个或多个额外的 8 位组,它们不是有效载荷的一部分。

X:扩展标志,占 1 位。如果 X=1,则在 RTP 报头后跟有一个扩展报头。

CC:CSRC 计数器,占 4 位,指示 CSRC 的个数。

M:标记,占 1 位。对于不同的有效载荷它有不同的含义:对于视频标记一帧的结束,对于音频则标记会话的开始。

载荷类型:用于说明 RTP 报文中有效载荷的类型,占 7 位,因而 RTP 可支持 128 种不同的有效载荷类型。对于声音流,这个域用来指示声音使用的编码类型,例如 PCM、自适应增量调制或线性预测编码等。如果发送端在会话或者广播的中途决定改变编码方法,则发送端通过该域通知接收端。对电视流,有效载荷类型可以用来指示电视编码的类型,如 Motion JPEG、MPEG-1、MPEG-2 或者 H.231 等。发送端也可以在会话期间随时改变电视的编码方法。

序列号:占 16 位,用于标识发送端所发送的 RTP 报文的序列号,每发送一个报文,序列号增 1。接收端通过序列号来检测报文丢失情况,重新排序报文,恢复数据。例如,接收端的应用程序接收到一个 RTP 数据包流,这个 RTP 数据包流在顺序号 86 和 89 之间有一个间隔,接收端就会判定数据包 87、88 已经丢失,并且采取措施来处理丢失的数据。

时间戳(Timestamp):占 32 位,记录 RTP 报文第一个字节的采样时刻(时间)。接收端使用时间戳来计算延迟和延迟抖动,并进行同步控制。

同步源(SSRC)标识符:占 32 位,由发送端产生,用于标识 RTP 数据包流的同步信源。在 RTP 会话期间的每个数据包流都有一个不同的 SSRC。SSRC 不是发送端的 IP 地址,而是在新的数据包流开始时源端随机分配的一个号码。

贡献源(CSRC)标识符:占 32 位,可以有 0~15 个。每个 CSRC 标识符标识了包含在该 RTP 报文有效载荷中的所有贡献源。

**注意**：这里的同步源（SSRC）是指产生媒体流的信源，它通过 RTP 报头中的一个 32 位数字 SSRC 标识符来标识，而不依赖于网络地址。接收端将根据 SSRC 标识符来区分不同的信源，进行 RTP 报文的分组。贡献源（CSRC）是指当混合器接收到一个或多个 SSRC 的 RTP 报文后，经过混合处理产生一个新的组合 RTP 报文，并把混合器作为组合 RTP 报文的 SSRC，而将原来所有的 SSRC 都作为 CSRC 传送给接收者，使接收端知道组成组合报文的各个 SSRC。

### RTP 封装

在典型的应用场景下，RTP 一般是在传输协议之上作为应用程序的一部分或传输层的一部分加以实现的。多媒体应用（如音频和视频应用），调用 RTP 库（RTP 以通用的 API 库的方式提供编程接口），RTP 库多路复用这些媒体流，并把它们封装为 RTP 分组；RTP 分组被送往套接字（Socket）接口，放入 UDP 报文段传送；UDP 报文段又被嵌入 IP 分组，即 RTP 使用 UDP 来传输报文。RTP 报文的封装过程如图 8.3 所示。

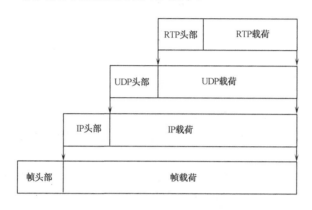

图 8.3　RTP 报文的封装过程

由于 RTP 采用 UDP 封装，为数据提供了具有实时特征的端到端传送服务，所形成的报文可以通过广播或者多播来发送。使用 RTP 协议的应用程序运行在 RTP 之上，而执行 RTP 的程序运行在 UDP 的上层，目的是为了使用 UDP 的端口号和校验服务。但是 RTP 可以与其他适合的底层网络或传输协议一起使用。如果底层网络提供组播方式，那么 RTP 可以使用该组播表传输数据到多个目的地。例如，在组播或单播网络服务下的交互式视音频或模拟数据，这对于传递娱乐节目尤其有用。例如，如果一个有线电视提供商提供一个电视节目或者体育赛事，多个客户就可以同时观看。在这种情况下，提供商无须发送报文的副本到每个订阅者，RTP 允许他在每个本地子网上通过多播来发送 RTP 报文的副本到达客户。如果指定的多播平均到达 $n$ 个客户，那么业务总量将减少至 $1/n$。

### RTP 的工作过程

从应用开发人员的角度来看，可把 RTP 执行程序看成应用程序的一部分，因为开发人员必须把 RTP 集成到应用程序中。在发送端，必须把执行 RTP 的程序写入创建 RTP 数据包的应用程序中，然后应用程序把 RTP 数据包发送到 UDP 的套接字接口（Socket Interface）。同样，在接收端，RTP 数据包通过 UDP 套接字接口输入到应用程序，因此必须把执行 RTP 的程序写入从 RTP 数据包中抽出媒体数据的应用程序。现以 RTP 传输声音为例来说明它的工作过程。

假设作为声源的声音是 64 kb/s 的 PCM 编码声音，并假设应用程序取 20 ms 的编码数据为一个数据块（Chunk），即在一个数据块中有 160 字节的声音数据。应用程序需要为这块声音数据添加 RTP 标题生成 RTP 数据包，这个标题包括声音数据的类型、顺序号和时间戳。然后 RTP 数据包被送到 UDP 套接字接口，在那里再被封装在 UDP 数据包中。在接收端，应用程序从套接字接口处接收 RTP 数据包，并从 RTP 数据包中抽出声音数据块，然后使用 RTP 数据包的标题域中的信息正确地译码和播放声音。

如果应用程序不使用专有的方案来提供载荷类型、顺序号或者时间戳，而是使用标准的 RTP，应用程序就更容易与其他的网络应用程序配合运行，这正是所希望的。例如，如果有两个不同的公司都在开发 IP 电话软件，他们都把 RTP 合并到其产品中，这样就有希望让使用不同 IP 电话软件的用户之间能够相互通信。

需要强调的是，RTP 本身不提供任何机制来确保把数据及时递送到接收端或者确保其他的服务质量，也不担保在递送过程中不丢失数据包或者防止数据包的顺序不被打乱。的确，RTP 的封装只是在系统端才能看到，中间的路由器并不区分哪个 IP 数据报是运载 RTP 数据包的。

RTP 允许给每个媒体源分配一个单独的 RTP 数据包流，包括摄像机或者麦克风。例如，有两个团体参与电视会议，这就可能打开 4 个数据包流：两台摄像机传送电视流和两个麦克风传送声音流。然而，许多流行的编码技术（包括 MPEG-1 和 MPEG-2）在编码过程中都把声音和电视图像捆绑在一起，以形成单一的数据流，一个方向就生成一个 RTP 数据包流。

## 实时传输控制协议（RTCP）

RTCP 是 RTP 的控制协议，也定义在 1996 年提出的 RFC 1889 中。多媒体网络应用把 RTCP 和 RTP 一起使用，尤其是在多目标广播中。因此，RTCP 是 RTP 的一个姐妹协议。当从一个或者多个发送端向多个接收端广播声音或者电视时，也就是在 RTP 会话期间，每个参与者周期性地向所有其他参与者发送 RTCP 控制数据包，为媒体分发的服务质量保障提供反馈信息，如图 8.4 所示。

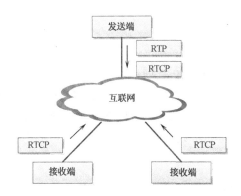

图 8.4 每个参与者周期性地发送 RTCP 控制数据包

RTCP 用来监视服务质量和传送有关与会者的信息，是一个进行流量控制和拥塞控制的服务控制协议。对于 RTP 会话或者广播，通常使用单个多目标广播地址，属于这个会话的所有 RTP 和 RTCP 数据包都使用这个多目标广播地址，通过使用不同的端口号可把 RTP 数据包和 RTCP 数据包区分开来。当应用程序开始一个 RTP 会话时将使用两个端口：一个给 RTP，一个给 RTCP。RTP 本身并不能为按顺序传送的数据包提供可靠的传送机制，也不提供流量控制或拥塞控制，它依靠 RTCP 提供这些服务。在 RTP 的会话之间周期性地发送一些 RTCP 包，以监听服务质量和交换会话用户信息。RTCP 包中含有已发送的数据包的数量、丢失的数据包的数量等统计资料。因此，服务器可以利用这些信息动态地改变传输速率，甚至改变有效载荷类型。RTP 和 RTCP 配合使用，它们能以有效的反馈和最小的开销使传输效率最佳化，因而特别适合传送网上的实时数据。根据用户间的数据传输反馈信息，可以制定流量控制的策略；而根据会话用户信息的交互情况，可以制定会话控制的策略。

### RTCP 的功能

RTCP 为 RTP 媒体流提供信道外控制。RTCP 本身并不传输数据，但与 RTP 协作将多媒体数据打包和发送。RTCP 定期在多媒体流会话参加者之间传输控制数据。

1. 为应用程序提供会话质量或者广播性能质量的信息

RTCP 的主要功能是为 RTP 所提供的服务质量（Quality of Service）进行反馈。RTCP 收集相关媒体连接的统计信息，例如：传输字节数、数据包数目、丢失的数据包数目和数据包的抖动等情况。这些反馈信息对发送端、接收端或者网络管理员都是很有用的。RTCP 规格没有指定应用程序应该使用这个反馈信息做什么，这完全取决于应用程序开发人员。例如，发送端可以根据反馈信息来修改传输速率，接收端可以根据反馈信息判断问题是本地的、区域性的还是全球性的，网络管理员也可以使用 RTCP 数据包中的信息来评估网络用于多目标广播的性能。

2. 确定 RTP 用户源

RTCP 为每个 RTP 用户提供了一个全局唯一的规范名称标志符 CNAME，接收者使用它来追踪一个 RTP 进程的参加者。当发现冲突或程序重新启动时，RTP 中的同步源标识符可能发生改变，接收者可利用 CNAME 来跟踪参加者。同时，接收者也需要利用 CNAME 在相关的 RTP 连接中的几个数据流之间建立联系。当 RTP 需要进行音视频同步的时候，接收者就需要使用 CNAME 来使得同一发送者的音视频数据相关联，然后根据 RTCP 包中的计时信息来实现音频和视频的同步。

3. 控制 RTCP 传输间隔

由于每个会话成员定期发送 RTCP 数据包，随着参加者不断增加，RTCP 数据包的频繁发送将占用过多的网络资源。为了防止拥塞，必须限制 RTCP 数据包的流量，控制信息所占带宽一般不超过可用带宽的 5%，因此需要调整 RTCP 包的发送速率。由于任意两个 RTP 终端之间都互发 RTCP 包，因此终端的总数很容易估计出来，应用程序根据参加者总数就可以调整 RTCP 包的发送速率。

4. 传输最小进程控制信息

该功能对于参加者可以任意进入和离开的松散会话进程十分有用，参加者可以自由进入或离开，没有成员控制或参数协调。

### RTCP 数据包格式

RTCP 也是用 UDP 来传送的，但 RTCP 封装的仅仅是一些控制信息，因而其报文分组很短，所以可以将多个 RTCP 报文分组封装在一个 UDP 包中。类似于 RTP 数据包，每个 RTCP 数据包以固定部分开始，紧接着的是可变长结构单元，最后以一个 32 位边界结束。RTCP 数据包基本格式如图 8.5 所示。

图 8.5　RTCP 数据包基本格式

图 8.5 中各字段含义如下：
- V：RTCP 的版本号，占 2 位，当前协议版本为 2。
- P：填充标志，占 1 位。设置该标志时，表示 RTCP 数据包中包含一些填充字节。
- RC：用于接收端报告计数，占 5 位。接收端报告块的编号包含在该数据块中，有效值为 0。
- 数据包类型（PT）：占 8 位，标识一个 RTCP 发送端报告（SR）数据包类型。
- 报文长度：占 16 位，表示 RTCP 报文除去 32 位头部剩余的双字节数，即 RTCP 数据包的大小。

## RTCP 数据包类型

在 RTCP 通信控制中，RTCP 的功能是通过不同的 RTCP 数据包来实现的。RTCP 处理机根据需要定义了 5 种类型的报文（RFC 3550），如表 8.1 所示。这些类型的报文完成接收、分析、产生和发送控制报文的功能。

表 8.1　RTCP 报文类型

| 类型 | 缩写表示 | 用途 |
| --- | --- | --- |
| 200 | SR（Sender Report） | 发送端报告 |
| 201 | RR（Receiver Report） | 接收端报告 |
| 202 | SDES（Source Description Items） | 源点描述 |
| 203 | BYE（good bye） | 结束传输 |
| 204 | APP（Application specific functions） | 应用特定函数 |

1. SR（发送端报告）和 RR（接收端报告）

发送端是指发出 RTP 数据包的应用程序或者终端，发送端同时也可以是接收端；SR 用来使发送端以多播方式向所有接收端报告发送情况。接收端是指仅接收但不发送 RTP 数据报的应用程序或者终端；RR 用于接收非活动站的统计信息。

SR 数据包的主要内容有：相应的 RTP 流的 SSRC，RTP 流中最新产生的 RTP 数据包的时间戳，NTP（网络时间协议）流、RTP 流包含的数据包数目，RTP 流包含的字节数等。SR 报文封装格式如图 8.6 所示。

图 8.6 SR 报文封装格式

图 8.6 中各字段含义如下：
- 版本（V）：同 RTP 包头域。
- 填充（P）：同 RTP 包头域。
- 接收报告计数器（RC）：占 5 位，该 SR 包中的接收报告块的数目，可以为零。
- 数据包类型（PT）：占 8 位，SR 包是 200。
- 长度域（Length）：16 位，其中存放的是该 SR 包以 32 位为单位的总长度减 1。
- 同步源（SSRC）标识符：SR 包发送端的同步源标识符，与对应 RTP 包中的 SSRC 一样。
- NTP 时间戳：SR 包发送时的绝对时间值。NTP 的作用是同步不同的 RTP 媒体流。
- RTP 时间戳：与 NTP 时间戳对应，与 RTP 数据包中的 RTP 时间戳具有相同的单位和随机初始值。
- 发送端报文计数：从开始发送包到产生这个 SR 包这段时间里，发送端发送的 RTP 数据包的总数。当 SSRC 改变时，这个域清零。
- 发送端有效载荷计数：从开始发送包到产生这个 SR 包这段时间里，发送端发送的净荷数据的总字节数（不包括头部和填充）。当发送端改变其 SSRC 时，这个域要清零。
- 同步源 n（SSRC_n）标识符：该报告块中包含的是从该源接收到的包的统计信息。
- 丢失率：表明从上一个 SR 或 RR 包发出以来，从同步源 n（SSRC_n）来的 RTP 数据包的丢失率。
- 数据包丢失累计：从开始接收到 SSRC_n 的包到发送 SR，从 SSRC_n 传过来的 RTP 数据包的丢失总数。
- 收到的扩展的最高序列号：从 SSRC_n 收到的 RTP 数据包中最大的序列号。
- 数据包到达抖动：RTP 数据包间隔时间的统计评估，以时间为单位，是一个无符号整数。
- 最近发送 SR 的时间戳（LSR）：取最近从 SSRC_n 收到的 SR 包中的 NTP 时间戳的中间 32 位。如果目前还没收到 SR 包，则该域清零。
- LSR 的时间差（DLSR）：上次从 SSRC_n 收到 SR 包到发送本报告的延迟。

## 2. SDES（源点描述）包

SDES 包用于报告和站点相关的信息（如用户名、邮件地址、电话号码等），并包括 CNAME。CNAME 用于规范终端标识 SDES 项。

## 3. BYE（结束传输）包

BYE 包是站点离开系统的报告，表示结束，主要功能是指示某一个或者几个源不再有效，即通知会话中的其他成员自己将退出会话。如果混合器接收到一个 BYE 包，则混合器转发 BYE 包，而不改变 SSRC/CSRC 标识；如果混合器关闭，它也应该发出一个 BYE 包，列出它所处理的所有源，而不只是自己的 SSRC 标识符。作为可选项，BYE 包可包括一个 8 位八进制数，后跟很多八进制文本，表示离开原因，如"camera malfunction"或"RTP loop detected"。字符串具有同样的编码，如在 SDES 中所描述的那样。如果字符串填充包至下 32 位边界，字符串就不以空结尾；否则，BYE 包以空八进制位填充。

## 4. APP（应用特定函数）包

APP 包由应用程序自己定义，主要解决 RTCP 的扩展性问题，并且为协议的实现者提供灵活性。APP 包用于开发新应用和新特征的实验，不要求注册包类型值。带有不可识别名称的 APP 包应被忽略掉。测试后，如果确定应用广泛，推荐重新定义每个 APP 包，而不用向 IANA 注册子类型和名称段。

# 实时流媒体协议（RTSP）

实时流媒体协议（RTSP）定义了如何有效地通过 IP 网络传送多媒体数据，是一种客户端到服务器端的多媒体描述协议，在 RFC2326 中描述。RSTP 用于控制具有实时性的数据（如多媒体流的传送），为多媒体流提供远程控制功能（如播放、暂停/继续、后退/前进等），因此 RTSP 又称为互联网录像机遥控协议。要实现 RTSP 的控制功能，不仅要有协议，而且要有专门的媒体播放器（Media Player）和媒体服务器（Media Server）。媒体服务器与媒体播放器的关系是服务器与客户机的关系。媒体服务器与普通的万维网服务器的最大区别，就是它支持流式音频和视频的传送，因而在客户端的媒体播放器可以边下载边播放（需要先缓存一小段时间的节目）。但在从普通万维网服务器下载多媒体节目时，是先将整个文件下载完毕，然后进行播放。RTSP 仅仅使媒体播放器能控制多媒体流的传送。

RTSP 能够与资源预留协议（RSVP）一起使用，用来设置和管理保留带宽的流式会话或者广播。

### RTSP 的报文组成

RTSP 是一种基于文本的协议，使用 UTF-8 编码（RFC2279）和 ISO106046 字符序列，采用 RFC882 定义的通用格式，每个语句行由 CRLF 作为结束符。使用基于文本协议的好处在于可以随时在使用过程中增加自定义的参数，也可以随便将协议包抓住很直观地进行分析。

RTSP 的消息有请求报文和响应报文两类。请求报文是指从客户向服务器发送请求报文，响应报文是指从服务器到客户的回答。

由于 RTSP 是面向正文（Text-oriented）的，因此在报文中的每一个字段都是一些 ASCII 码串，因而每个字段的长度都是不确定的。RTSP 报文由三部分组成，即开始行、首部行和实体主体。

在请求报文中，开始行就是请求行。RTSP 请求报文组成如图 8.7 所示。

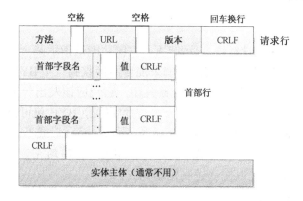

图 8.7　RTSP 请求报文组成

RTSP 请求报文中的"方法"如下：
- OPTIONS：获得服务器提供的可用方法；
- DESCRIBE：得到会话描述信息，即得到媒体参数；
- SETUP：客户端提醒服务器建立会话，并确定传输模式，即在播放器与服务器之间建立一个逻辑信道；
- PLAY：启动数据发送，把数据发送到客户端；
- RECORD：开始从客户端接收数据；
- PAUSE：临时停止发送数据，不释放服务器资源；
- TEARDOWN：客户端发起关闭请求，即关闭逻辑信道；
- ANNOUNCE：更新会话描述。

在响应报文中，开始行是状态行。RTSP 响应报文组成如图 8.8 所示。

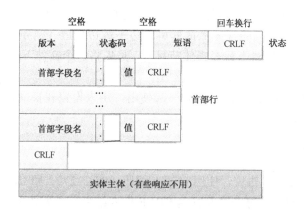

图 8.8　RTSP 响应报文组成

其中，状态码（Status-Code）是服务器试图理解和满足请求报文的结果代码，用于描述接收端对所收到请求消息的执行结果。状态码由三位数字组成，第一位数字是响应的分类，一共有 5 类，剩余两位并未分类：

- 1XX，Informational：接受请求，继续处理；
- 2XX，Success：成功的接受请求理解行为；
- 3XX，Redirection：为完成请求需要更多的操作；
- 4XX，Client Error：请求消息中存在语法错误或不能够被有效执行；
- 5XX，Server Error：服务器响应失败，无法处理正确的有效的请求消息。

状态码可以扩展，对 RTSP 应用软件来说没有必要理解全部注册状态码的含义，但需要理解第一位表示的类别，以便将一些不能够识别的状态码等同于该类别的 x00 代码对待。

### RTSP 的交互过程

RTSP 是一种带外协议，意思是其 RTSP 报文与媒体流分开传送，RTSP 不定义媒体数据包的结构。如果把媒体流定义称作是带内的，那么就可以把 RTSP 看作是带外的。多媒体流是使用 RTP 在带内传送的。RTSP 报文使用端口号 544 与媒体流不同。RTSP 报文可以用 TCP 或者 UDP 传送。RTSP 的信道安排类似于 FTP 控制信道。FTP 有两个不同端口号连接的信道，其中一个 TCP 信道用于传送实际的文件数据，另一个 TCP 信道交换文件的控制信息。RTSP 的基本交互过程如图 8.9 所示。

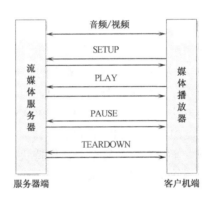

图 8.9　RTSP 的基本交互过程

媒体播放器根据浏览器交付的表现描述文件，得到要求观看的连续媒体文件。在表现描述文件中，用于客户机向服务器发出请求的基本命令如下：
- 设置音频：SETUP rtsp://example.com/movie/startwar/audio RTSP/1.0
- 设置视频：SETUP rtsp://example.com/movie/startwar/video RTSP/1.0
- 播放：PLAY rtsp://example.com/movie/startwar RTSP/1.0

其中，rtsp 表示所使用的协议；example.com/movie 表示要访问的资源在互联网上的位置；startwar 表示资源名称；audio、video 表示要访问音频或者视频；RTSP/1.0 表示协议版本。这些命令是用来描述采用 URL 的 rtsp://…引用连续媒体文件的。

按照客户机/服务器（C/S）模型，客户端（C）和服务器端（S）建立和协商实时流会话的过程如下：

（1）C→S：OPTIONS request（询问 S 有哪些方法可用）

　　　S→C：OPTIONS response（S 回应信息中包括提供的所有可用方法）

（2）C→S：DESCRIBE request（要求得到 S 提供的媒体初始化描述信息）

S→C：DESCRIBE response（S 回应媒体初始化描述信息，主要是 SDP）

然后，媒体播放器向服务器发送 SETUP 报文，服务器响应 OK，在播放器与服务器之间建立一个逻辑信道。接着，播放器向服务器发送 PLAY 报文，服务器用 OK 应答后，启动媒体流的传送，把媒体流数据送往播放器。在媒体流传送期间，播放器可以发送 PAUSE 报文，要求服务器暂停发送数据。最后，播放器用 TEARDOWN 报文释放逻辑信道，完成本次会话。其交互过程如下：

(3) C→S：SETUP request（设置会话属性，以及传输模式，提醒 S 建立会话）

　　S→C：SETUP response （S 建立会话后，返回会话标识符及会话相关信息）

(4) C→S：PLAY request（C 请求播放）

　　S→C：PLAY response（S 回应请求信息）

　　S→C：PLAY response（S 发送流媒体数据）

(5) C→S：TERADOWN request（C 请求关闭会话）

　　S→C：TERADOWN response（S 回应请求信息）

注意：媒体流的传送是采用其他协议的，如 RTP。以上是一次标准的 RTSP 交互过程，其中步骤（3）、（4）是必需的。

### RTSP 与 HTTP 的区别

RTSP 是一种基于文本的应用层协议，主要目标是为单目标广播和多目标广播上的流式多媒体应用提供可靠的播放性能，以及支持不同厂家提供的客户机和服务器之间的协同工作能力。在语法及一些消息参数等方面，RTSP 与 HTTP 类似，但还是有区别的。

- RTSP 引入了几种新的方法，比如 DESCRIBE、PLAY、SETUP 等，并且有不同的协议标识符，RTSP 为 RTSP1.0，HTTP 为 HTTP1.1。
- HTTP 是无状态的协议，而 RTSP 为每个会话保持状态。
- RTSP 的客户端和服务器端都可以发送 Request 请求，而在 HTTP 中，只有客户端能发送 Request 请求。
- 在 RTSP 中，载荷数据一般是通过带外方式来传送的(除了交织的情况)，即通过 RTP 在不同的通道中来传送载荷数据。而 HTTP 的载荷数据都是通过带内方式传送的，比如请求的网页数据是在回应的消息体中携带的。
- 使用 ISO 10646(UTF-8) 而不是 ISO 8859-1，以配合当前 HTML 的国际化。
- RTSP 使用 URL 请求时包含绝对 URL，而由于历史原因造成的向后兼容性问题，HTTP/1.1 只在请求中包含绝对路径，把主机名放入单独的标题域中。

## 资源预留协议（RSVP）

资源预留协议（Resource Reservation Protocol，即 RSVP）是一种用于互联网上质量整合服务的协议。RSVP 是网络层的一种控制协议，已成为互联网多媒体通信服务不可或缺的主流技术。

### RSVP 基本概念

RSVP 由 Xerox 公司与南加州大学的网络研究者为克服互联网原始服务模型的局限性而

共同研制。RSVP 的基本思想是在网络层通过预留资源来为请求的数据流提供有保障的服务质量。显然，在只有知道数据流的情况下，才能在某个层次上进行预留。要知道数据流并不意味着要建立连接。因此，RSVP 涉及如下基本概念。

1. 流

流（Flow）是指具有同样的源 IP 地址和端口号、目的 IP 地址和端口号、协议标识符及其服务质量需求的一连串数据包。流以单播或多播方式在源、宿之间传输，为不同服务提供类似连接的逻辑通道。在 RSVP 中，发送端点简单地以多播方式传送数据；接收端点如欲接收数据，将由网络路由协议系统（如 IGMP 等）负责形成在源、宿间转发数据的路由，也就是由路由协议配合形成数据码流。流在 RSVP 中占有至关重要的位置，RSVP 的所有操作几乎都是围绕流而进行的。

2. 路径消息

路径消息（Path Message）由源端定时发出，并沿流的方向传输，其主要目的是保证沿正确的路径预留资源。路径消息中含有一个 flowspec（流规约）对象，主要用来描述流的传输属性和路由信息。路径消息可用来识别流，并使结点了解流的必要信息，以配合预留请求的决策和预留状态的维护。

3. 预留消息

预留消息（Reservation Message）由接收端定时发出，并沿路径消息建立的路由反向传输，其主要目的是接收端为保障通信服务质量请求各级结点预留资源。预留消息主要由 Flowspec 及 Filterspec 两个对象组成。Flowspec 是预留消息的核心内容，它用来描述流过滤后所需通信路径的属性（如资源属性）；Filterspec 则指定了能够使用预约资源的数据包，即表明了接收端希望接收各独立发送端流的特定部分，主要由发送端列表和流标描述。

### RSVP 系统结构

RSVP 在主机和路由器上的体系结构如图 8.10 所示。这是一种模块化系统结构，包含 RSVP 进程（RSVP Process）、决策控制（Policy Control）、接纳控制（Admission Control）、分类控制器（Classifier）和分组调度器（Scheduler）等，表示主机与路由器之间的交互关系。RSVP 的工作过程是：首先由请求 QoS 传送服务的应用向主机上的 RSVP 进程提出请求，然后在主机上的 RSVP 进程与路由器上 RSVP 进程之间运行 RSVP，实现资源预留。资源预留进程还要进行策略控制和接纳控制。

其中，策略控制用来确定是否允许应用进行资源预留；接纳控制用来确定一个结点是否具有足够的资源，满足请求的 QoS。如果结点上的资源不够，就可以拒绝新的请求，保障现有的通信流的服务质量；分类控制器用来决定数据分组的通信服务等级，主要用来实现由 filterspec 指定的分组过滤方式；分组调度器则根据服务等级进行优先级排序，主要用来实现由 flowspec 指定的资源配置。当策略控制或接纳控制未能获得许可时，RSVP 进程处理模块将产生预留错误消息并传送给收发端点；否则将由 RSVP 进程处理模块设定分类与调度控制器所需的通信服务质量参数。

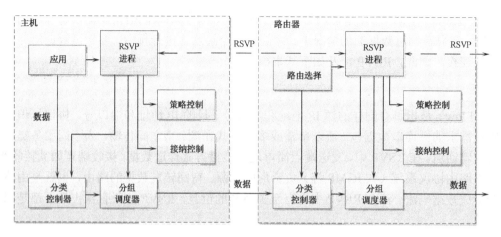

图 8.10 RSVP 系统结构

**RSVP 资源预留机制**

RSVP 采用接收端发起的预留方式，也称为面向接收端的预留。这意味着是接收端而不是发送端发起资源预留。为什么采用接收端发起的预留呢？似乎应该是发送端发起预留才对，其实早期也有从发送端发起的预留协议。但由于 RSVP 要求能够在多播环境中使用，如多播会议系统、多播视频点播应用等。在多播环境中，接收端是异构的，即接收端设备各种各样，如 PC 机、视频终端、PDA 等，在这种环境中只有接收端才真正知道它自己需要多少带宽。所以从接收端发起资源预留更为合适。

RSVP 实现预留的机制较为简单，它采用路径（Path）报文和预留（Resv）报文实现接收端的资源预留。

- 发送端周期性的发送 Path 报文，沿着单播或者多播路径到达接收端。其中，Path 报文中包括发送端口的 IP 地址、发送端的通信量特性、从发送端到接收端的端到端路径信息、前一跳转发 Path 报文的 RSVP 结点的地址。
- 接收端一旦收到 Path 消息，就以单播方式沿着反向路径向发送端发送 Resv 报文。在路径上的每一跳，路由器根据预留请求预留要求的带宽。如果剩余的带宽不够，就返回预留失败的消息。当 Resv 报文传递到发送端，从发送端到接收端沿途路径上的资源就被预留完毕。

资源预留请求报文（Resv）由接收端发起并一次向上游传送，上游在这里是从接收端到发送端的方向。在途经的每一个结点上，资源预留请求会触发在链路上进行资源预留或者向上游结点转发资源预留请求两种操作。在链路上进行资源预留的方法是：每一个结点上的 RSVP 进程都会将请求资源预留的消息传递给接纳控制器和策略控制器。只要这两个模块部件中任何一个在检测是否可接纳时失败，那么资源预留请求就会被拒绝；同时，RSVP 进程产生一个错误消息发送给接收方。如果二者都能成功，结点就会同时对分组流分类器进行相应的设置，从而在实际数据流传输时能够将这个预留的数据分组从进入路由器中的所有分组中挑选出来，进而为它提供 QoS 保证。

RSVP 中的资源预留请求通过流描述符来表示，包括流规约（Flowspec）和过滤器规约（Filterspec）。其中，Flowspec 描述符所希望得到的 QoS 保证，它用来设置相应网络结点中分组调度部件或者数据链路层机制的参数。Filterspec 用来设置分组流分类器的参数。Flowerspec 一般由服务类型（Service Class）和参数 Rspec、Tspec 组成。Rspec 用来定义所希望的 QoS 服务，Tspec 用来描述数据流。Rspec 与 Tspec 的格式和内容对 RSVP 是透明的，它由 IntServ 的服务类型来描述。

## RSVP 消息

RSVP 消息的数据对象可以按任何顺序进行传输。RSVP 消息和其数据对象的所有列表查阅 RFC 2205。RSVP 支持以下几种资源预留消息类型。

1. 路径消息

RSVP 路径（Path）消息沿着数据路径从发送端发送，并记录路径上每个结点的路径状态。路径状态包括先前结点的 IP 地址和一些数据对象：

- sender template——用于描述发送端数据格式；
- sender tspec——用于描述数据流传输特征；
- adspec——携带广播数据。

2. 资源预留请求消息

资源预留请求消息（Resv）由接收端沿着反向路径发送到发送端。在每个结点上，资源预留请求消息的 IP 目的地址将会改成反向路径上下一结点的地址，同时 IP 源地址将会改成反向路径上前一结点的地址。资源预留请求消息包括 Flowspec 数据对象，这个数据对象用于确定流需要的资源。

3. 拆除消息

拆除（Teardown）消息的作用是立刻删除预留的链路或状态。虽然没有必要显式地删除一个原有的预留资源，IETF 仍然建议所有的终端主机在应用结束时应该立即发送 Teardown 消息进行资源的显示释放。

Teardown 消息有两种类型：路径拆除（PathTear）消息和预留请求拆除（ResvTear）消息。PathTear 消息沿数据流的路由方向传递，删除沿途中的链路状态以及与其相关的所有预留链路的状态。ResvTear 消息沿数据流路由的反方向传递，删除沿途中的资源预留状态。

4. 差错消息

差错（Errors）消息有路径差错（PathErr）和预留请求差错（ResvErr）两种类型。

PathErr 用来报告在处理 Path 消息中产生的错误。当网络中的几点在处理 Path 消息中产生的错误时，就会产生一个 PathErr 消息发送到发送方。PathErr 消息在经过的网络结点时不改变包中的任何状态。

ResvErr 消息用来报告在处理 Resv 消息中产生的错误。当网络中的结点在处理 Resv 消息中产生的错误时，就会产生一个 ResvErr 消息发送到接收方。它的转发依靠预留状态中保存的下一跳结点的地址。它在每一个结点上进行转发时，分组的 IP 目的地址就是下一跳的 IP 地址。这一点与 ResvErr 消息的转发有所不同。

5. 确认消息

确认消息 ResvConf 是用来确认资源预留请求的。这是一个可选功能；当 Resv 消息中带有

RESV_CONFIRM 参数值时才会要求返回确认的消息。

## RSVP 报文格式

一个 RSVP 报文由报文头和报文体两部分组成。RSVP 报文头格式如图 8.11 所示。

| 版本 | 标志 | 报文类型 | 校验和 | 报文长度 | TTL | 预留 | 流标识符(ID) | MF | 偏移 |
|------|------|---------|--------|---------|-----|------|-------------|-----|------|

图 8.11 RSVP 报文头格式

- 版本：4 位，说明协议的版本号，目前版本号为 1。
- 标志：4 位，目前尚未定义标志位。
- 报文类型：8 位，目前定义的 7 种报文：1=Path，2=Resv，3=PathErr，4=ResvErr，5= PathTear，6= ResvTear，7=ResvConf。
- 校验和：16 位，用于保证报文传输的正确性。
- 报文长度：16 位，以字节表示 RSVP 报文的总长度，包括报文头和随后的可变长度对象。如设置了 MF 标志，或片段偏移为非零值，则是大报文当前片段长度。
- 报文生存周期（TTL）：8 位，发送报文所使用的 IP 生存时间值。
- 流标识符（ID）：32 位，提供下一 RSVP 跳/前一 RSVP 跳报文中所有片段共享标签。
- 更多片段（MF）标志：占用 1 字节的最低位，其他 7 位预留。除报文的最后一个片段外，都将设置 MF。
- 片段偏移：24 位，表示报文中片段的字节偏移量。

RSVP 报文体是用对象表示的，每个对象的第一个 32 位字段是对象头，其格式如图 8.12 所示。

图 8.12 RSVP 对象格式

- 对象长度：16 位，以字节表示的对象长度，且必须是 4 的倍数。
- 对象类编号：8 位，标识对象类。每一个对象类有一个对象名，且必须大写。常用的对象类有：SESSION（会话）、RSVP-HOP（RSVP 段）、TIME-VALUES（时间值）、STYLE（风格）、FLOWSPEC（流说明）、FILTER（过滤器说明）、SENDER-TSPEC（发送端传送说明）、ERROR-SPEC（差错说明）、INTEGRITY（完整性）、SCOPE（作用范围）和 RESV-CONFIRM（保留确认）等。
- 对象类型：8 位，通常与对象类型编号一起使用，定义对象类型。
- 对象内容：定义对象的内容，最大长度为 65 528 字节。

## RSVP 工作过程

RSVP 是一种支持多媒体通信的传输协议，它在无连接协议上提供端到端的实时传输服务。为特定的多媒体流提供端到端的 QoS 协商和控制功能，以减少网络传输延迟。RSVP 的工作过程如图 8.13 所示。

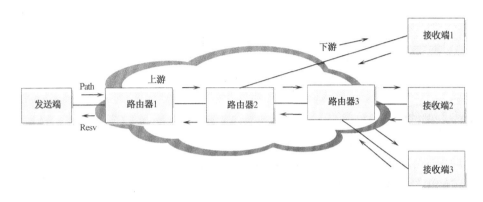

图 8.13 RSVP 的工作过程

一个需要按特定服务质量发送数据流的 RSVP 主机（发送端）在发送数据前，首先发送一个 RSVP 路径消息（Path 报文）与接收端建立一个传输路径，这个含有数据流标识符（ID）及其他控制信息的 Path 报文，将会沿单播或组播路由通过路由协议预先建立的路径进行传输。沿途的各个路由器都记录这个流标识符，并为它做好资源保留的准备。如果 Path 报文到达一个不理解 RSVP 的路由器，将会将这个 Path 报文转发并不对其内容进行分析而且不会为这个流进行资源预留。

当接收端收到 Path 报文后，则使用相同的流标识符回送一个 Resv 报文进行应答。Resv 报文沿相同的路径传送给发送端，途经各个路由器时，对 Path 报文指定的 QoS 给予确认。

此后，发送端和接收端之间通过这条路径传输数据流，沿途的各个路由器为该数据流保留资源，按所协商的 QoS 提供转发服务。

RSVP 通过目的地址、传输层协议类型和目的端口号的组合来标识一个会话。RSVP 消息可以使用原始（raw）IP 数据报发送，也可以使用 UDP 数据报发送。

RSVP 使 IP 路由器为提供更好的服务质量向前迈出了具有深刻意义的一步。传统上 IP 路由器只负责分组转发，通过路由协议知道邻近路由器的地址。而 RSVP 则类似于电路交换系统的信令协议，为一个数据流通知其所经过的每个结点（IP 路由器），与端点协商为此数据流提供质量保证。RSVP 一出现，立刻获得广泛的认同，基本上被任为较好地解决了资源预留的问题。

# 练习

1. 何谓流媒体？何谓流式传输？
2. 流媒体通信中常用的实时传输协议有哪几个？分别具有什么功能？
3. 简述 RTP、RTCP 和 RTSP 三者的联系与区别"分别由何缺点"实现哪些功能？
4. 简述 RSVP 的特点和工作原理。
5. RSVP 用在 IETF 定义的集成服务（IntServ）中建立端到端的 QoS 保障机制。下面关于

RSVP 进行资源预留的叙述中，正确的是（　　）。
  a. 从目的到源单向预约　　　　　　b. 从源到目的单向预约
  c. 只适用于点到点的通信环境　　　d. 只适用于点到多点的通信环境

# 第二节　VoIP 协议

  对于实时交互式音频/视频应用，因特网电话或 IP 上的话音通信就是这种应用的实例。IP 上的语音是一种实时交互式的音频/视频应用。本节将主要介绍一种实时音频/视频应用——IP 语音或因特网电话，包括处理这类通信所使用的会话起始协议（SIP）和 H.323 两种协议。

### 学习目标

- 了解 SIP、H.323 两种协议标准；
- 初步掌握 SIP 是如何建立、管理和终止多媒体会话的；
- 了解用于 H.323 网络中的各组件；
- 了解 H.323 协议栈中的各种协议及其所在的层。

### 关键知识点

- SIP、H.323 用于在分组交换网上提供多媒体通信服务。

## 会话起始协议（SIP）

  会话起始协议（SIP），是由 IETF 组织于 1999 年提出的一个基于 IP 网络实现实时通信应用的一种信令控制协议。所谓会话（Session），就是指在应用层面用户之间的数据交换。SIP 是会话的操作协议。在基于 SIP 协议的应用中，会话数据的类型多种多样，可以是普通的文本数据，也可以是经过数字化处理的音频、视频数据，还可以是诸如游戏和多媒体会议等应用的数据。因此，SIP 的应用具有巨大的灵活性和潜力空间。SIP 定义了对多媒体会话进行控制的信令过程，包括会话的建立、拆除和修改等，可以用来构建 IP 电话系统。SIP 是 IP 多媒体通信系统的会话控制协议，在第三代移动通信系统中得到了应用。微软在其 MSN 中也集成了对 SIP 协议的支持，逐渐抛弃了使用 H.323 协议的 Netmeeting 系统。

### SIP 的基本结构

  SIP 是 IETF 标准进程的一部分，是在诸如 SMTP 和 HTTP 基础之上建立起来的。SIP 是一种基于客户机/服务器模式的协议，用来建立、改变和终止基于 IP 网络的用户间的呼叫，这一点与 HTTP 协议相似。其中客户机是指为了向服务器构建、发送 SIP 请求而建立信令关系的逻辑实体（应用程序），服务器是用于处理由客户机发出的 SIP 请求提供服务并回送应答的逻辑实体（应用程序）。

  在 SIP 中有用户代理和 SIP 网络服务器两个要素。

1. SIP 用户代理

  SIP 通信的基本元素是用户代理（UA）。UA 是呼叫的终端系统元素。SIP 多媒体通信的主体是用户，其逻辑实体是用户代理。UA 的物理体现是用户的终端设备或应用，它可以是用户的 IP 电话、PC 机、手机，还可以是 PC 机中的一个应用软件。显然，在 SIP 通信中，一个用户可以拥有多个 UA。UA 是 SIP 通信中的必有逻辑实体。SIP 通信机制采用客户机/服务器模式。UA 既要代表用户发送 SIP 请求也要响应其他 SIP 网元的 SIP 请求。所以，UA 既包含客户机也包含服务器，它们分别称为 UAC 和 UAS。UAC 和 UAS 是 SIP 协议机制和通信模型的最小逻辑实体，所有 SIP 消息的交互过程都是基于成对的 UAC 和 UAS 而完成的。

2. SIP 服务器

SIP 服务器是处理与多个呼叫相关联信令的网络设备。SIP 有 SIP 代理服务器、SIP 重定向服务器和 SIP 注册服务器 3 类可选用，用来强化 SIP 通信在网络中的功能。但 SIP 通信模型并不依赖它们，它们只是在 SIP 组网时可选用的服务器。

SIP 代理服务器（SIP Proxy Server）：SIP 代理服务器是一个中间元素，它既是一个客户机又是一个服务器，能够代理前面的客户机向下一跳服务器发出呼叫请求。SIP 代理服务器主要用于 SIP 报文的路由控制，它自身并不主动发起请求，只是代表其他客户机转发请求，当接到 SIP 请求时联系 UA，并代表其返回响应。SIP 代理服务器除了路由能力外，也可以集成防火墙、Radius（AAA）等功能。

SIP 重定向服务器（SIP Redirect Server）：与 SIP 代理服务器不同，SIP 重定向服务器是一个规划 SIP 呼叫路径的服务器，在获得了下一跳的地址后，立刻告诉前面的客户机，让该客户机直接向下一跳地址发出请求而自己则退出对这个呼叫的控制。SIP 重定向服务器只是一个 UAS，接收 SIP 请求后，把请求中的原地址映射成零个或多个新地址，返回给客户机。

SIP 注册服务器（SIP Registrar Server）：SIP 注册服务器用来完成对 UAS 的登录，在 SIP 系统的网元中，所有 UAS 都要在某个注册服务器中登录，以便客户机 UAC 通过服务器能找到它们。注册服务并不做请求身份认证的判定。在 SIP 中授权和认证可以通过建立在基于请求/应答模式上的上下文相关的请求来实现，也可以使用更底层的方式来实现。

### SIP 报文格式

SIP 报文是 UAC 和 UAS 之间通信的基本信息单元，采用的是基于 UTF-8 的文本编码格式，语法信息以扩展 Backus-Naur 形式（EBNF）描述，报文格式遵循 RFC 2822。SIP 报文包括请求报文和响应报文，两者具有相同的报文格式。

- 请求——从客户机到服务器的请求。SIP 请求报文包含三个元素：请求行、头、消息体。
- 响应——从服务器到客户机的响应。SIP 响应报文包含三个元素：状态行、头、消息体。

SIP 报文头用于 SIP 呼叫的建立（信令），SIP 报文体用于呼叫的描述。SIP 报文头和 SIP 报文体相对独立，以保证 SIP 呼叫建立和呼叫描述的独立性。SIP 报文的通用格式是：

Generic-message = start-line
\*message-header
CRLF
[message-body]

其中，start-line 为 SIP 报文起始行；\*message-header 为多个头域；CRLF 为空行，表示报文头域的结束；message-body 为报文体部分。

SIP 的报头行描述了 SIP 交互的内容；请求行和头域根据业务、地址和协议特征定义了呼叫的本质；报文体则独立于 SIP 协议，并且可包含任何内容。

### SIP 方法

SIP 的方法是 SIP 请求命令的类别及方法。SIP 的方法是 SIP 机制的基本概念，它定义了 SIP 交互的类型和形式。SIP 协议定义了 6 个基本的管理类型和 7 种扩展。基本的管理类型被称为方法（Methods）。表 8.2 示出了 6 个基本的 SIP 方法，其中 INVITE 和 ACK 是最基本的方法，用于发起呼叫。

表 8.2 基本的 SIP 方法

| 方法 | 用途 |
| --- | --- |
| INVITE | 呼叫建立：邀请某个用户参与呼叫 |
| ACK | 确认客户机已经接收到对 INVITE 的最终响应 |
| BYE | 终止呼叫，通话结束 |
| CANCEL | 未应答请求取消(若请求已完成，则本方法无效) |
| REGISTER | 提供地址解析的映射，让服务器知道其他用户的位置 |
| OPTIONS | 请求关于服务器能力的信息 |

由于 Internet 的飞速发展，近年来，SIP 已经开始被 ITU-T SG16、ETSI TIPON（欧洲标准化组织）、IMTE 等各种标准化组织所接受，并在这些组织中成立了与 SIP 相关的工作组。在 3GPP 中使用 SIP 标准来支持语音和数据是 SIP 协议得以发展的一个重要原因，SIP 可以对语音进行很好的优化，并且由于它的可编程性，使移动业务可以很好地应付灵活性和多样性的变化。SIP 能够对手机、PDA 等移动设备提供良好的支持，对于在线即时交流、语音和视频数据传输等多媒体应用也能够很好地完成。

## H.323 协议

H.323 协议定义了在包交换网络（包括基于 IP 的网络）上提供多媒体通信服务的一些组件、协议及程序，用于在包交换网上传输实时语音、视频及数据通信。H.323 是 H.32x 系列的一部分。包交换网包括基于 IP（包括因特网）的局域网（LAN）、企业网（EN）、城域网（MAN）及广域网（WAN）。

H.32x 是国际电信联盟电信标准部（ITU-T）的推荐标准，它用于在多种网络上提供多媒体通信服务。基于所传输信息流量的不同类型，H.323 协议应用于以下方面：
- 仅传输语音（IP 电话技术）；
- 传输语音及视频（可视电话技术）；
- 传输语音及数据；
- 传输语音、视频及数据；
- 多点多媒体通信（语音或视频会议）。

由于 H.323 协议可提供上述的多种服务，因此其应用范围非常广泛，其中包括消费、商业及娱乐应用等。

H.323 协议是 ITU-T 推荐的 H.32x 系列标准的一部分，该系列中的其余推荐标准分别定义了不同网络中的多媒体通信服务，这些标准及其适用的网络如下：
- H.324 —— 公众电话系统等电路交换网络（SCN）；
- H.320 —— 综合业务数字网（ISDN）；
- H.321 及 H.310 —— 宽带综合业务数字网（B-ISDN）；
- H.322 —— 提供服务质量（QoS）保证的局域网（LAN）。

开发 H.323 标准的主要目的之一，是为了实现与其他多媒体服务网络的互操作。这种互操作可以通过使用网关实现。

## H.323 系统组成

H.323 标准中规定了 4 种组件。这些组件在一起联网后，可以提供点到点以及点到多点的多媒体通信服务。这 4 种组件包括：
- 终端（客户机终端站点）；
- 多点控制单元（MCU）；
- 网关；
- 关守。

并非每个 H.323 网络都需要所有这些组件。此外，关守、网关及多点控制单元（MCU）是 H.323 网络中逻辑上独立的功能组件，物理上可以在同一个物理设备内实现。图 8.14 所示是 H.323 IP 电话系统结构示意图。

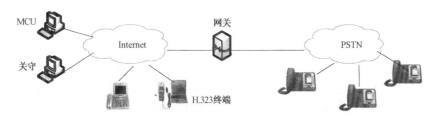

图 8.14　H.323 IP 电话系统结构示意图

1. H.323 终端

终端用于实时进行的双向多媒体通信。H.323 终端可以是一台 PC，也可以是一台独立设备，它们都运行 H.323 协议栈及所需的多媒体应用程序。终端必须支持语音通信，对于视频及数据通信的支持则是可选的。因为 H.323 终端提供的基本服务为语音通信，所以这种终端在 IP 电话服务中起着关键作用。

H.323 的主要目标是为了与其他多媒体终端协同工作。因此，H.323 终端可以与遵循上述其他 H.32x 系列标准的终端兼容。

2. 多点控制单元（MCU）

多点控制单元（MCU）提供多个 H.323 终端的音频视频会议业务。在 H.323 系统中，一个 MCU 由一个多点控制器（MC）和一个或多个多点处理器（MP）组成，但也可以不包含 MP。MC 处理终端间的 H.245 控制信息，从而在终端间交换视频和音频处理能力。在必要情况下，MC 还可以通过判断哪些视频流和音频流需要多点广播来控制会议资源，可以对等实现包含 3 个以上 H.323 终端的多点会议。参与会议的所有终端都必须与该 MC 建立一个连接。

MCU 负责管理会议资源，在终端之间协商以选择要使用的语音或视频编码/解码器（codec），以及处理媒体流。如果多点会议未使用 H.323 网络，则不需要使用 MCU。

3. 网关

所有基于局域网（LAN）的电话系统都需要连接到公用交换电话网络（PSTN）。网关是网络中的一个结点，它在包交换传输与电路交换传输之间转换语音信号的格式。通常情况下，H.323 网关用于连接 H.323 网络与非 H.323 网络。而位于同一 H.323 网络内的两个终端之间则不需要使用网关来进行连接。

下面以在 H.323 终端与 PSTN 终端之间提供通信的网关为例进行讨论。这种不同网络之间的连接是通过一系列过程实现的，包括翻译用于调用安装及释放的协议，转换不同网络之间的媒体格式，以及在网关连接的网络之间传送信息等。

网关可以将打包的语音（已数字化并放入以太网帧中的声音信号）转换为 PSTN 可以接受的格式。因为包交换网络上数字化格式的语音与 PSTN 中的不同。网关也可以将 PSTN 格式转换为数字化语音格式。因此，这些设备也称为代码转换（Transcoding）网关。网关还可以传递包括拨号音等电话信号信息。

网关支持下列 4 种类型的连接：
- 模拟（标准电话）；
- T1 或 E1；
- 综合业务数字网（ISDN），通常使用主速率接口（PRI）服务；
- 异步传送模式（ATM），速度为光载波 3c（OC-3c）及以上。

4. 关守

一个网络区域需要一个"看门"的，那就是关守，也称为网守。关守可以看作是 H.323 网络的"大脑"，它是 H.323 网络中所有呼叫集中的焦点。虽然关守并非 H.323 的必需组件，但关守可以提供一些重要的服务，如寻址、终端和网关的授权和认证、记账、入账及计费等。关守还可以提供呼叫控制及语音转换服务。

关守最重要的功能是限制实时网络连接的数量，以避免超出可用的网络带宽。实时应用程序在尝试建立连接前，先要向关守注册。关守可以拒绝建立连接的请求，或在准许请求时减小其数据速率。这一功能对视频连接非常重要，因为高质量的视频连接需要消耗大量的带宽。

关守不是必需的组件，但一旦其可用，则终端必须使用其服务。由同一个关守管理的所有终端、网关及多点控制器（MCU）称为一个 H.323 区域。这种区域可以有独立的网络拓扑，可以由通过路由器或其他设备连接的多个网段组成。

## H.323 协议体系结构

H.323 系列标准是 ITU-T 专门为分组交换网络设计的多媒体会议标准，它使用 TCP/IP、RTP/RTCP 以及 RSVP 等来支持视频、音频和数据在分组交换网络中的实时编码和传输。例如，在使用 TCP 传输数据的过程中，可以利用 UDP 来传送音频。H.323 协议体系的分层结构如图 8.15 所示。

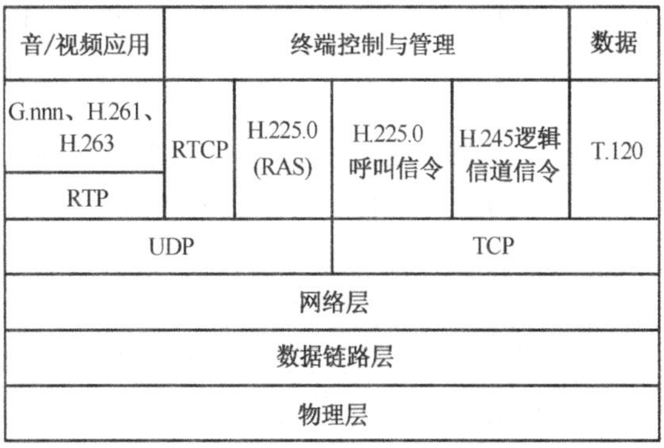

## 第八章 多媒体通信协议

| 音/视频应用 | | 终端控制与管理 | | | 数据 |
|---|---|---|---|---|---|
| G.nnn、H.261、H.263 | RTCP | H.225.0 (RAS) | H.225.0 呼叫信令 | H.245逻辑信道信令 | T.120 |
| RTP | | | | | |
| UDP | | | TCP | | |
| 网络层 | | | | | |
| 数据链路层 | | | | | |
| 物理层 | | | | | |

图 8.15  H.323 协议体系分层结构

H.323 协议体系主要包括以下 4 类协议：

- 系统控制与管理协议，包括 H.323、H.245 和 H.225.0。Q.931 和 RTP/RTCP 是 H.225.0 的主要组成部分，系统控制是 H.323 的核心。
- 音频编解码协议，包括 G.711（必选）、G.722、G.728、G.723、G.729 等。编码器使用的音频标准必须由 H.245 协商确定。
- 视频编解码协议，主要包括 H.261（必选）和 H.263。H.323 系统中视频功能是可选的。
- 数据会议，其标准是多媒体会议数据协议 T.120。

H.323 协议体系是一种兼顾传统 PSTN 呼叫流程和 IP 网络特点发展成熟的开放标准体制，代表着电信多媒体业务的大潮流。它的特别之处是吸取了许多电信网的组网、互联和运营经验，能与 PSTN 网、窄带视频业务以及其他数据业务网互联互通。这正是自 1996 年以来，H.323 多媒体业务被广泛应用的一个重要原因。

### 1. 语音编解码

语音编解码器负责编码来自发送方 H.323 终端扩音器的语音信号，同时解码自身收到的发往接收方 H.323 终端扬声器的语音编码。

每种语音编解码器都在 ITU-T 推荐标准中得到了描述，如下所列。因为语音是 H.323 标准提供的最小服务，因此所有终端最少都必须支持 G.711 语音编解码器。除此之外，终端还可以支持下面列出的这些编解码器：

- G.711（必需）——语音编码速率为 64 kb/s；
- G.722——速率为 64 kb/s、56 kb/s 及 48 kb/s；
- G.723——速率为 5.3 kb/s 及 6.3 kb/s；
- G.728——速率为 16 kb/s；
- G.729——速率为 8 kb/s。

### 2. 视频编解码

视频编解码器负责编码来自传输方 H.323 终端照相机的视频信号，并解码自身收到的发往接收方 H.323 终端视频显示器的视频编码。因为 H.323 的视频支持是可选的，所以视频编解码器也是可选的。但是，所有支持视频通信的 H.323 终端都必须支持 ITU-T 的 H.261 建议中规定的视频编码和解码。H.261 中规定，压缩后的视频信号以 64 kb/s 的速率进行传输，分辨率为 176×44 像素。

H.323 终端也可以选择支持 H.263 视频编解码器，H.263 提供了比 H.261 更好的压缩性能。

3. 实时传送协议

实时传送协议（RTP）并未在 H.323 规范中定义，H.323 只是简单地使用这个已存在的协议。RTP 可以提供实时语音及视频的端到端传递，并将这些语音及视频流量优先于无连接数据进行传送。与 H.323 用于在基于 IP 的网络上传送数据相反，典型情况下 RTP 用于通过 UDP 方式传送数据。RTP 也可以与其他传送协议一起使用。但是，通常情况下，速度越快，便越不可靠。这里使用 UDP 的主要原因是，在语音/视频传输中速度远比精确度重要。也就是说，在少量数据包丢失的情况下仍然可以理解这些语音或视频信号的含义。但如果大多数数据包速度迟缓，则会混淆这些信号的含义。

实时传送协议（RTP）可与用户数据报协议（UDP）一起，作为传送协议使用。RTP 提供负载类型标识、序列编号、时间标记以及传递监控服务，UDP 提供多路复用及校验和服务。

4. 实时传送控制协议

实时传送控制协议（RTCP）与实时传送协议（RTP）一起，用于提供控制服务。RTCP 的主要功能是提供数据分发质量的反馈。RTCP 的其他功能包括，为 RTP 源携带称为"规范名称"的传输级别的标识符，接收方用它来同步语音和视频信号。

5. H.225.0（RAS）

H.225.0（RAS）是在端点（终端和网关）与关守之间进行同步通信的一种协议。RAS 协议常用于在端点与关守之间执行注册、许可控制、带宽改变、状态以及脱离等过程。RAS 通道常用于交换 RAS 消息。这种信令通道在端点与关守之间打开，优先于其他通道的建立。

6. 呼叫信令：H.225.0

呼叫信令协议（H.225.0）用于在两个 H.323 端点之间建立连接。这种连接通过在呼叫信令通道上交换 H.225.0 协议消息得以实现。呼叫信令通道在两个 H.323 端点之间或端点与关守之间打开。

7. 控制信令：H.245

控制信令协议（H.245）用于交换管理 H.323 端点操作的端到端控制消息。这些控制消息所携带的信息如下：
- ▶ 交换性能；
- ▶ 用于携带媒体流的逻辑通道处于打开还是关闭状态；
- ▶ 流控制消息；
- ▶ 常规命令及提示。

8. 文档会议：T.120 系列

T.120 系列建议定义了查看、编辑和传送多媒体会议中的文件的规则。这种多层系统协议允许分散的用户实时共享和修改计算机文档。

### H.323 系统的通信过程

H.323 系统的通信呼叫信令过程主要分为以下几个步骤：

1. 呼叫建立

呼叫的建立过程使用 H.225.0 所定义的呼叫控制信息进行，它涉及三条信令信道：RAS 信令信道（端点注册、准许控制和状态查询）、H.225 呼叫信令信道和 H.245 信令信道。通过三条信道的协调才使得 H.323 的呼叫得以进行，呼叫建立过程和媒体参数的协商过程是分开进行的，呼叫建立过程较长。呼叫的发起可以是 H.323 域中的任意一个端点设备。首先，由呼叫方向关守发出呼叫请求信息，请求的数据包含一个序列号、呼叫类型、目的信息等，经过关守同意呼叫后，主叫方通过关守返回消息中提供的 H.225 信令信道地址与对方建立 H.225 信令连接，H.225 信令交换完毕后，呼叫建立。根据 H.225 交换过程中得到的 H.245 信道地址，与对方进行 H.245 控制信令通信，通过媒体协商，建立多信道的媒体传输。

2. 初始通信和能力交换

一旦双方完成呼叫建立过程，端点设备将首先建立 H.245 控制信道，然后再按照 H.245 建议，在控制信道上进行能力交换，决定双方的主从关系，继而打开媒体信道（如视频、音频或数据信道）。

3. 视听通信的建立

视听逻辑信道建立之后，就可以开始通过它们进行正常的视频、音频通信了。

4. 呼叫服务（带宽变化、状态变化等）

在通信过程中，关守还负责一系列的呼叫服务，如带宽的改变、状态的改变、会议的扩展等。

5. 呼叫终止

任意一个终端设备都可以按照规定的程序进行终止呼叫，但终止呼叫并不等于终止一个会议。

采用 H.323 技术体制，VoIP 运营商可以基本上继承传统运营商的管理和运行维护模式，这对中国、东南亚等国家组建 VoIP 网络特别重要。在中国，运营商组建的 H.323 VoIP 和视频业务网都是全国性网络，对网络的扩展性和稳定性要求极高，组网必须多层多域，覆盖城市多达数百个，每个月的话务量在几亿分钟以上。对于组建这样的大型网络，H.323 协议体系是适合和成功的。

# 练习

1. 以下关于 SIP 功能的描述中那一项是错误的？（     ）
   a. SIP 是在应用层实现即时通信的控制信令协议
   b. SIP 用于创建、修改和终止会话
   c. SIP 在传输层使用 IGMP 协议
   d. SIP 传输的可以是普通文本、音频或视频数据、聊天、游戏等数据
2. 以下关于 SIP 它的描述中那一项是错误的？（     ）
   a. 定义了一个代理与网络服务器
   b. 用户代理包括用户代理与用户代理服务器程序
   c. 定义了代理服务器、注册服务器与重定向服务器
   d. 代理服务器是 SIP 系统中因特网与移动通信网的协议变换器

3．下列哪 3 项属于 H.323 关守的功能？（　　）
   a．许可控制　　b．呼叫信令　　c．带宽管理　　d．会议控制
4．下列哪 2 种编解码器（Codec）支持 64kb/s 的语音编码？（　　）
   a．G.711　　b．G.722　　c．G.726　　d．G.728
5．下列哪项 H.323 推荐协议用于处理 RAS？（　　）
   a．H.225　　b．H.245　　c．H.261　　d．H.263
6．下列哪项多媒体协议指定了多点会议传送？（　　）
   a．T.120　　b．H.261　　c．H.263　　d．T.038
7．分别描述下列 H.323 建议中规定的组件：
   a．多点控制器（MCU）　　　　b．终端
   c．网关　　　　　　　　　　　d．关守
8．在 VoIP（俗称 IP 电话）系统中，通过下列哪一项对声音信号进行压缩编码？（　　）
   a．ISP　　b．VoIP 网关　　c．核心路由器　　d．呼叫终端
9．描述 H.323 网络中的 4 个组件如何使用。
10．描述语音编解码器（Codec）在发送站点和接收站点所执行的操作。

### 补充练习

1．完全实现 IP 语言有什么问题？你认为会很快停止使用电话网吗？
2．基于 H.323 协议栈，画出携带视频信息的以太网帧。
3．使用 Web 搜索研究下列主题的信息：
   a．H.323 终端　　　　　　　b．H.323 多点控制器（MCU）
   c．H.323 网关　　　　　　　d．H.323 关守
   e．实时传送协议（RTP）
4．你认为 H.323 与 SIP 一样吗？它们的区别是什么？试对它们进行比较。

# 本 章 小 结

　　为了推动互联网上的多媒体应用，IETF 提出了一些基于 TCP/IP 的多媒体通信协议，为多媒体通信技术的发展应用发挥了重要作用。本章仅介绍了流媒体传输协议（主要包括 RTP、RTCP、RTCP 和 RSVP 等）以及 VoIP 协议。

　　对于流媒体传输协议，RTP 提供一种端到端的强制性同步控制机制，以满足多媒体流内和流间的同步控制需求。RTP 位于传输层（通常是 UDP）之上，应用程序之下，实时语音、视频数据经过模数转换和压缩编码处理后，先送给 RTP 封装成 RTP 数据单元，RTP 数据单元被封装为 UDP 数据报，然后再向下递交给 IP 封装为 IP 数据包。这么说 RTP 是没有保证传输成功的，那怎么保证传输成功呢？就要用到 RTCP。RTCP 消息含有已发送数据的丢包统计和网络拥塞等信息，服务器可以利用这些信息动态的改变传输速率，甚至改变净荷的类型。RTCP 消息也被封装为 UDP 数据报进行传输。

　　RTP 与 RTCP 相结合虽然保证了实时数据的传输，但也有自己的缺点。最显著的是当有许多用户一起加入会话进程的时候，由于每个参与者都周期发送 RTCP 信息包，会导致 RTCP 包

泛滥（flooding）。

RTP、RTCP、RTSP 的区别在于：

- RTP：一般用于多媒体数据的传输；
- RTCP：同 RTP 一起用于数据传输的监视，控制功能；
- RTSP：用于多媒体数据流的控制，如播放，暂停等。

RSVP 是一种基于网络资源预留的多媒体通信协议，它是通过建立连接为特定的媒体流保留资源，提供 QoS 保证的。RSVP 并不是一个路由协议，而是一种 IP 网络中的信令协议，它与路由协议相结合来实现对网络传输服务质量（QoS）的控制。RSVP 是为支持因特网综合业务而提出的。这是解决 IP 通信中 QoS 问题的一种技术，用来保证点端到端的传输带宽。RSVP 允许主机在网络上请求特殊服务质量用于特殊应用程序数据流的传输。路由器也使用 RSVP 发送 QoS 请求给所有结点（沿着流路径）并建立和维持这种状态以提供请求服务。

IP 上的话音是一种实时交互式的音频/视频应用。会话发起协议（SIP）和 H.32x 系列标准用于在分组交换网上提供多媒体通信服务。SIP 是应用层协议，用来建立、管理和终止多媒体会话。H.323 允许连接在公用电话网上的电话可以与连接在因特网上的计算机通话，它定义了4 种组件：终端、多点控制器（MCU）、网关和关守。H.323 使用其他协议的服务，这些协议包括用于处理呼叫信令、控制和管理的语音和视频编解码器（H.225 和 H.245），以及实时传送协议（RTP）和资源保留协议（RSVP）等。H.323 网络需要特定的 QoS，因此需要遵守 QoS 服务协议，如 802.1Q 及 802.1p 等。

## 小测验

1. SIP 用于音频，因什么缺点使它不宜用于视频？
2. 下列哪 2 种编解码器（codec）支持 64kb/s 的语音编码？（　　）
    a. G.711　　b. G.722　　c. G.726　　d. G.728
3. 实时传送协议（RTP）提供下列哪 3 种服务来增加数据包语音网络的可靠性？（　　）
    a. 传递监控　　b. 序列号　　c. 数据包优先　　d. 时间标记
4. 假定要在目前的一个数据网络上实现 VoIP 服务，同时还要允许用户使用家里的终端通过 PSTN 电话呼叫该网络。那么，这时必须在这个数据网络中安装下列哪种 H.323 设备以允许这种远程连接？（　　）
    a. 一台 PSTN 电话交换机　　b. 一个多点控制器（MCU）
    c. 每个远程工作的家庭办公场所都需要安装 H.323 终端
    d. 一个 PSTN 网关
5. 下列哪 3 项标准用于 H.323 语音编解码器（Codec）？（　　）
    a. G.711　　b. G.728　　c. H.245　　d. H.320
6. 下列哪 2 种协议协助 H.323 控制和监控连接？（　　）
    a. H.225　　b. H.245　　c. H.310　　d. H.321
7. 网络必须支持下列哪 2 种 QoS 协议以提供强大的 VoIP 服务？（　　）
    a. 802.1p　　b. 802.11b　　c. RSVP　　d. 802.3

# 附录 A  课 程 测 验

1. 下列哪 2 项属于 C 类地址？（　　）
    a. 10.1.23.46         b. 192.17.89.253
    c. 192.168.40.15      d. 172.16.45.134

2. 子网掩码 255.248.0.0 的二进制形式为（　　）。
    a. 11111111.11111000.00000000.00000000
    b. 11111111.11110000.00000000.00000000
    c. 11111000.11111111.00000000.00000000
    d. 11111111.11111100.00000000.00000000

3. 下面哪 2 项内容正确地解释了组织对其网络进行子网划分的理由？（　　）
    a. 为了控制多个站点之间的冲突       b. 为了建立可扩缩网络
    c. 为了支持来自同一地址范围的单一站点  d. 为了节省网络地址

4. B 类网络中借位数为 9 时，可建立多少个可用的子网？（　　）
    a. 62       b. 126      c. 254      d. 510

5. 使用子网掩码 255.255.255.192，下列哪组主机地址可以在同一网段上通信？（　　）
    a. 210.68.165.13，210.68.166.48    b. 210.68.165.30，210.68.165.67
    c. 210.68.165.65，210.68.165.120   d. 210.68.165.131，210.68.165.201

6. 对于给定的 IP 地址 67.89.124.189 和子网掩码 255.224.0.0，其划分子网的八位位组是第几个字节？（　　）每次的增量是多少？（　　）
    a. 第 2 个字节，增量为 32      b. 第 2 个字节，增量为 64
    c. 第 3 个字节，增量为 32      d. 第 3 个字节，增量为 64

7. 假定你所在的公司并购了多家竞争公司，它们都有自己的 C 类网络，其地址为（　　）：
    201.36.35.0/24；201.36.72.0/24；201.36.78.0/24；
    201.36.79.0/24；201.36.80.0/24；201.36.141.0/24。

现在需要将这些网络合并在一起，并用尽可能少的网络边界路由器路由表条目来表示它们。你可以利用无类别域间路由（CIDR）来实现。在应用 CIDR 技术后，下列哪项边界路由器的路由表条目最恰当地表示了这些网络？（　　）
    a. 201.36.35.0/24；201.36.78.0/26；201.36.141.0/24
    b. 201.36.32.0/26；201.36.72.0/26；201.36.141.0/26
    c. 201.36.35.0/24；201.36.64.0/26；201.36.128.0/25
    d. 201.36.35.0/24；201.36.64.0/26；201.36.141.0/24

8. IP 主机将 IP 地址解析为 MAC 地址时，首先需要（　　）。
    a. 发送主机在其 ARP 缓存中查找所需的映射
    b. 发送主机立即发送一条 ARP 广播
    c. 接收主机激活其 ARP 缓存，准备接收数据包
    d. 接收主机刷新其 ARP 缓存中的所有旧条目

9. IP 应用程序向 TCP 应用程序提供了下列哪 3 种服务？（    ）
   a. 数据报路由        b. 故障恢复
   c. 生存时间（TTL）   d. 服务类型（ToS）
10. TCP 报头中的哪部分用于指定接收方期望从连接的源结点收到的下一个序列号？（    ）
   a. 数据偏移          b. 确认编号
   c. 初始序列号（ISN） d. 控制位
11. TCP 接收方如何控制来自源结点的数据流？（    ）
   a. 丢弃所有不适合最大传输单元（MTU）窗口的大数据包
   b. 利用返回的 ACK 段设置接收窗口的尺寸
   c. 利用返回的 WIN 段设置确认窗口尺寸
   d. 在连接初始化时设置 SYN 数据包中的窗口尺寸
12. 发送方 TCP 进程如何处理零接收窗口尺寸？（    ）
   a. 将其传送窗口设为 0，并停止传送
   b. 等待接收方 TCP 进程发送周期性的探测数据段
   c. 发送周期性的探测数据段，并等待带有非 0 窗口尺寸的确认（ACK）
   d. 将其接收窗口尺寸改为 0，刷新其缓冲器，并终止该连接
13. 如果 DHCP 客户机在租借期已过 50%时续订失败，则该客户机将（    ）：
   a. 立即停止使用该租借
   b. 在租借期已过 75%时进入 REBIND（重订）状态
   c. 广播一条 DHCPREQUEST 消息
   d. 在租借期已过 87.5%时再次尝试续订
14. 下列哪项内容最恰当地描述了 DHCP scope？（    ）
   a. DHCP 服务器列表，客户机可以从中选择一台服务器来获取配置信息
   b. 允许服务器应答的客户机列表
   c. 一个地址范围，服务器从中选择一个地址分配给客户机
   d. 一个地址范围，服务器可以从中选择一个地址分配给客户机，但仅限于单一子网中
15. 动态地址转换如何加强网络的安全性？（    ）
   a. 为每台主机分配相同的地址，从而使每个内部连接都易于跟踪
   b. 仅在连接存在期间为内部主机映射外部地址
   c. 当内部主机在线时阻挡外部攻击
   d. 当内部主机在线时不允许任何外部发起的连接
16. 为了与远程网络中的一台主机通信，源 IP 设备必须将其数据包转发到（    ）：
   a. 远程主机的默认网关    b. 距远程主机最近的边界路由器
   c. 源主机的默认网关      d. 距源主机最近的内部路由器
17. 下列哪 2 项属于使用静态路由的优点？（    ）
   a. 减少了网络开销        b. 增加了网络安全性
   c. 增加了可扩缩性        d. 减少了管理开销
18. 下列哪项关于 IP 路由的描述是正确的？（    ）
   a. 数据链路层的 PDU 在每跳处发生改变

b. IP 层的 PDU 在每跳处发生改变

c. 传输层的 PDU 在每跳处发生改变

d. 应用程序的数据在每跳处发生改变

19. 下列哪 2 项关于 DVA 路由协议的描述是正确的？（    ）

a. 在计算到达目的网络的最佳路径前，这些协议必须知道完整的网络拓扑

b. 每个结点都维护足够多的信息，以便计算通往路由域中所有其他网络的最低成本路由

c. 慢速"收敛"会导致路由循环及数据包丢失等问题

d. 这些协议通常比其他路由选择协议需要更少的路由器资源，这些资源用于计算通往目的网络的最佳路径

20. 路由信息协议（RIP）如何解决"无穷计数（count-to-infinity）"问题？（    ）

a. 跳数限制              b. 水平分割

c. 链路状态路由算法（LSA）    d. 抑制（Hold down）

21. 匿名 FTP 访问通常使用（    ）作为用户名。

a. guest        b. ip 地址      c. administrator     d. anonymous

【提示】参考答案是选项 d。

22. 以下关于 ICMP 的说法中，正确的是（    ）。

a. 由 MAC 地址求对应的 IP 地址

b. 在公网 IP 地址与私网 IP 地址之间进行转换

c. 向源主机发送错误警告

d. 向主机分配动态 IP 地址

【提示】参考答案是选项 c。

23. 以下关于 RARP 的说法中，正确的是（    ）。

a. RARP 根据主机地址查询对应的 MAC 地址

b. RARP 用于对 IP 进行差错控制

c. RARP 根据 MAC 地址求主机对应的 IP 地址

d. RARP 根据交换的路由信息动态地改变路由表

【提示】参考答案是选项 c。

24. 在距离向量路由协议中，每一个路由器接收的路由信息来源于（    ）。

a. 网络中的每一个路由器      b. 它的邻居路由器

c. 主机中存储的一个路由总表   d. 距离不超过 2 跳的其他路由器

【提示】参考答案是选项 b。

25. 在 BGP4 中，<u>(1)</u> 报文建立两个路由器之间的邻居关系，<u>(2)</u> 报文给出了新的路由信息。

(1) a. 打开（open）             b. 更新（update）

c. 保持激活（keepalive）      d. 通告（notification）

(2) a. 打开（open）             b. 更新（update）

c. 保持激活（keepalive）      d. 通告（notification）

【提示】参考答案：(1) 选项 a；(2) 选项 b。

26. 在 OSPF 协议中，链路状态路由算法用于（    ）。

a. 生成链路状态数据库         b. 计算路由表

c. 产生链路状态公告　　　　　　d. 计算发送路由信息的多播树

【提示】参考答案是选项 b。

27. OSPF 将路由器连接的物理网络划分为以下 4 种类型，以太网属于 (1)，x.25 分组交换网属于 (2)。

(1) a. 点对点网络　　　　　　　b. 广播多址网络
    c. 点到多点网络　　　　　　 d. 非广播多址网络
(2) a. 点对点网络　　　　　　　b. 广播多址网络
    c. 点到多点网络　　　　　　 d. 非广播多址网络

【提示】参考答案：(1) 选项 b；(2) 选项 d。

28. 以下关于两种路由协议的叙述，错误的是（　　）。

a. 链路状态路由协议在网络拓扑发生变化时发布路由信息
b. 距离向量路由协议是周期性地发布路由信息
c. 链路状态路由协议的所有路由器均发布路由信息
d. 距离向量路由协议是广播路由信息

【提示】参考答案是选项 c。

29. 在下面 D 类地址中，可用于本地子网作为多播地址分配的是 (1)，一个多播组包括 4 个成员，当多播服务发送信息时需要发出 (2) 个分组。

(1) a. 224.0.0.1　　b. 224.0.1.1　　c. 234.0.0.1　　d. 239.0.1.1
(2) a. 1　　　　　　b. 2　　　　　　c. 3　　　　　　d. 4

【提示】参考答案：(1) 选项 d；(2) 选项 a。

30. 在 DNS 服务器中提供了多种资源记录，其中（　　）定义了区域的授权服务器。

a. SOA　　　b. NS　　　c. PTR　　　d. MX

【提示】参考答案是选项 b。

31. 有一种特殊的地址称作自动专用 IP 地址（APIPA），这种地址的用途是 (1)，以下地址中属于自动专用 IP 地址的是 (2)。

(1) a. 指定给特殊的专用服务器　　　　b. 作为默认网关的访问地址
    c. DHCP 服务器的专用地址　　　　　d. 无法获得动态地址时作为临时的主机地址
(2) a. 224.0.0.1　　　　　　　　　　　b. 127.0.0.1
    c. 169.254.1.15　　　　　　　　　　d. 192.168.0.1

【提示】参考答案：(1) 选项 d；(2) 选项 c。

32. 把网络 10.1.0.0/16 进一步划分为子网 10.1.0.0/18，则原网络划分为（　　）个子网。

a. 2　　　　b. 3　　　　c. 4　　　　d. 6

【提示】参考答案是选项 c。

33. IP 地址 202.117.17.255/22 是什么地址？（　　）

a. 网络地址　　b. 全局广播地址　　c. 主机地址　　d. 定向广播地址

【提示】参考答案是选项 c。

34. 对下面 4 条路由：202.115.129.0/24、202.115.130.0/24、202.115.132.0/24 和 202.115.133.0/24 进行路由汇聚，能覆盖这 4 条路由的地址是（　　）。

a. 202.115.128.0/21　　　　b. 202.115.128.0/22
c. 202.115.130.0/22　　　　d. 202.115.132.0/23

【提示】参考答案是选项 a。

35. 可以用于表示地址块 220.17.0.0~220.17.7.0 的网络地址是 (1) ，这个地址块可以分配 (2) 个主机地址。

(1) a. 220.17.0.0/20　　　　b. 220.17.0.0/21
　　c. 220.17.0.0/16　　　　d. 220.17.0.0/24

(2) a. 2 032　　　b. 2 048　　　c. 2 000　　　d. 2 056

【提示】参考答案：(1) 选项 b；(2) 选项 a。

36. 下面关于 IPv6 的描述中，最准确的是（　　）。

　　a. IPv6 可以允许全局 IP 地址重复使用
　　b. IPv6 解决了全局 IP 地址不足的问题
　　c. IPv6 的出现使得卫星联网得以实现
　　d. IPv6 的设计目标之一是支持光纤通信

【提示】参考答案是选项 b。

37. TCP 是 Internet 中的传输层协议，使用 (1) 次握手协议建立连接，这种建立连接的方法可以防止 (2) 。

(1) a. 一　　　b. 二　　　c. 三　　　d. 四

(2) a. 出现半连接　　b. 无法连接　　c. 产生错误的连接　　d. 连接失效

【提示】TCP 是 Internet 中的传输层协议，使用三次握手协议建立连接。当主动方发出 SYN 连接请求后，等待对方回答 SYN+ACK，这种方法可以防止产生错误的连接。

参考答案：(1) 选项 c；(2) 选项 c。

38. 当一个 TCP 连接处于睡眠状态时等待应用程序关闭端口？（　　）

　　a. CLOSED　　　　　　b. ESTABLISHED
　　c. CLOSE-WAIT　　　　d. LAST-ACK

【提示】参考答案是选项 c。

39. DNS 功能是将域名解析为 IP 地址，Windows 7 系统中用于测试该功能的命令是（　　）。

　　a. nslookup　　b. arp　　c. netstat　　d. query

【提示】参考答案是选项 a。

40. 在 Windows 环境下，DHCP 客户端可以使用（　　）命令重新获得 IP 地址，这时客户机向 DHCP 服务器发送一个 Dhcpdiscover 数据包来请求重新租用 IP 地址。

　　a. ipconfig/renew　　　　b. ipconfig/reload
　　c. ipconfig/release　　　d. ipconfig/reset

【提示】参考答案是选项 a。

# 附录 B 术 语 表

**A**

**Acknowledgement（ACK） 确认**

ACK 是传输控制协议（TCP）报头字段，用以表示确认字段的重要性。

**Acknowledgement Number 确认编号**

确认编号仅应用于设置了 ACK 控制位的情况。ACK 编号是数据段发送者期望接收的下一个序列号。如果建立了连接，就始终发送这个值。

**Address Mask 地址掩码**

地址掩码是一种位掩码，用于子网寻址时从 IP 地址中选择某些位。掩码长度为 32 位，一般选择 IP 地址中的网络部分以及本地部分中的 1 位或多位。

**Address Resolution Protocol（ARP） 地址解析协议**

ARP 是用于将 IP 地址转换为以太网地址等物理地址的一种 TCP/IP。地址解析是指一台机器将给定的另一台机器的 IP 地址解析为相应的 MAC 地址（也称硬件地址）的过程。

**Address Translation Table 地址变换表**

地址变换表是内部 IP 地址和/或端口地址到外部 IP 地址和/或端口地址的映射，由网络地址转换（NAT）设备维护。地址变换表的内容依赖于其所使用的 NAT 类型。

**Anycast 任播**

在 IPv6（IP 协议第 6 版）中，任播用于单一发送方与距其最近的多个位于同一组内的接收方之间的通信。"任播"与"多播"和"单播"均不同。多播通信发生在单一发送方与多个接收方之间，单播通信发生在单一发送方与单一接收方之间。任播方法可使一台主机对一组主机的路由表高效更新。IPv6 能够确定距数据包最近的网关主机并将数据包发送给该主机，其通信过程类似于单播；然后，该网关主机将数据包任播到组中的另一个主机，直至所有的路由表都更新为止。

**Attribute 属性**

在超文本标记语言（HTML）中，属性用于标记其中的元素，以使它们与其他同类型元素相区分。例如：HTML 的一个属性是尺寸属性，它用来标记元素的高度；HTML 的另一个属性是超文本引用（HREF）属性，它用来标记参考文件的 URL。

**Autonomous System Border Router（ASBR） 自治系统边界路由器**

自治系统边界路由器是一种连接到其他自治系统路由器的开放式最短路径优先（OSPF）路由器。与区域边界路由器（ABR）向其他区域边界路由器表示其所在的区域类似，自治系统边界路由器向其他自治系统边界路由器表示其所在的自治系统（AS）。每个自治系统边界路由器在通向其自身自治系统的接口上运行开放式最短路径优先协议；而在通向其他自治系统的接口上运行一种跨自治系统的路由协议，如外部网关协议（EGP）或边界网关协议（BGP）。这些协议允许自治系统边界路由器互相交换路由信息，从而简化了每个自治系统内部的路由。

## B

**BGP version 4（BGP-4）** 边界网关协议第 4 版

RFC 1771 中对 BGP-4 进行了说明。BGP-4 是当前全球性 Internet 中使用的一种外部路由协议。BGP-4 本质上是一种距离向量算法（DVA）。BGP 运行于 TCP 端口 179。

**Border Gateway Protocol（BGP）** 边界网关协议

边界网关协议是用于在 BGP 路由器之间交换可达性信息的一种外部网关协议（EGP）。每个 BGP 路由器均可向其他自治系统中的 BGP 路由器通告自身自治系统的网络可达性。BGP 对 EGP 的许多局限性进行了完善，并可支持 Internet 的进一步扩展。

**Broadcast** 广播

术语广播在通信和网络领域具有多种含义。在局域网领域，广播通常指发往物理网段上所有设备的信息（如数据帧）。例如，总线拓扑就是一种广播技术，其中的设备利用一根共用线缆相连接。术语广播的另一个通常用法与帧有关。广播帧包含特定的目的地址，因此可以通知网络上的所有设备都接收该数据帧。

## C

**Classful Protocol** 有类别协议

有类别协议是一种路由选择协议，它不能随着路由选择的更新而发送子网掩码信息。有类别路由选择协议不能区分具有默认地址的网络与地址位全为 0 的子网，因此可使子网变得不可使用。

**Classless Interdomain Routing（CIDR）** 无类别域间路由

无类别域间路由（CIDR）取代了早期的建立于 A、B、C 类地址基础上的网络寻址系统。利用 CIDR，单一的 IP 地址可以用来指定多个唯一性 IP 地址。除了末尾有一个称作 IP 前缀的后跟数字的斜线，CIDR IP 地址与普通 IP 地址在形式上几乎一样。这个 IP 前缀用于说明该 CIDR 地址涵盖了多少地址。例如，"/16" 这个 IP 前缀可用于指定 256 个以前的 C 类地址。

**Class-of-Service（CoS）Routing** 服务类别路由

CoS 路由允许网络管理员指定不同的路由服务种类，并为这些路由种类分别指定不同的性能特性。管理员为数据包分配不同的优先权，并指定网络中高优先权与低优先权数据包的比率。

**Convergence** 汇聚

汇聚表示一组运行特定路由协议的联网设备，在网络拓扑结发生变化后与网络拓扑结构保持一致的速度及能力。

**Country Code Top Level Domain（ccTLD）** 国家和地区代码顶级域名

世界上的每个国家和地区都被分配了一个 2 个字符的 Internet 国家和地区顶级域名，这一域名位于全限定域名（FQDN）的末端。

**Cut** Cut 命令

DNS 的 cut 命令用于在根域名称服务器与子域名称服务器之间划分 DNS 区域授权，接着顺序在子域及下一级子域的名称服务器之间划分授权。例如，在域 westnetinc.com 中有一个子域 contracts.westnetinc.com，DNS 管理员 cut 该 westnetinc.com 域时，将子域 contracts.westnetinc.com 授权给相应的子域名称服务器。

## D

**Data Offset 数据偏移**

数据偏移指定了 TCP 报头中的 32 位字的编号，它表示段中数据的起始位置。由于选项字段的长度可变，因此需要在报头中包含此字段。

**Datagram 数据报**

数据报是由开放系统互连（OSI）参考模型的网络层处理的一种信息单位。数据报首部包含了目的结点的逻辑（网络）地址。中间结点转发数据报，直到数据报到达目的地址。一个数据报可能包含由 OSI 模型更高层产生的整条消息或一条大消息的其中一段。

**Default Gateway 默认网关**

默认网关是一台路由器，用于提供到所有远程网络主机的访问。典型情况下，网络管理员会为其网络上的所有主机配置一个默认网关。

**DHCP Lease 动态主机配置协议租借**

DHCP 租借是指 DHCP 服务器动态分配给 DHCP 客户机的 IP 地址。服务器为租借维护特定的时间段，当租借期用完时，客户机必须续订该租借。

**DHCPv6 动态主机配置协议第 6 版**

DHCPv6 为主机动态分配 IPv6 地址。DHCPv6 以 Internet 草案形式给出了说明。在 DHCPv4 的基础上，DHCPv6 增加了其他一些信息类型，以及与 IPv6 寻址相匹配的更大的地址字段。DHCPv6 在客户机使用 UDP 端口 546，在服务器端使用 UDP 端口 547。

**DNS zone DNS 区域**

DNS 区域是 DNS 名称空间中的一部分，DNS 服务器具有完整的信息。区域是 DNS 的主要复制单元，其中包含与 DNS 域相关的一条或多条资源记录（RR）。每个 DNS 服务器都包含有关其管理的 DNS 名称空间部分的资源记录。DNS 服务器被授权管理 DNS 名称空间的某一部分时，系统管理员负责确保服务器上有关这部分 DNS 名称空间的信息的正确性。为了提高效率，DNS 服务器可以缓存其所管理的域的资源记录。

**Domain Name System（or Service）（DNS） 域名系统（或服务）**

在 TCP/IP 网络中，用户之间通过给定的名字，如 johnd@engr.company.com，来进行交流。然而，TCP 和 IP 协议在传送信息时均需要 Internet 地址，DNS 就是用来完成这一工作的：将上述格式的名字转换为相应的 Internet 地址。

**Dual Stack 双协议栈**

采用双协议栈技术的结点同时支持 IPv4 和 IPv6 两套协议栈。由于 IPv6 和 IPv4 是功能相近的网络层协议，两者都基于相同的物理平台，而且加载于其上的传输层协议 TCP 和 UDP 也基本没有区别，因此，支持双协议栈的结点既能与支持 IPv4 协议的结点通信，又能与支持 IPv6 协议的结点通信。

**Dynamic Host Configuration Protocol（DHCP） 动态主机配置协议**

动态主机配置协议用于 TCP/IP 网络，可使主机从 DHCP 服务器获取配置信息。DHCP 提供地址租用服务，当设定的租用期限到了之后，便释放该地址。DHCP 向 DHCP 客户计算机提供的信息主要有 DNS 服务器、默认网关地址以及子网掩码等。

**E**

**EGP version 2（EGP-2）  外部网关协议第 2 版**

EGP-2 是用于在不同自治系统的路由器之间交换网络可达性的外部网关协议（EGP）。在每个自治系统（AS）中，路由器使用一个或多个内部网关协议（IGP），如路由信息协议（RIP）或开放式最短路径优先协议（OSPF）等，来共享路由信息。这些路由器作为两个运行 EGP-2 等 EGP 协议的自治系统间连接的终点。

**Exterior Gateway Protocol（EGP）  外部网关协议**

外部网关协议（EGP）是一个自治系统中的网关用来向另外一个自治系统的网关通告本系统网络 IP 地址的协议。所有自治系统都必须采用 EGP 向核心网关系统通告本网络的可达性。

**F**

**File Transfer Protocol（FTP）  文件传送协议**

FTP 是一种用于在两台计算机之间传送文件的 TCP/IP 应用层协议。

**Finish（FIN）  结束字段**

FIN 是 TCP 报头中的标志字段（ACK 编号为 50），表示不会再有来自发送者的数据。

**Flow Control  流控制**

流控制是指对主机或网关向网络或 Internet 发送数据报的速率的控制。流控制的目的是避免拥塞，可以在不同的协议层中应用。类似于互联网控制报文协议（ICMP）源中断这样的过于简单的体系，只能通知发送者中止传输，直至拥塞结束；而更复杂的体系则能不断地改变传输速率，以解决拥塞问题。

**Fragment Offset  分段偏移**

分段偏移是 IP 报头字段，表示分段中携带的数据在原数据报中的偏移量，以 8 字节为单位进行计算，从 0 开始。

**Fragmentation  分段**

分段是为了更好地适应网络对最大传输单元（MTU）的传输而将数据报分为较小单元的过程。

**G**

**Gatekeeper  网守**

网守是一种网络设备或进程，用于在传输通道上控制数据流或在多个互相竞争的信号之间分配传输带宽。

**Gateway to Gateway Protocol（GGP）  网关到网关协议**

网关到网关协议（GGP）是一种路由选择协议，核心路由器使用 GGP 在 Internet 路由器之间交换路由信息。网关到网关协议使用最短路径优先（SPF）算法。

**Generic Routing Encapsulation（GRE）  通用路由封装**

通用路由封装规定了怎样用一种网络层协议去封装另一种网络层协议的方法。GRE 的隧道由两端的源 IP 地址和目的 IP 地址定义，它允许用户使用 IP 封装 IP、IPX、AppleTalk，并支持全部的路由协议，如 RIP、OSPF、IGRP、EIGRP。通过 GRE，用户可以利用公用 IP 网络连接 IPX 网络和 AppleTalk 网络，还可以使用保留地址进行网络互联，或对公网隐藏企业网的 IP 地址。

## H

**H.323　H.323 协议**

H.323 由 ITU 推荐，其中设置了用于局域网（LAN）多媒体通信的一些标准，这些通信标准与在 IP 网络上一样，不能确保服务质量（QoS）。H.323 协议由一组协议构成，其中有负责音频与视频信号的编码、解码和包装，有负责呼叫信令收发和控制的信令，还有负责能力交换的信令。H.323 协议规定了在主要包括 IP 网络在内的基于分组交换的网络上提供多媒体通信的部件、协议和规程。H.323 协议一共定义了 4 种部件：终端、网关、网守和多点控制单元。H.323 的第 4 版本具备做电信级大网的特征，以它为标准构建的 IP 电话网能很容易地与传统的 PSTN 兼容。

**Hypertext Transfer Protocol（HTTP）　超文本传送协议**

HTTP 是一个应用层协议，用于通过 Web 方式请求和传送文档。

## I

**Interior Gateway Routing Protocol（IGRP）　内部网关路由协议**

内部网关路由协议（IGRP）是一种距离向量算法（DVA）协议，由 Cisco 公司开发，用于大型的不同种类的网络。IGRP 用于计算到达目的网络最佳路径的度量标准，其中包括带宽、延迟、最大传输单元（MTU）以及跳数。

**Internet Control Message Protocol（ICMP）　互联网控制报文协议**

ICMP 是 IP 不可缺少的一个部分，用于处理错误和控制消息。网关和主机通过 ICMP 报告返回源结点发送的数据报的问题。ICMP 还包括一种回声请求/应答功能，用于测试目的结点是否可达和是否正在响应。

**The Internet Corporation for Assigned Names and Numbers（ICANN）　互联网地址和域名分配机构**

ICANN 是一个非营利性国际组织，负责监督域名注册、分配 IP 地址、指定协议参数以及管理 DNS 根服务器等。要了解更多关于 ICANN 的内容，可访问 http://www.icann.org。

**Internet Group Management Protocol（IGMP）　互联网组管理协议**

IGMP 是使主机能够将其多播组成员的状况信息传递给多播路由器的 Internet 标准。IGMP 用于刷新哪个主机在哪个多播组的当前信息。

**Internet Message Access Protocol（IMAP）　因特网消息访问协议**

IMAP 是用于从邮件服务器上获取电子邮件（E-mail）消息的一种协议。IMAP4 是类似于 POP3 的 IMAP 的一个版本，但是它具有在邮件服务器上的 E-mail 消息中搜寻关键词等功能。

**Internet Protocol（IP）　互联网协议**

IP 是一种 TCP/IP 标准协议，用于将 IP 数据报定义成可通过 Internet 进行传输的信息单元。IP 为无连接的最佳分组传输服务提供基础，并包括 ICMP。由于 TCP 和 IP 是两种最基本的协议，因此整个协议族通常称作 TCP/IP。

**IP address translation　IP 地址转换**

IP 地址转换是一种网络地址转换（NAT）技术，用于静态或动态地为内部 IP 地址分配外部地址。在这种方法中，NAT 需要为每个需要外部连接的内部专用 IP 地址提供一个公用 IP 地址。

**IP Version 6（IPv6）　互联网协议第 6 版**

IPv6 通常被认为是下一代的 IP，是当前 IP 的最新版本。目前因特网工程任务部（IETF）下属的标准委员会正在对 IPv6 进行进一步修订。Ipv6 在 Ipv4 之上增加了很多功能，包括增加了地址的长度（128 位）以及更优良的服务质量等。

**Ipconfig　互联网协议配置工具**

Ipconfig 是一种配置工具，如 Windows 的 Winipcfg，用于显示主机上的寻址信息。

## L

**Least-cost Routing　最低成本路由**

最低成本路由在数据网络中描述了路由器用于确定网络间最低成本链路的方法。最低成本路由在综合考虑带宽、中继和缓存成本等成本因素后得到。

**Link-state Advertisement　链路状态通告**

链路状态通告在运行链路状态算法（LSA）路由选择协议的路由器之间发送。这种通告通常以多播数据包的形式发送，其中包含相邻路由器信息及路径成本等。

**Link-state Algorithm（LSA）　链路状态路由算法**

链路状态算法有时也称作 Dijkstra 算法，它允许每个路由器广播或多播其相邻路由器到网络中每个结点的路由成本信息。LSA 路由选择算法提供了一个与所有路由器相一致的网络视图，因此易受到路由循环的攻击。

**Load Splitting　负载拆分**

负载拆分也称为负载平衡。负载拆分将网络通信分成 2 个或更多的路由，以便在独立的链路之间共享负载。与在网络之间使用单一路径相比，负载拆分可以使数据通信更快、更可靠。

**Loopback Test　回送测试**

TCP/IP 的回送测试（Loopback Test）功能允许网络管理员在不考虑硬件或驱动器的情况下测试 IP 软件。回送测试地址 127.0.0.1 是机器的指定软件回送测试接口。

## M

**Mailbox　邮箱**

当涉及 IP 的套接字（socket）接口时，邮箱是指一种由软件指定的存储区域。在该存储区域中，本地 IP 进程将发送进来的数据段发送到 TCP 进程，然后 TCP 进程再将数据发往目的应用程序。

**Maximum Transmission Unit（MTU）　最大传输单元**

最大传输单元（MTU）是一个数据报或一个数据帧所能够携带的最大信息量。例如，以太网的 MTU 中可具有 1 500 字节的信息。

**Multicast　多播**

多播技术用于将一个数据包的副本送到选定子网的所有可用主机上。有些硬件（如以太网）通过让网络界面属于一个或多个多播组来支持多播技术。IP 支持网际之间的多播功能。

**Multipoint Control Unit（MCU）　多点控制单元**

多点控制单元（MCU）是指协调拥有 3 个或 3 个以上终端的多点会议的主机，而这些终端使用 H.323 数据包多媒体标准。所有参与会议的 H.323 终端都必须与多点控制单元（MCU）建立连接。

**Multipurpose Internet Mail Extension（MIME）　多用途因特网邮件扩展**

MIME 协议是简单邮件传送协议（SMTP）的扩展，支持 E-mail 系统中多种类型文件的交换。

## N

**Network Address Translation（NAT）　网络地址转换**

NAT（RFC 1631）是一种 Internet 标准，使局域网能够在内网和外网中使用不同系列的 IP 地址。局域网和外网之间有一种网络设备，如路由器或防火墙，负责外网地址和内网地址之间的相互转换。NAT 提供了两种主要用途：首先，它通过隐藏内网的 IP 地址提供了一种防火墙类型；其次，它使公司能够使用比 ICANN 分配的地址更多的 IP 地址，因为这些地址只用于内部网，所以不会与其他公司或组织机构使用的 IP 地址相冲突。

**Network Mask　网络掩码**

IP 地址类中的网络掩码用于决定主机所在的网络。掩码八位位组全为 1 表示这个网络，而掩码八位位组全为 0 则表示这个主机。

**Network News Transfer Protocol（NNTP）　网络新闻传送协议**

NNTP 是一种用于在 Internet 上分发新闻文章和进行消息传送的 TCP/IP 协议。

## P

**Post Office Protocol（POP）　邮局协议**

POP 用于从邮件服务器向用户计算机传送信息，以使用户桌面上的邮件程序能够访问这些信息。POP3 是目前最新的 POP 协议。

**Proxy ARP　代理 ARP**

代理 ARP 是 ARP（地址解析协议）的一个变种。在这种形式下，中间设备（如路由器等）可代表目的结点发送一个 ARP 应答给发送请求的主机。

## R

**Real-time Transport Control Protocol（RTCP）　实时传输控制协议**

实时传输控制协议（RTCP）与实时传送协议（RTP）类似，是 OSI 模型表示层协议。它提供了控制服务及数据传输质量的反馈。

**Real-time Transport Protocol（RTP）　实时传输协议**

实时传输协议（RTP）是 OSI 模型表示层的网络传输协议。它将数据流优先于无连接数据进行传送，从而提供了端对端的实时语音和视频。

**Registered Port　注册端口**

注册端口指未被因特网编号管理局（IANA）控制的 TCP 端口和 UDP 端口，可以被普通用户的进程或程序使用。注册端口号的范围是 1 024～65 535。注册端口与约定端口不同，后者用于特定的服务。

**Resolver　解析器**

DNS 解析器是 DNS 系统的组件之一，执行对（一个或多个）DNS 服务器的查询操作。解析器是 DNS 客户机的一部分，通常在客户机安装 TCP/IP 协议时安装。

**Resource Record（RR）　资源记录**

资源记录是 DNS 数据库中的记录，其中包括与域相关的，DNS 客户机可以获取和使用的信息。例如，特定域的主机资源记录包括域（主机）的 IP 地址，DNS 客户机可以使用这条资源记录来获取该域的 IP 地址。

**Resource Reservation Protocol（RSVP） 资源预留协议**

RSVP 是一种为数据流建立资源预留的传送层协议。该协议既不传送应用数据流，又不选路，而是一种控制协议。RSVP 基于应用程序的 QoS 请求保留网络资源。RSVP 向位于数据流路径中的所有设备请求资源，然后向发出请求的应用程序报告资源可用。

**Reverse Address Resolution Protocol（RARP） 逆地址解析协议**

RARP 是无盘计算机在启动时用来查找其 IP 地址的协议。计算机将包含其物理硬件地址的请求广播出去，服务器响应这个请求，并向该计算机发送其 IP 地址。RARP 的名称和消息格式来源于 IP 地址解析协议（ARP）。

**Routed Protocol 路由传送协议**

路由传送协议是指通过互联网络（Internetwork）传送的协议。路由传送协议中包含源网络地址、目的网络地址和主机地址（逻辑地址形式），以使网络设备能够将数据从源网络和源主机传送到目的网络和目的主机。

**Routing Protocol 路由选择协议**

路由选择协议是通过互联网络（Internetwork）完成第 3 层协议信息流传送的协议。路由选择协议从邻近的网络设备中收集有关网络路径的信息，以便利用这些信息确定信息流通往目的主机或网络的最佳路径。

## S

**Secure /MIME（S/MIME） 安全/多用途因特网邮件扩展**

S/MIME 协议是 MIME 协议的一种版本，支持使用公钥加密技术对信息进行加密。S/MIME 可以防止 E-mail 信息在中途被拦截和篡改，从而确保 E-mail 消息的安全发送和接收。

**Sendmail Sendmail 程序**

Sendmail 程序是 UNIX 操作系统中用于处理电子邮件的应用程序，支持基于 SMTP 的 E-mail 系统中后端消息的路由和处理。

**Sequence Number 序列号**

序列号指数据段中第一个数据字节的序列编号（同步情况除外）。当同步序列号（SYN）存在时，序列号为初始序列号（ISN），第一个数据字节的序列号为 ISN+1。

**Session Initiation Protocol（SIP） 会话发起协议**

会话发起协议（SIP）是一信令协议，用于开始、管理和终止分组网络中的语音和视频会话，具体地说，就是用来生成、修改和终结一个或多个参与者之间的会话。SIP 是因特网工程任务组（IETF）提出的多媒体数据和控制体系结构的一个组成部分，因此它与 IETF 的许多其他协议都有联系，如 RTP（实时传输协议）协议。

**Shortest Path First（SPF）Tree 最短路径优先树**

OSPF 协议利用最短路径优先树画出 OSPF 路由结点之间的路径。

**Socket 套接字**

Socket 是一种用于将应用程序连接到网络协议的软件对象。例如，在 UNIX 系统中，一个应用程序可通过打开 Socket 并向其读/写数据来发送和接收 TCP/IP 消息。TCP 进程根据与端口号结合在一起的主机 IP 地址来建立 Socket。每个 TCP 连接包括两个 Socket，分别用于每个与 TCP 相连接的两个主机。

**Source Quench　源中断**

源中断是一种拥塞控制技术，发生拥塞的计算机利用这一技术将信息回传给引发拥塞的源结点，要求源结点停止其信息发送。在 TCP/IP 网络中，网关使用 ICMP 源中断来停止或者减慢 IP 数据报的传输。

**Subnet Address　子网地址**

子网地址是对 IP 寻址方案的一种扩展。利用子网，一个站点可以将一个 IP 网络地址用于多个物理网络。利用子网寻址的网关和主机通过将地址分为物理网络部分和主机部分来指定地址的本地部分。

**Subnet　子网**

子网是通过从较大的 A、B 及 C 类网络中划分子网而建立的较小的网络。

**Supernet　超网**

超网是较小的有类别网络的总称。这些网络是边界路由器中路由选择表中的条目。超网的划分是无类别域间路由（CIDR）的基础。

**Synchronize（SYN）　同步（序列号）**

SYN 是用于同步序列编号的 TCP 报头字段。

**T**

**Tag　标志**

标志是文档中插入的一种 HTML 命令，用来为 Web 浏览器指定怎样为文档或文档中的一部分进行格式化。

**Telnet Protocol　远程登录协议**

Telnet Protocol 是 TCP/IP 协议族中的一员，属于 TCP/IP 应用层协议，提供对于网络中其他计算机的远程登录功能。

**Time to Live（TTL）　生存时间**

TTL 是一种在高效传输系统中用于避免数据包循环的技术。每个 IP 数据报在其建立时均被指定了一个由整数表示的生存时间（TTL）。当 IP 网关在对数据报处理后，就对其 TTL 字段的值减去 1。当 TTL 字段的值减到 0 时，便丢弃该数据报。

**Top Level Domain（TLD）　顶级域名**

顶级域名（TLD）由一组较低级别的域名类型组成。TCP/IP 网络可以被分段，成为层次结构的域或组。Internet 就属于这种分段类型。例如，".com" 顶级域名表示商业域名，".edu" 顶级域名表示教育机构域名。

**Transmission Control Protocol（TCP）　传输控制协议**

TCP 是一个 TCP/IP 传输层协议，它提供可靠的全双工信息流服务。TCP 允许一台计算机上的进程向另一台计算机上的进程发送数据。TCP 软件的应用通常驻留在操作系统中，并使用 IP 通过底层网络传送信息。

**Trivial File Transfer Protocol（TFTP）　普通文件传送协议**

TFTP 是一种简单的文件传送协议，涉及用于无连接的用户数据报协议（UDP）。TFTP 对于每一个数据包在获得确认后才会发送另一个数据包。

## U

**Unicast 单播**

单播是指向单一网络地址的传送。这与广播和多播是不同的：广播是同步发往所有网络地址，多播是一次发往数个网络地址。

**Uniform Resource Identifier（URI） 统一资源标识符**

统一资源标识符（URI）是 Web 对象的所有类型的名称和地址的通用术语。统一资源定位地址（URL）就是一种 URI。

**Uniform Resource Locator（URL） 统一资源定位地址**

URL 是一种 Internet 地址，用于在 Web 浏览器中对资源进行定位。使用 URL，可以连接全球范围内的任意一台已连接到 Internet 上的主机。

**User Datagram Protocol（UDP） 用户数据报协议**

UDP 是允许一台计算机上的应用程序向另一台计算机上的应用程序发送数据报的 TCP/IP 协议。UDP 使用 IP 传送数据报。UDP 数据报与 IP 数据报之间的差别在于，UDP 数据报中包含一个协议端口号，使发送者能够区分远程计算机上的多个目的结点（应用程序）。UDP 数据报中同时包含所发送数据的校验和。

## V

**Variable-Length Subnet Mask（VLSM） 变长子网掩码**

变长子网掩码（VLSM）是一种可在单一 IP 地址块中提供不同规模子网的机制。支持 VLSM 的路由选择协议允许网络管理员对子网再进行子网划分，从而可以建立比默认掩码所允许数目更多的子网。

**VoIP IP 语音**

IP 语音（VoIP）是指使用具有适当质量的服务和较高性价比的基于 IP 的数据网络打电话和发送传真的能力。IP 上的话音是一种实时交互式的音频/视频应用。

## W

**Window 窗口**

窗口技术用于控制未确认的数据段数量。发送方机器在没有接收到对发送数据的确认时，被允许发送的数据段的数量（以字节计算）称为窗口。

## Z

**Zone Of Authority 权限区域**

DNS 的权限区域指的是 DNS 名称服务器负责的 DNS 区域的名称空间。建立 DNS 域后，这个新域的根便成为这个域及其子域的管理区域。DNS 服务器可以负责维护 1 个以上的权限区域。

# 参考文献

[1] 刘化君，张文，等. TCP/IP 基础. 北京：电子工业出版社，2015.

[2] [美]Reed K D，著. TCP/IP 基础（第 7 版）. 张文，等，译. 北京：电子工业出版社，2003.

[3] [美]Reed K D，著. 协议分析（第 7 版）. 孙坦，等，译. 北京：电子工业出版社，2004.

[4] 谢希仁. 计算机网络（第 7 版）. 北京：电子工业出版社，2017.

[5] 雷震甲，等. 网络工程师教程（第 5 版）. 北京：清华大学出版社，2018.

[6] 刘化君. 计算机网络原理与技术（第 3 版）. 北京：电子工业出版社，2017.

[7] 刘化君，等. 计算机网络与通信（第 3 版）. 北京：高等教育出版社，2016.

[8] [美]Goralski W，著. 现代 TCP/IP 网络详解. 黄小红，等，译. 北京：电子工业出版社，2015.

[9] [美]Comer D E，著. 计算机网络与因特网（第六版）. 范冰冰，等，译. 北京：电子工业出版社，2015.

[10] [美]Tanenbaum A S，Wetherall D J，著. 计算机网络（第 5 版）. 严伟，潘爱民，译. 北京：清华大学出版社，2012.

[11] 李磊，等. 网络工程师考试辅导. 北京：清华大学出版社，2017.

[12] 希赛教育软考学院. 网络工程师考试辅导教程. 北京：电子工业出版社，2015.

[13] 林成浴. TCP/IP 协议及其应用. 北京：人民邮电出版社，2013.

[14] 王建平，李怡菲. 计算机网络仿真技术. 北京：清华大学出版社，2013.

[15] 杨延双，等. TCP/IP 协议分析及应用. 北京：机械工业出版社，2016.

[16] 全国计算机专业技术资格考试办公室. 网络工程师考试大纲（2018 年审定通过）. 北京：清华大学出版社，2018.